技能应用速成系列

SOLIDWORKS 2024 机械设计
从入门到精通

王 菁　王新超　编著

电子工业出版社
Publishing House of Electronics Industry
北京·BEIJING

内 容 简 介

SOLIDWORKS 是一款领先的、主流的三维 CAD 绘图软件，它具有功能强大、易学易用和技术创新三大特点。本书从工科院校学生的角度出发，对每章内容进行梳理，并按基础到高级的顺序进行编排。

全书共 16 章，详细介绍了 SOLIDWORKS 的基础知识与应用，包括 SOLIDWORKS 概述、创建基准、绘制草图、编辑草图、实体特征建模、实体特征编辑、3D 草图与曲线、曲面特征的创建与编辑、零件装配设计、工程图设计、添加工程图注释、产品测量与分析、配置与系列零件表、钣金设计、焊件设计、渲染与动画等。

本书内容深入浅出，通过实例进行引导，讲解翔实，非常适合 SOLIDWORKS 的初中级读者使用，既可以作为大中专院校相关专业的教科书，也可以作为社会培训机构的相关培训教材和工程技术人员的参考用书。

未经许可，不得以任何方式复制或抄袭本书之部分或全部内容。
版权所有，侵权必究。

图书在版编目（CIP）数据

SOLIDWORKS 2024 机械设计从入门到精通 / 王菁，王新超编著. -- 北京 : 电子工业出版社, 2025. 4.
(技能应用速成系列). -- ISBN 978-7-121-50085-5

Ⅰ．TH122

中国国家版本馆 CIP 数据核字第 2025M1S618 号

责任编辑：许存权　　　　　特约编辑：田学清
印　　刷：北京盛通印刷股份有限公司
装　　订：北京盛通印刷股份有限公司
出版发行：电子工业出版社
　　　　　北京市海淀区万寿路 173 信箱　　邮编：100036
开　　本：787×1092　1/16　　印张：22.5　　字数：520 千字
版　　次：2025 年 4 月第 1 版
印　　次：2025 年 4 月第 1 次印刷
定　　价：79.00 元

凡所购买电子工业出版社图书有缺损问题，请向购买书店调换。若书店售缺，请与本社发行部联系，联系及邮购电话：(010) 88254888，88258888。
质量投诉请发邮件至 zlts@phei.com.cn，盗版侵权举报请发邮件至 dbqq@phei.com.cn。
本书咨询联系方式：(010) 88254484，xucq@phei.com.cn。

前 言

SOLIDWORKS 具有功能强大、易学易用和技术创新三大特点，这使其成为领先的、主流的三维 CAD 绘图软件。SOLIDWORKS 可以提供不同的设计方案，进而减少在设计过程中出现错误的概率，提高产品质量。

对于熟悉 Windows 系统的用户，推荐使用 SOLIDWORKS 来进行工程设计。SOLIDWORKS 独有的拖动功能使用户可以在较短的时间内完成大型装配设计。SOLIDWORKS 资源管理器的作用与 Windows 资源管理器的作用相同，二者都是 CAD 文件管理器，使用它可以方便地管理 CAD 文件。SOLIDWORKS 可以使用户在较短时间内完成更多的工作，从而更快地将高质量的产品投入市场。

SOLIDWORKS 经过多次版本更新和性能完善，如今已发展到 SOLIDWORKS 2024 版，熟练掌握该软件的使用方法，逐渐成为机械、汽车、快速消费品等行业工程师的必备技能。

1．本书特点

知识梳理：本书在每章开头设置有学习目标，提示每章的重点内容，读者可以根据提示对重点内容进行学习，快速掌握 SOLIDWORKS 的基本操作方法。

专家点拨：本书在部分命令介绍后面设置了"提示"和"注意"模块，通过对特殊操作或重点内容进行提示，帮助读者掌握更多的操作方法。

实例讲解：本书通过丰富的实例来介绍 SOLIDWORKS 的各项命令及操作过程，帮助读者快速掌握命令的使用方法。

视频教学：为方便读者学习，本书提供了教学视频，扫码即可观看视频，读者可以跟随视频中的操作步骤进行学习。

2．本书内容

作者根据自己在机械设计方面多年的工作经验，从全面、系统、实用的角度出发，以基础知识与实例相结合的方式，详细地介绍了 SOLIDWORKS 的各种操作方式、使用技巧、常用命令及应用实例。

3．附赠素材

为方便读者学习，本书附赠全书的实例源文件和视频文件，实例源文件是实例的起始操作文件和完成设计后的文件，按章节保存在文件夹中；视频文件中包括所有实例示范的操作内容，读者可在"算法技术"公众号中发送"202400281"获取播放链接。

4．本书作者

本书由王菁、王新超编写。作者虽然在本书的编写过程中力求叙述准确，但由于水平有限，书中难免存在疏漏之处，敬请各位读者和同仁提出宝贵意见。

5．读者服务

读者在学习过程中遇到与本书有关的技术问题时，可以在"仿真技术"公众号中发送"202400281"获取文件素材或直接留言，作者会尽快给予答复。

作者

目 录

第1章 SOLIDWORKS 概述 1
1.1 设计特点 2
1.2 本书术语 3
1.3 操作界面 3
    1.3.1 菜单栏 4
    1.3.2 工具栏 6
    1.3.3 状态栏 7
    1.3.4 管理器窗口 8
    1.3.5 任务窗格 10
1.4 基本操作 10
    1.4.1 文件的基本操作 10
    1.4.2 选择的基本操作 13
    1.4.3 视图的基本操作 15
1.5 鼠标的应用 17
    1.5.1 鼠标的快捷应用 17
    1.5.2 鼠标笔势 17
1.6 本章小结 19
1.7 习题 19

第2章 创建基准 20
2.1 参考坐标系 21
    2.1.1 参考坐标系的应用场合 21
    2.1.2 参考坐标系的创建方法 22
    2.1.3 修改和显示/隐藏参考坐标系 22
2.2 参考基准轴 23
    2.2.1 参考基准轴的应用场合 23
    2.2.2 参考基准轴的创建方法 24
2.3 参考基准面 26
    2.3.1 参考基准面的应用场合 26
    2.3.2 参考基准面的创建方法 26
    2.3.3 修改参考基准面 28

2.4 参考基准点 29
    2.4.1 参考基准点的应用场合 29
    2.4.2 参考基准点的创建方法 29
2.5 实例示范 30
    2.5.1 启动软件打开起始文件 30
    2.5.2 创建参考坐标系与参考基准轴 31
    2.5.3 创建参考基准面与参考基准点 32
2.6 本章小结 33
2.7 习题 34

第3章 绘制草图 35
3.1 草图概述 36
    3.1.1 进入草图绘制模式 36
    3.1.2 草图绘制环境 37
    3.1.3 草图环境配置 37
    3.1.4 草图工具 39
    3.1.5 绘制草图的流程 40
3.2 绘制基础草图 40
    3.2.1 绘制直线/中心线 41
    3.2.2 绘制矩形 42
    3.2.3 绘制槽口 43
    3.2.4 绘制圆/周边圆 44
    3.2.5 绘制圆弧 44
    3.2.6 绘制多边形 45
    3.2.7 绘制样条曲线 46
    3.2.8 绘制圆锥曲线 48
    3.2.9 绘制圆角/倒角 48
    3.2.10 草图文字 50
    3.2.11 点 51
    3.2.12 更改参数 51

3.3 绘制参照草图 ················ 52
　3.3.1 引用实体 ················ 52
　3.3.2 相交 ···················· 53
　3.3.3 偏距 ···················· 54
3.4 实例示范 ···················· 55
　3.4.1 创建零件文件 ············ 55
　3.4.2 打开草图绘制窗口 ········ 55
　3.4.3 绘制外接圆轮廓 ·········· 56
　3.4.4 绘制五边形轮廓 ·········· 57
　3.4.5 绘制五角星形轮廓 ········ 57
3.5 本章小结 ···················· 58
3.6 习题 ························ 58

第 4 章　编辑草图 ················ 60
4.1 草图实体工具 ················ 61
　4.1.1 剪裁实体 ················ 61
　4.1.2 延伸实体 ················ 62
　4.1.3 镜向实体 ················ 62
　4.1.4 线性草图阵列 ············ 63
　4.1.5 圆周草图阵列 ············ 65
　4.1.6 移动、复制、旋转、缩放比例
　　　　和伸展 ·················· 66
4.2 草图捕捉工具 ················ 67
　4.2.1 草图捕捉 ················ 67
　4.2.2 快速捕捉 ················ 68
4.3 草图几何约束 ················ 68
　4.3.1 几何约束类型 ············ 69
　4.3.2 添加几何关系 ············ 70
　4.3.3 显示/删除几何关系 ······· 71
4.4 草图尺寸约束 ················ 72
　4.4.1 智能尺寸 ················ 72
　4.4.2 其他尺寸标注命令 ········ 74
　4.4.3 修改已有的尺寸约束 ······ 74
4.5 实例示范 ···················· 75
　4.5.1 绘制矩形草图并对其
　　　　进行约束 ················ 75
　4.5.2 绘制约束圆并对其进行
　　　　阵列操作 ················ 77
　4.5.3 创建矩形圆角 ············ 79
　4.5.4 绘制直槽口并对其
　　　　进行约束 ················ 79

4.6 本章小结 ···················· 81
4.7 习题 ························ 82

第 5 章　实体特征建模 ············ 83
5.1 加材料特征工具 ·············· 84
　5.1.1 拉伸 ···················· 84
　5.1.2 旋转 ···················· 85
　5.1.3 扫描 ···················· 86
　5.1.4 放样 ···················· 87
　5.1.5 边界 ···················· 88
　5.1.6 曲面加厚 ················ 90
5.2 减材料特征工具 ·············· 90
　5.2.1 旋转切除 ················ 91
　5.2.2 异型孔向导 ·············· 91
　5.2.3 拉伸切除 ················ 93
　5.2.4 放样切割 ················ 93
　5.2.5 扫描切除 ················ 94
　5.2.6 边界切除 ················ 95
　5.2.7 使用曲面切除 ············ 95
5.3 扣合特征 ···················· 96
　5.3.1 装配凸台 ················ 96
　5.3.2 弹簧扣 ·················· 97
　5.3.3 弹簧扣凹槽 ·············· 98
　5.3.4 通风口 ·················· 99
　5.3.5 唇缘/凹槽 ··············· 100
5.4 实例示范 ···················· 101
　5.4.1 创建旋转实体 ············ 101
　5.4.2 创建拉伸切除特征 ········ 102
　5.4.3 创建中轴后创建切除
　　　　旋转特征 ················ 103
　5.4.4 创建拉伸凸台 ············ 104
　5.4.5 创建拉伸切除特征 ········ 105
5.5 本章小结 ···················· 105
5.6 习题 ························ 106

第 6 章　实体特征编辑 ············ 107
6.1 工程特征 ···················· 108
　6.1.1 圆角 ···················· 108
　6.1.2 倒角 ···················· 109
　6.1.3 抽壳 ···················· 110
　6.1.4 特征阵列 ················ 111

	6.1.5	筋 ·············· 113
	6.1.6	拔模 ············ 114
	6.1.7	镜向 ············ 115
6.2	形变特征 ················ 116	
	6.2.1	自由形 ··········· 116
	6.2.2	变形 ············ 117
	6.2.3	压凹 ············ 118
	6.2.4	弯曲 ············ 119
	6.2.5	包覆 ············ 120
6.3	实例示范 ················ 121	
	6.3.1	创建法兰阀体并设置倒圆角 ········· 122
	6.3.2	拉伸创建上部圆形凸台并切除贯穿孔 ······ 123
	6.3.3	创建加强筋并镜向 ···· 125
	6.3.4	创建螺纹异型孔并线性阵列 ········ 126
6.4	本章小结 ················ 128	
6.5	习题 ·················· 129	

第7章 3D 草图与曲线 ········· 130

7.1	3D 草图 ················· 131	
	7.1.1	3D 草图与 2D 草图的区别 ············ 131
	7.1.2	3D 直线 ·········· 131
	7.1.3	3D 圆角 ·········· 132
	7.1.4	3D 样条曲线 ······ 133
	7.1.5	3D 点 ············ 133
	7.1.6	面部曲线 ········· 134
7.2	3D 曲线 ················· 135	
	7.2.1	投影曲线 ········· 135
	7.2.2	组合曲线 ········· 137
	7.2.3	螺旋线和涡状线 ···· 138
	7.2.4	通过 XYZ 点的曲线 ·· 140
	7.2.5	通过参考点的曲线 ··· 141
	7.2.6	分割线 ············ 142
7.3	实例示范 ················ 144	
	7.3.1	创建 3D 曲线轮廓 ··· 145
	7.3.2	创建螺纹线 ······· 146
	7.3.3	创建涡状线并连接螺旋线和 3D 草图 ········ 148
7.4	本章小结 ················ 149	
7.5	习题 ·················· 149	

第8章 曲面特征的创建与编辑 ······ 150

8.1	创建曲面命令 ············ 151	
	8.1.1	拉伸曲面 ········· 151
	8.1.2	旋转曲面 ········· 152
	8.1.3	扫描曲面 ········· 153
	8.1.4	放样曲面 ········· 154
	8.1.5	边界曲面 ········· 156
	8.1.6	平面区域 ········· 157
8.2	高级曲面设计命令 ········· 157	
	8.2.1	圆角曲面 ········· 157
	8.2.2	等距曲面 ········· 158
	8.2.3	延展曲面 ········· 159
	8.2.4	填充曲面 ········· 160
	8.2.5	中面 ············ 161
	8.2.6	自由形 ··········· 162
8.3	编辑曲面命令 ············ 164	
	8.3.1	延伸曲面 ········· 164
	8.3.2	剪裁曲面 ········· 165
	8.3.3	解除剪裁曲面 ······ 166
	8.3.4	替换面 ··········· 166
	8.3.5	删除面 ··········· 167
	8.3.6	缝合曲面 ········· 168
8.4	实例示范 ················ 168	
	8.4.1	旋转创建入风口 ···· 168
	8.4.2	创建出风口基本曲面 ·· 169
	8.4.3	创建剪裁曲面并剪裁出风口 ·········· 170
	8.4.4	创建吹风机口基本曲面 ·· 172
	8.4.5	缝合曲面并创建圆角 ·· 173
8.5	本章小结 ················ 174	
8.6	习题 ·················· 174	

第9章 零件装配设计 ········· 176

9.1	装配体文件 ··············· 177	
	9.1.1	生成装配体的途径 ··· 177
	9.1.2	创建装配体 ········ 177
	9.1.3	插入零件 ·········· 179

9.1.4 删除零件 180
9.1.5 调整视图 181
9.1.6 零件装配 181
9.1.7 常用配合关系介绍 183
9.2 干涉检查 185
9.2.1 零件的干涉检查 185
9.2.2 物理动力学检查 186
9.2.3 装配体统计 187
9.3 装配体特征 187
9.3.1 装配体创建孔特征 188
9.3.2 切除特征 189
9.3.3 圆角/倒角 190
9.3.4 阵列操作 190
9.4 爆炸视图 190
9.4.1 创建爆炸视图 190
9.4.2 编辑爆炸视图 191
9.4.3 爆炸解除 193
9.5 实例示范 193
9.5.1 新建装配体文件并插入螺杆零件 194
9.5.2 插入垫圈零件并配合约束 195
9.5.3 插入螺母零件并配合约束 196
9.5.4 插入底座零件并配合约束 197
9.5.5 插入顶垫零件并配合约束 199
9.5.6 创建爆炸视图 200
9.6 本章小结 200
9.7 习题 201

第 10 章 工程图设计 202

10.1 工程图 203
10.1.1 工程图概述 203
10.1.2 打开工程图 203
10.1.3 新建工程图 204
10.1.4 工程图打印 205
10.2 图纸格式与工具栏 208
10.2.1 格式说明 208
10.2.2 图纸格式修改 209
10.2.3 "工程图"工具栏 211
10.2.4 "线型"工具栏 212
10.2.5 "图层"工具栏 213
10.3 标准工程视图 213
10.3.1 标准三视图 214
10.3.2 模型视图 215
10.3.3 相对于模型视图 215
10.3.4 预定义的视图 216
10.4 派生的工程视图 216
10.4.1 投影视图 216
10.4.2 辅助视图 217
10.4.3 剪裁视图 218
10.4.4 局部视图 219
10.4.5 剖面视图 219
10.4.6 断裂视图 221
10.5 实例示范 222
10.5.1 创建工程图文件和标准三视图 222
10.5.2 创建剖面视图 223
10.5.3 创建局部放大视图 224
10.6 本章小结 225
10.7 习题 225

第 11 章 添加工程图注释 227

11.1 工程图注释 228
11.1.1 注解选项与属性设定 228
11.1.2 注释操作 228
11.1.3 "对齐"工具栏 230
11.2 尺寸标注 231
11.2.1 标注尺寸 231
11.2.2 自动标注尺寸 232
11.2.3 其他尺寸标注命令 232
11.3 中心线 233
11.3.1 创建中心线 233
11.3.2 创建中心符号线 233
11.4 添加符号 234
11.4.1 添加基准特征与目标 234
11.4.2 表面粗糙度 235
11.4.3 形位公差 236
11.4.4 孔标注 236
11.4.5 装饰螺纹线 237
11.4.6 焊接符号 238
11.4.7 块定义 239
11.4.8 序号标注 240

11.5 实例示范 ………………………… 241	第13章 配置与系列零件表 ………… 268
11.5.1 打开初始文件并	13.1 配置与系列零件表概述 ………… 269
创建中心线 ……………… 242	13.1.1 配置的作用 ……………… 269
11.5.2 尺寸标注 ………………… 243	13.1.2 Excel 设计表的作用 …… 269
11.5.3 添加粗糙度符号 ………… 244	13.1.3 创建配置的方法 ………… 270
11.5.4 创建技术条件 …………… 245	13.1.4 配置内容 ………………… 270
11.6 本章小结 …………………………… 245	13.2 配置 ………………………………… 271
11.7 习题 ……………………………… 246	13.2.1 手动创建配置 …………… 271
第12章 产品测量与分析 …………… 247	13.2.2 管理配置 ………………… 274
12.1 模型测量 …………………………… 248	13.3 Excel 设计表 ……………………… 276
12.1.1 设置单位/精度 ………… 248	13.3.1 创建 Excel 设计表 ……… 276
12.1.2 圆弧/圆测量 …………… 249	13.3.2 修改 Excel 设计表 ……… 276
12.1.3 显示 XYZ 测量 ………… 250	13.3.3 导入 Excel 设计表 ……… 277
12.1.4 面积与长度测量 ………… 250	13.4 库特征 ……………………………… 278
12.1.5 零件原点测量 …………… 251	13.4.1 创建库特征 ……………… 278
12.1.6 投影测量 ………………… 251	13.4.2 使用库特征 ……………… 280
12.2 质量属性与剖面属性 …………… 252	13.5 实例示范 …………………………… 281
12.2.1 质量属性 ………………… 252	13.5.1 创建孔库特征 …………… 281
12.2.2 截面属性 ………………… 253	13.5.2 配置底座特征 …………… 282
12.3 传感器 ……………………………… 254	13.5.3 使用库特征 ……………… 284
12.3.1 传感器类型 ……………… 254	13.6 本章小结 …………………………… 285
12.3.2 创建传感器 ……………… 254	13.7 习题 ………………………………… 286
12.3.3 传感器通知 ……………… 255	第14章 钣金设计 ……………………… 287
12.3.4 编辑、压缩或删除	14.1 钣金设计概述 ……………………… 288
传感器 ………………… 256	14.1.1 钣金分类 ………………… 288
12.4 实体分析与检查 …………………… 256	14.1.2 钣金入门知识 …………… 288
12.4.1 性能评估 ………………… 257	14.1.3 SOLIDWORKS 折弯
12.4.2 检查实体 ………………… 257	系数表 ………………… 290
12.4.3 几何体分析 ……………… 258	14.1.4 SOLIDWORKS 钣金
12.4.4 拔模分析 ………………… 260	设计工具 ……………… 291
12.4.5 厚度分析 ………………… 261	14.2 钣金法兰设计 ……………………… 293
12.5 面分析与检查 ……………………… 262	14.2.1 基体法兰/薄片 ………… 293
12.5.1 误差分析 ………………… 262	14.2.2 边线法兰 ………………… 294
12.5.2 斑马条纹 ………………… 263	14.2.3 斜接法兰 ………………… 295
12.5.3 曲率分析 ………………… 264	14.3 折弯钣金体 ………………………… 296
12.5.4 底切分析 ………………… 265	14.3.1 绘制折弯 ………………… 296
12.6 本章小结 …………………………… 266	14.3.2 褶边 ……………………… 297
12.7 习题 ………………………………… 266	14.3.3 转折 ……………………… 299
	14.3.4 展开 ……………………… 300

14.3.5　折叠 301
　　14.3.6　放样折弯 301
14.4　编辑特征 303
　　14.4.1　拉伸切除 303
　　14.4.2　断开边角/边角剪裁 303
　　14.4.3　闭合角 304
　　14.4.4　转换到钣金 305
　　14.4.5　插入折弯 306
　　14.4.6　切口特征 307
　　14.4.7　钣金角撑板 308
14.5　实例示范 309
　　14.5.1　创建钣金基体并进行切除操作 309
　　14.5.2　创建斜接法兰并进行镜向操作 310
　　14.5.3　展开斜接法兰并进行拉伸切除 312
　　14.5.4　创建边线法兰和闭合角 313
14.6　本章小结 314
14.7　习题 315

第 15 章　焊件设计 316

15.1　焊件设计入门 317
　　15.1.1　焊件设计概述 317
　　15.1.2　焊件特征命令 317
15.2　结构构件 318
　　15.2.1　创建结构构件 318
　　15.2.2　结构构件属性 320
15.3　剪裁/延伸 321
　　15.3.1　"剪裁/延伸"结构构件 321
　　15.3.2　操作注意事项 322
15.4　其他焊件命令 323
　　15.4.1　创建焊缝 323
　　15.4.2　顶端盖 324
　　15.4.3　角撑板 325
15.5　子焊件与切割清单 326
　　15.5.1　子焊件 326
　　15.5.2　创建切割清单 328
　　15.5.3　自定义切割清单 329
15.6　实例示范 330
　　15.6.1　创建下部支撑架 330
　　15.6.2　创建上方圆管，剪裁后添加顶端盖 331
15.7　本章小结 333
15.8　习题 334

第 16 章　渲染与动画 335

16.1　渲染概述 336
　　16.1.1　线框、着色和渲染的区别 336
　　16.1.2　外观布景和贴图功能 337
16.2　产品模型显示 337
　　16.2.1　线框视图 337
　　16.2.2　着色视图 338
16.3　渲染操作 339
　　16.3.1　编辑外观 339
　　16.3.2　编辑布景 341
　　16.3.3　编辑贴图 342
16.4　动画向导 344
　　16.4.1　旋转模型 344
　　16.4.2　创建爆炸动画 346
　　16.4.3　解除爆炸操作动画 348
16.5　本章小结 349
16.6　习题 349

第 1 章 SOLIDWORKS概述

　　SOLIDWORKS 是一个易于使用的，基于特征、参数化和实体建模的设计工具，具有功能强大、易学易用和技术创新三大特点，这使其成为领先的、主流的三维 CAD 绘图软件。SOLIDWORKS 可以提供不同的设计方案，减少设计过程中的误差，提高产品质量。SOLIDWORKS 不仅提供了如此强大的功能，而且对每个工程师和设计师来说，它都具有操作简单、易学易用的特点。

学习目标

1．了解 SOLIDWORKS 的设计特点。
2．熟悉并掌握软件的操作界面。
3．了解软件的参数设置。

1.1　设计特点

在使用 SOLIDWORKS 设计零件时，从最初的草图到最终结果，所创建的模型都是 3D 的。它可以根据 3D 模型创建 2D 工程图，或者由零件或子装配体组成的配合零件，创建 3D 装配体，也可以创建 3D 装配体的 2D 工程图。

在使用 SOLIDWORKS 设计模型时，可以直观地以三维方式（模型加工后的存在方式）显示模型。SOLIDWORKS 最强大的功能之一就是对零件所做的任何更改都会反映到所有相关的工程图或装配体中，这个功能无疑使设计更加便捷。

1. 草图绘制和检查功能

草图设计状态和特征定义状态有明显的区分标志，用户可以很轻易地区分自己所处的操作状态。同时，使用 SOLIDWORKS 绘制草图更加容易，用户可以快速适应并掌握 SOLIDWORKS 灵活的绘图方式。不仅如此，其鼠标操作方式也非常接近 AutoCAD 软件。

在草图绘制过程中，动态反馈和推理可以自动添加几何约束，这使得绘图过程非常简单，并且在草图中以不同的颜色显示不同的状态。

提示：拖动草图的图元可以快速改变草图的形状、几何关系或尺寸值。SOLIDWORKS 可以检查草图的合理性，并提出专家级的解决方案供用户参考。

2. 特征建立及零件与装配的控制功能

强大的基于特征的实体建模功能，可以通过拉伸、旋转、薄壁特征、高级抽壳、特征阵列及打孔等操作来实现零件的设计，也可以对特征和草图进行动态修改。

SOLIDWORKS 可以利用钣金特征直接设计钣金零件，从而使对钣金的正交切除、角处理及边线切口等处理过程变得简单。SOLIDWORKS 提供了大量的钣金成型工具，采用简单的拖动技术便可以建立钣金零件的常用形状。

通过零件和装配体的配置，不仅可以利用现有的设计来建立企业的产品库，还可以解决系列产品的设计问题及配置过程中应用涉及的零件、装配和工程图等问题。

按照同心、重合、距离、角度、相切、宽度、极限等关系，可以设置丰富多样的装配约束。在装配中可以利用现有零件相对于某平面产生镜向，从而产生一个新零件，或者使用原有零件按镜向位置装配并保留装配关系。

3. 工程图

SOLIDWORKS 的视图操作灵活多样，可以建立各种类型的投影视图、剖面视图和局部放大图，具有局部剖视图功能。

SOLIDWORKS 具有极强的尺寸控制能力，便于进行规范的尺寸标注，使图纸标注更规范、更美观。

4. 数据交换

SOLIDWORKS 可以通过标准数据格式与其他 CAD 软件进行数据交换，提供数据诊断功能，允许用户对输入的实体进行特征识别和几何体简化、模型误差设置及冗余拓扑移除。

SOLIDWORKS 利用插件形式提供免费的数据接口，可以很方便地与其他三维 CAD 软件进行数据交换，如 Creo、UG、MDT、SolidEdges 等。

5. "全动感"的用户界面

SOLIDWORKS "全动感"的用户界面使设计过程变得非常轻松。动态控标采用不同的颜色和说明标示目前正在进行的操作，可以使用户很清晰地知道现在正在做什么。

标注可以使用户在图形区域中给定特征的有关参数。鼠标确认和快捷菜单中的命令使设计零件变得非常容易。在建立特征时，无论鼠标指针在屏幕的什么位置，都可以快速建立特征。

1.2 本书术语

本书中涉及的主要技术术语如下。

（1）原点：显示为两个蓝色箭头，代表模型的（0,0,0）坐标。当草图处于激活状态时，草图原点显示为两个红色箭头，代表草图的（0,0,0）坐标。模型原点可以被添加尺寸和几何关系，但草图原点不能被添加尺寸和几何关系。

（2）轴：用于创建模型几何体、特征或阵列的直线。用户可以使用多种不同的方法来创建轴，包括在两个基准面中交叉的轴。SOLIDWORKS 可以采用隐含的方式为模型中的每个圆锥面或圆柱面创建临时轴。

（3）面：有助于定义模型形状或曲面形状的边界。面是模型或曲面上可以被选择的区域（平面的区域或非平面的区域）。

（4）边线：是两个或多个面相交并连接在一起的位置，可以在绘制草图和标注尺寸时选择边线。

（5）顶点：是两条或者多条线或边线相交的点，可以在绘制草图和标注尺寸时选择顶点。

（6）基准面：水平的构造几何体，可以使用基准面来添加 2D 草图、模型的剖面视图和拔模特征中的中性面等。

1.3 操作界面

启动 SOLIDWORKS 2024 中文版（以下统称 SOLIDWORKS）。双击桌面上如图 1-1

所示的图标或选择"开始"→"全部"→"SOLIDWORKS 2024"→"SOLIDWORKS 2024 x64 Edition"命令，弹出如图1-2所示的SOLIDWORKS启动界面，等待片刻即可进入SOLIDWORKS用户界面。

图1-1　SOLIDWORKS桌面图标　　　　图1-2　SOLIDWORKS启动界面

SOLIDWORKS用户界面如图1-3所示，主要由菜单栏、工具栏、管理器窗口、绘图区域、状态栏和任务窗格6部分组成。

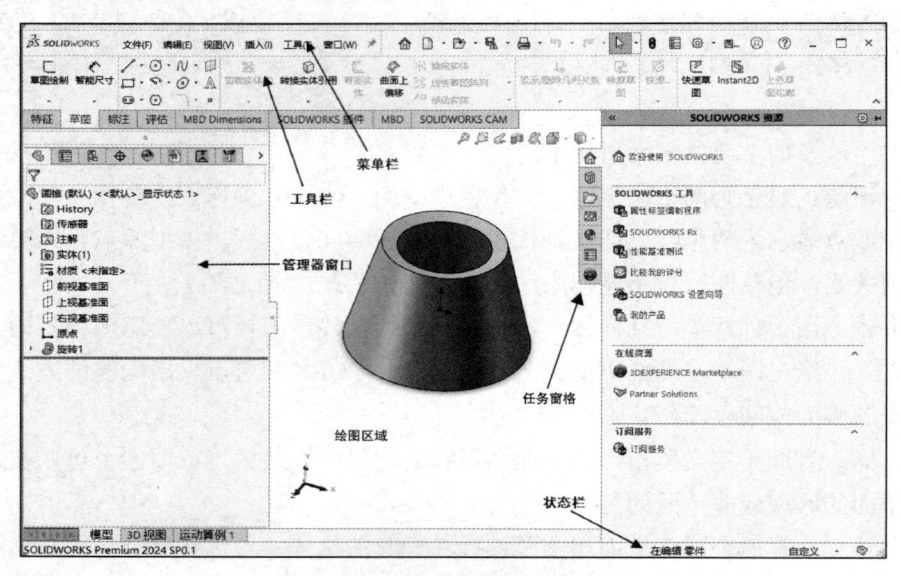

图1-3　SOLIDWORKS用户界面

1.3.1　菜单栏

SOLIDWORKS的菜单栏如图1-4所示，包括"文件"、"编辑"、"视图"、"插入"、"工具"和"窗口"6个菜单。

图1-4　菜单栏

1. "文件"菜单

"文件"菜单中包括"新建"、"打开"、"保存"、"页面设置"和"打印"等命令，如

图 1-5 所示。

2. "编辑"菜单

"编辑"菜单中包括"剪切"、"复制"、"粘贴"、"删除"、"压缩"、"对象"和"外观"等命令，如图 1-6 所示。

3. "视图"菜单

"视图"菜单中包括"显示"、"修改"和"隐藏/显示"等命令，如图 1-7 所示。其中"隐藏/显示"命令下包括"基准面"、"基准轴"、"坐标系"和"原点"等子命令。

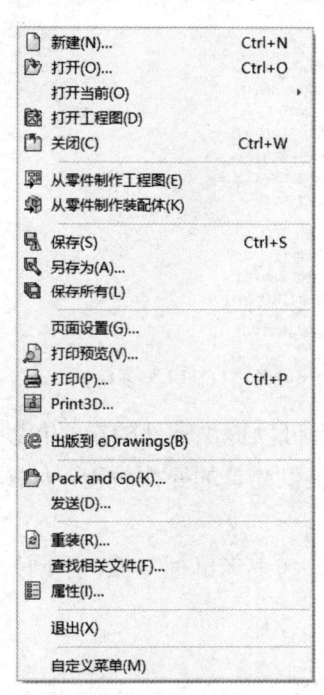

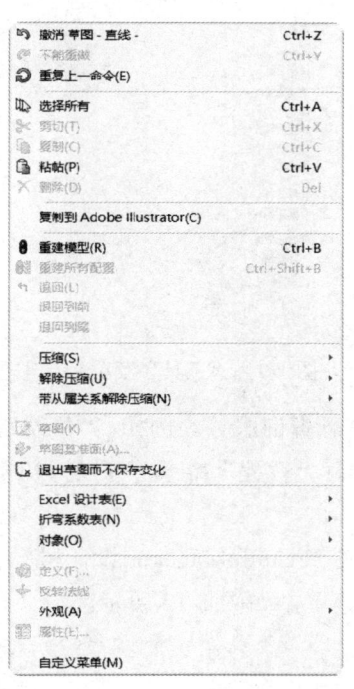

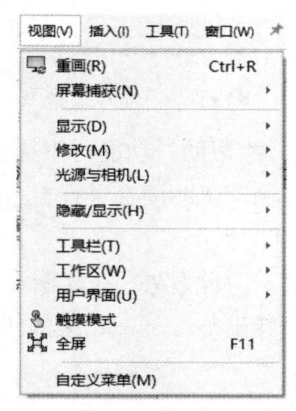

图 1-5 "文件"菜单　　图 1-6 "编辑"菜单　　图 1-7 "视图"菜单

4. "插入"菜单

"插入"菜单中包括"凸台/基体"、"切除"、"特征"、"曲面"、"钣金"和"爆炸视图"等命令，如图 1-8 所示。这些命令的效果也可以根据"特征"工具栏中对应的按钮来实现。

5. "工具"菜单

"工具"菜单中包括"比较"、"查找/修改"、"草图绘制实体"、"草图工具"、"草图设置"和"尺寸"等命令，如图 1-9 所示。

6. "窗口"菜单

"窗口"菜单中包括"视口"、"新建窗口"和"层叠"等命令，如图 1-10 所示。

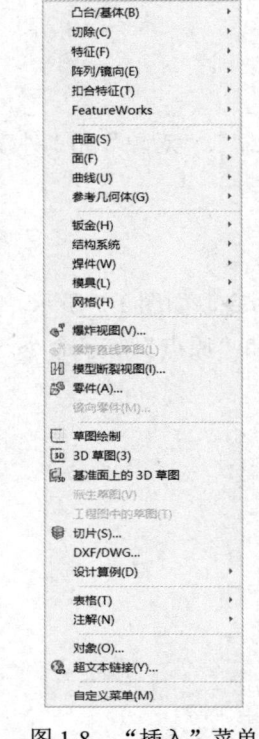

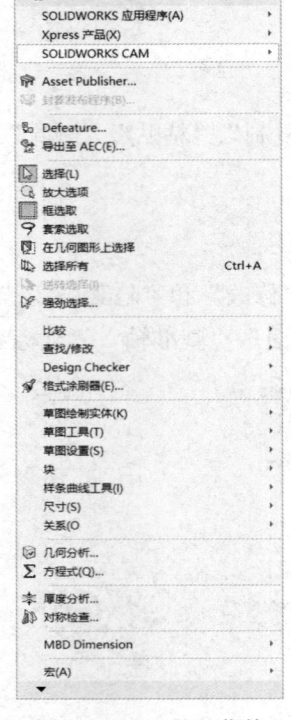

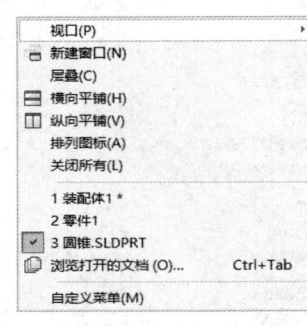

图1-8 "插入"菜单　　图1-9 "工具"菜单　　图1-10 "窗口"菜单

"帮助"功能可以提供信息查询服务。例如,"帮助"命令可以提供软件的在线帮助文档,帮助读者进行自主学习;"教程"命令,可以为初学者提供简单的操作教程,如图1-11所示。

除此之外,在绘图窗口或"FeatureManager 设计树"中右击(单击鼠标右键,下同),可弹出与上下文相关的快捷菜单,如图1-12所示。

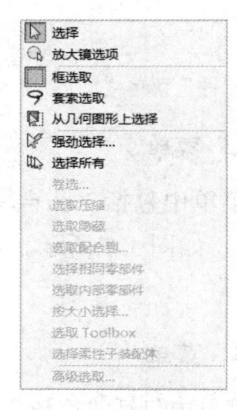

图1-11 "帮助"和"教程"命令　　图1-12 快捷菜单

1.3.2 工具栏

工具栏位于菜单栏的下方,共有两排,可根据需要自定义工具栏的位置和内容。

工具栏上排为"标准"工具栏，如图 1-13 所示。下排为"命令管理器"工具栏，如图 1-14 所示。

图 1-13 "标准"工具栏

图 1-14 "命令管理器"工具栏

> "命令管理器"工具栏是可以改变的，可通过单击"特征"、"草图"和"曲面"等选项卡名称切换工具栏。

右击工具栏空白处，可弹出工具栏快捷菜单，如图 1-15 和图 1-16 所示。用户可根据需要来增加或移除工具栏中的内容。

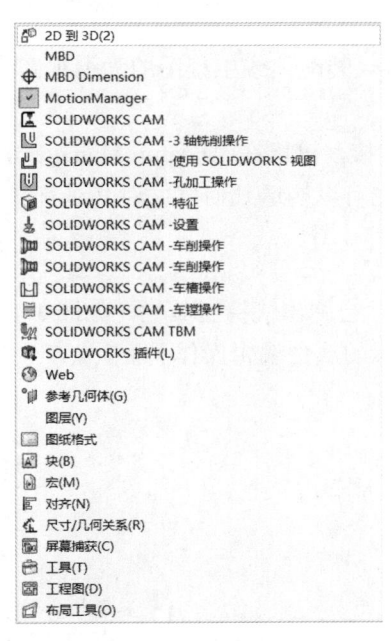

图 1-15 工具栏快捷菜单（1）　　图 1-16 工具栏快捷菜单（2）

1.3.3 状态栏

状态栏用于显示正在操作的对象所处的状态，如图 1-17 所示。

图 1-17 状态栏

状态栏所提供的信息如下。

（1）当鼠标指针滑过工具按钮或选择菜单命令时进行简要说明。

（2）如果用户要求重建草图或更改零件，则显示 🛢（重建模型）图标。

（3）用户在绘图区域中进行相关操作时，显示草图状态和鼠标指针坐标。

（4）显示用户正在编辑的零件的信息。

（5）显示最近两次保存之间的时间间隔。

1.3.4 管理器窗口

管理器窗口包括 🍥（FeatureManager 设计树）、🖹（PropertyManager）、🔠（ConfigurationManager）、✥（DimXpertManager）和 🌐（DisplayManager）、🍥（SOLIDWORKS CAM 特征树）、🔲（SOLIDWORKS CAM 操作树）、🔧（SOLIDWORKS CAM 刀具树）8 个选项。其中"FeatureManager 设计树"和"PropertyManager"使用较为普遍。"SOLIDWORKS CAM 特征树"的 3 个模块此处不再介绍。

1. FeatureManager 设计树

"FeatureManager 设计树"可以提供激活零件、装配体或工程图的大纲视图，使观察零件或检查工程图纸更加方便，如图 1-18 所示。

"FeatureManager 设计树"与绘图区域动态链接，可以在"FeatureManager 设计树"中快速选择所绘制实体的特征、草图、工程图，也可以构造几何体并对其进行快速编辑。

2. PropertyManager

单击"FeatureManager 设计树"中的特征后，会弹出快捷工具栏，如图 1-19 所示，单击 🍥（编辑特征）按钮，会弹出如图 1-20 所示的属性编辑操作面板。

图 1-18　FeatureManager 设计树　　　　图 1-19　快捷工具栏

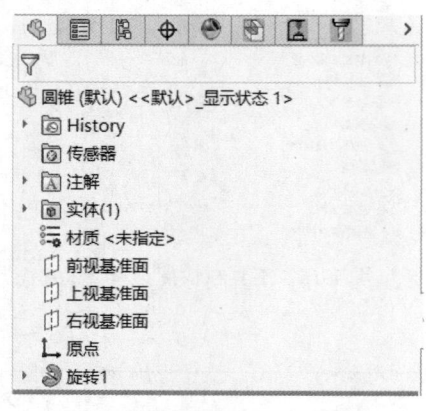

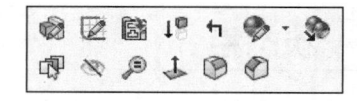

- "PropertyManager"中包括 ✓（确定）、✗（取消）等按钮。
- 选项组是带有组标题（如"旋转轴"）的一组相关参数设置，单击 ∧ 或 ∨ 按钮，可以扩展或折叠选项组，如图 1-21 所示。

第 1 章
SOLIDWORKS 概述

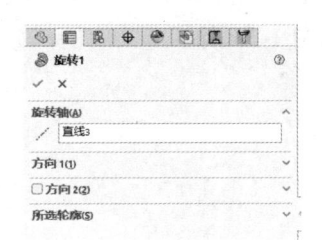

图 1-20　属性编辑操作面板　　　　　图 1-21　选项组

- 当选择框处于激活状态时，显示为蓝色，如图 1-22 所示。在其中任意选择一个选项，所选选项在绘图区域中会高亮显示。

如果需要删除选择框中的所选选项，则可右击该选项，并在弹出的快捷菜单中选择"删除"命令。如果需要删除所有选项，则可在弹出的快捷菜单中选择"消除选择"命令，如图 1-23 所示。

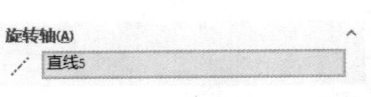

图 1-22　处于激活状态的选择框　　　　　图 1-23　删除所选选项

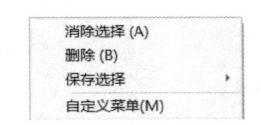

- 分隔条可以控制"PropertyManager"的显示窗口，将其与绘图区域分隔开，如图 1-24 所示。将鼠标指针置于分隔条上，按住鼠标左键并拖动，可以调整"PropertyManager"的宽度。

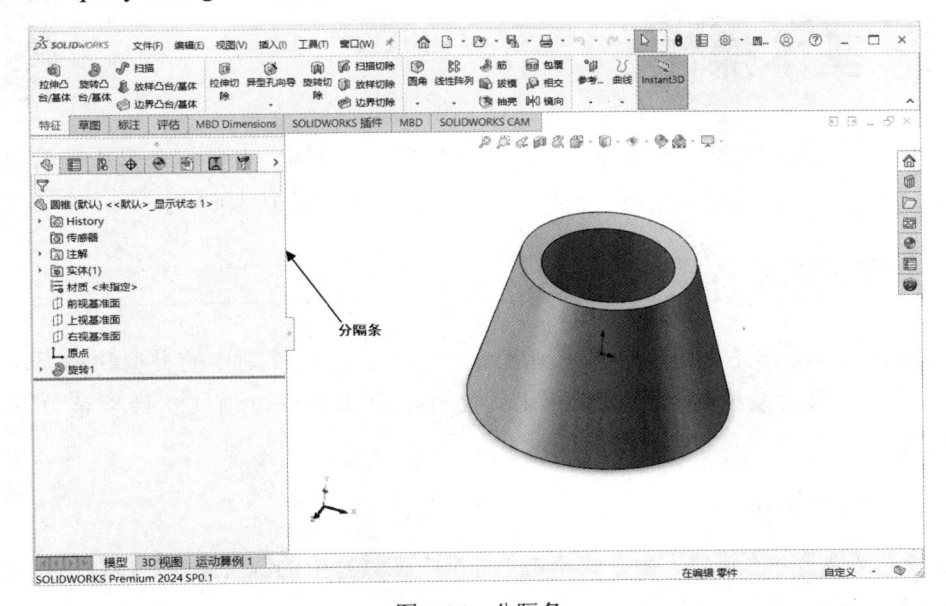

图 1-24　分隔条

9

1.3.5　任务窗格

任务窗格包括"SOLIDWORKS 资源"、"设计库"、"文件探索器"和"视图调色板"等按钮，如图 1-25 所示，其中的部分任务窗格如图 1-26 所示。

图 1-25　任务窗格按钮

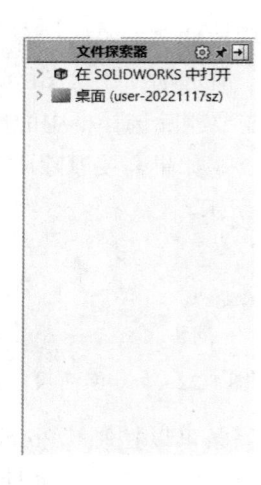

图 1-26　部分任务窗格

1.4　基本操作

SOLIDWORKS 提供了多种辅助创建三维图的操作方法，本节将介绍 3 种常用的基本操作，分别为文件的基本操作、选择的基本操作和视图的基本操作。

1.4.1　文件的基本操作

文件的基本操作是软件设计的基础操作，它定义了零件制作的类型和种类，并由此进行了一系列的系统参数设置和应用。文件的基本操作可由"文件"菜单下的命令来实现。

1．"新建"命令

选择"文件"→"新建"命令或单击"标准"工具栏中的 ▢（新建）按钮，弹出"新建 SOLIDWORKS 文件"对话框，如图 1-27 所示。

"新建 SOLIDWORKS 文件"对话框用于定义新建文件的类型，包括零件、装配体和工程图。单击"高级"按钮，弹出"新建 SOLIDWORKS 文件"高级对话框，如图 1-28 所示。

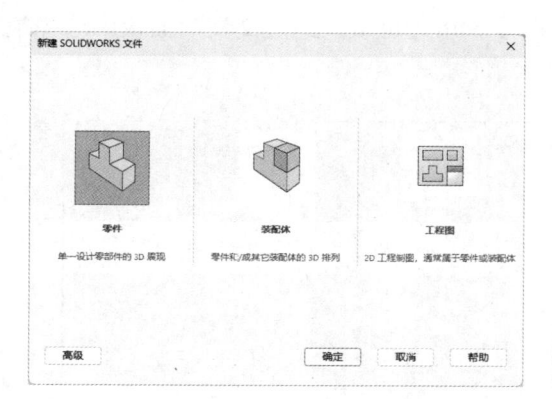

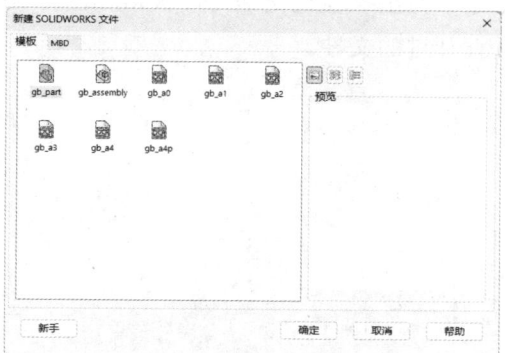

图 1-27 "新建 SOLIDWORKS 文件"对话框   图 1-28 "新建 SOLIDWORKS 文件"高级对话框

2. "打开"命令

在 SOLIDWORKS 用户界面中，如果是第一次打开 SOLIDWORKS 文件，则在菜单栏选择"文件"→"打开"命令，或者单击"标准"工具栏中的 （打开）按钮，即可弹出"打开"对话框，如图 1-29 所示。

根据已知文件路径寻找 SOLIDWORKS 文件，可对选中的文件进行预览，单击"打开"按钮，可打开文件。

图 1-29 "打开"对话框

提示：SOLIDWORKS 可以打开属性为"只读"的文件，也可以将"只读"文件插入装配体中并建立几何关系，但不能保存"只读"文件。

如果要打开最近查看过的文件，则可选择"标准"工具栏中的"浏览最近文档"命令，弹出"最近文档"面板，如图 1-30 所示。用户可从"最近文档"面板中选择最近打开过的文件。

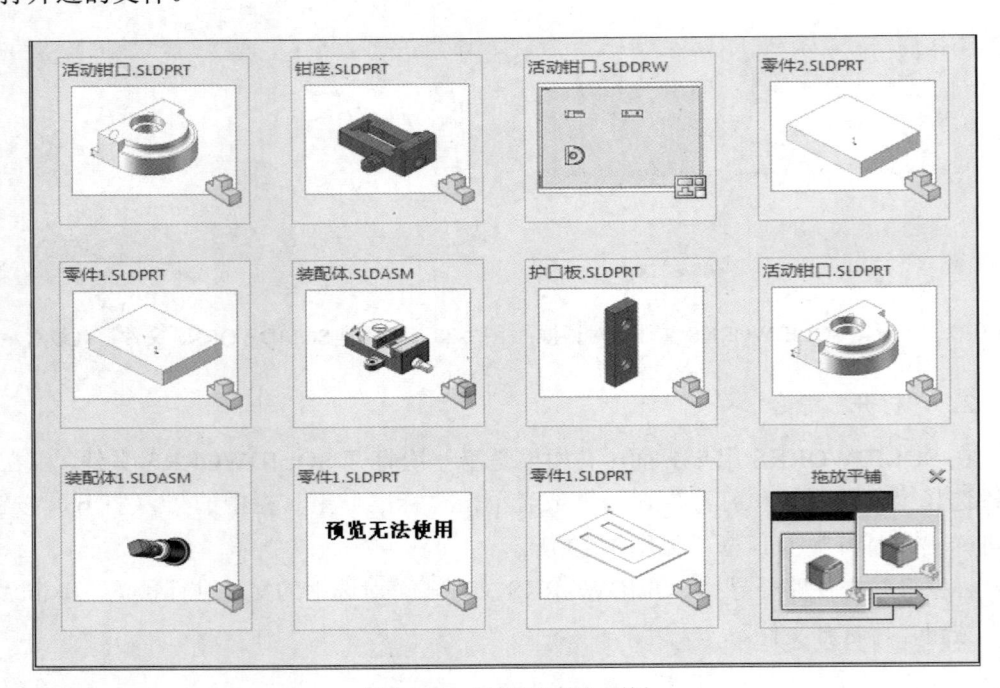

图 1-30 "最近文档"面板

3．"保存"命令

SOLIDWORKS 提供了 4 种保存文件的方法，保存、另存为、全部保存和出版到 eDrawings 文件。这 4 种保存文件的方法介绍如下。

- 保存：将修改后的文件保存到当前文件夹中，用户可通过单击 （保存）按钮来执行此操作或选择"文件"→"保存"命令进行操作。
- 另存为：将文件作为备份另存到其他文件夹中，用户可通过选择"文件"→"另存为"命令进行操作。
- 全部保存：将绘图区域中操作的多个文件全部修改后保存到各自的文件夹中，用户可通过选择"文件"→"保存所有"命令进行操作。
- 出版到 eDrawings 文件：eDrawings 是 SOLIDWORKS 集成的出版程序，通过该程序可以将文件保存为.cprt 格式，用户可通过选择"文件"→"出版到 eDrawings 文件"命令进行操作。

提示：在初次保存文件时，程序会弹出"另存为"对话框，如图 1-31 所示，用户可以更改文件名，也可以沿用原有名称。

图 1-31 "另存为"对话框

4. "关闭"命令

要退出（或关闭）单个零件，单击 SOLIDWORKS 用户界面右上方的 × （关闭）按钮即可。要同时关闭多个文件，可以在菜单栏中选择"窗口"→"关闭所有"命令。关闭零件后即可返回 SOLIDWORKS 首界面。

1.4.2 选择的基本操作

在 SOLIDWORKS 中，（选择）按钮是使用次数最多的工具之一。此外，按键盘中的"Esc"键也可以取消当前"选择"操作。

为了便于选择，鼠标指针在指向绘制实体时，实体会高亮显示。同时，所选实体的形状不同，几何关系和实体类型也不同。

单击"标准"工具栏中的（选择）按钮，进入选择状态。

1. 选择单个实体

单击绘图区域中的实体以选择。

2. 选择多个实体

如果需要选择多个实体，则在选中第一个实体后按住"Ctrl"键，再次进行选择。

3. 使用选择框选择实体

在选择实体时，拖动鼠标指针创建矩形框，位于矩形框内的所有实体均会被选中。同时，可以通过"选择过滤器"工具栏选择不同类型的实体。

4. 右击选择实体

- 选择中点：可以选择草图、零件边线等的中点来创建其他实体，如基准面。右击边线，在弹出的快捷菜单中选择"选择中点"命令，如图1-32所示。
- 选择环：连续右击选择实体相连边线组成的环，可以将圆角或倒角等特征应用到所选实体中，隐藏的边线会被同时选中；也可以右击选择实体边线环中的一条边线，在弹出的快捷菜单中选择"选择环"命令，如图1-33所示。当边线环被选中时，将出现控标以显示环的方向，如图1-34所示。

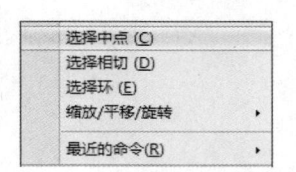

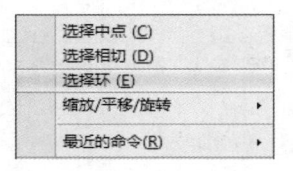

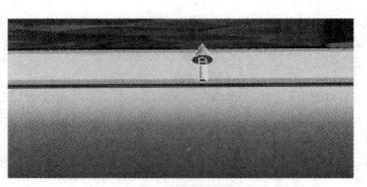

图1-32 "选择中点"命令　　图1-33 "选择环"命令　　图1-34 出现控标

- 选择其他：要选择被其他项目遮挡或隐藏的项目，可以将鼠标指针指向要选择的项目并右击，在弹出的快捷工具栏中单击（选择其他）按钮，如图1-35所示。

图1-35 单击（选择其他）按钮

5. 在"FeatureManager 设计树"中选择实体

- 在"FeatureManager 设计树"中单击相应的名称，可以选择对应的特征、草图、基准面等实体。
- 在选择实体的同时按住"Shift"键，可以在"FeatureManager 设计树"中选择多个连续项目。
- 在选择实体的同时按住"Ctrl"键，可以在"FeatureManager 设计树"中选择多个非连续项目。

6. 在草图或工程图中选择实体

在草图或工程图中，可以使用（选择）按钮进行以下操作。
- 选择草图实体。
- 拖动草图实体或边线来改变草图形状。
- 拖动选框选择多个草图实体。
- 选择尺寸并拖动到新位置。

7. 使用"选择过滤器"工具栏选择实体

"选择过滤器"工具栏有助于在绘图区域或工程图中选择特定的边、面，或者二维的或三维的实体，如图 1-36 所示。例如，(过滤边线)只允许边线的选择。

右击工具栏空白处，在弹出的快捷菜单中单击 (选择过滤器) 按钮，使"选择过滤器"工具栏可见，如图 1-37 所示。

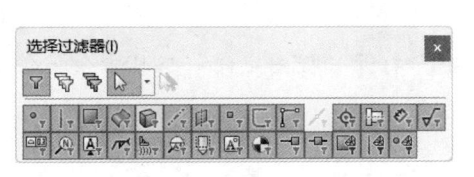

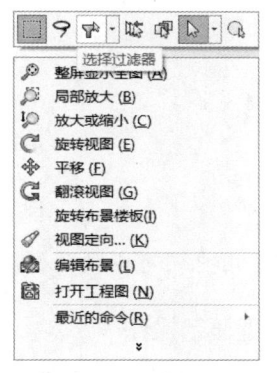

图 1-36 "选择过滤器"工具栏　　　　图 1-37 单击 (选择过滤器) 按钮

如果需要选择特定项目，则可以在"选择过滤器"工具栏中单击相应按钮，如图 1-38 所示。当鼠标指针经过相应物体时，制定类别项目会被标识出来，这样可以过滤其他项目，只选择指定项目。

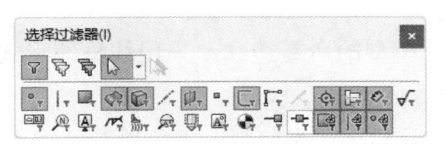

图 1-38 在"选择过滤器"工具栏中单击相应按钮

1.4.3 视图的基本操作

在 SOLIDWORKS 中，视图操作包括两方面，一是从不同视角观察模型而得到的视角视图；二是模型的显示方式视图。"视图"工具栏如图 1-39 所示。

图 1-39 "视图"工具栏

1. 视图显示操作

SOLIDWORKS 提供了多视角的显示方式，包括 (等轴测)、 (上下二等角轴测)、 (左右二等角轴测)、 (后视)、 (前视)、 (上视)、 (下视)、 (右视)、 (左视) 和 (正视于) 等视图。

当在绘图过程中指定了模型的任意视图后，为了便于观察和设计，通常会单击 (正视于) 按钮，使当前编辑图形与屏幕平行。

选择视图类型的方法有以下几种。

- 单击"视图"工具栏中的相应按钮。

- 单击绘图区域正上方工具栏中的 按钮，在"视图定向"工具命令集合中选择相应的视图，如图1-40所示。

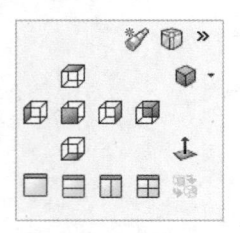

图1-40 "视图定向"工具命令集合

提示：用户还可以使用键盘中的"空格键"打开"视图定向"工具命令集合。

2. 模型显示操作

通过单击"视图"工具栏中的相应按钮，实现不同的模型显示。SOLIDWORKS 提供了以下几种显示方式。

- （带边线上色视图）：使用模型的边线显示其上色视图。以效果模式显示模型的上色视图，效果逼真，但显示速度慢。
- （上色）：显示模型的上色视图。
- （线架图）：显示模型的所有边线。采用线框的形式显示模型，无论隐藏线还是可见线都以实线显示。
- （消除隐藏线）：只显示在当前视图中可以看到的模型边线。
- （隐藏线可见）：显示所有模型边线，但当前视图所隐藏的边线以不同的颜色或字体显示。
- （上色模式中的阴影）：在模型中加入阴影。
- （透视图）：使用透视方式显示模型，以这种方式生成的视图为真实感视图。
- （剖面视图）：单击此按钮，在"PropertyManager"中弹出"剖面视图"面板，如图1-41所示。

图1-41 "剖面视图"面板

1.5 鼠标的应用

鼠标和键盘按键在 SOLIDWORKS 中的应用频率非常高，借助鼠标和键盘按键可以实现平移、缩放、旋转、绘制几何图案和创建特征等操作。

1.5.1 鼠标的快捷应用

基于 SOLIDWORKS 的特点，推荐用户使用三键滚轮鼠标，在设计时可以有效提高设计效率。下面详细介绍三键滚轮鼠标各部分的作用。

1．左键

作用：选择命令和绘制几何图元等。
提示：单击或双击鼠标左键，可选择不同的命令。

2．中键（滚轮）

作用：放大或缩小视图、平移、旋转。
提示：按住"Shift"键的同时按住鼠标中键并上下移动鼠标，可以放大或缩小视图；直接滚动滚轮，也可以放大或缩小视图。
按住"Ctrl"键的同时按住鼠标中键并移动鼠标，可将模型按鼠标移动的方向进行平移。
按住鼠标中键并移动鼠标指针，可旋转模型。

3．右键

按住鼠标右键，可通过"鼠标笔势指南"在零件或装配体模式中设置上视、下视、左视和右视 4 种基本定向视图。
按住鼠标右键，可通过"鼠标笔势指南"在工程图模式中设置 8 个工程图指导。

1.5.2 鼠标笔势

鼠标笔势可作为选择命令的快捷键，它类似于键盘快捷键。根据文件模式的不同，按住鼠标右键并拖动可弹出不同的鼠标笔势。

在零件模式或装配体模式中，当用户按住鼠标右键并拖动鼠标指针时，会弹出包含 4 种定向视图的"鼠标笔势指南"，如图 1-42 所示。当鼠标指针移动至一个方向的命令映射时，鼠标笔势指南会高亮显示即将选取的命令。

在工程图模式或草图模式中，当用户按住鼠标右键并拖动鼠标指针时，会弹出包含 4 种工程图命令的"鼠标笔势指南"，如图 1-43 所示。

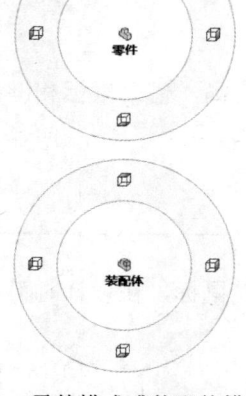

图 1-42　零件模式或装配体模式下的
"鼠标笔势指南"

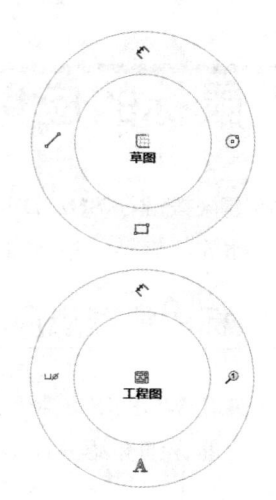

图 1-43　工程图模式或草图模式下的
"鼠标笔势指南"

用户还可在"鼠标笔势指南"中添加其他方式的笔势。通过"自定义"命令，在"自定义"对话框的"鼠标笔势"选项卡中选择"8笔势"选项即可，如图 1-44 所示。

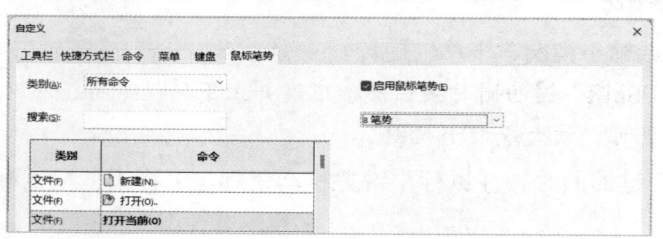

图 1-44　添加其他方式的笔势

当默认的 4 笔势被修改为 8 笔势后，再次在零件模式或工程图模式下按住鼠标右键并拖动鼠标指针，会弹出 8 笔势的"鼠标笔势指南"，如图 1-45 所示。

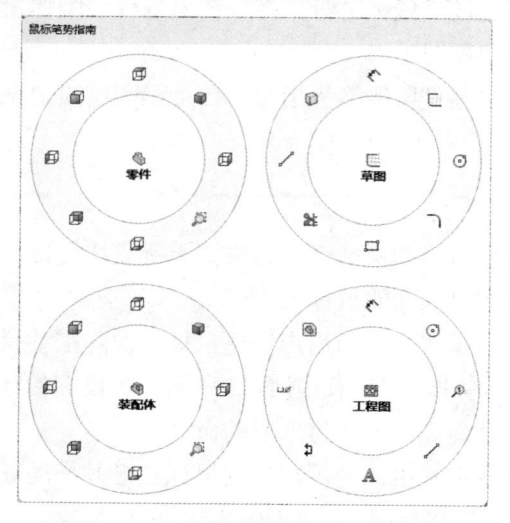

图 1-45　8 笔势的"鼠标笔势指南"

提示：如果要取消正在使用的鼠标笔势，则在"鼠标笔势指南"中放开鼠标右键即可，或者选择另一个笔势，当前"鼠标笔势指南"界面会自动消失。

1.6 本章小结

本章主要介绍了 SOLIDWORKS 的软件界面和基本操作，以及鼠标、键盘按键的快捷用法。本章为 SOLIDWORKS 的基础内容，读者可以通过学习本章内容，为以后绘制草图、创建零件、设计产品打下坚实基础。

1.7 习题

一、填空题

1．SOLIDWORKS 最强大的功能之一就是对零件所做的任何_____都会反映到所有相关的工程图或装配体中，这个功能无疑使设计更加便捷。

2．SOLIDWORKS 用户界面，主要由_____、_____、管理器窗口、_____、_____和任务窗格 6 部分组成。

3．任务窗格包括"SOLIDWORKS 资源"、_____、"文件探索器"、"视图调色板"等按钮。

4．文件的基本操作是软件设计的基础操作，它定义了零件制作的_____和_____，并由此进行了一系列的系统参数设置和应用。

5．"FeatureManager 设计树"与绘图区域_____链接，可以在"FeatureManager 设计树"中快速选择所绘制实体的特征、_____、工程图，也可以构造几何体并对其进行快速编辑。

二、问答题

1．请简述如何使用鼠标的左键、中键、右键进行快捷操作。

2．视图操作包括哪两方面内容？

第 2 章

创建基准

基准特征在创建各种特征时可起到辅助、参照作用。基准特征主要包括参考坐标系、参考基准轴、参考基准面、参考基准点等。每种基准特征都有不同形式的创建方法,在实际的设计工作中,应根据设计要求进行灵活选择。

学习目标

1. 熟练掌握参考坐标系的用法。
2. 熟练掌握参考基准轴的用法。
3. 熟练掌握参考基准面的用法。
4. 熟练掌握参考基准点的用法。

2.1 参考坐标系

参考坐标系为平面系统，用于为特征、零件和装配体指派笛卡儿坐标。零件和装配体文件中包含默认坐标系。其他坐标系可以使用参考几何体定义，用于测量及将文件输出为其他文件格式。

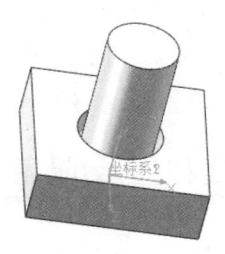

2.1.1 参考坐标系的应用场合

参考坐标系在每个不同应用场合中的作用不同，下面介绍参考坐标系在不同场合中的应用。

1. 作为创建缩放实体的参照

在创建实体时，可选择坐标系作为缩放比例点，需选择一处坐标作为参照进行缩放，缩放前的零件如图 2-1 所示，缩放后的零件如图 2-2 所示。

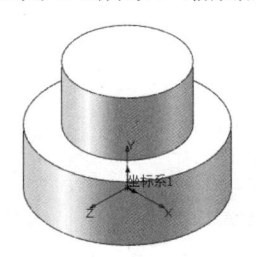

图 2-1 缩放前的零件　　　　图 2-2 缩放后的零件

2. 作为草图尺寸约束或测量距离的参照

在进行草图尺寸约束或实体测量时，可选择坐标系作为参照。以坐标系为参照的草图尺寸约束如图 2-3 所示。

3. 零件装配

通过选择两个零件的参考坐标系来进行匹配约束。以坐标系为参照的零件装配如图 2-4 所示。

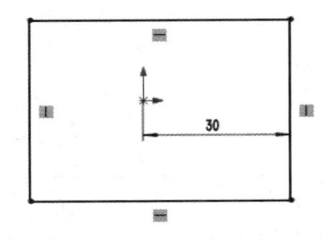

图 2-3 以坐标系为参照的草图尺寸约束　　　　图 2-4 以坐标系为参照的零件装配

2.1.2 参考坐标系的创建方法

在创建参考坐标系时，应首先选择一处原点作为参照，然后选择顶点、边线、面来定义 X 轴、Y 轴、Z 轴的方向。具体操作步骤如下。

（1）在"参考几何体"的下拉菜单中选择"坐标系"选项，如图 2-5 所示，弹出"坐标系"面板，如图 2-6 所示。

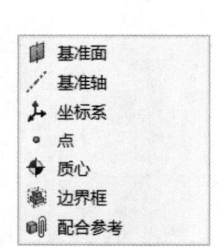

图 2-5 选择"坐标系"选项　　　　图 2-6 "坐标系"面板

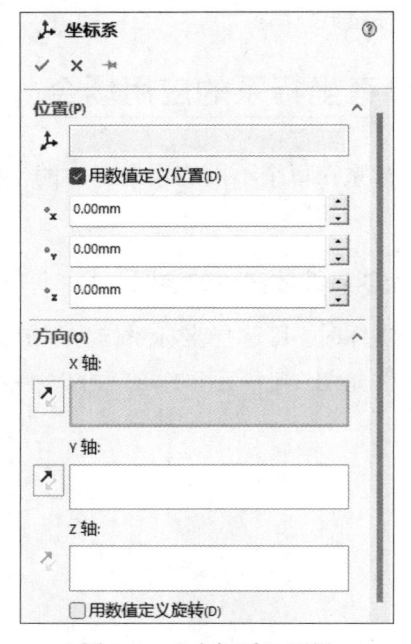

（2）定义 ↳（原点）。单击激活选择框，并在绘图区域选择零件或装配体中的点（顶点、中点或默认的原点）。

（3）定义"X 轴"、"Y 轴"和"Z 轴"的方向。单击激活对应的选择框，并在绘图区域中按以下方法之一定义所选轴的方向。

- 单击顶点、原点或中点，则轴与所选点对齐。
- 单击边线或草图直线，则轴与所选边线或草图直线平行。
- 单击非线性边线或草图实体，则轴与选中实体的所选位置对齐。
- 单击平面，则轴与所选平面的垂直方向对齐。

（4） ↗（反选轴方向）按钮用于反选轴的方向。

坐标系定义完成后，单击 ✓（确定）按钮。

2.1.3 修改和显示/隐藏参考坐标系

修改参考坐标系和显示/隐藏参考坐标系的操作方法如下。

1. 将参考坐标系平移至新位置

在"FeatureManager 设计树"中单击已创建的参考坐标系图标,在弹出的快捷菜单中单击 (编辑特征)按钮,弹出"坐标系"面板,如图 2-7 所示。在绘图区域中将原点平移至点后,单击 ✓(确定)按钮。

2. 切换参考坐标系的显示

如果要切换参考坐标系的显示,则选择"视图"→"坐标系"命令。如果菜单命令左侧图标被选中,则表示参考坐标系可见。

3. 显示/隐藏参考坐标系

在"FeatureManager 设计树"中右击已创建的坐标系图标,在弹出的快捷菜单中单击 (显示)或 (隐藏)按钮,如图 2-8 所示。

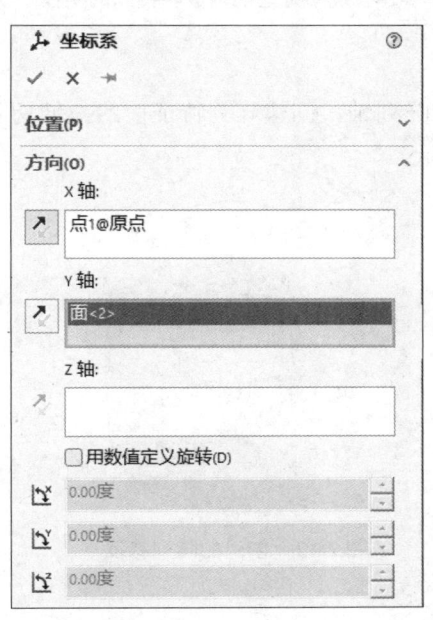

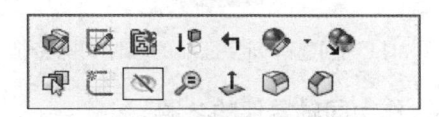

图 2-7 "坐标系"面板   图 2-8 单击 (隐藏)按钮

2.2 参考基准轴

参考基准轴是创建特征的旋转中心和装配的基准参考。通常情况下,采用"拉伸"方式创建的圆柱体将自动产生参考基准轴。

2.2.1 参考基准轴的应用场合

参考基准轴被广泛应用于特征的旋转、圆形阵列和装配配合等场合,详细介绍如下。

1. 作为中心线

在创建旋转实体或曲面时，可选择参考基准轴作为中心线，创建的草图如图 2-9 所示，绕参考基准轴旋转得到的实体如图 2-10 所示。

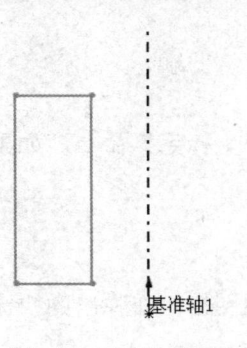

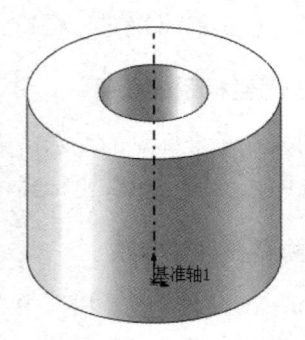

图 2-9　创建的草图　　　　　图 2-10　绕参考基准轴旋转得到的实体

2. 作为阵列轴

在创建圆周阵列时，可选择参考基准轴作为阵列轴，创建阵列特征前的拉伸切除特征如图 2-11 所示，创建的阵列特征如图 2-12 所示。

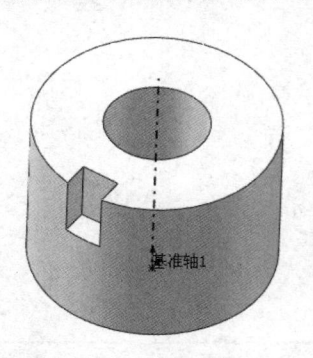

图 2-11　创建阵列特征前的拉伸切除特征　　　　　图 2-12　创建的阵列特征

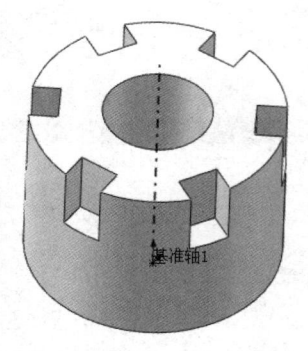

3. 作为同轴零件的参照

在创建同轴的两个零件时，可将两个零件的中心轴定位到同一条线上，以确保两个零件处于同一个轴上。

2.2.2　参考基准轴的创建方法

前面介绍了参考基准轴的应用场合，接下来介绍参考基准轴的创建方法。

在"（参考几何体）"下拉菜单中选择"（基准轴）"选项，弹出"基准轴"面板，如图 2-13 所示，在"选择"选项组中选择的不同选项，以创建不同类型的基准轴。

- （一直线/边线/轴）：选择一个草图或一条边线创建基准轴，或者选择临时轴作为基准轴，如图 2-14 所示。

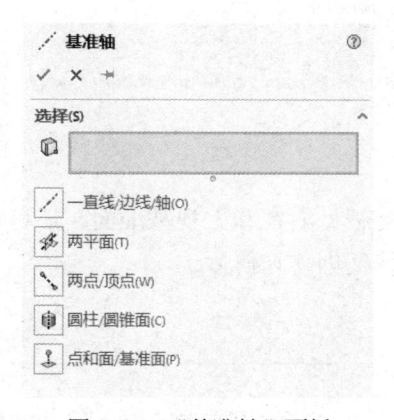

图 2-13 "基准轴"面板　　　　图 2-14 选择临时轴作为基准轴

- ▨（两平面）：选择两个平面，以其交叉线作为基准轴，如图 2-15 所示。
- ▨（两点/顶点）：选择任意两个点的连线作为基准轴，如图 2-16 所示。

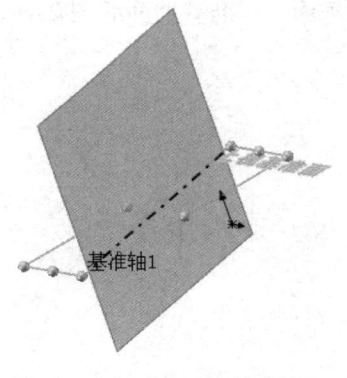

图 2-15 创建交叉线基准轴　　　　图 2-16 创建两点间基准轴

- ▨（圆柱/圆锥面）：选择圆柱面或圆锥面，以其轴线作为基准轴，如图 2-17 所示。
- ▨（点和面/基准面）：选择一个平面或基准面，之后选择一个点，由此创建的轴通过所选的点垂直于所选的面，如图 2-18 所示。

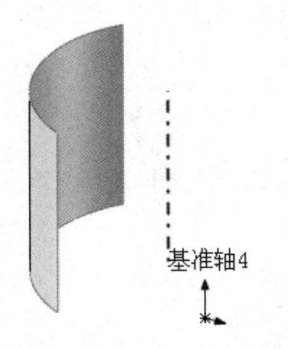

图 2-17 创建圆柱面基准轴　　　　图 2-18 创建点面间基准轴

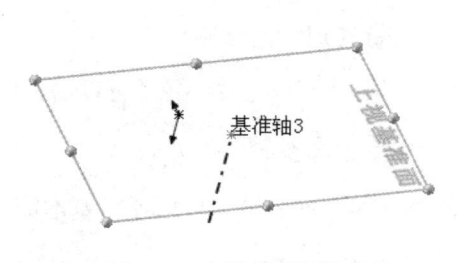

属性设置完成后，单击 ✓（确定）按钮。

2.3 参考基准面

除了"FeatureManager 设计树"中默认的前视、右视和上视基准面，还可以创建参考基准面。参考基准面用于绘制草图截面和为特征创建几何体。

2.3.1 参考基准面的应用场合

参考基准面的应用场合非常广泛，如草绘截面、零件的方向定位、尺寸的标注等。

1. 作为草图平面

在创建拉伸、旋转实体或曲面时，必须绘制草图截面。当工作窗口中无任何特征或无平面作为草绘平面时，可选择基准面作为草绘平面。标准基准面如图 2-19 所示，在前视基准面中绘制草图如图 2-20 所示。

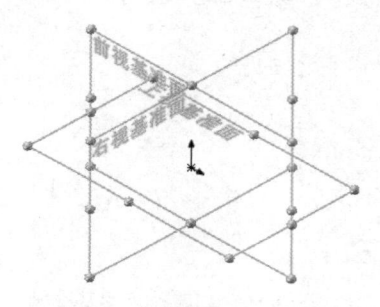

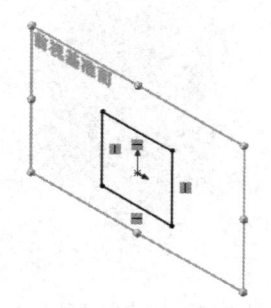

图 2-19　标准基准面　　　　图 2-20　在前视基准面中绘制草图

2. 定义基准面

当要查看前后、左右、上下特征时，除了可以选择 "视图定向"工具命令集合中的"前视"、"后视"和"左视"等原系统现有的视图方位视角，还可以单击 （正视于）按钮，选择一处基准面来定义零件视图的方向。

3. 作为标注尺寸的参照

在标注草图截面尺寸时，除了可以选择原点作为参照，还可以选择基准面作为参照。

4. 作为剖切面参照

在创建剖切面视图时，可以使用基准面作为参照。

2.3.2 参考基准面的创建方法

前面介绍了参考基准面的应用场合，接下来介绍参考基准面的创建方法。

（1）在"参考几何体"下拉菜单中选择"基准面"选项，弹出"基准面"面板，如图 2-21 所示。

（2）单击激活"第一参考"选择框，选择需要创建的基准面类型和项目。

- （平行）：通过模型表面创建基准面，如图 2-22 所示。

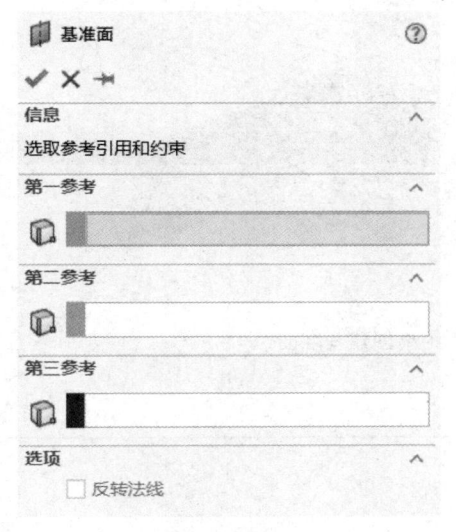

图 2-21　"基准面"面板 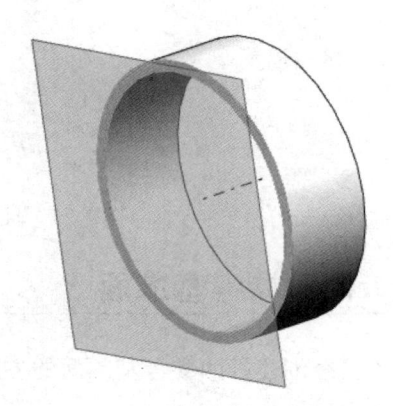　　　　图 2-22　通过模型表面创建基准面

- （垂直）：创建垂直于边线、轴线或平面的基准面，如图 2-23 所示。
- （重合）：通过点、线、面创建基准面。
- （两面夹角）：通过一条边线与一个面形成的夹角来创建基准面，如图 2-24 所示。

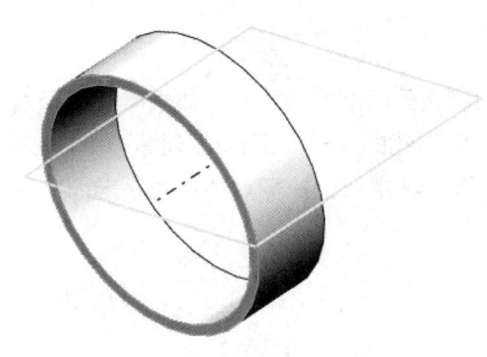

图 2-23　垂直于轴线创建基准面 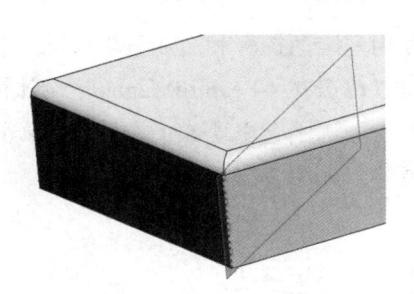　　　　图 2-24　通过两面夹角创建基准面

- （等距距离）：在平行于某个面的指定距离上创建等距基准面。首先选择一个平面，然后设置"距离"参数，如图 2-25 所示。
- "反转等距"：勾选"反转等距"复选框，在反方向上创建基准面。

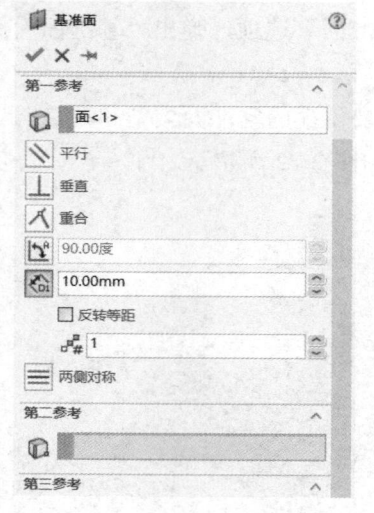

图 2-25　通过等距距离创建基准面

2.3.3　修改参考基准面

修改已经创建好的参考基准面的方法如下。

1. 修改等距基准面的距离或角度

单击绘图区域中的基准面或"FeatureManager 设计树"中的基准面图标，出现尺寸或角度，如图 2-26 所示。在"基准面"工具栏中单击 （编辑特征）按钮，或者单击距离或角度会出现文本框，可在其中输入数值以定义基准面，设置完成后单击 （确定）按钮。

2. 调整参考基准面的大小

使用基准面控标和边线可以移动、复制或调整基准面的大小。如果需要显示基准面控标，可以单击在"FeatureManager 设计树"中创建的基准面图标或绘图区域中的基准面，则在基准面周围会出现 8 个控标点，单击并拖动其中一个控标点便可对基准面的大小进行相应调整，如图 2-27 所示。

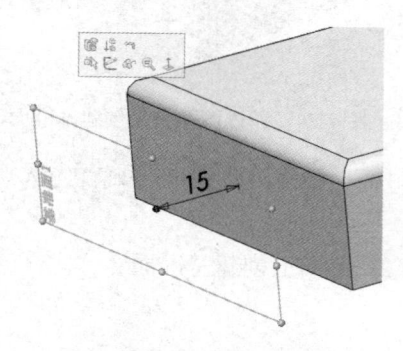

图 2-26　出现尺寸或角度　　　　图 2-27　显示基准面控标

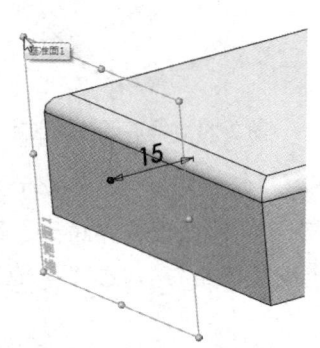

2.4 参考基准点

点是创建特征几何的最基本元素，每一条曲线都是由无数个点组成的，一般的零件都是由点开始，最后完成整个零件的建模。其中的参考基准点允许在任何情况下创建，可以线条的中点、零件棱边的交点、投影点等方式创建。

2.4.1 参考基准点的应用场合

参考基准点不仅是参考基准轴和参考基准面的创建参照，而且部分零件特征也需要参照参考基准点来创建，如孔特征等。

1. 定义孔的拉伸方向

选择两个参考基准点可定义孔的拉伸方向。

2. 定义参考基准轴

选择一个参考基准点和平面可完成一条参考基准轴的创建，也可以选择两个参考基准点来创建参考基准轴。

3. 定义参考坐标系的位置

选择一个参考基准点可定义参考坐标系的位置。

4. 控制零件变形的形状

选择参考基准点作为参照来控制零件变形的形状。

5. 作为创建变换圆角的参照

在创建变换圆角时，可选择参考基准点作为参照。

2.4.2 参考基准点的创建方法

SOLIDWORKS 可创建多种类型的参考基准点来充当参考对象，并通过"视图"→"点"命令来切换参考基准点的显示。具体操作步骤如下。

（1）在"参考几何体"下拉菜单中选择"点"选项，弹出"点"面板，如图 2-28 所示。在"选择"选项组中单击激活 ▣ （参考实体）选择框，在绘图区域中选择用于创建参考基准点的实体。

（2）选择要创建的参考基准点的类型，可以选择圆弧中心、面中心、交叉点、投影和在点上等类型。

（3）单击 ✦ （沿曲线距离或多个参考点）按钮，可以沿边线、曲线创建一组参考基准点，可自行设置距离或百分比数值。设置完成后单击 ✓（确定）按钮，创建的参考基准点如图 2-29 所示。

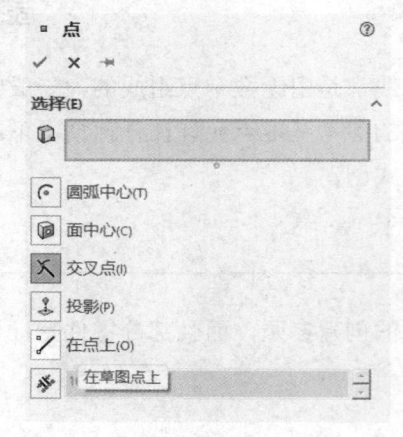

图 2-28 "点"面板

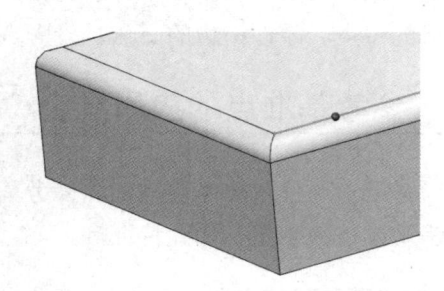

图 2-29 创建的参考基准点

2.5 实例示范

前面介绍了参考坐标系、参考基准轴、参考基准面、参考基准点的应用场合和创建方法，本节将通过一个实例详细介绍这 4 个参考元素的创建方式。

完成创建的圆筒状薄壁特征如图 2-30 所示，完成 4 个参考元素的创建后的特征视图如图 2-31 所示。

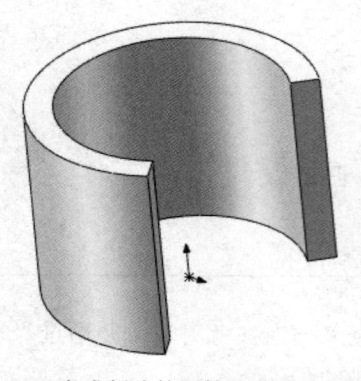

图 2-30 完成创建的圆筒状薄壁特征

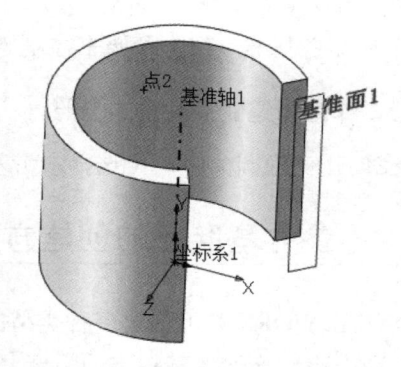

图 2-31 完成 4 个参考元素的创建后的特征视图

2.5.1 启动软件打开起始文件

本节介绍了启动 SOLIDWORKS 并打开起始文件的操作，后无特殊情况将不再介绍此步骤的具体操作。

（1）双击如图 2-32 所示的桌面图标，弹出 SOLIDWORKS 启动界面，如图 2-33 所示，等待片刻即可进入SOLIDWORKS用户界面。

图2-32　SOLIDWORKS桌面图标　　　　图2-33　SOLIDWORKS启动界面

（2）单击"标准"工具栏中的 📂（打开）按钮，弹出"打开"对话框，根据文件路径选择起始文件"圆筒.SLDPRT"，如图2-34所示。

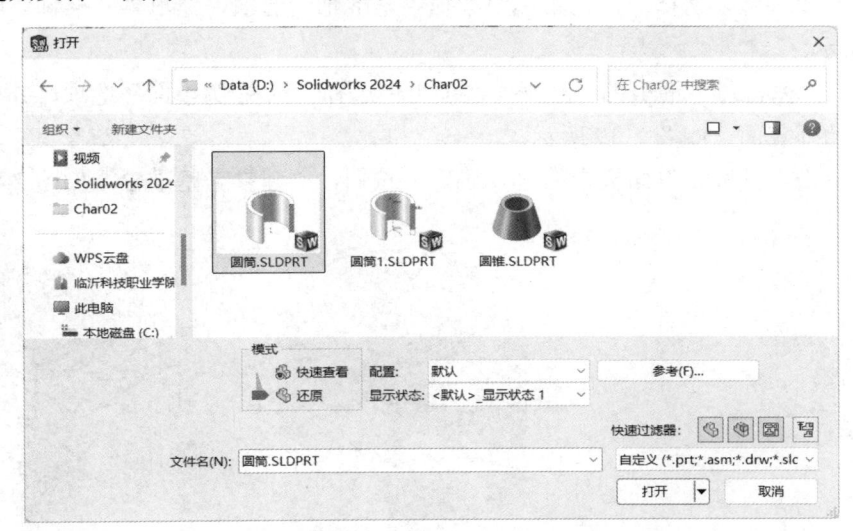

图2-34　选择起始文件

（3）单击"打开"按钮即可打开文件。

2.5.2　创建参考坐标系与参考基准轴

本节介绍了参照坐标原点创建参考坐标系及参照圆柱面创建参考基准轴的过程。

1. 创建参考坐标系

（1）在"参考几何体"下拉菜单中选择"坐标系"选项，弹出"坐标系"面板，如图2-35所示。

（2）单击参考坐标系的原点作为"原点"，如图2-36所示，"坐标系"面板中的其余设置默认，单击 ✓（确定）按钮创建参考坐标系，如图2-37所示。

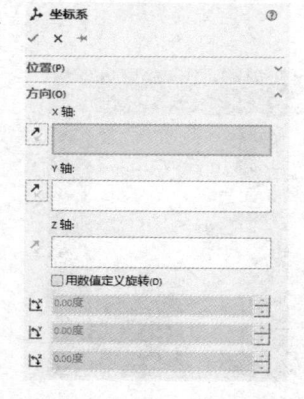

图 2-35 "坐标系"面板 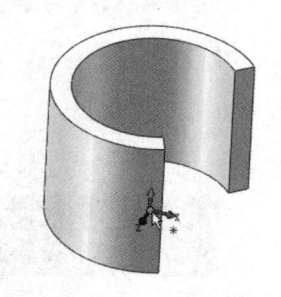　　图 2-36 单击坐标原点 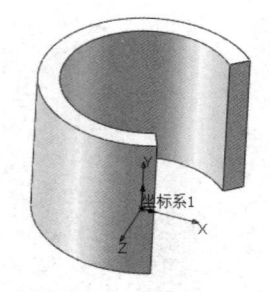　　图 2-37 创建参考坐标系

2. 创建参考基准轴

（1）在"参考几何体"下拉菜单中选择"基准轴"选项，弹出"基准轴"面板，如图 2-38 所示。

（2）在"基准轴"面板的"选择"选项组中选择"圆柱/圆锥面"选项，并单击圆筒薄壁特征的外表面，如图 2-39 所示。

（3）单击"基准轴"面板中的 ✓（确定）按钮，创建参考基准轴，如图 2-40 所示。

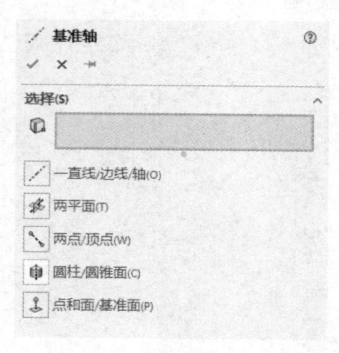

图 2-38 "基准轴"面板 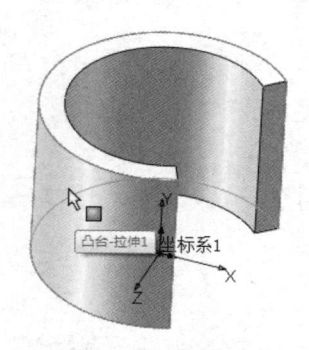　　图 2-39 单击圆筒薄壁特征的外表面 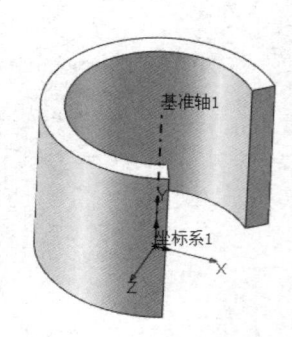　　图 2-40 创建参考基准轴

2.5.3　创建参考基准面与参考基准点

本节介绍了参照零件侧面创建参考基准面的过程，以及参照零件上平面创建参考基准点的过程。

1. 创建参考基准面

（1）在"参考几何体"下拉菜单中选择"基准面"选项，弹出"基准面"面板。

（2）单击圆筒薄壁特征的缺口侧面，如图 2-41 所示，"基准面"面板出现变化，设置 ⬚（偏移距离）为 30mm，其余设置默认，如图 2-42 所示。

（3）单击"基准面"面板中的 ✓（确定）按钮，创建参考基准面，如图 2-43 所示。

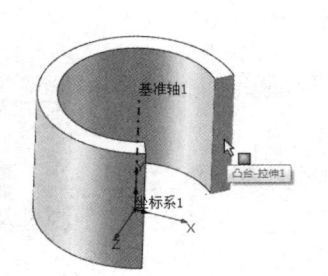

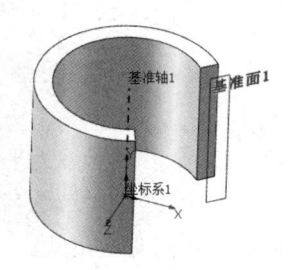

图 2-41 单击圆筒薄壁特征的缺口侧面　　图 2-42 设置偏移距离　　图 2-43 创建参考基准面

2. 创建参考基准点

（1）在"参考几何体"下拉菜单中选择"点"选项，弹出"点"面板，如图 2-44 所示。

（2）在"点"面板的"选择"选项组中选择"面中心"选项，并单击圆筒薄壁特征的上平面，以此作为参考面，如图 2-45 所示。

（3）单击"点"面板中的 ✓（确定）按钮，创建参考基准点，如图 2-46 所示。至此，完成了所有参考元素的创建。

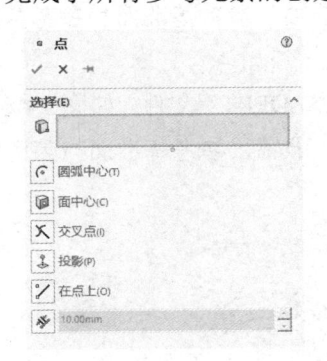

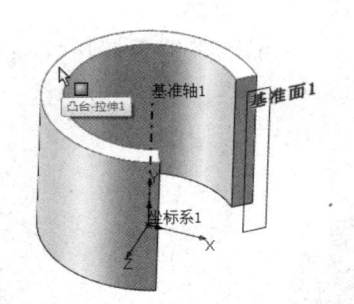

图 2-44 "点"面板　　图 2-45 单击圆筒薄壁特征的上平面　　图 2-46 创建参考基准点

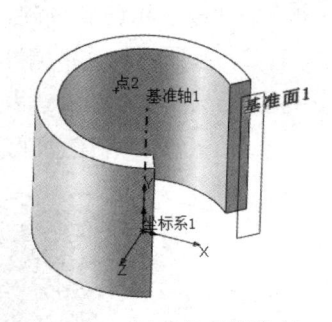

2.6 本章小结

本章介绍了参考坐标系、参考基准轴、参考基准面、参考基准点的应用场合与创建方法，并通过一个实例对这 4 个参考元素的创建方法进行了综合介绍。本章介绍的这 4 个参考元素在设计工作中极为常见，因此读者需要熟练掌握本章的所有内容。

2.7 习题

一、填空题

1. 基准特征在创建各种特征时可起到辅助、参照作用。基准特征主要包括_____、_____、_____、_____等。

2. 参考坐标系为平面系统，用于为特征、零件和装配体指派_____。零件和装配体文件中包含默认坐标系。其他坐标系可以使用_____定义，用于测量及将文件输出为其他文件格式。

3. _____是创建特征的旋转中心和装配的基准参考。通常情况下，采用"拉伸"方式创建的圆柱体将自动产生参考基准轴。

二、问答题

1. 请简述参考坐标系的应用场合。
2. 请简述参考基准面的应用场合。

三、上机操作

1. 参照"源文件/素材文件/Char02"路径打开"圆锥.SLDPRT"文件，如图 2-47 所示，请读者参考本章内容创建该零件的参考坐标系、参考基准轴、参考基准面和参考基准点。（读者可任意创建，此处不做限制）

2. 参照"源文件/素材文件/Char02"路径打开"活动钳口.SLDPRT"文件，如图 2-48 所示，请读者参考本章内容创建该零件的参考坐标系、参考基准轴、参考基准面与参考基准点。（读者可任意创建，此处不做限制）

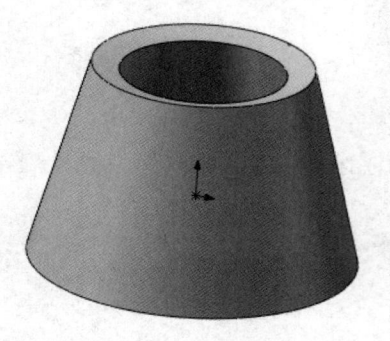

图 2-47　上机操作的零件视图 1

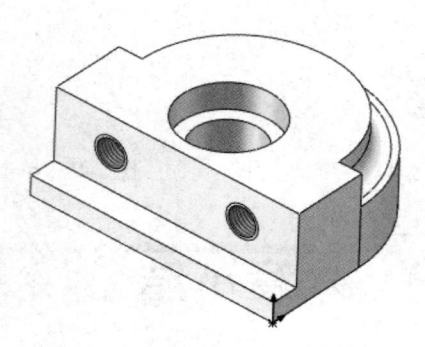

图 2-48　上机操作的零件视图 2

第 3 章

绘制草图

在机械设计过程中,草图是构建模型的基础,也是读者学习实体特征、装配体、工程图、钣金等知识的入门课程。希望通过学习本章内容,读者可以轻松掌握 SOLIDWORKS 草图绘制功能的基本应用。

学习目标

1. 了解草图绘制的基本环境。
2. 熟练掌握绘制基础草图的方法。
3. 熟练掌握绘制参照草图的方法。

3.1 草图概述

草图是由直线、圆弧等基本几何元素构成的几何实体，它构成了特征的截面轮廓或路径，并以此生成特征。草图有两种形式，即二维草图和三维草图。本章和下一章介绍绘制二维草图的方法，绘制三维草图的方法将在后文中进行介绍。

3.1.1 进入草图绘制模式

新建一个新的零件 3D 视图即可进入零件设计窗口，如图 3-1 所示。软件一般会自动切换到"草图"选项卡，若未自动切换，请单击"草图"选项卡。

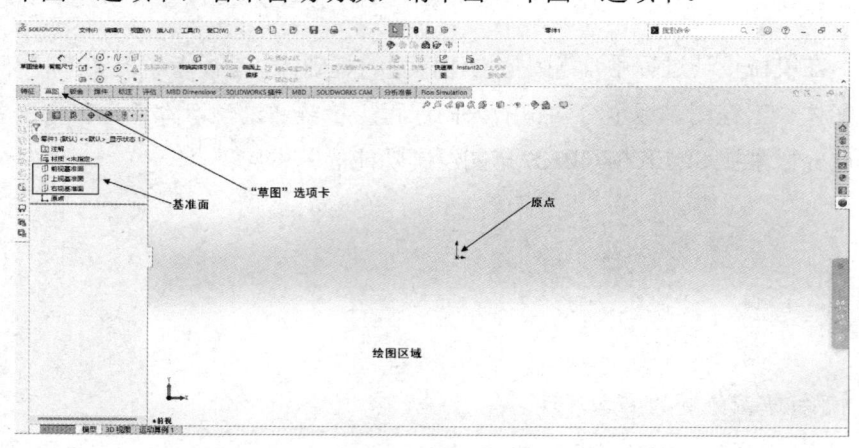

图 3-1 零件设计窗口

选好绘图的基准面后，单击 □（草图绘制）按钮即可进入草图绘制窗口。例如，使用"前视基准面"作为参考基准面，进入的草图绘制窗口如图 3-2 所示。

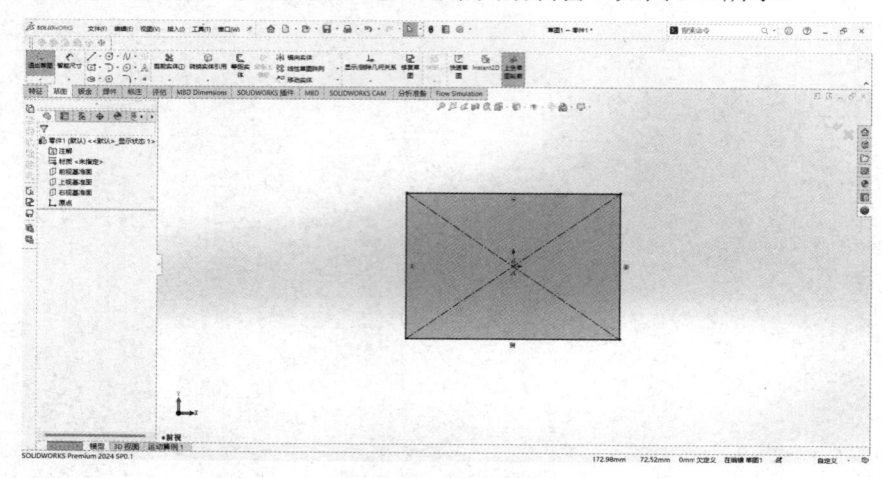

图 3-2 草图绘制窗口

通过对比图 3-1 所示的零件设计窗口可以看出，上方的"剪裁实体"、"等距实体"和"镜向实体"等操作命令由灰色变亮，并在绘图区域的右上角出现了 ⬜（完成草图）和 ✖（放弃草图）按钮。

3.1.2 草图绘制环境

图 3-2 所示为进入草图模式后的草图环境，绘制草图时的常用命令都集中在草图面板上，如图 3-3 所示，用户使用相应命令即可在绘图区域中绘制草图。

图 3-3 草图面板

当草图处于激活状态时，在绘图区域底部的状态栏中会出现草图的状态信息，如图 3-4 所示。

图 3-4 状态栏中草图的状态信息

状态栏可以显示的信息如下。
- 显示鼠标指针的位置坐标。
- 显示"过定义"、"欠定义"和"完全定义"的草图状态。
- 如果在绘制草图的过程中网格线为关闭状态，则提示信息为"在编辑"。
- 当鼠标指针滑过菜单栏或工具栏时，在状态栏左侧会显示该菜单或工具的简要说明。

在被激活的草图中，原点显示为红色，它可以帮助用户了解草图的坐标。同时，零件中的每个草图都有自己的原点，一个零件通常有多个草图原点。

草图原点和零件原点并非同一个概念，二者不是同一个点。在绘制草图时只能向零件原点添加尺寸和几何关系。

3.1.3 草图环境配置

绘制草图能力的提高会直接影响零件编辑能力，所以熟练地使用草图绘制工具绘制草图是一项非常重要的工作。

1. 设置草图系统选项

选择"工具"→"选项"命令，弹出"系统选项"对话框。选择"草图"选项后，

"系统选项"对话框会发生变化，如图 3-5 所示，依照图中所选复选框进行设置，完成后单击"确定"按钮。

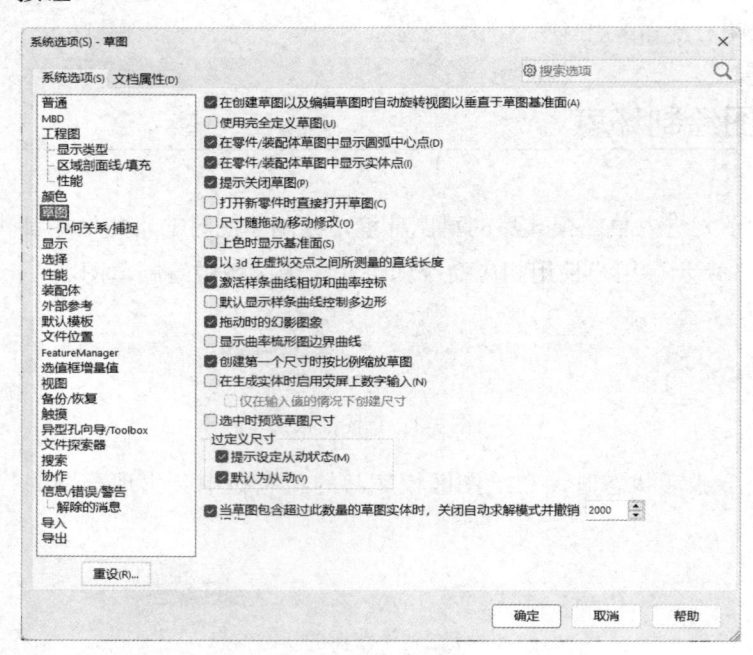

图 3-5 "系统选项"对话框

部分复选框的用法及含义如下。

（1）"使用完全定义草图"：勾选此项，草图在用来生成特征前必须被完全定义。

（2）"在零件/装配体草图中显示圆弧中心点"：勾选此项，圆弧中心点被显示在草图中。

（3）"在零件/装配体草图中显示实体点"：勾选此项，草图实体的端点以实心圆点的方式显示。该原点的颜色反映了草图的实体状态（黑色为"完全定义"，蓝色为"欠定义"，红色为"过定义"，绿色为"当前所选草图"）。

（4）"提示关闭草图"：勾选此项，如果生成一个具有开环轮廓的草图并以此进行后续操作，则该草图可以使用模型边线封闭，同时可以选择封闭草图的方向，系统会弹出提示信息"封闭草图至模型边线？"。

（5）"打开新零件时直接打开草图"：勾选此项，新零件窗口在前视基准面中打开，可以直接使用草图绘制工具。

（6）"尺寸随拖动/移动修改"：勾选此项，可拖动草图实体来修改尺寸值，尺寸会自动更新；也可通过"工具"→"草图设定"→"尺寸随拖动/移动修改"命令来执行此操作。

（7）"上色时显示基准面"：勾选此项，在上色模式下编辑草图，基准面被上色显示。

（8）"以 3d 在虚拟交点之间所测量的直线长度"：勾选此项，从虚拟交点处开始测量直线长度，而不是三维草图中的端点。

（9）"激活样条曲线相切和曲率控标"：勾选此项，为相切和曲率显示样条曲线控标。

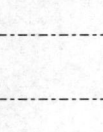

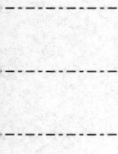

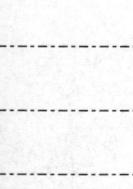

（10）"默认显示样条曲线控制多边形"：勾选此项，显示空间中用于操纵对象形状的一系列控制点，并以此操纵样条曲线的形状。

（11）"拖动时的幻影图像"：在拖动草图时，显示草图实体原有位置的幻影图像。

（12）"提示设定从动状态"：勾选此项，当一个过定义尺寸被添加到草图中时，会弹出提示信息询问尺寸是否应为"从动"。此复选框可单独使用，也可与"默认为从动"复选框配合使用。

（13）"默认为从动"：勾选此项，当一个过定义尺寸被添加到草图中时，尺寸默认为"从动"。

2. "草图设置"菜单

选择"工具"→"草图设置"命令，弹出"草图设置"菜单，如图3-6所示。

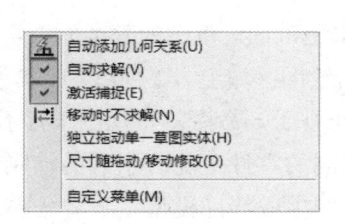

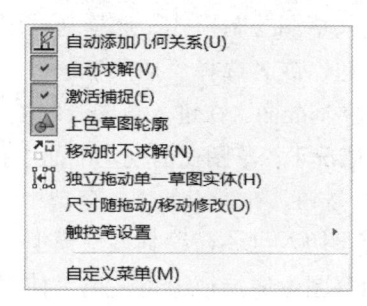

图3-6 "草图设置"菜单

- "自动添加几何关系"：在建立草图实体时自动添加几何关系。
- "自动求解"：在生成零件时自动计算求解草图几何体。
- "激活捕捉"：自动捕捉零件特征。
- "上色草图轮廓"：在进行上色草图轮廓设置时，将仅对闭合草图形状上色。
- "移动时不求解"：可以在不解出尺寸或关系的情况下，在草图中拖动实体。
- "独立拖动单一草图实体"：拖动时可以单独拖动某一草图实体。
- "尺寸随拖动/移动修改"：拖动草图实体以覆盖尺寸。

3. 草图网格线和捕捉

当草图或工程图处于激活状态时，可以选择在草图或工程图中显示网格线。但是，SOLIDWORKS 属于参数变量式设计形式，所以草图网格功能并没有那么重要，在大多数情况下无须使用。

3.1.4 草图工具

在 SOLIDWORKS 中可以通过以下方法使用草图工具。

（1）在"草图"工具栏中单击所要使用的工具按钮。

（2）选择"工具"→"草图绘制实体"命令。

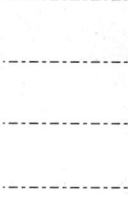

（3）在绘制草图过程中使用快捷菜单。右击时，只有适用的草图工具和标注几何关系才会显示在快捷菜单中。

> **注意** 有些工具只能通过命令使用，它没有相应的工具栏按钮。

3.1.5 绘制草图的流程

在绘制草图时，需要综合考虑绘制草图的顺序和位置等因素。在进行机械设计和产品设计时，选择合适的草图流程或插入准确的基准面，可以达到事半功倍的效果。

（1）创建新文件。单击"标准"工具栏中的 □（新建）按钮，或者选择"文件"→"新建"命令，弹出"新建 SOLIDWORKS 文件"对话框，选择"零件"选项。

（2）进入草图绘制模式。选择基准面或某一个面，单击"草图"工具栏中的 ┗（草图绘制）按钮，或者选择"插入"→"草图绘制"命令。

（3）选择基准面。在进入草图绘制模式后需选择基准面。草图的基准面决定零件的方位。在默认情况下，草图在前视基准面中打开。单击绘图区域上方"视图"工具栏中的 ❏（视图定向）按钮，在弹出的快捷菜单中选择 ⊥（正视于）命令，将视图平行于屏幕。

（4）选择切入点。在绘制零件模型时，一个相同的零件可能有不同的绘制方法。可使用复杂的草图生成特征模型，也可使用简单的草图生成特征模型，二者各有利弊。

> **说明** 使用复杂的草图生成特征模型的方法重建速度较快，但是绘制和编辑过程比较烦琐；使用简单的草图生成特征模型的方法编辑过程简单，但需要使用的特征命令较多，与此同时，可以对特征顺序重新排序和压缩。

一般而言，最好使用简单的草图生成特征模型，之后添加更多的特征进行复杂的零件编辑即可。这样可以对零件的每个特征进行修改和保存，使设计更加便捷。

（5）绘制草图实体。使用草图工具绘制草图，如直线、曲线、矩形等。

（6）使用"草图"工具栏中的 ❖（智能尺寸）、 ✂（裁剪实体）、 ▣（镜向实体）等命令对草图进行编辑和修改。

（7）关闭草图。完成草图绘制后需进行检查才可以关闭草图。单击绘图区域右上角的 ┗⤴（返回）按钮，退出草图绘制模式。

3.2 绘制基础草图

基础草图通常由若干个常用的几何图形组成，如直线、矩形、圆形、圆弧、椭圆形、样条曲线、点、文字等几何图形。掌握这些基础草图的绘制方法后，即可通过这些几何元素组成任何形式的草图截面。

3.2.1 绘制直线/中心线

直线系列的几何包括直线与中心线。只要涉及直线形态的特征，都可以使用直线。中心线多用于特征参照。

1. 直线

通过单击的方式指定位置不同的两个点，从而确定一条有固定长度和固定角度的线段。具体操作步骤如下。

（1）单击 ∕（直线）按钮，在视图左侧的"PropertyManager"中弹出"插入线条"面板，如图3-7所示。

（2）此时鼠标指针的形状由原来的 ▷ 变为 ✎，单击选中"插入线条"面板"方向"选项组中的"角度"单选按钮，此时"插入线条"面板的内容如图3-8所示。

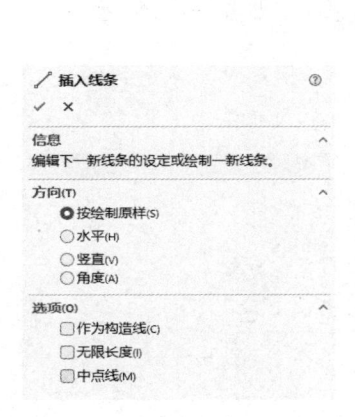

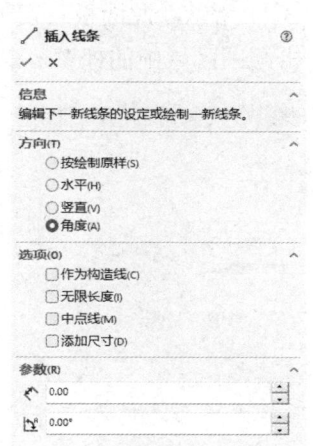

图3-7 "插入线条"面板　　　　图3-8 单击选中"角度"单选按钮

（3）对比图3-7和图3-8中的内容可以看出，"插入线条"面板中新增"参数"选项组，设置 ↔（长度）为100mm， ⌐（角度）为30°，单击位置不同的两个点即可绘制直线，如图3-9所示。

（4）此时，用户可双击鼠标左键并单击左侧"插入线条"面板中的 ✓（确定）按钮，完成直线绘制，或者按下键盘中的"Esc"键直接退出"直线"命令。

（5）在"插入线条"面板的"方向"选项组中亦可选中"按绘制原样"单选按钮，此时用户可连续单击不同位置绘制直线链，如图3-10所示。

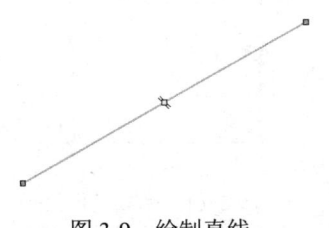

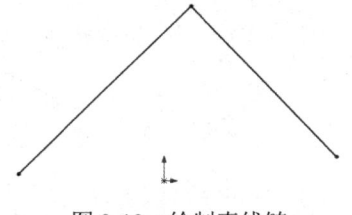

图3-9 绘制直线　　　　图3-10 绘制直线链

提示：将鼠标指针移动至与原直线的端点重合，单击即可绘制与原直线相切的圆弧。

2．中心线

单击 ✧（中心线）按钮即可激活"中心线"绘制命令，通过单击不同位置的方式绘制用于特征参考的中心线。绘制中心线的方法请参考绘制直线的方法。

3.2.2 绘制矩形

矩形系列命令包括"边角矩形"、"中心矩形"、"3 点边角矩形"、"3 点中心矩形"和"平行四边形"5 种。

本节以绘制"边角矩形"为例，介绍矩形系列命令的用法，具体操作步骤如下。

（1）单击 □（边角矩形）按钮，在视图左侧的"PropertyManager"中弹出"矩形"面板，如图 3-11 所示，此面板可切换绘制矩形的命令。

（2）单击绘图区域中的任意一点作为绘制矩形的起点，如图 3-12 所示。

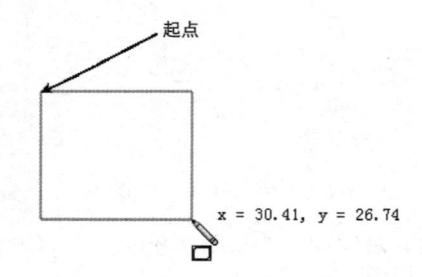

图 3-11　"矩形"面板　　　　　　图 3-12　绘制矩形的起点

（3）单击绘图区域中的另一点作为绘制矩形的终点，如图 3-13 所示。

（4）此时用户可单击"矩形"面板中的 ✓（确定）按钮，完成矩形绘制，或者按键盘中的"Esc"键直接退出"矩形"命令，如图 3-14 所示。

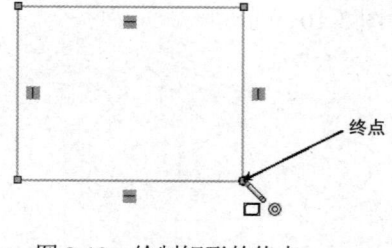

图 3-13　绘制矩形的终点　　　　　　图 3-14　完成矩形绘制

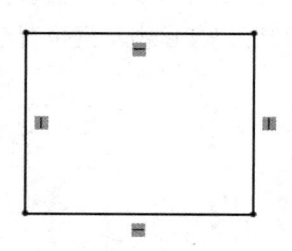

提示：单击激活 □（边角矩形）命令后，需在绘图区域中依次单击指定矩形对角线上的两个点的位置绘制矩形。

单击激活 □（中心矩形）命令后，需在绘图区域中依次单击指定中心点和一个顶点的位置绘制矩形。

单击激活 ◇（3点边角矩形）命令后，需在绘图区域中依次单击指定3个顶点的位置绘制矩形。

单击激活 ◇（3点中心矩形）命令后，需在绘图区域中依次单击指定中心点、一条边的中点及其相邻的一个顶点的位置绘制矩形。

单击激活 ▱（平行四边形）命令后，需在绘图区域中依次单击指定3个顶点的位置绘制平行四边形。

3.2.3 绘制槽口

槽口系列命令用于绘制机械零件中具有槽口特征的草图。SOLIDWORKS 提供了"直槽口"、"中心点槽口"、"3点圆弧槽口"和"中心点圆弧槽口"4种槽口命令。

本节以绘制"直槽口"为例，介绍槽口系列命令的用法，具体操作步骤如下。

（1）单击 ⊙（直槽口）按钮，在视图左侧的"PropertyManager"中弹出"槽口"面板，如图3-15所示，此面板可切换绘制槽口的命令。

（2）依次单击指定第1个端点、第2个端点和宽度控制点，如图3-16所示。

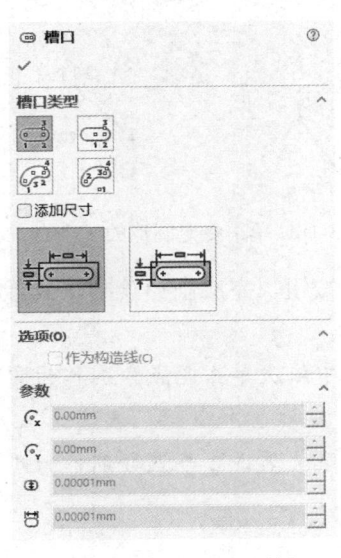

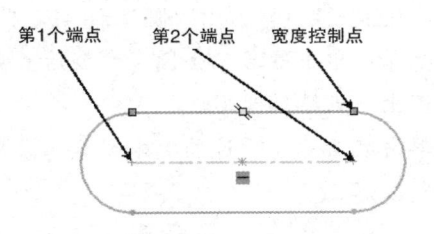

图3-15 "槽口"面板　　　　图3-16 单击指定3个点

（3）此时用户可单击"槽口"面板中的 ✓（确定）按钮，完成槽口绘制，或者按键盘中的"Esc"键直接退出"槽口"命令。

提示：单击激活 ⊙（直槽口）命令后，需在绘图区域中依次单击两个点作为槽口端点，而后单击第3个点指定槽口宽度绘制槽口。

单击激活 ⬮（中心点槽口）命令后，需在绘图区域中依次单击两个点作为槽口中点和端点，而后单击第 3 个点指定槽口宽度绘制槽口。

单击激活 ⌒（3 点圆弧槽口）命令后，需在绘图区域中依次单击 3 个点作为圆弧槽口的端点和中点，而后单击第 4 个点指定槽口宽度绘制圆弧槽。

单击激活 ⌒（中心点圆弧槽口）命令后，需在绘图区域中依次单击 3 个点作为圆弧槽口的圆心点和两个端点，而后单击第 4 个点指定槽口宽度绘制圆弧槽。

3.2.4　绘制圆/周边圆

在草图模式中，SOLIDWORKS 提供了两种绘制圆形的命令，分别为"圆"和"周边圆"命令。按绘制方式可分为"中心圆"和"周边圆"。

本节以绘制"周边圆"为例，介绍圆系列命令的用法，具体操作步骤如下。

（1）单击 ⊙（周边圆）按钮，在视图左侧的"PropertyManager"中弹出"圆"面板，如图 3-17 所示。此面板可切换绘制圆形的命令。

（2）依次单击指定圆形的第 1 个点、第 2 个点和第 3 个点，如图 3-18 所示。

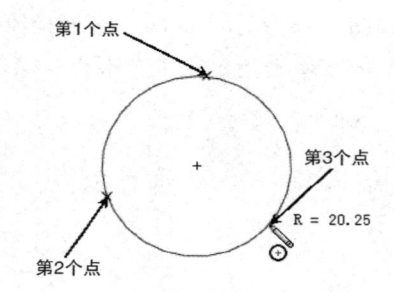

图 3-17　"圆"面板　　　　图 3-18　单击指定圆形的 3 个点

（3）此时用户可单击"圆"面板中的 ✔（确定）按钮，完成圆形绘制，或者按键盘中的"Esc"键直接退出"圆"命令。

提示：单击激活 ⊙（圆）命令后，需在绘图区域中依次单击两点分别作为圆的中心点和圆上一点绘制圆形。

单击激活 ⊙（周边圆）命令后，需在绘图区域中依次单击 3 个点分别作为圆上的三点绘制圆形。

3.2.5　绘制圆弧

圆弧为圆上的一段弧，SOLIDWORKS 提供了"圆心/起/终点画弧"、"切线弧"和"3 点画弧" 3 种圆弧绘制命令。本节以绘制"切线弧"为例，介绍圆弧系列命令的用法，具体操作步骤如下。

（1）在绘制圆弧前，用户需先绘制一条直线。绘制圆弧的方法请参考绘制直线的方法。

（2）单击 （切线弧）按钮，在视图左侧的"PropertyManager"中弹出"圆弧"面板，如图 3-19 所示，此面板可切换绘制圆弧的命令。

（3）单击直线的一端作为起点，单击直线外一点作为终点，如图 3-20 所示。

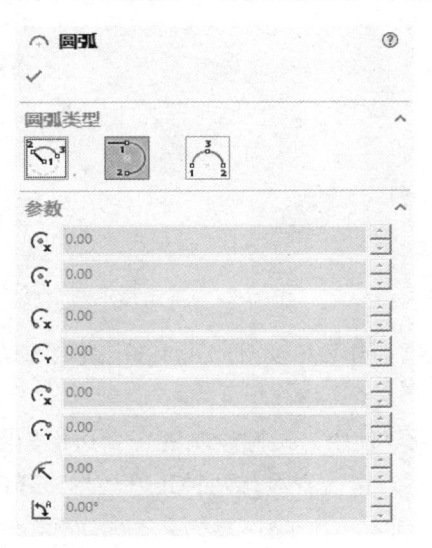

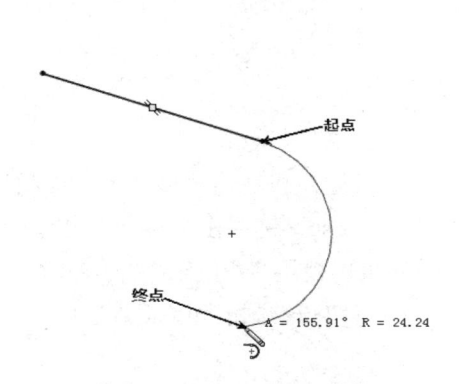

图 3-19　"圆弧"面板　　　　　图 3-20　单击指定起点和终点

（4）此时用户可单击"圆弧"面板中的 ✓（确定）按钮，完成圆弧绘制，或者按键盘中的"Esc"键直接退出"圆弧"命令。

提示：单击激活 （圆心/起/终点画弧）命令后，需在绘图区域中依次单击 3 个点分别作为圆弧的圆心、起点和终点绘制圆弧。

单击激活 （切线弧）命令后，需先绘制一条曲线轮廓，而后在绘图区域中依次单击两个点作为新圆弧的起点和终点，完成圆弧绘制。

单击激活 （3点画弧）命令后，需在绘图区域中依次单击 3 个点分别作为圆弧的起点、终点和圆弧上的一点，完成圆弧绘制。

3.2.6　绘制多边形

"多边形"命令用于绘制圆的内切或外接正多边形，边数为 3 到 40 之间。具体操作步骤如下。

（1）单击 （多边形）按钮，在视图左侧的"PropertyManager"中弹出"多边形"面板，如图 3-21 所示。

（2）在"多边形"面板的"参数"选项组中设置 （边数）为 6，单击选中"内切圆"单选按钮，在绘图区域中依次单击两个点作为内切圆圆心和多边形上的一个顶点，如图 3-22 所示。

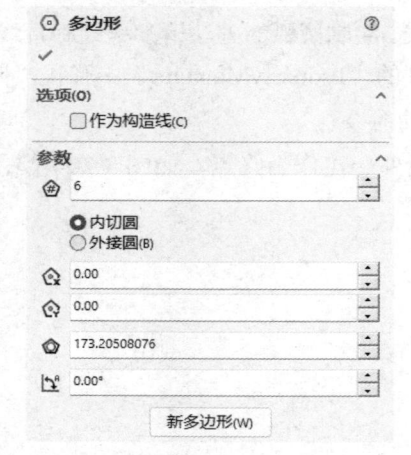

图 3-21 "多边形"面板

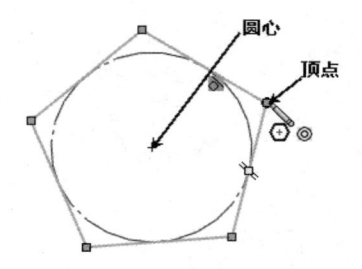

图 3-22 单击指定两个点

（3）此时用户可单击"多边形"面板中的 ✓（确定）按钮，完成多边形绘制，或者按键盘中的"Esc"键退出多边形操作。

（4）还可以使用"外接圆"的方法绘制多边形。使用外接圆绘制的正六边形如图 3-23 所示，使用内切圆绘制的正六边形如图 3-24 所示，请读者对比两种正六边形，分析二者的区别。

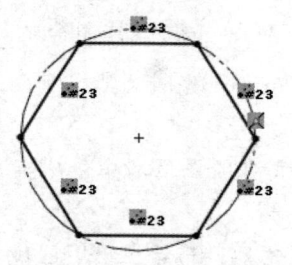

图 3-23 使用外接圆绘制的正六边形

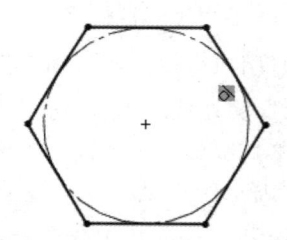

图 3-24 使用内切圆绘制的正六边形

> **注意**：本操作中的步骤（3）使用"Esc"键退出的是多边形操作，此操作有别于前文。

3.2.7 绘制样条曲线

样条曲线是使用诸如通过点或极点的方式来定义的曲线，也是方程式驱动的曲线。SOLIDWORKS 提供了"样条曲线"、"样式曲线"和"方程式驱动的曲线"3 种绘制样条曲线的命令。

1. "样条曲线"命令

样条曲线是通过一系列的点进行平滑过渡而形成的曲线。具体操作步骤如下。

单击 ∧（样条曲线）按钮，在绘图区域中单击指定样条曲线的第 1 个点，移动鼠标指针寻找样条曲线的第 2 个点,确定后单击。重复以上步骤,直至样条曲线绘制完成,在最后一个点上双击,或者按键盘中的"Esc"键退出编辑模式。绘制完成后的样条曲线如图 3-25 所示,样条曲线依次通过选中的点且平滑过渡。

2. "样式曲线"命令

样式曲线是通过选择一系列点作为曲线的控制点来决定外形的曲线。

样式曲线和样条曲线的绘制方法相同,但其曲线轮廓和样条曲线的区别很大,完成绘制后的样式曲线如图 3-26 所示。

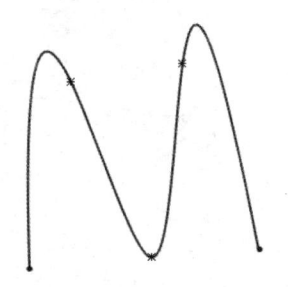

图 3-25 样条曲线

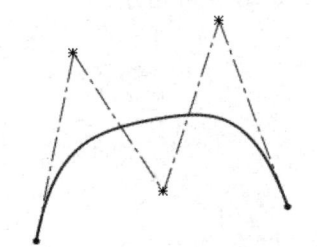

图 3-26 样式曲线

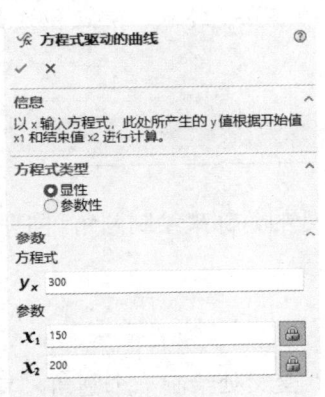

3. "方程式驱动的曲线"命令

方程式驱动的曲线是通过定义曲线的方程式来绘制的曲线。方程式驱动的曲线类型有两种,分别是"显性"和"参数性",下面以"显性"为例,介绍如何使用"方程式驱动的曲线"命令绘制曲线。具体操作步骤如下。

(1)单击 $\int x$(方程式驱动的曲线)按钮,在视图左侧的"PropertyManager"中弹出"方程式驱动的曲线"面板,如图 3-27 所示。

(2)在"方程式驱动的曲线"面板的"方程式类型"选项组中单击选中"显性"单选按钮,将"参数"选项组中的 y_x 设置为 300, x_1 设置为 150, x_2 设置为 200。

(3)单击"方程式驱动的曲线"面板中的 ✓(确定)按钮,完成曲线的创建,如图 3-28 所示。

图 3-27 "方程式驱动的曲线"面板

图 3-28 方程式驱动的曲线

3.2.8 绘制圆锥曲线

SOLIDWORKS 提供了"椭圆"、"部分椭圆"、"抛物线"和"圆锥"4 种绘制圆锥曲线的命令。本节以绘制"部分椭圆"为例,介绍圆锥曲线系列命令的用法,具体操作步骤如下。

(1)单击 ⌒(部分椭圆)按钮,此时鼠标指针的形状由 ▷ 变为 ▷。

(2)单击两个点确定椭圆形的中点和长轴端点,如图 3-29 所示。

(3)单击第 3 个点确定短轴长度及部分椭圆形的起点,单击第 4 个点确定部分椭圆形的终点,如图 3-30 所示。

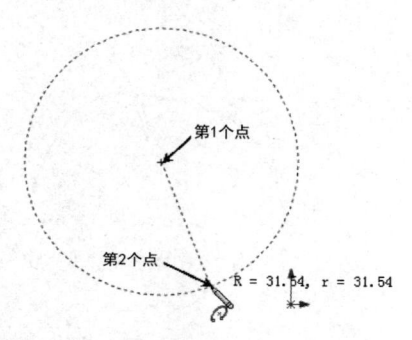

图 3-29 指定第 1 个点和第 2 个点　　图 3-30 指定第 3 个点和第 4 个点

(4)单击第 4 个点后,在视图左侧的"PropertyManager"中弹出"椭圆"面板,单击 ✓(确定)按钮即可完成曲线绘制。

提示:单击激活 ⊙(椭圆)命令,通过定义椭圆形的中点及长轴与短轴的长度来绘制椭圆形轮廓。

单击激活 ⌒(部分椭圆)命令,通过定义椭圆形的中点及长轴与短轴的长度,并指定起点和终点来绘制部分椭圆轮廓。

单击激活 ∪(抛物线)命令,通过定义抛物线的焦点、极点及抛物线的起点与终点来绘制抛物线轮廓。

单击激活 ∩(圆锥)命令,通过定义圆锥曲线的起点、终点、焦点和极点来绘制圆锥曲线轮廓。

3.2.9 绘制圆角/倒角

"绘制圆角"命令通过剪裁掉两个草图曲线交叉处的角部来绘制圆角。同理,使用"绘制倒角"命令可绘制倒角。

1. 绘制圆角

下面以"绘制圆角"命令为例,在两个草图曲线交叉处绘制一个圆角,具体操作步骤如下。

(1) 首先使用"直线"命令绘制草图,如图 3-31 所示。

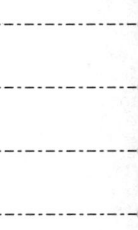

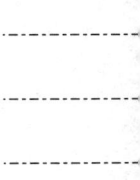

(2) 单击 ⏋(绘制圆角)按钮,在视图左侧的"PropertyManager"中弹出"绘制圆角"面板。

(3) 在"绘制圆角"面板的"圆角参数"选项组中设置 ⏋(圆角半径)为 10mm,并勾选"保持拐角处约束条件"复选框。

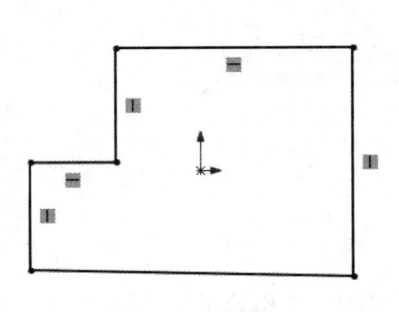

图 3-31　绘制草图 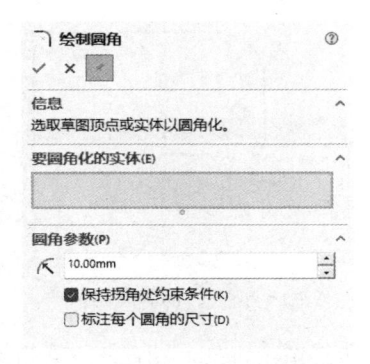　　　　图 3-32　设置"绘制圆角"面板

(4) 依次单击直线 1 和直线 2 即可在二者之间创建一个圆角预览视图,如图 3-33 所示。

(5) 单击直线 1 和直线 2 后,在"绘制圆角"面板的"要圆角化的实体"选择框中会出现"圆角<1>"选项,如图 3-34 所示。

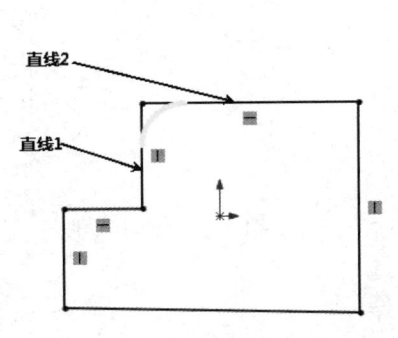

图 3-33　单击直线 1 和直线 2 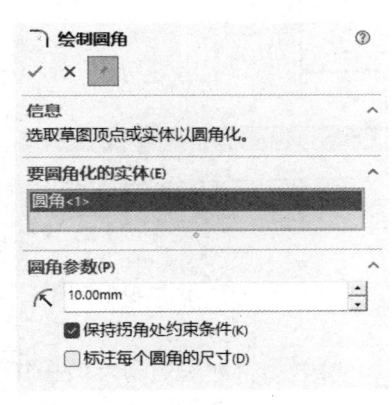　　　　图 3-34　出现"圆角<1>"选项

(6) 选择"圆角<1>"选项并单击 ✓(确定)按钮,选择框中的"圆角<1>"选项消失,再次单击 ✓(确定)按钮即可绘制圆角,如图 3-35 所示。

> **注意**　在绘制圆角的同时会自动标注圆角半径的大小。

2. 绘制倒角

SOLIDWORKS 提供了两种不同的绘制倒角的方式,分别为"角度距离"和"距离-距离"。下面以"距离-距离"的方式为例来绘制倒角,具体操作步骤如下。

(1) 继续上面的操作，单击 ⌐（绘制倒角）按钮，在视图左侧的"PropertyManager"中弹出"绘制倒角"面板。

(2) 单击选中"绘制倒角"面板"倒角参数"选项组中的"距离-距离"单选按钮，勾选"相等距离"复选框，设置（距离1）为10mm，如图3-36所示。

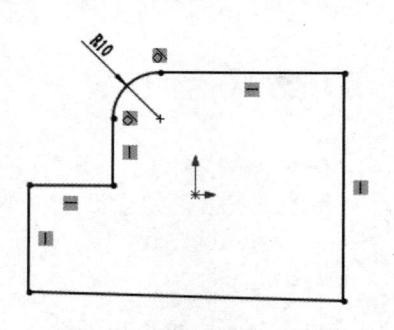

图3-35 完成圆角绘制

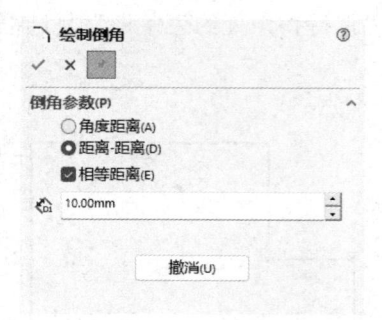

图3-36 "绘制倒角"面板设置

(3) 依次单击直线1和直线2即可在二者之间创建一个倒角预览视图，如图3-37所示。

(4) 单击"绘制倒角"面板中的 ✓（确定）按钮，绘制倒角，如图3-38所示。

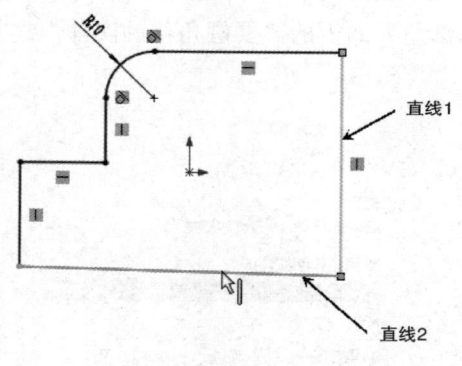

图3-37 倒角预览视图

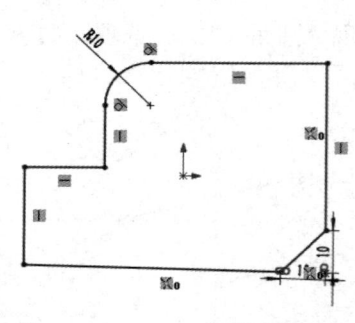

图3-38 绘制倒角

注意：绘制倒角和绘制圆角的操作过程是不同的。

3.2.10 草图文字

在 SOLIDWORKS 中可以按需创建文字，草图文字可被拉伸成实体。具体操作步骤如下。

(1) 首先使用"样条曲线"命令绘制一条样条曲线，如图3-39所示。

(2) 单击 A（文字）按钮，在视图左侧的"PropertyManager"中弹出"草图文字"面板。

(3) 单击视图中的样条曲线作为文字依托的轮廓，在"草图文字"面板的"文字"文本框中输入"SolidWorks 2024 中文版"，如图3-40所示。

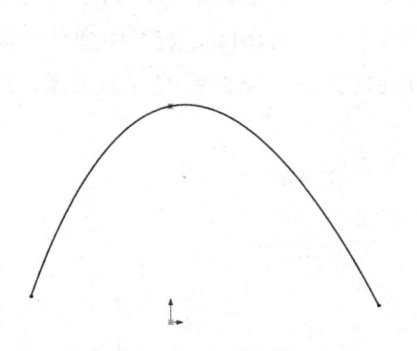

图 3-39　绘制一条样条曲线　　　　图 3-40　输入"SolidWorks 2024 中文版"

（4）单击"草图文字"面板中的 ✓（确定）按钮，在样条曲线上方创建草图文字，如图 3-41 所示。

（5）用户可以使用"草图文字"面板中的一系列按钮，对文字进行加粗、倾斜、旋转、左对齐、居中等操作。

例如，单击 ≡（居中）按钮，完成操作后的视图如图 3-42 所示。

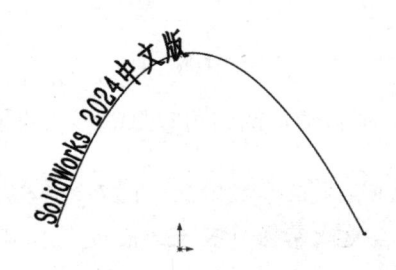

图 3-41　创建草图文字　　　　图 3-42　居中草图文字

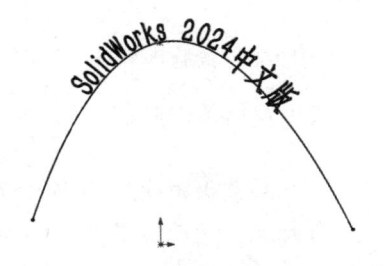

3.2.11　点

草图中的点并不能单独用于创建实体，其功能是作为参考点或定位点，如定位圆心、定位插入的库特征等。具体操作步骤如下。

（1）单击 ▪（点）按钮后，在视图内任意一点单击即可创建参考点或定位点。

（2）创建完成后，在视图左侧的"PropertyManager"中弹出"点"面板，用户可在"参数"选项组中设置"x"和"y"的值，确定点的坐标。

（3）单击"点"面板中的 ✓（确定）按钮，重新确定点的位置完成点创建操作。

3.2.12　更改参数

用户完成草图绘制工作后，由于尺寸更改或其他原因需要对草图进行修整，此时需要对参数进行更改，但更改参数并不是一个命令。以更改圆角参数为例，具体操作步骤如下。

（1）首先需要使用"直线"命令和"绘制圆角"命令绘制草图，如图3-43所示。

（2）单击倒圆角圆弧的位置，在视图左侧的"PropertyManager"中弹出"圆弧"面板，如图3-44所示，用户可在面板中更改现有几何关系，添加新的几何关系，还可以更改倒圆角圆弧的参数。

图3-43　绘制草图　　　　　　图3-44　"圆弧"面板

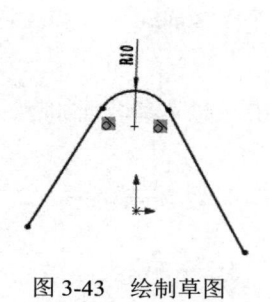

（3）完成设置后单击面板中的 ✓（确定）按钮，重新确定倒圆角圆弧的形状或位置。

> 草图倒角是一个比较特殊的草图特征，更改参数时显示的面板和绘制倒角时显示的面板并不一致，使用其他命令更改草图时显示的面板和绘制草图时显示的面板大致相同。

3.3　绘制参照草图

除原始的草图几何特征外，SOLIDWORKS允许用户借助已有的实体创建新的草图几何特征，如直接引用原来实体的棱、在原来实体的棱上进行偏移、绘制草图等。

3.3.1　引用实体

引用实体绘制参照草图是以已创建的实体特征的棱作为草图截面。具体操作步骤如下。

（1）按照起始文件路径打开"长方体.SLDPRT"文件，得到一个创建好的长方体三维零件，如图 3-45 所示。

（2）单击 ⌐（草图绘制）按钮，在视图左侧的"PropertyManager"中弹出"编辑草图"面板，如图 3-46 所示，单击长方体三维零件的上平面，以此作为草绘平面，此时上方草图命令由灰色变为高亮显示。

图 3-45　长方体三维零件　　　　　图 3-46　"编辑草图"面板

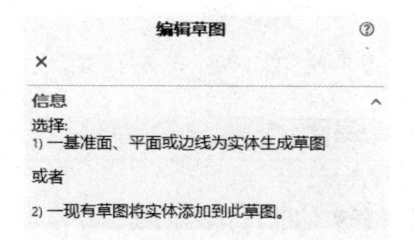

（3）单击 ◻（转换实体引用）按钮，在视图左侧的"PropertyManager"中弹出"转换实体引用"面板。

（4）单击两条边线作为"要转换的实体"，如图 3-47 所示。

（5）单击"转换实体引用"面板中的 ✓（确定）按钮，完成转换实体引用操作，绘制草图如图 3-48 所示。

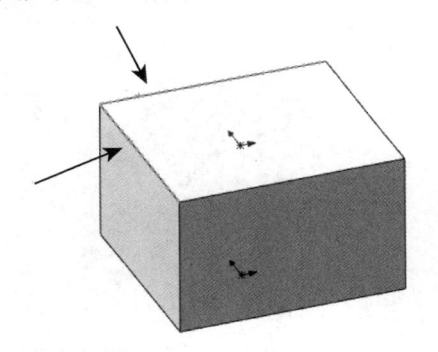

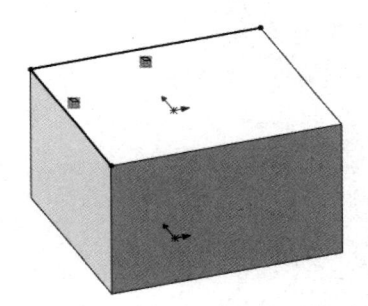

图 3-47　单击两条边线　　　　　图 3-48　完成转换实体引用操作

3.3.2　相交

选择两个相交的表面并在相交处绘制参照草图。草图的形状与相交表面的共有特征有关，参与相交的特征可以是曲面、实体平面、基准面。具体操作步骤如下。

（1）仍然使用"长方体.SLDPRT"文件，单击 ◉（交叉曲线）按钮，在视图左侧的"PropertyManager"中弹出"交叉曲线"面板。

（2）单击两个相交的表面作为"选取实体"，如图 3-49 所示。

（3）单击"交叉曲线"面板中的 ✓（确定）按钮，完成交叉曲线操作，绘制草图如图 3-50 所示。按键盘中的"Esc"键或再次单击 ✓（确定）按钮，退出绘制参照草图操作。

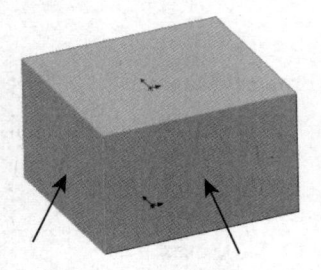

图 3-49　单击两个相交的表面　　　　　图 3-50　完成交叉曲线操作

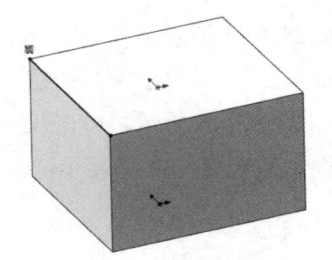

3.3.3　偏距

以现有实体的棱作为创建偏距草图的参照，根据设定的偏距方向和偏距量来绘制草图。具体操作步骤如下。

（1）仍然使用"长方体.SLDPRT"文件，单击 ⊏ （等距实体）按钮，在视图左侧的"PropertyManager"中弹出"等距实体"面板。

（2）将"等距实体"面板"参数"选项组中的 ⊱ （等距距离）设置为 10mm，勾选"添加尺寸"和"双向"复选框，如图 3-51 所示。

（3）单击长方体三维零件的上平面作为要进行偏距的平面，如图 3-52 所示。

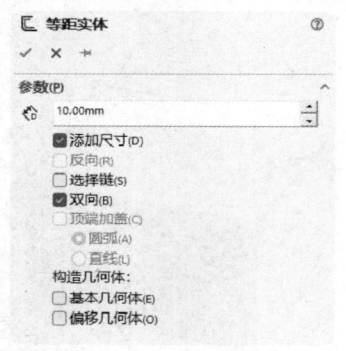

图 3-51　"等距实体"面板设置　　　　　图 3-52　单击长方体三维零件的上平面

（4）单击"等距实体"面板中的 ✓ （确定）按钮，完成等距实体操作，创建双向偏距草图，如图 3-53 所示。

（5）如果在步骤（2）中没有勾选"双向"复选框，则最终创建的为单向偏距草图，如图 3-54 所示。

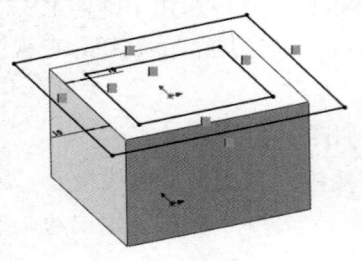

图 3-53　创建双向偏距草图　　　　　图 3-54　单向偏距草图

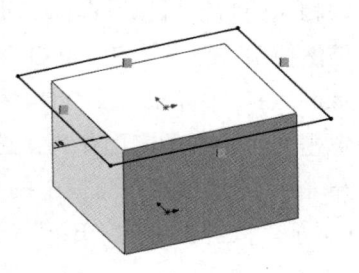

3.4 实例示范

前面介绍了绘制草图的基础知识及使用实体绘制草图的过程，本节将通过一个实例综合介绍绘制草图的相关操作。绘制完成的草图如图 3-55 所示，在学习本节内容前，读者可先自行尝试绘制此草图。

3.4.1 创建零件文件

用户需自行创建一个零件文件，创建零件后的软件窗口如图 3-56 所示。

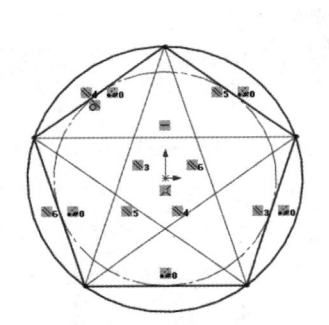

图 3-55 绘制完成的草图

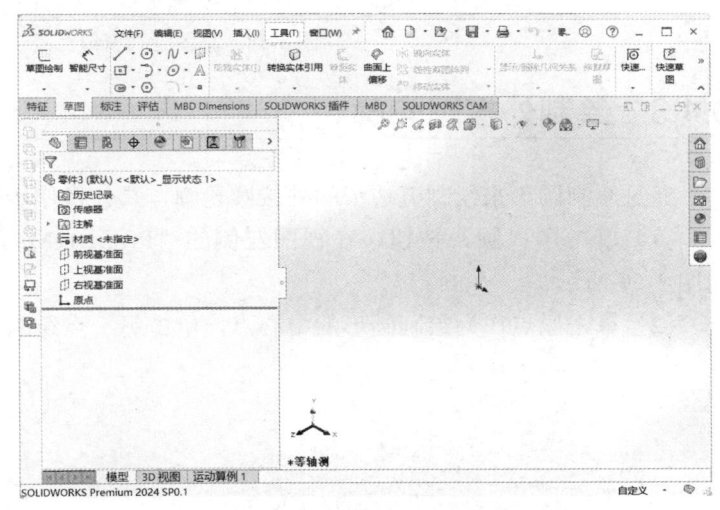

图 3-56 创建零件后的软件窗口

3.4.2 打开草图绘制窗口

选择视图左侧"FeatureManager 设计树"中的"上视基准面"选项，如图 3-57 所示，单击 ⌐（草图绘制）按钮即可打开草图绘制窗口，如图 3-58 所示。

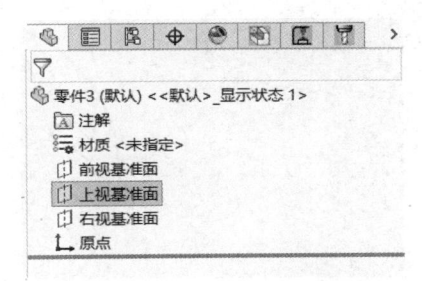

图 3-57 选择"上视基准面"选项

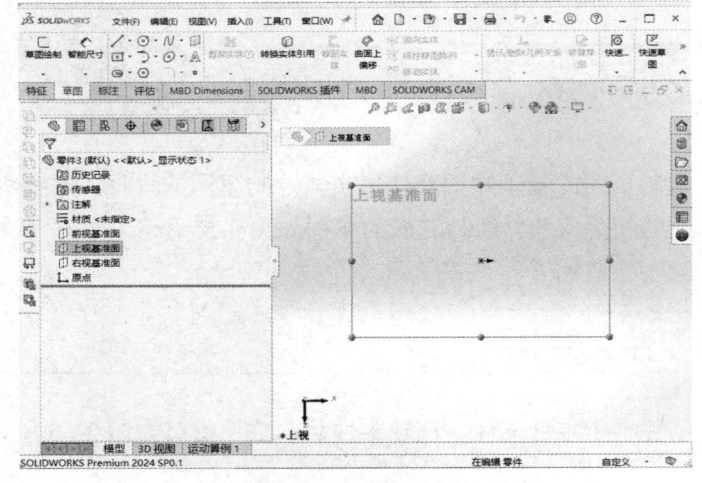

图 3-58　草图绘制窗口

3.4.3　绘制外接圆轮廓

通过绘制圆形来绘制五边形的外接圆轮廓，具体操作步骤如下。

（1）单击 ⊙（圆）按钮，在视图左侧的"PropertyManager"中弹出"圆"面板，如图 3-59 所示。

（2）单击原点作为绘制圆形的中心点，单击另一点绘制圆形，如图 3-60 所示。

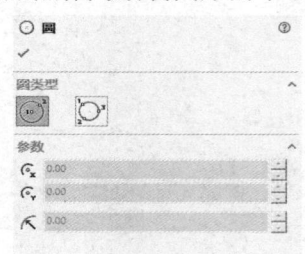

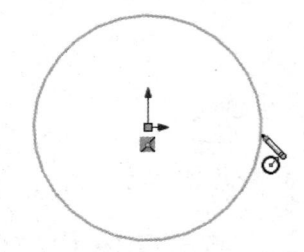

图 3-59　"圆"面板　　　　图 3-60　绘制圆形

（3）绘制完成后，在"圆"面板"参数"选项组的 ⦅（半径）数值框中设置圆形半径为 50，如图 3-61 所示。单击 ✓（确定）按钮，完成外接圆轮廓的绘制，如图 3-62 所示。

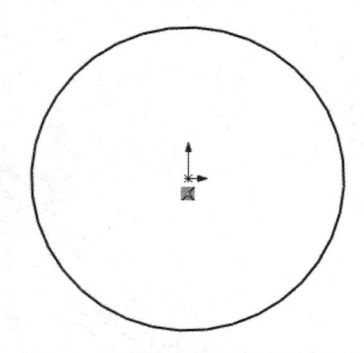

图 3-61　设置圆形半径　　　　图 3-62　完成外接圆轮廓的绘制

3.4.4 绘制五边形轮廓

完成以上步骤后，即可绘制外接于圆形的五边形轮廓。具体操作步骤如下。

（1）单击 ⬡（多边形）按钮，在视图左侧的"PropertyManager"中弹出"多边形"面板，如图 3-63 所示。

（2）在"多边形"面板"参数"选项组的（边数）数值框中设置边数为 5，单击选中"内切圆"单选按钮，单击圆形的原点作为内切圆的圆心，随后单击圆上任意一点作为五边形的一个顶点，如图 3-64 所示。

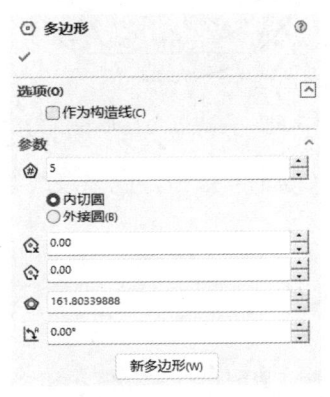

图 3-63 "多边形"面板

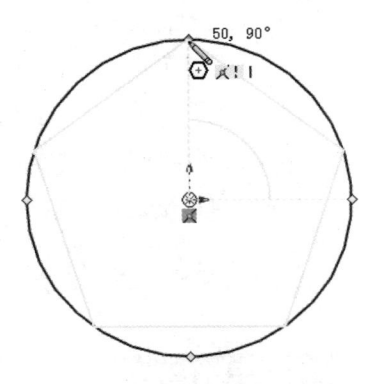

图 3-64 单击两个点

（3）此时用户可单击"多边形"面板中的 ✓（确定）按钮，完成圆弧绘制，或者按键盘中的"Esc"键退出多边形操作。绘制完成的五边形轮廓如图 3-65 所示。

3.4.5 绘制五角星形轮廓

将相对的点相互连接后，即可绘制规则的五角星形轮廓。具体操作步骤如下。

（1）单击 ╱（直线）按钮，在视图左侧的"PropertyManager"中弹出"插入线条"面板，并保持默认设置，如图 3-66 所示。

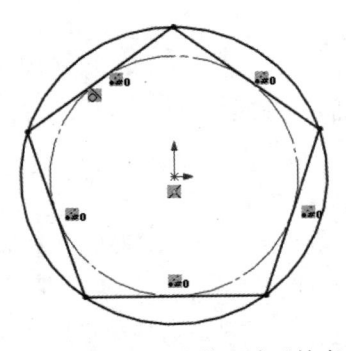

图 3-65 绘制完成的五边形轮廓

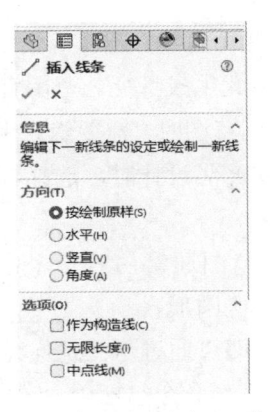

图 3-66 "插入线条"面板

（2）单击两点绘制第 1 条直线，如图 3-67 所示，重复操作，完成五角星形轮廓的绘制，如图 3-68 所示。

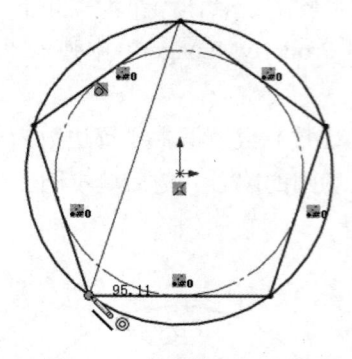

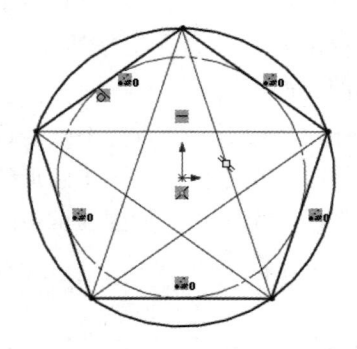

图 3-67　绘制第 1 条直线　　　　图 3-68　完成五角星形轮廓的绘制

（3）此时用户可单击"插入线条"面板中的 ✓（确定）按钮，完成直线绘制，或者按键盘中的"Esc"键直接退出"直线"命令。

> **注意**：完成绘制后需单击"保存"按钮，保存文件。

3.5　本章小结

本章介绍了草图的基本知识、基础草图的绘制方法和参照草图的绘制方法，并以此作为学习 SOLIDWORKS 其他功能模块的基础。

3.6　习题

一、填空题

1．草图是由直线、圆弧等基本几何元素构成的几何实体，它构成了特征的截面轮廓或路径，并以此生成特征。草图有两种形式，即＿＿＿＿＿＿和＿＿＿＿＿＿。

2．在绘制草图时，需要综合考虑绘制草图的＿＿＿＿＿＿和＿＿＿＿＿＿等因素。在进行机械设计和产品设计时，选择合适的草图流程或插入准确的＿＿＿＿＿＿，可以达到事半功倍的效果。

3．基础草图通常由若干个常用的几何图形组成，如直线、＿＿＿＿＿＿、圆形、＿＿＿＿＿＿、椭圆形、＿＿＿＿＿＿、点、＿＿＿＿＿＿等几何图形。掌握好这些基础草图的绘制方法，即可通过这些几何元素组成任何形式的草图截面。

4．矩形系列命令包括"＿＿＿＿＿＿"、"＿＿＿＿＿＿"、"3 点边角矩形"、"3 点中心矩形"和"＿＿＿＿＿＿"5 种。

5．圆弧为_____上的一段弧，SOLIDWORKS 提供了"圆心/起/终点画弧"、"_____"和"_____"3 种圆弧绘制命令。

二、问答题

1．请简述使用草图工具的各种方法。

2．请简述绘制草图的流程。

3．请简述样条曲线的绘制步骤。

三、上机操作

1．请用户以上视基准面为草绘平面绘制草图，如图 3-69 所示，注意绘制的外圆轮廓应为六边形轮廓的外接圆，内圆轮廓应为六边形轮廓的内切圆，外圆的直径为 200mm。

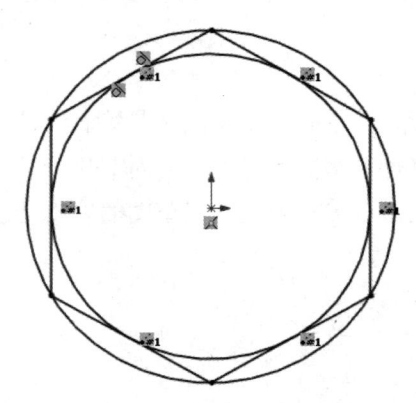

图 3-69 上机操作的习题视图 1

第4章

编辑草图

一个完整的草图，除了有使用草图工具绘制的曲线，还应对绘制的草图曲线进行裁剪、延伸、镜向等操作，并对其进行几何约束、尺寸约束，使草图符合设计要求。本章将主要介绍草图的编辑功能与操作方法。

学习目标

1．熟练掌握草图编辑的基本操作方法。
2．熟练掌握草图约束的基本操作方法。
3．熟悉尺寸标注的基本操作方法。

4.1 草图实体工具

在 SOLIDWORKS 中,草图实体(此处主要指曲线)工具是用于对草图进行裁剪、延伸、镜向、阵列等操作的命令。

4.1.1 剪裁实体

"剪裁实体"命令用于剪裁或延伸草图曲线。此命令提供的多种剪裁类型适用于 2D 草图和 3D 草图,本节讲解对 2D 草图的操作,对 3D 草图的操作请参考后文内容。

单击 ⨉ (剪裁实体)按钮,在视图左侧的"PropertyManager"中弹出"剪裁"面板,其中提供了 5 种剪裁命令。在此以"在内剪除"命令为例介绍"剪裁实体"操作,具体操作步骤如下。

(1)在草图绘制窗口中,使用"直线"命令绘制一系列直线线条,如图 4-1 所示,注意,绘制直线线条虽无要求,但应保证绘制出的轮廓与图中大致相似。

(2)单击 ⨉ (剪裁实体)按钮,在视图左侧的"PropertyManager"中弹出"剪裁"面板,单击"选项"选项组中的 ⨉ (在内剪除)按钮,如图 4-2 所示。

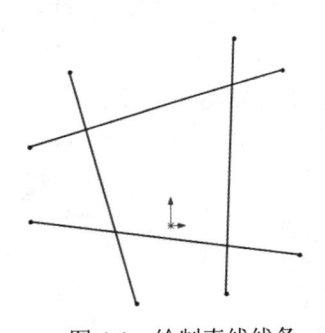

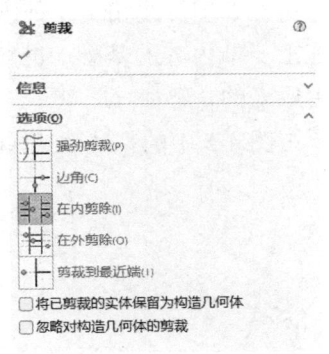

图 4-1 绘制直线线条　　图 4-2 单击 ⨉ (在内剪除)按钮

(3)首先单击绘制的前两条直线(直线 1、直线 2),然后单击这两条直线中间的直线(单击 A、单击 B),如图 4-3 所示,完成后的草图如图 4-4 所示.

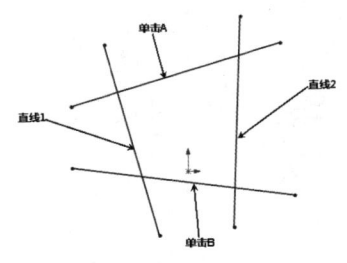

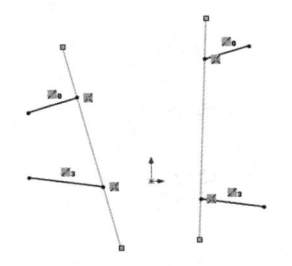

图 4-3 单击直线　　图 4-4 完成后的草图

(4)用户可单击"剪裁"面板中的 ✓（确定）按钮，完成剪裁操作，或者按下键盘中的"Esc"键直接退出"剪裁"命令。

提示 1：在使用"边角"命令剪裁曲线时，可以延伸一条草图曲线并缩短另一条草图曲线，或者同时延伸两条草图曲线。

提示 2：单击（强劲剪裁）按钮，在绘图区域中按住鼠标左键并拖动鼠标指针，可裁剪或延伸曲线。

单击（边角）按钮，选择两条交叉曲线并修剪至交叉位置。

单击（在内剪除）按钮，选择两条边界曲线或一个面，随后选择要修剪的曲线，修剪的部分在边界曲线内。

单击（在外剪除）按钮，选择两条边界曲线或一个面，随后选择要修剪的曲线，修剪的部分在边界曲线外。

单击（剪裁到最近端）按钮，在绘图区域中单击以修剪与鼠标指针距离最近的曲线。

4.1.2 延伸实体

"延伸实体"命令用于增加草图曲线（直线、中心线或圆弧）的长度，使得要延伸的草图曲线与另一草图曲线相交。具体操作步骤如下。

（1）在上一节内容的基础上继续操作，单击 T（延伸实体）按钮，可以看到鼠标指针的形状由原来的 变为 。

（2）单击图 4-5 中的直线 A 和直线 B 即可延长曲线，如图 4-6 所示。

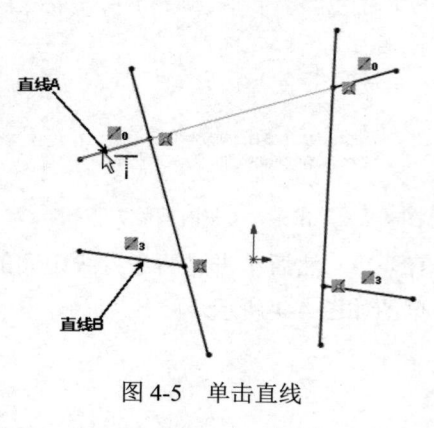

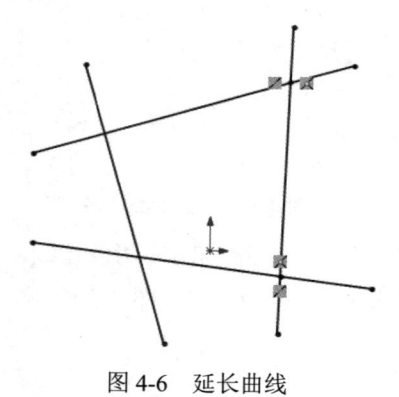

图 4-5　单击直线　　　　　　　图 4-6　延长曲线

（3）按键盘中的"Esc"键直接退出"延伸"命令，完成延伸操作。

4.1.3 镜向实体

"镜向实体"命令用于以直线、中心线、模型实体边线及线性工程图边线为对称中心镜向复制曲线。具体操作步骤如下。

（1）使用"中心线"命令和"多边形"命令绘制草图，如图 4-7 所示。

（2）单击 (镜向实体)按钮，在视图左侧的"PropertyManager"中弹出"镜向"面板，如图 4-8 所示。

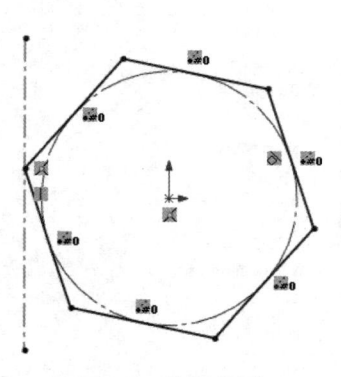

图 4-7　绘制草图

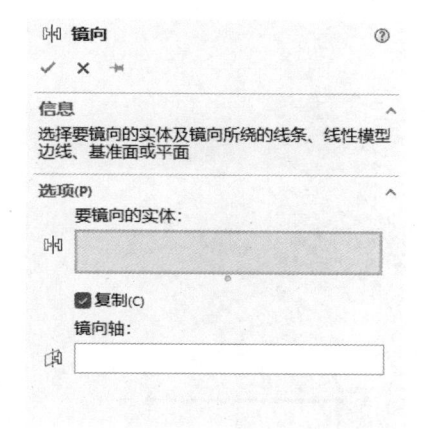

图 4-8　"镜向"面板

（3）单击选中六边形轮廓作为"要镜向的实体"（不单击内切圆），单击激活"镜向"面板中的"镜向轴"选择框后，单击选中中心线，如图 4-9 所示。

（4）取消勾选"镜向"面板中的"复制"复选框，并单击 （确定）按钮，完成镜向操作，如图 4-10 所示。

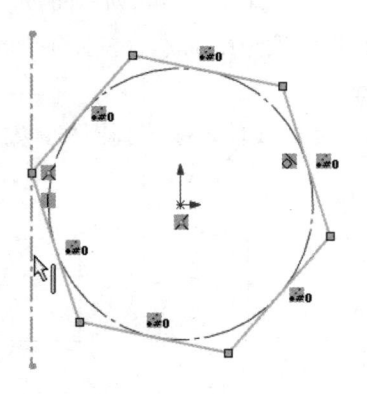

图 4-9　单击选中中心线

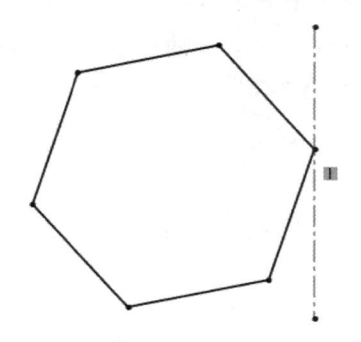

图 4-10　完成镜向操作

提示：镜向轴可以是直线或中心线，也可以是两个位置不同的点的连线。

4.1.4　线性草图阵列

"线性草图阵列"命令用于在两个不同方向上通过复制的方式创建多个草图副本。具体操作步骤如下。

（1）使用"边角矩形"命令绘制矩形草图，如图 4-11 所示。

（2）单击 (线性草图阵列)按钮，在视图左侧的"PropertyManager"中弹出"线性阵列"面板，如图 4-12 所示。

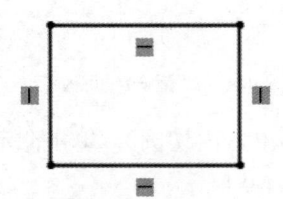

图 4-11　绘制矩形草图 　　　　　图 4-12　"线性阵列"面板

（3）依次单击矩形的 4 条边作为"要阵列的实体"，设置"线性阵列"面板"方向 1（1）"选项组中的 ⚙（间距）为 20mm，"方向 2（2）"选项组中的 ⚙（间距）为 15mm，⚙（实例数）为 2，此时的预览视图如图 4-13 所示。

（4）单击"线性阵列"面板中的 ✓（确定）按钮，完成线性草图阵列操作，如图 4-14 所示。

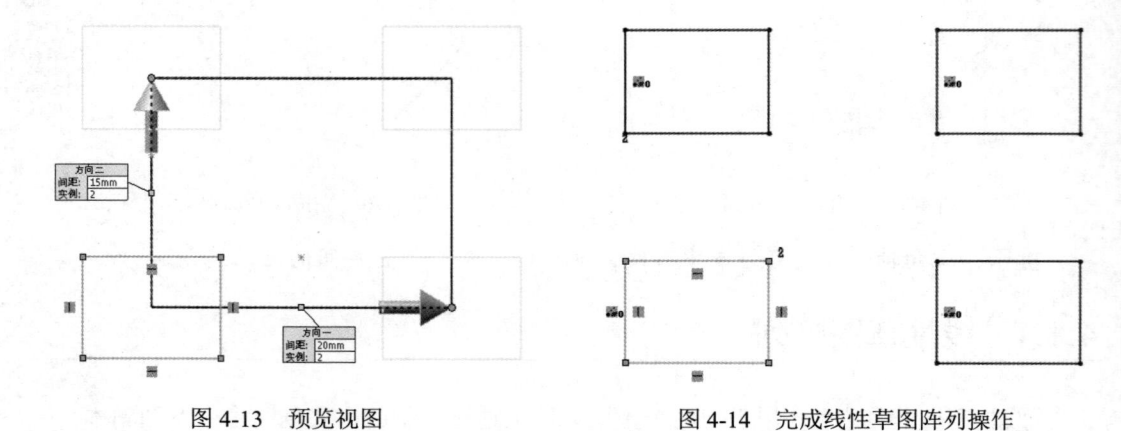

图 4-13　预览视图　　　　　图 4-14　完成线性草图阵列操作

提示：单击图 4-13 中的箭头可改变阵列方向；单击图 4-13 中存在的线条可以此作为阵列方向；在图 4-13 的"方向一"和"方向二"方格中双击可改变"间距"和"实例"的数量。

4.1.5 圆周草图阵列

"圆周草图阵列"命令用于在圆形阵列上通过复制的方式创建多个草图副本。具体操作步骤如下。

（1）使用"多边形"命令绘制六边形草图，如图 4-15 所示。

（2）单击 (圆周草图阵列)按钮，在视图左侧的"PropertyManager"中弹出"圆周阵列"面板，如图 4-16 所示。

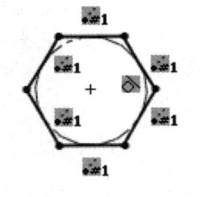

图 4-15 绘制六边形草图　　图 4-16 "圆周阵列"面板

（3）依次单击六边形的 6 条边作为"要阵列的实体"，设置"圆周阵列"面板"参数"选项组中的 (间距)为 270 度， (实例数)为 6，勾选"等间距"复选框，此时的预览视图如图 4-17 所示。

（4）单击"圆周阵列"面板中的 ✓ (确定)按钮，完成圆周草图阵列操作，如图 4-18 所示。

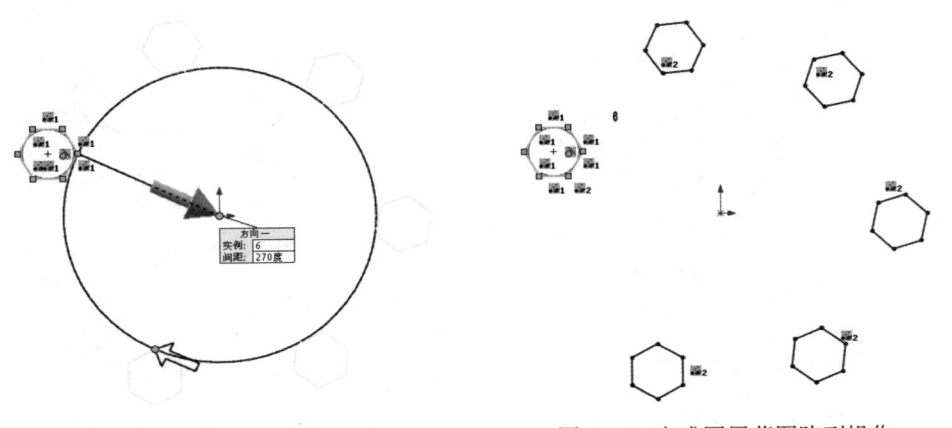

图 4-17 预览视图　　图 4-18 完成圆周草图阵列操作

提示：圆周草图阵列的参考点默认为原点，用户可单击视图中的任意点作为参考点来创建圆周草图阵列。

4.1.6 移动、复制、旋转、缩放比例和伸展

在 SOLIDWORKS 草图环境中提供了草图曲线的移动、复制、旋转、缩放比例和伸展等命令。

本节以"复制"命令为例，介绍此类命令的用法，具体操作步骤如下。

（1）使用"直槽口"命令绘制直槽口，并在绘制的轮廓外创建不在原点上的点，如图 4-19 所示。

（2）单击 _oo（复制实体）按钮，在视图左侧的"PropertyManager"中弹出"复制"面板，如图 4-20 所示。

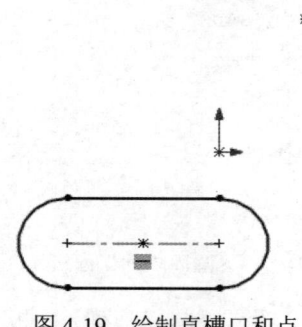

图 4-19 绘制直槽口和点

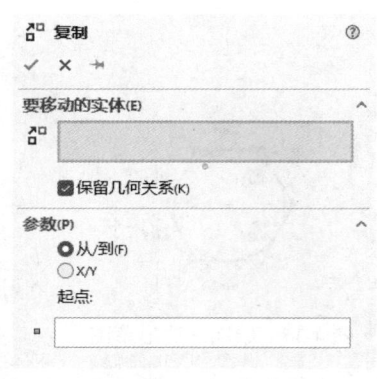

图 4-20 "复制"面板

（3）单击直槽口轮廓作为"要移动的实体"，单击选中"复制"面板"参数"选项组中的"从/到"单选按钮，随后单击激活 □（基准点）选择框，并在草图中依次单击第 1 个点和第 2 个点，如图 4-21 所示。

（4）完成上述操作后，即可成功复制实体，如图 4-22 所示。

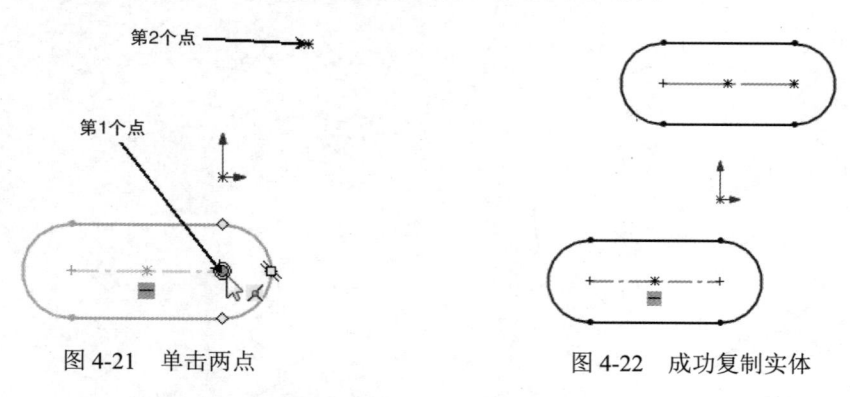

图 4-21 单击两点

图 4-22 成功复制实体

注意：移动、复制、旋转、缩放比例和伸展的操作步骤类似，读者可参考上述步骤及实际情况对草图进行操作。

第 4 章 编辑草图

提示：单击激活 ➚（移动实体）命令，将草图曲线在基准面内按指定方向进行平移。

单击激活 ➚（复制实体）命令，将草图曲线在基准面内按指定方向进行平移，但需要创建对象副本。

单击激活 ↻（旋转实体）命令，将草图曲线绕旋转中心进行旋转，不需要创建对象副本。

单击激活 ☐（缩放实体比例）命令，将草图曲线按设定的比例因子进行缩小或放大，可创建对象的副本。

单击激活 ↳（伸展实体）命令，将选定的草图中的部分曲线按指定距离进行延伸，使整个草图伸展。

4.2 草图捕捉工具

用户在绘制草图的过程中，可以使用 SOLIDWORKS 提供的草图捕捉工具精准绘制图形。草图捕捉工具是绘制草图的辅助工具，其中包括草图捕捉和快速捕捉两种捕捉模式。

4.2.1 草图捕捉

草图捕捉是在绘制草图的过程中根据自动判断的约束来进行线条绘制的模式。选择"工具"→"选项"命令，打开"系统选项"对话框，在"系统选项"选项卡中选择左侧"草图"列表中的"几何关系/捕捉"选项，"系统选项"对话框变为如图 4-23 所示的状态。

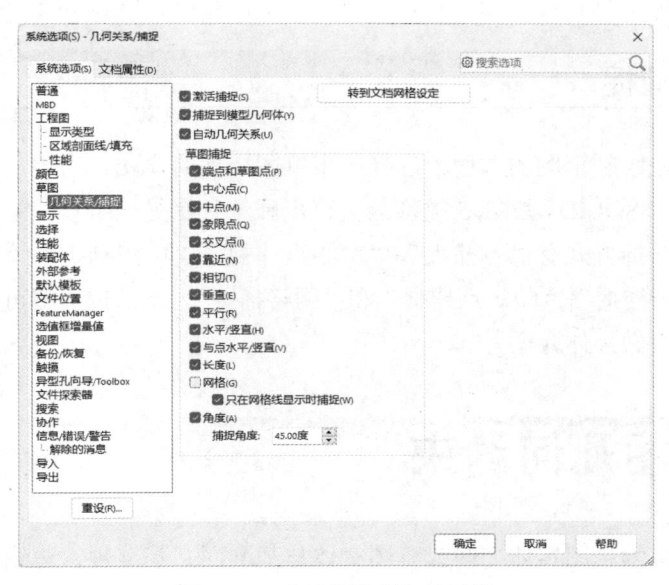

图 4-23　"系统选项"对话框

用户可在"系统选项"对话框中设置激活或关闭草图捕捉功能，以及各种草图捕捉方式。下面介绍图 4-23 中的 14 种草图捕捉方式。

- "端点和草图点"：捕捉直线、多边形、矩形、平行四边形、圆角、圆弧、抛物线、部分椭圆、样条曲线、点、倒角的端点等。
- "中心点"：捕捉圆形、圆弧、圆角、抛物线及部分椭圆的中心。
- "中点"：捕捉直线、多边形、矩形、平行四边形、圆角、圆弧、抛物线、部分椭圆、样条曲线和中心线的中点。
- "象限点"：捕捉圆形、圆弧、圆角、抛物线、椭圆形及部分椭圆的象限。
- "交叉点"：捕捉相交或交叉实体的交叉点。
- "靠近"：支持所有草图使用该捕捉方式。激活所有捕捉功能，鼠标指针不需要紧邻其他草图实体就可以显示推理点或捕捉到该点。
- "相切"：捕捉圆形、圆弧、圆角、抛物线、椭圆形、部分椭圆及样条曲线的切线。
- "垂直"：指定第一个对象（直线、多段线线段、单行注释或注释），且第一个对象的位置、长度和方向将保持不变；指定第二个对象（直线、多段线线段、单行注释或注释），且第二个对象与第一个对象相互垂直。
- "平行"：为直线生成平行实体。
- "水平/竖直"：竖直捕捉直线到现有草图竖直直线，以及水平捕捉直线到现有草图水平直线。
- "与点水平/竖直"：竖直或水平捕捉直线到现有草图点。
- "长度"：捕捉直线到网格线设定的增量，且无须显示网格线。
- "网格"：捕捉草图实体到网格的水平和竖直分割线。在默认情况下，这是唯一未激活的草图捕捉方式。
- "角度"：捕捉到角度，用户可在此设置捕捉的角度，默认为 45 度。

4.2.2 快速捕捉

快速捕捉是在绘制草图的过程中选择单步草图捕捉的模式。当用户选择草图实体绘制命令后，可使用 SOLIDWORKS 提供的快速步骤工具在另一个草图中捕捉点。

常用的快速捕捉方式有"点捕捉"、"中心点捕捉"、"中点捕捉"、"象限点"、"交叉点捕捉"、"最近端捕捉"、"H/V 点捕捉"和"网格捕捉"。单击按钮即可使用其所代表的捕捉方式，本处不做具体介绍。

4.3 草图几何约束

草图几何约束为草图实体之间或草图实体与基准面、基准轴、边线或顶点之间的几何约束，可以自动添加或手动添加几何关系。在 SOLIDWORKS 中，2D 草图或 3D 草图中的草图曲线和模型几何体之间的几何关系是设计意图中重要的创建手段。

4.3.1 几何约束类型

几何约束是草图捕捉的一种特殊方式。几何约束类型包括推理、添加。表 4-1 列出了 SOLIDWORKS 草图模式中的所有几何关系。

表 4-1　SOLIDWORKS 草图模式中的所有几何关系

几何关系	类型	说明	图解
水平	推理	绘制水平线	
垂直	推理	按垂直于第一条直线的方向绘制第二条直线。草图工具处于激活状态,因此草图捕捉终点显示在直线上	
平行	推理	按平行几何关系绘制两条直线	
水平和相切	推理	添加切线弧到水平线	
水平和重合	推理	绘制第二个圆形。草图工具处于激活状态,因此草图捕捉的象限显示在第二个圆弧上	
竖直、水平、相交和相切	推理和添加	按中心推理到草图原点绘制圆形(竖直),水平线与圆形的象限相交,添加相切几何关系	
水平、竖直和相等	推理和添加	推理水平和竖直几何关系,添加相等几何关系	
同心	添加	添加同心几何关系	

推理类型的几何约束会在绘制草图的过程中自动出现,而添加类型的几何约束需要用户手动添加。

注意　推理类型的几何约束仅在勾选"系统选项"对话框"草图"列表下"几何关系/捕捉"选项中的"自动几何关系"复选框后才会显示。

4.3.2 添加几何关系

一般来说，用户在绘制草图的过程中，程序会自动添加几何约束关系。但是当"自动几何关系"复选框在"系统选项"对话框中未被勾选时，需要用户手动添加几何约束关系。

根据所选草图曲线的不同，添加的几何关系也会不同。用户可为几何关系选择的草图曲线，以及所产生的几何关系的特点如表4-2所示。

表 4-2 选择的草图曲线及所产生的几何关系的特点

几何关系	图标	草图曲线	几何关系的特点
水平或竖直	— |	一条或多条直线，或者两个或多个点	直线会变为水平或竖直方向（由当前草图的空间定义），而点会在水平或竖直方向对齐
共线	/	两条或多条直线	项目位于同一条无限长的直线上
全等	◯	两个或多个圆弧	项目共用相同的圆心和半径
垂直	⊥	两条直线	两条直线相互垂直
平行	∥	两条或多条直线，或者3D草图中的一条直线和一个基准面	项目相互平行，直线平行于所选基准面
相切	♂	圆弧、椭圆形或样条曲线，以及直线	两个项目保持相切
同轴心	◎	两个或多个圆弧，或者一个点和一个圆弧	圆弧或圆形共用同一个圆心
中点	╱	两条直线或一个点和一条直线	点保持位于线段的中点
交叉	✕	两条直线和一个点	点位于直线、圆弧或椭圆形上
重合	⋋	一个点和一条直线、圆弧或椭圆形	点位于直线、圆弧或椭圆形上
相等	=	两条或多条直线，或者两个或多个圆弧	直线长度或圆弧半径保持相等
对称	⌑	一条中心线和两个点、直线、圆弧或椭圆	项目保持与中心线距离不变，并位于一条与中心线垂直的直线上
固定	⚓	任何实体	草图曲线的大小和位置被固定。被固定的直线的端点可以自由地沿其下方无限长地做直线运动

本节以"对称"约束为例，介绍添加几何关系的方法，具体操作步骤如下。

（1）使用"中心线"命令绘制中心线，并在其两侧绘制直线草图，如图4-24所示。

（2）使用框选的方法选中3个草图，或者按住键盘中的"Ctrl"键并单击选中3个草图，在视图左侧的"PropertyManager"中弹出"属性"面板，如图 4-25 所示。

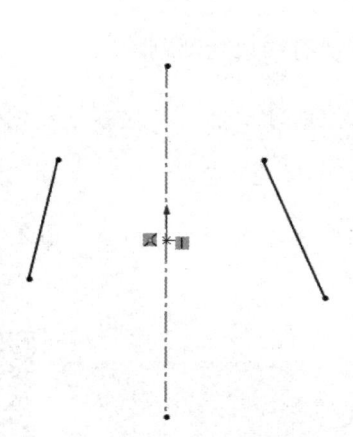

图 4-24 绘制中心线和直线草图 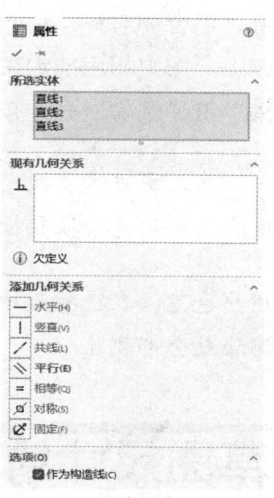　　图 4-25 "属性"面板

（3）单击"属性"面板中的 ☐（对称）按钮，即可完成中心线两侧的直线关于中心线对称的约束，如图 4-26 所示。

> **注意**：用户可以先单击激活 ⊥（添加几何关系）选择框，再添加需要进行约束的对象，操作步骤与以上顺序稍有区别。

4.3.3 显示/删除几何关系

用户可以使用"显示/删除几何关系"命令保留或删除草图中的几何约束，具体操作步骤如下。

（1）以上一小节的实例为例，单击 ⊥₀（显示/删除几何关系）按钮，在视图左侧"PropertyManager"中弹出"显示/删除几何关系"面板，如图 4-27 所示。

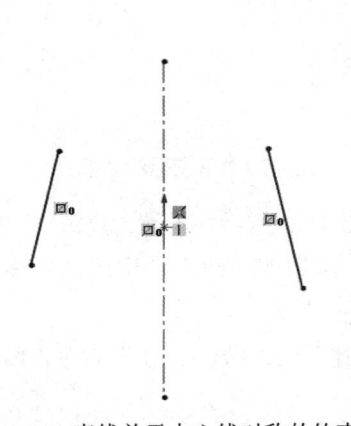

图 4-26 直线关于中心线对称的约束 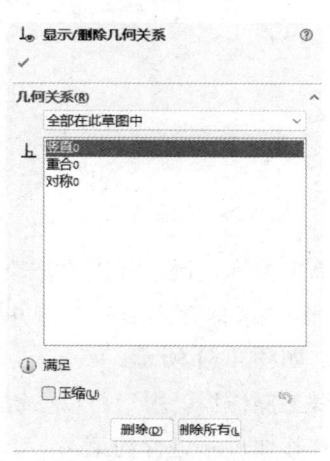　　图 4-27 "显示/删除几何关系"面板

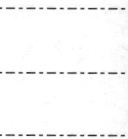

71

（2）在"显示/删除几何关系"面板的"几何关系"选项组中显示出了图中包含的所有约束，竖直、重合和对称，用户可以在选中某个约束后，通过单击"删除"按钮来将选中的约束删除，图中相应的约束也会被删除。

或者直接单击"删除所有"按钮，将选择框中的所有约束全部删除。

注意：如果用户需要撤销前面的操作，则可以通过单击 （撤销上次几何关系更改）按钮进行撤销操作。

提示：用户也可以在选择框中右击，选择"删除"命令或"删除所有"命令，将所选几何关系删除或全部删除。

4.4 草图尺寸约束

草图尺寸约束用于创建草图的尺寸标注，使草图满足设计者的要求并固定。草图尺寸约束包括智能尺寸、水平尺寸、竖直尺寸、尺寸链、水平尺寸链、竖直尺寸链和路径长度尺寸。

4.4.1 智能尺寸

"智能尺寸"命令可以对任意方向上的尺寸、角度进行约束，具体操作步骤如下。

（1）使用"直线"命令绘制草图，如图4-28所示。

（2）单击 （智能尺寸）按钮，鼠标指针的形状由原来的 变为 。单击左侧直线并拖动鼠标指针，使其垂直于该直线运动，此时会出现如图4-29所示的标注状态。

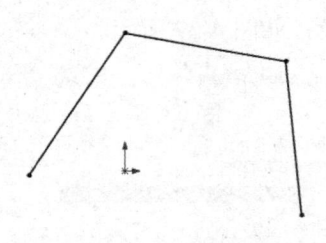

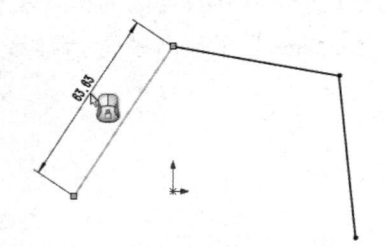

图4-28　绘制草图　　　　　　图4-29　草图标注状态

（3）单击鼠标左键，弹出"修改"对话框，如图4-30所示。设置"D1@草图1"为50mm，单击 （保存当前的数值并退出此对话框）按钮即可改变图中尺寸并使草图随尺寸变化，如图4-31所示。

完成以上操作后，用户可以按键盘中的"Esc"键退出"智能尺寸"命令，否则该命令会继续对其他尺寸进行约束。

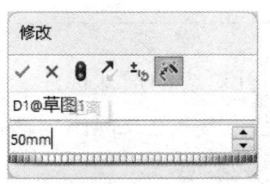

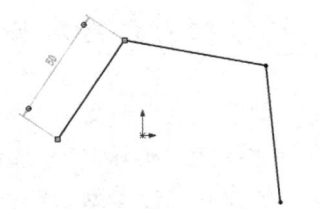

图 4-30 "修改"对话框　　　　　图 4-31 草图随尺寸变化

（4）用户可使用"智能尺寸"命令进行竖直约束、水平约束和角度约束，如图 4-32、图 4-33 和图 4-34 所示。

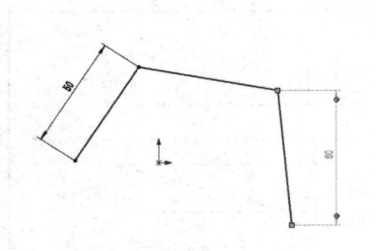

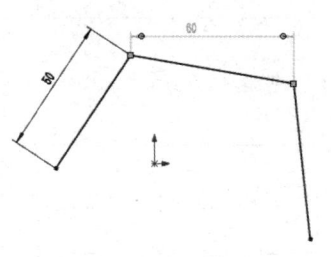

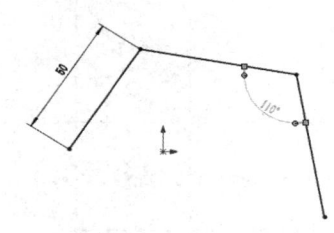

图 4-32 竖直约束　　　　图 4-33 水平约束　　　　图 4-34 角度约束

（5）在进行约束时，在视图左侧的"PropertyManager"中会弹出"尺寸"面板，如图 4-35 所示，使用此面板可以设置尺寸的"样式"、"公差/精度"、"主要值"和"标注尺寸文字"等，在此不做详细介绍，用户可自行使用体会其作用。

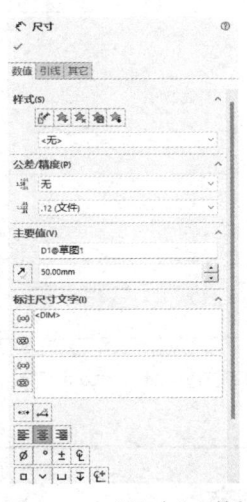

图 4-35 "尺寸"面板

提示：在 SOLIDWORKS 中，草图尺寸约束最常用的就是"智能尺寸"命令，该命令不仅可以标注约束线条、角度，还可以标注约束圆形的直径、半径和弧长等。

注意：在创建几何约束关系和尺寸约束关系时，最好将草图完全约束，此时，草图的任何点或线将不能使用鼠标拖动。完全约束后，草图的线条颜色由蓝色变为黑色，在此基础上继续标注软件会弹出"将尺寸设为从动？"对话框。当过约束或约束错误时，草图的线条颜色会变为紫红色。

4.4.2 其他尺寸标注命令

使用"智能尺寸"命令后，软件会自动选择对象并进行对应的尺寸标注。这种命令的优点是标注灵活，实际上应用最多的命令就是"智能尺寸"命令。但由于该命令几乎包含了所有的尺寸标注类型，针对性不强，所以有时会产生不便。

表 4-3 中列出了草图尺寸约束的其他 6 种尺寸标注命令。

表 4-3 其他 6 种尺寸标注命令

尺寸标注命令	按钮	说明	图解
水平尺寸		标注的尺寸总是与坐标系的 X 轴平行	
竖直尺寸		标注的尺寸总是与坐标系的 Y 轴平行	
尺寸链		从工程图或草图的零坐标开始测量的尺寸链组	
水平尺寸链		水平标注的尺寸链组	
竖直尺寸链		竖直标注的尺寸链组	
路径长度尺寸		标注的尺寸与选中的多条相连的曲线的尺寸一致	

4.4.3 修改已有的尺寸约束

本节内容将介绍在完成尺寸约束后如何对其进行修改。具体操作步骤如下。

（1）绘制一个平行四边形草图并对其进行尺寸约束。约束的内容包括水平约束上方直线为 55mm，竖直约束左侧直线为 25mm，约束两直线之间的夹角为 130 度，完成操作后的平行四边形草图如图 4-36 所示。

（2）双击任意一个约束均可弹出"修改"对话框，在该对话框的文本框中输入"竖直"，单击 ✓（保存当前的数值并退出此对话框）按钮完成修改操作。

(3) 重复以上操作,设置水平约束上方直线为 60mm,竖直约束左侧直线为 20mm,约束两直线之间的夹角为 150 度,完成操作后的平行四边形草图如图 4-37 所示。

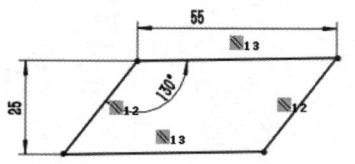

图 4-36　完成操作后的平行四边形草图 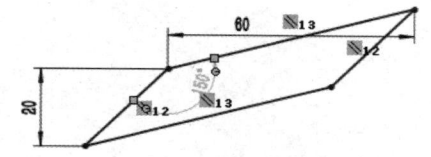　　　图 4-37　更改尺寸约束后的平行四边形草图

4.5　实例示范

前面介绍了一些草图的基本操作,本节将通过一个有代表性的实例综合介绍草图绘制的一系列命令的用法。图 4-38 所示为完全约束后的草图,在学习本节内容之前,读者可先自行尝试绘制此草图。

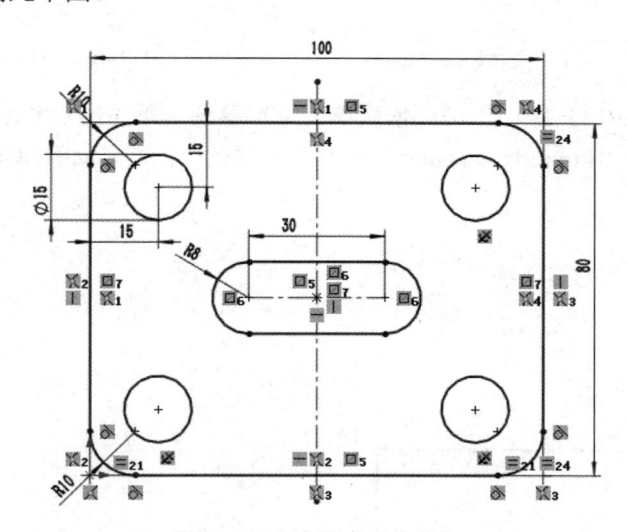

图 4-38　完全约束后的草图

打开软件并创建零件文件,以及选择基准面并打开草图绘制窗口的步骤此处不再赘述,读者可自行创建零件文件并以任意基准面打开草图绘制窗口。

4.5.1　绘制矩形草图并对其进行约束

绘制一个矩形草图并对其进行草图约束(包括尺寸约束和几何约束),具体操作步骤如下。

(1)单击 ▭(边角矩形)按钮,在视图左侧的"PropertyManager"中弹出"矩形"面板,如图 4-39 所示。

(2)单击绘图区域内任意两点绘制矩形草图,绘制完成后单击"矩形"面板 ✓ 中的

（确定）按钮，如图 4-40 所示。为了更方便地约束矩形，建议将矩形的位置定位在原点的右上角。

图 4-39 "矩形"面板　　　　图 4-40 矩形草图

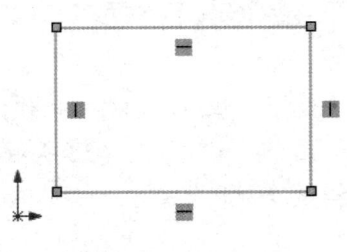

（3）按住键盘中的"Ctrl"键，依次单击矩形草图左下角的点和原点，如图 4-41 所示，在视图左侧的"PropertyManager"中弹出"属性"面板，如图 4-42 所示。

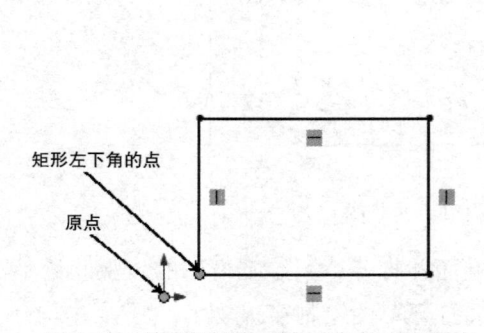

图 4-41 单击矩形草图左下角的点和原点　　　　图 4-42 "属性"面板

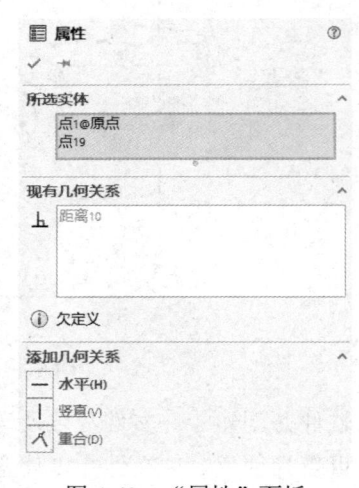

（4）单击"属性"面板"添加几何关系"选项组中的 人（重合）按钮，矩形草图左下角点的将与原点重合，如图 4-43 所示，单击"属性"面板中的 ✓（确定）按钮完成操作。

（5）单击 ◆（智能尺寸）按钮，鼠标指针的形状由原来的 ▷ 变为 ▷。依次单击矩形草图的上边线和右边线，在弹出的"修改"对话框的数值框中修改其尺寸为水平长度 100mm，竖直长度 80mm，完成操作后的矩形草图如图 4-44 所示。

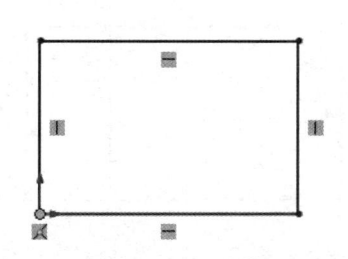

图 4-43 矩形草图左下角的点与原点重合

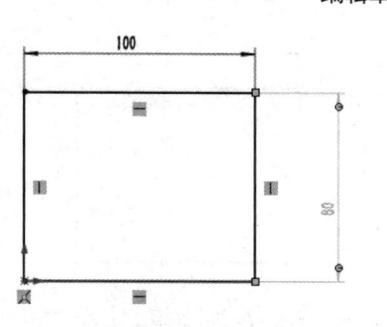

图 4-44 完成操作后的矩形草图

（6）单击矩形的上边线和右边线弹出"尺寸"面板，在"尺寸"面板中单击 ✓（确定）按钮完成操作。

> **注意**：用户在进行约束操作时，完全约束后草图的线条颜色由蓝色变为黑色，过约束或约束错误时，草图的线条颜色变为紫红色。

4.5.2 绘制约束圆并对其进行阵列操作

在矩形草图内绘制一个圆形轮廓，通过对其进行阵列操作创建其余 3 个不同方位的圆形轮廓。具体操作步骤如下。

（1）单击 ⊙（圆）按钮，在视图左侧的"PropertyManager"中弹出"圆"面板，如图 4-45 所示，单击矩形内的任意两点绘制圆形轮廓，如图 4-46 所示。

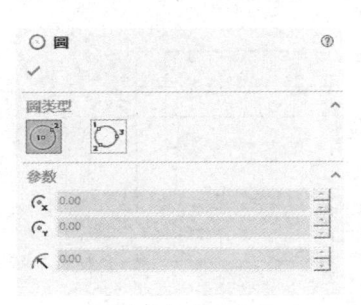

图 4-45 "圆"面板

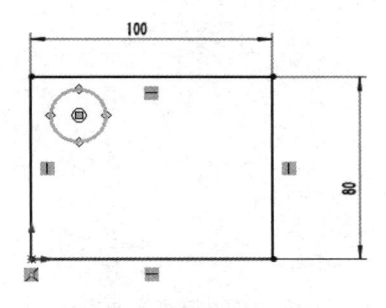

图 4-46 绘制圆形轮廓

（2）单击 ✏（智能尺寸）按钮，鼠标指针的形状由原来的 ▷ 变为 ▷。依次单击圆心、矩形草图上边线，并在弹出的"修改"对话框的数值框中修改其尺寸为 15mm。单击"修改"对话框中的 ✓（确定）按钮，完成第 1 个尺寸标注，如图 4-47 所示。

（3）单击 ✏（智能尺寸）按钮，并依次单击圆心、矩形草图左边线，在弹出的"修改"对话框的数值框中修改其尺寸为 15mm。单击"修改"对话框中的 ✓（确定）按钮，完成尺寸修改操作。

（4）单击 ✏（智能尺寸）按钮，进行智能尺寸操作。单击选中圆形轮廓，在弹出的"修改"对话框的数值框中修改其尺寸为 15mm。单击"修改"对话框中的 ✓（确定）按钮，完成其余尺寸标注，如图 4-48 所示。

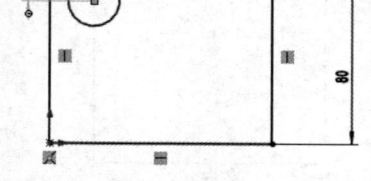

图 4-47 完成第 1 个尺寸标注　　　　图 4-48 完成其余尺寸标注

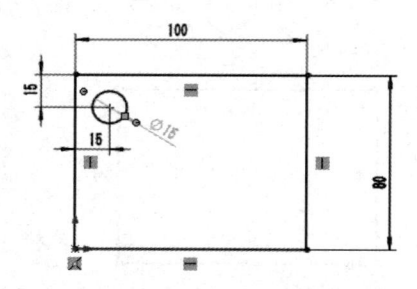

（5）单击 ![] （线性草图阵列）按钮，在视图左侧的"PropertyManager"中弹出"线性阵列"面板，如图 4-49 所示。

（6）单击圆形轮廓作为"要阵列的实体"，设置"线性阵列"面板"方向 1（1）"选项组中的 ![]（间距）为 70mm；设置"方向 2（2）"选项组中的 ![]（实例数）为 2，![]（间距）为 50mm，完成设置后的预览视图如图 4-50 所示。

图 4-49 "线性阵列"面板　　　　图 4-50 预览视图

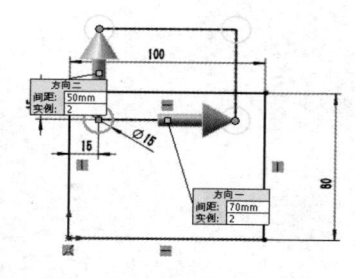

（7）单击图 4-50 中左上角的向上箭头，改变箭头方向，如图 4-51 所示。单击"线性阵列"面板中的 ![]（确定）按钮，完成线性草图阵列操作，如图 4-52 所示。

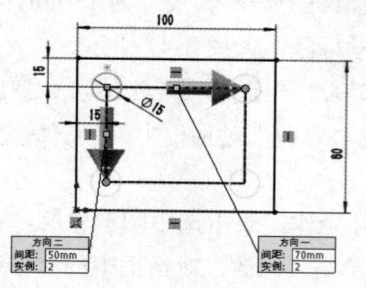

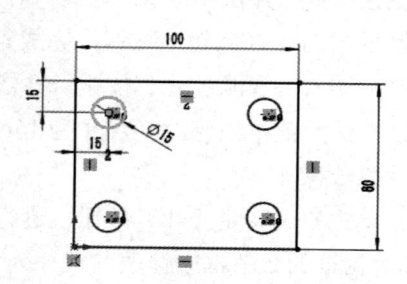

图 4-51 改变箭头方向　　　　图 4-52 完成线性草图阵列操作

4.5.3 创建矩形圆角

在矩形的 4 个角上创建矩形圆角，具体操作步骤如下。

（1）单击 ┐（绘制圆角）按钮，在视图左侧的"PropertyManager"中弹出"绘制圆角"面板。

（2）设置"绘制圆角"面板"圆角参数"选项组中的 ⼊（圆角半径）为 10mm，并勾选"保持拐角处约束条件"复选框，如图 4-53 所示。

（3）依次单击矩形草图的上边线和左边线，矩形圆角预览视图如图 4-54 所示。

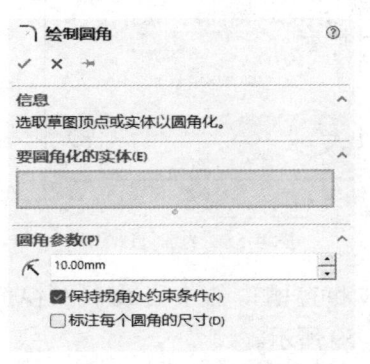

图 4-53　"绘制圆角"面板设置 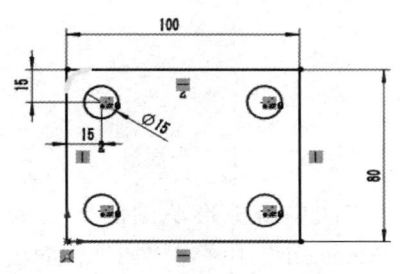　　　　图 4-54　矩形圆角预览视图

（4）单击"绘制圆角"面板中的 ✓（确定）按钮，创建第 1 个矩形圆角，如图 4-55 所示。

（5）重复以上步骤，创建矩形其余 3 个角的圆角，如图 4-56 所示。

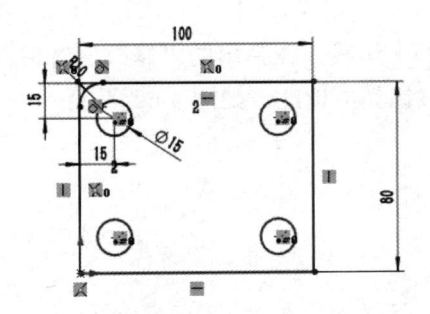

图 4-55　创建第 1 个矩形圆角 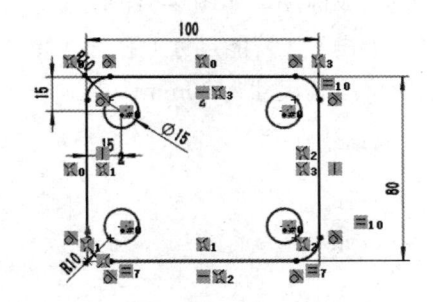　　　　图 4-56　创建矩形其余 3 个角的圆角

4.5.4 绘制直槽口并对其进行约束

在草图的中心位置绘制左右、上下对称的直槽口，并对其进行尺寸约束和几何约束。具体操作步骤如下。

（1）单击 ⌾（直槽口）按钮，在视图左侧的"PropertyManager"中弹出"槽口"面板，如图 4-57 所示。

（2）在矩形草图中心位置绘制直槽口，如图 4-58 所示。单击"槽口"面板中的 ✓（确定）按钮，完成直槽口的绘制。

图 4-57 "槽口"面板

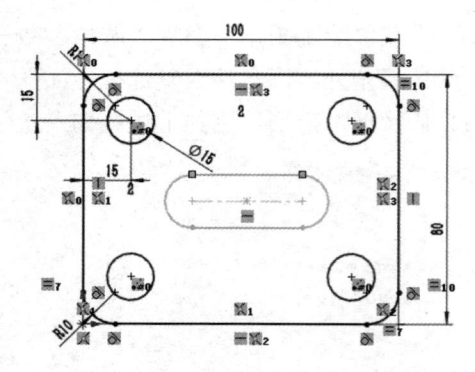

图 4-58 绘制直槽口

（3）依次单击矩形草图的上边线、下边线和直槽口的中心线，在视图左侧的 "PropertyManager" 中弹出"属性"面板，如图 4-59 所示。

（4）单击"属性"面板"添加几何关系"选项组中的 （对称）按钮，随后单击"属性"面板中的 （确定）按钮，完成对称几何关系添加，如图 4-60 所示。

（5）单击 （智能尺寸）按钮，鼠标指针的形状由原来的 变为 。单击直槽口中的任意一个圆弧，在弹出的"修改"对话框的数值框中修改其直径为 8mm，单击 （确定）按钮完成标注，如图 4-61 所示。

（6）单击 （智能尺寸）按钮，单击直槽口的上边线，在弹出的"修改"对话框的数值框中修改其尺寸为 30mm，单击 （确定）按钮完成标注，如图 4-62 所示。

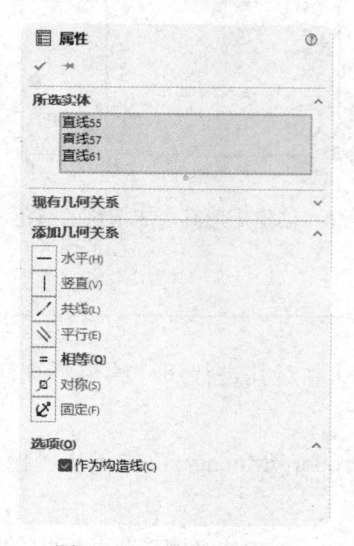

图 4-59 "属性"面板

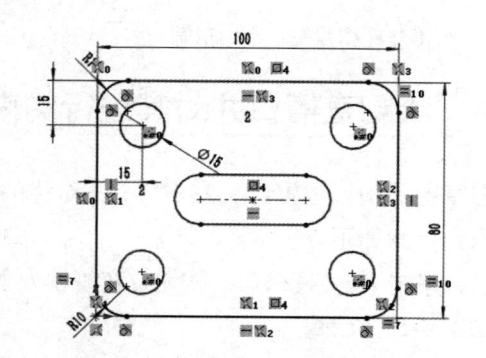

图 4-60 对称几何关系添加（1）

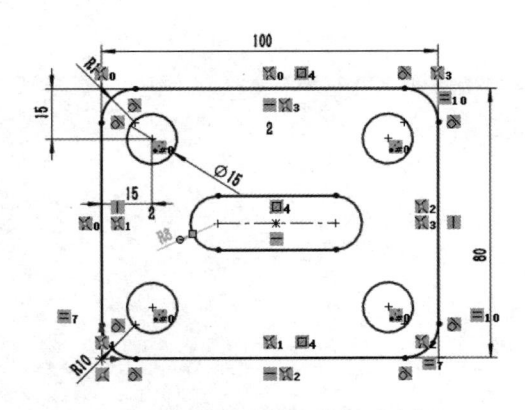

图 4-61 标注直槽口的圆弧直径　　　　　图 4-62 标注直槽口的上边线

（7）单击 ∠（中心线）按钮，绘制中心线，如图 4-63 所示。

（8）依次单击矩形草图的左右边线和新绘制的中心线，在视图左侧的"PropertyManager"中弹出"属性"面板。单击"属性"面板"添加几何关系"选项组中的 ☒（对称）按钮，随后单击"属性"面板中的 ✓（确定）按钮，完成对称几何关系添加，如图 4-64 所示。

（9）重复步骤（8）的操作，将直槽口的两个圆弧按照中心线创建对称几何关系，完成最终的草图绘制并对其进行约束。

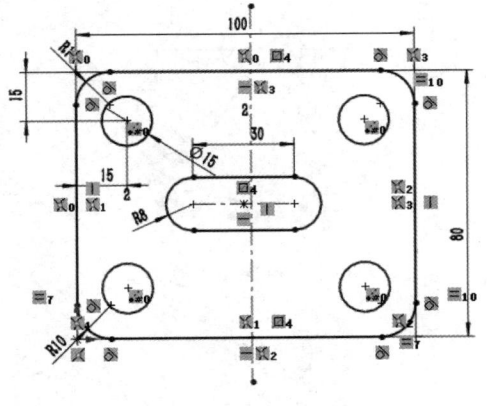

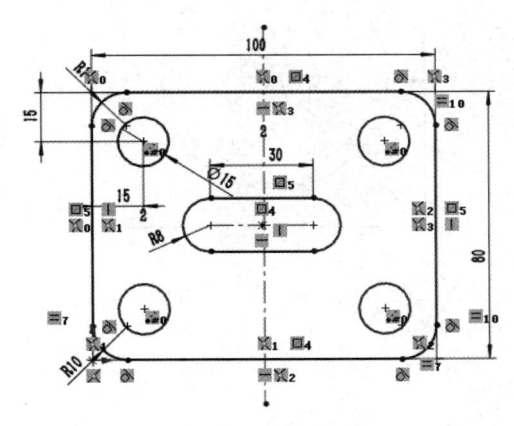

图 4-63 绘制中心线　　　　　图 4-64 对称几何关系添加（2）

4.6　本章小结

本章主要讲解了草图实体工具及约束的用法，读者需认真学习并灵活运用。草图绘制是三维零件设计的基础，零件模型制作的好坏直接取决于草图的绘制。在SOLIDWORKS 中，由二维草图实体利用拉伸、切除、扫描等命令生成三维零件实体。

4.7 习题

一、问答题

1. 请简述草图编辑使用的实体工具命令。
2. 请简述草图几何约束的类型。
3. 请简述添加几何约束关系的命令。

二、上机操作

1. 参照"源文件/素材文件/Char04"路径打开"草图 1.SLDPRT"文件，如图 4-65 所示，请读者参考本章内容及草图的尺寸绘制草图。
2. 参照"源文件/素材文件/Char04"路径打开"草图 2.SLDPRT"文件，如图 4-66 所示，请读者参考本章内容及草图的尺寸绘制草图。

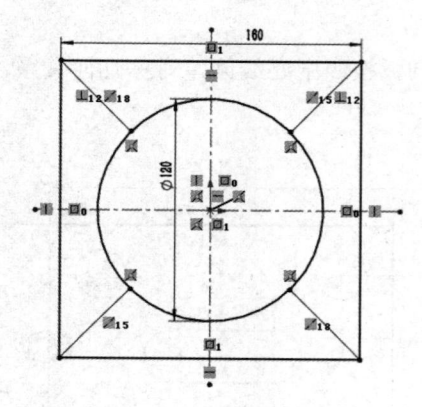

图 4-65　上机操作习题图 1

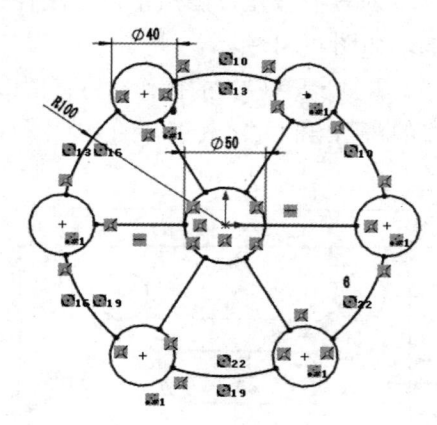

图 4-66　上机操作习题图 2

第 5 章

实体特征建模

基础特征在零件建模时被广泛应用,如创建零件主体结构特征、零件内部结构特征。创建实体特征的方式有加材料特征、减材料特征和扣合特征等。

学习目标

1. 熟练掌握加、减材料特征工具的命令的用法。
2. 熟练运用扣合特征。
3. 掌握操作特征的方法。

5.1 加材料特征工具

零件中生成的第一个特征为基体，此特征为生成其他特征的基础。基体特征可以是拉伸、旋转、扫描、放样、边界或曲面加厚。

5.1.1 拉伸

拉伸特征是由草绘平面经过拉伸而成的一类特征，它适用于构造等截面的实体特征。"拉伸特征"命令是三维设计中常用的命令之一，具有相同截面、可以指定深度的实体都可以用"拉伸特征"命令建立。

"拉伸特征"操作包括给定深度、完全贯穿、成形到一顶点、成形到一面、到离指定面指定的距离、成形到实体和两侧对称 7 种方式。具体操作步骤如下。

（1）使用"边角矩形"命令绘制矩形草图，如图 5-1 所示，完成绘制后，切换至"特征"选项卡切入零件建模窗口。

（2）单击 （拉伸凸台/基体）按钮，在视图左侧的"PropertyManager"中弹出"凸台-拉伸"面板。

（3）在"方向 1（1）"选项组的下拉列表中选择"给定深度"选项，设置 （深度）为 30mm，如图 5-2 所示。

在"方向 2（2）"选项组的下拉列表中同样选择"给定深度"选项，设置 （深度）为 20mm。

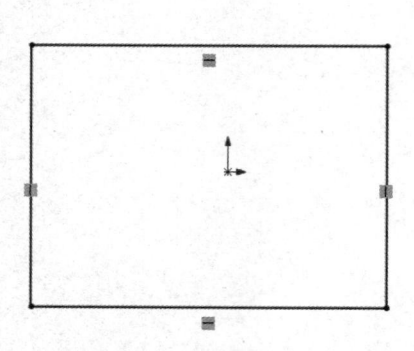

图 5-1 绘制矩形草图　　　　图 5-2 "凸台-拉伸"面板

其余设置默认，完成拉伸设置后的预览视图如图 5-3 所示。

（4）单击"拉伸-凸台"面板中的 ✓（确定）按钮，完成拉伸操作，如图 5-4 所示。

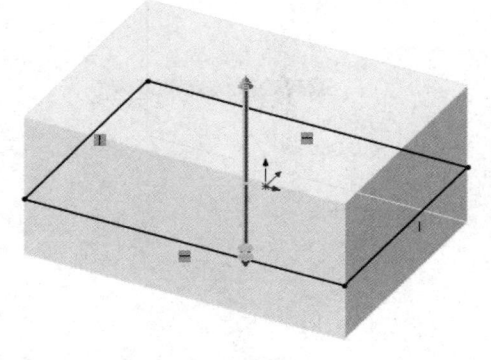

图 5-3 拉伸预览视图 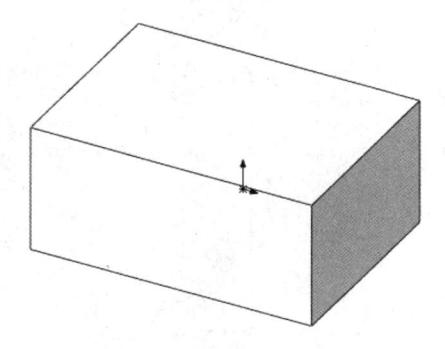   图 5-4 完成拉伸操作

提示 1：用户可单击"凸台-拉伸"面板中的 ↗（反向）按钮改变拉伸方向，且不用再设置"方向 2（2）"选项组下拉列表中的选项，这样可以绘制单向拉伸的凸台，预览视图如图 5-5 所示。

提示 2：用户可在"凸台-拉伸"面板的"薄壁特征"选项组中，定义薄壁特征的厚度和向内/外拉伸的方向，预览视图如图 5-6 所示。

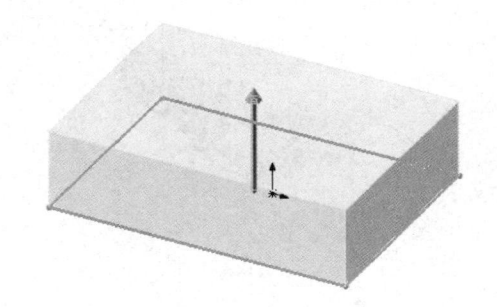

图 5-5 单向拉伸凸台预览视图 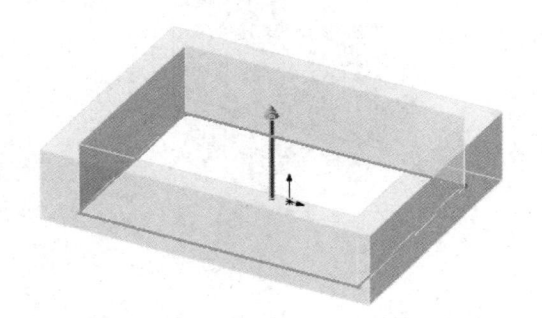   图 5-6 薄壁拉伸凸台预览视图

5.1.2 旋转

旋转特征是由特征截面绕中心线旋转而成的一类特征，适用于构造回转体零件。

旋转特征可以是实体、薄壁特征或曲面，但薄壁旋转特征或曲面旋转特征的草图中只能包含一个开环的或闭环的相交轮廓，且轮廓不能与中心线交叉。

如果草图包含一条以上的中心线，则选择其中一条中心线作为旋转轴。具体操作步骤如下。

（1）使用"样条曲线"命令和"中心线"命令绘制草图，如图 5-7 所示，完成绘制后，切换至"特征"选项卡切入零件建模窗口。

（2）单击 ⟲（旋转凸台/基体）按钮，在视图左侧的"PropertyManager"中弹出"旋转"面板，随后单击中心线作为旋转轴，并在"旋转"面板的"方向 1（1）"选项组中

设置 ⌾（角度）为 270 度，其余设置默认，如图 5-8 所示。

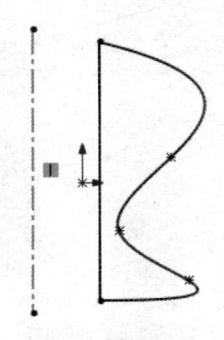

图 5-7 绘制草图

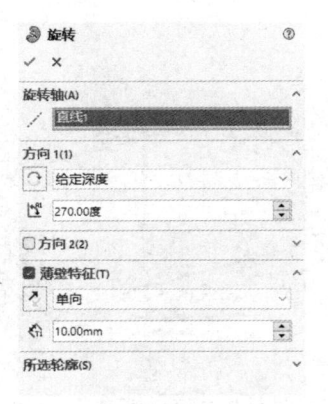

图 5-8 "旋转"面板设置

（3）完成设置后的旋转预览视图如图 5-9 所示。单击"旋转"面板中的 ✓（确定）按钮，完成旋转操作，如图 5-10 所示。

图 5-9 旋转预览视图

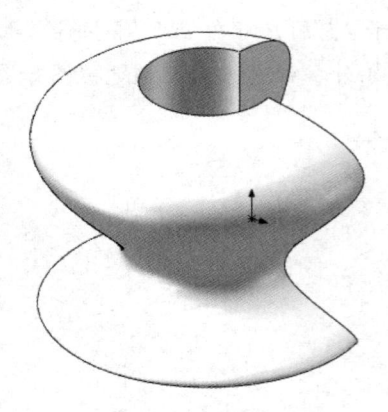

图 5-10 完成旋转操作

提示：用户可单击 ⌾（反向）按钮改变草图的旋转方向，创建不同的旋转凸台实体。

5.1.3 扫描

扫描特征是由二维草绘平面沿一个平面或空间轨迹线扫描而成的一类特征。通过沿一条路径移动轮廓（截面）可以生成基体、凸台、切除或曲面。

扫描有三要素，轮廓、路径和引导线。其中，轮廓和路径是必要的，引导线是选用的。具体操作步骤如下。

（1）以前视基准面为草绘平面，使用"圆"命令绘制圆形；以上视基准面为草绘平面，使用"样条曲线"命令绘制样条曲线，并添加几何关系使样条曲线与圆形相交。

（2）单击 ⌾（退出草图）按钮，完成绘制后的草图如图 5-11 所示，随后切换至"特征"选项卡切入零件建模窗口。

（3）单击 ✏（扫描）按钮，在视图左侧的"PropertyManager"中弹出"扫描"面板，单击圆形作为轮廓，单击样条曲线作为路径，其余设置默认。完成设置后的"扫描"面板如图 5-12 所示。

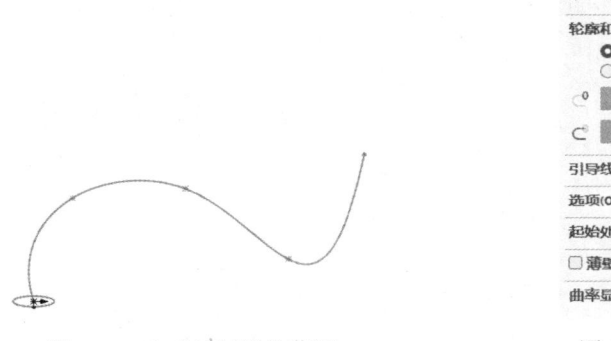

图 5-11　完成绘制后的草图　　　　图 5-12　"扫描"面板设置

（4）完成设置后的扫描预览视图如图 5-13 所示。单击"扫描"面板中的 ✓（确定）按钮，完成扫描操作，如图 5-14 所示。

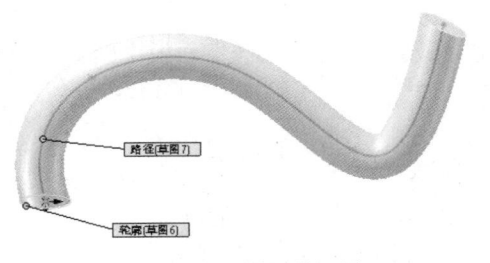

图 5-13　扫描预览视图　　　　图 5-14　完成扫描操作

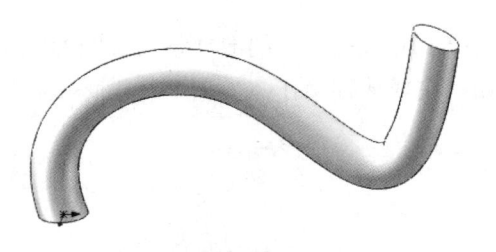

> **注意**：不论是截面、路径还是所形成的实体，都不能出现自相交叉的情况。

5.1.4　放样

放样特征是由多个剖面或轮廓形成的基体、凸台或切除，通过在轮廓之间进行过渡而生成的一类特征。放样特征可以是基体、凸台、切除或曲面，可以使用两个或多个轮廓来生成。在放样特征中，只有第一个或最后一个轮廓可以是点，这两个轮廓也可以都是点。具体操作步骤如下。

（1）以前视基准面为参考，使用 ▦（基准面）命令创建一个平行于前视基准面并与其距离 100mm 的参考平面。

（2）以前视基准面为绘图平面绘制直径为 80mm 的圆形，并在绘图区域的右上角单击 ⊑◣（返回）按钮。

（3）以图形为参考平面创建一个边长为 30mm 的正方形，注意此正方形与圆形中心对齐，单击 ↵（返回）按钮，绘制完成后的草图如图 5-15 所示。

（4）单击 ♨（放样凸台/基体）按钮，在视图左侧的"PropertyManager"中弹出"放样"面板，单击圆形和正方形作为轮廓，其余设置默认。完成设置后的"放样"面板如图 5-16 所示。

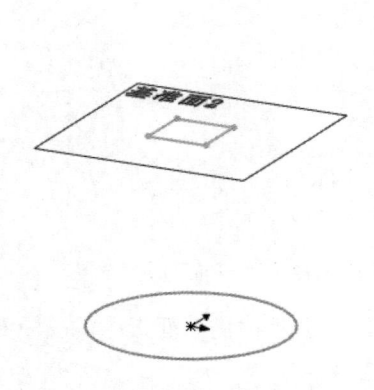

图 5-15　绘制完成后的草图

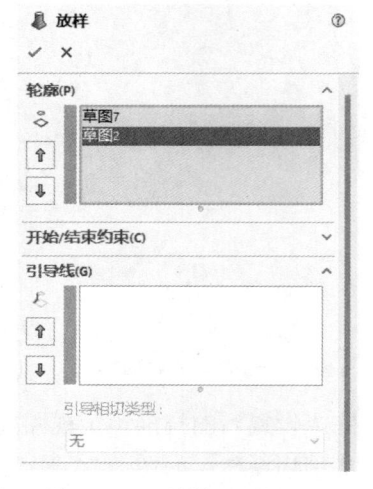

图 5-16　"放样"面板设置

（5）完成设置后的放样预览视图如图 5-17 所示。单击"放样"面板中的 ✓（确定）按钮，完成放样操作，如图 5-18 所示。

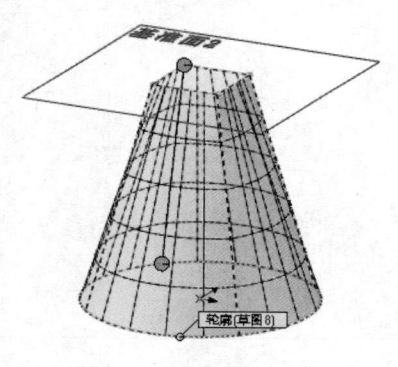

图 5-17　放样预览视图

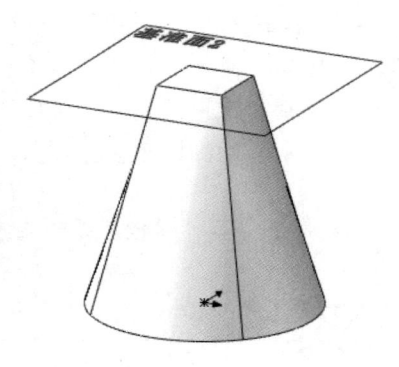

图 5-18　完成放样操作

提示：图 5-18 中，上方的矩形代表新创建的基准面，请注意不要看成绘制的正方形。在必要时，请为放样特征配置合适的引导线。

5.1.5　边界

创建边界凸台/基体需要在 3 个不同的基准面上分别绘制 3 个不同的草图。在完成边界凸台/基本创建的同时，对曲率等进行检查。具体操作步骤如下。

（1）以前视基准面为参考，使用 ▣（基准面）命令创建两个平行于前视基准面的参考平面，并在 3 个不同的基准面上分别绘制 3 个不同的草图，如图 5-19 所示。

（2）单击 ◈（边界凸台/基体）按钮，在视图左侧的"PropertyManager"中弹出"边界"面板，依次单击 3 个草图作为轮廓曲线，其余设置默认。完成设置后的"边界"面板如图 5-20 所示。

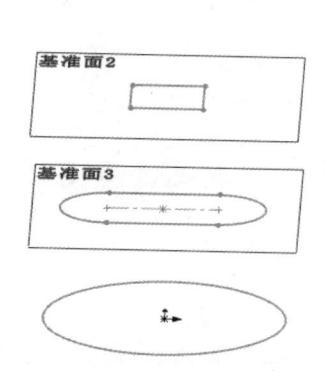

图 5-19　绘制 3 个不同的草图

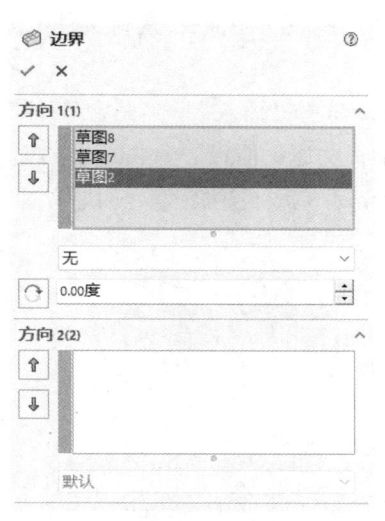

图 5-20　"边界"面板设置

（3）完成设置后的边界预览视图如图 5-21 所示。单击"边界"面板中的 ✓（确定）按钮，完成边界操作，如图 5-22 所示。

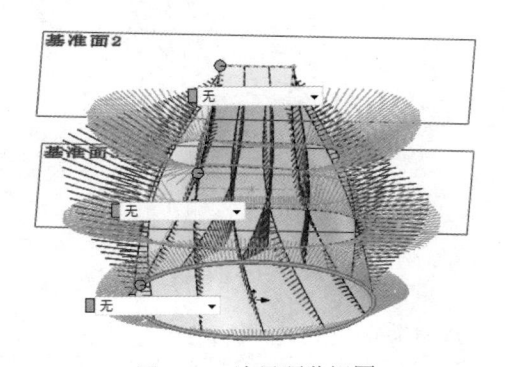

图 5-21　边界预览视图

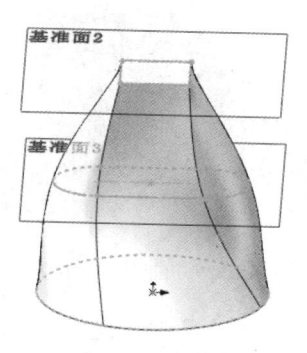

图 5-22　完成边界操作

提示：在"边界"面板的"曲率显示"选项组中可以设置对边界的预览和检查。
- "网格预览"：用于对边界进行预览。
- "网格密度"：用于调整网格的行数。
- "斑马条纹"：用类似斑马线的贴图来显示曲面中难以分辨的微小变化，如曲面中微小的褶皱或瑕疵点，并检查邻面是否相连或相切。
- "曲率检查梳形图"：按照一定的方向检查曲率的梳形图，使用"比例"命令和"密度"命令来显示梳形图的大小和行数。

5.1.6 曲面加厚

曲面加厚特征是通过选择曲面参照与定义厚度值来进行实体特征创建的一类特征。在进行加厚操作时，用户可以指定单侧加厚，也可以指定对称加厚。具体操作步骤如下。

（1）参照"源文件/素材文件/Char05"路径打开"加厚.SLDPRT"文件，如图 5-23 所示。

（2）选择"插入"→"凸台/基体"→"加厚"命令，在视图左侧的"PropertyManager"中弹出"加厚"面板。单击选中曲面，随后单击▤（加厚侧边 1）按钮，设置 ◈ （厚度）为 10mm。完成设置后的"加厚"面板如图 5-24 所示。

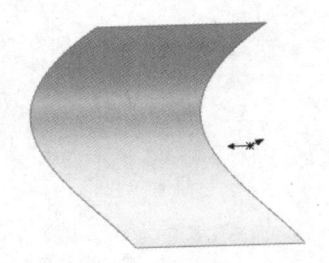

图 5-23　"加厚.SLDPRT"文件

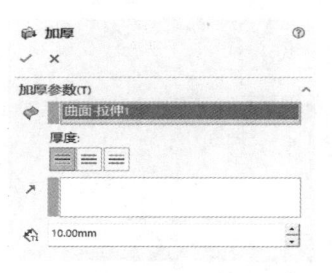

图 5-24　"加厚"面板设置

（3）完成设置后的曲面加厚预览视图如图 5-25 所示。单击"加厚"面板中的 ✓ （确定）按钮，完成实体特征的创建，如图 5-26 所示。

图 5-25　曲面加厚预览视图

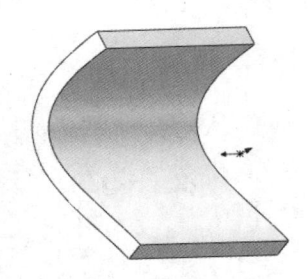

图 5-26　完成实体特征的创建

提示：单击▤（加厚两侧）按钮，可以在曲面两侧创建加厚实体；单击▤（加厚侧边 2）按钮，可以在▤（加厚侧边 1）按钮创建的加厚实体的另一侧创建加厚实体。

5.2　减材料特征工具

在零件实体建模过程中，在建立的基体上可以通过旋转切除、异型孔向导、拉伸切除、放样切割、扫描切除和边界切除等减材料特征工具的命令进一步建立零件实体模型。

减材料特征工具的用法与加材料特征工具的类似，区别是本章的命令是在完成创建的基体上使用的。

5.2.1 旋转切除

"旋转切除"命令通过绕轴心旋转而绘制的轮廓来切除实体模型。具体操作步骤如下。

（1）以上视基准面为草绘平面，使用"圆"命令绘制半径为 100mm 的圆形；单击 (拉伸凸台/基体) 按钮，创建指定深度为 40mm 的凸台，如图 5-27 所示。

（2）以前视基准面为草绘平面，单击（正视于）按钮，使用"直线"命令和"中心线"命令绘制与凸台相交的轮廓，如图 5-28 所示，中心线通过原点且与上、下边线垂直。用户可使用"智能尺寸"命令对轮廓线进行约束。

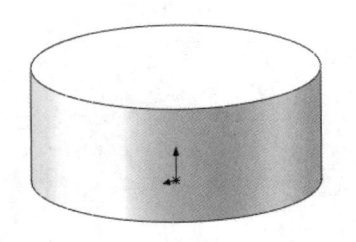

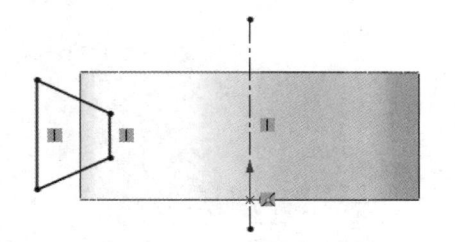

图 5-27 创建拉伸凸台　　　　图 5-28 绘制与凸台相交的轮廓

（3）切换至"轮廓"选项卡切入零件建模窗口，单击（旋转切除）按钮，在左侧的"PropertyManager"中弹出"切除-旋转"面板，如图 5-29 所示。

（4）单击创建的轮廓直线作为旋转轮廓，单击中心线作为"旋转轴"，在"方向 1(1)"选项组的下拉列表中选择"给定深度"选项，设置（角度）为 270 度，完成设置后单击"切除-旋转"面板中的（确定）按钮，完成旋转切除操作，如图 5-30 所示。

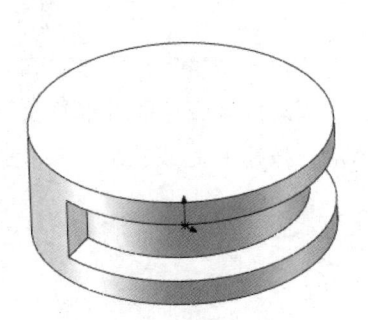

图 5-29 "切除-旋转"面板　　　　图 5-30 完成旋转切除操作

5.2.2 异型孔向导

SOLIDWORKS 将孔特征细分为简单直孔和异型孔。简单直孔用于创建各种直径和深度的直孔。异型孔指除简单直孔外的所有孔，其实简单直孔是异型孔的一个特例。异型孔是系统提供的一个不常使用的钻孔工具，可以生成机械制造中的各种类型的孔，包括螺纹孔、锥孔、柱孔、旧制孔。具体操作步骤如下。

（1）在"特征"选项卡中单击工具栏中的 ◎（异型孔向导）按钮，在视图左侧的"PropertyManager"中弹出"孔规格"面板，其中包含"类型"和"位置"两个选项卡。

（2）在"类型"选项卡中，可以设置所需要的孔的类型和详细参数，如图5-31所示。单击"孔类型"选项组中的 ⬚（柱形沉头孔）按钮，在"标准"下拉列表中选择"ISO"选项，在"类型"下拉列表中选择"六角凹头 ISO 4762"选项。

在"孔规格"选项组的"大小"下拉列表中选择"M10"选项，在"套合"下拉列表中选择"紧密"选项，其余设置默认。

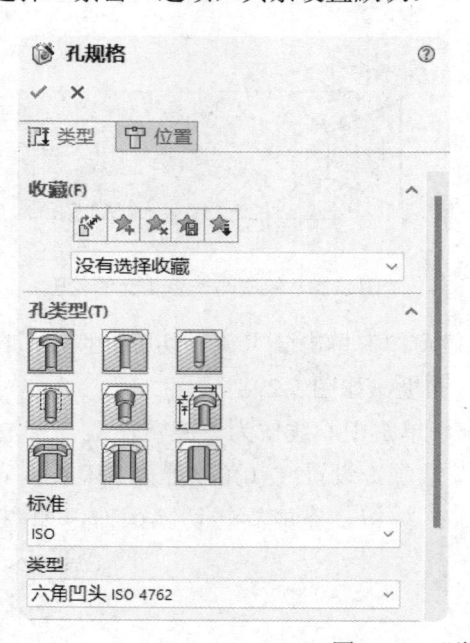

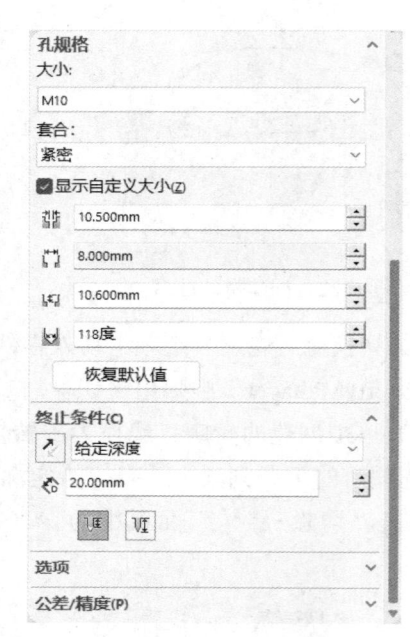

图 5-31 "类型"选项卡

（3）切换至"位置"选项卡，单击实体表面选中草图平面，随后单击草图平面上的点完成设置，设置完成后的柱形沉头孔预览视图如图5-32所示。单击"孔规格"面板中的 ✓（确定）按钮，完成柱形沉头孔的创建，如图5-33所示。

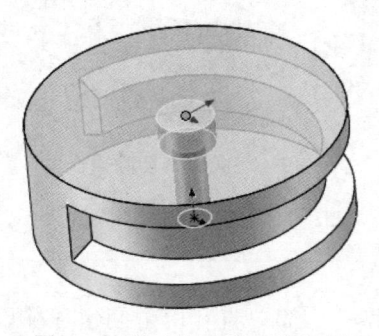

图 5-32 柱形沉头孔预览视图

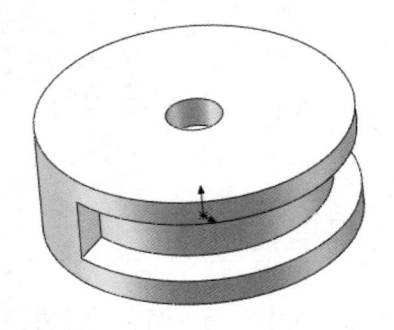

图 5-33 完成柱形沉头孔的创建

5.2.3 拉伸切除

"拉伸切除"命令以一个或两个使用"方向拉伸"命令绘制的轮廓来切除实体模型，具体操作步骤如下。

（1）使用"拉伸凸台/基体"命令创建拉伸凸台特征，如图 5-34 所示。

（2）使用凸台上平面绘制圆形轮廓，如图 5-35 所示，随后退出草图绘制模式。

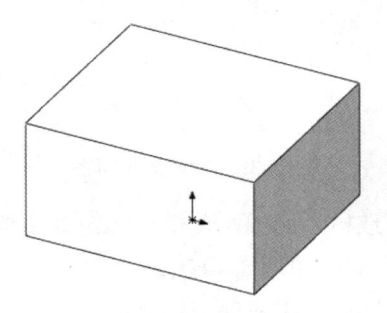

图 5-34　创建拉伸凸台特征　　　　图 5-35　绘制圆形轮廓

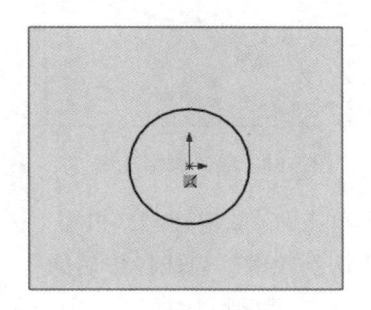

（3）单击 （拉伸切除）按钮，在视图左侧的"PropertyManager"中弹出"拉伸"面板，随后单击草图作为拉伸切除轮廓，面板变化为"切除-拉伸"面板。

（4）在"方向1（1）"选项组的下拉列表中选择"给定深度"选项，设置 （深度）为 30mm，完成设置后的"切除-拉伸"面板如图 5-36 所示。

（5）单击"切除-拉伸"面板中的 （确定）按钮，在拉伸凸台特征中完成拉伸切除孔的创建，如图 5-37 所示。

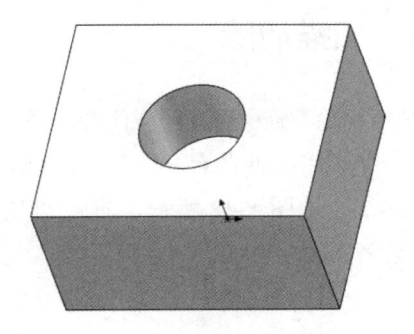

图 5-36　"切除-拉伸"面板设置　　　　图 5-37　完成拉伸切除孔的创建

5.2.4 放样切割

"放样切割"命令在两个或多个轮廓之间通过移除材质来切除实体模型，具体操作步骤如下。

（1）使用"拉伸凸台/基体"命令创建长方体拉伸凸台特征，以侧面为草绘平面绘制圆形轮廓，如图 5-38 所示，并以其对面的侧平面为草绘平面绘制矩形草图，如图 5-39 所示，随后退出草图绘制模式。

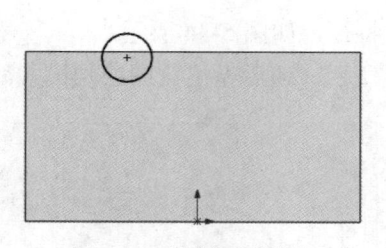

图 5-38　绘制圆形轮廓

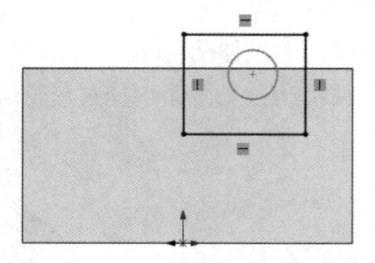

图 5-39　绘制矩形草图

（2）单击 (放样切割)按钮，弹出"切除-放样"面板，单击圆形轮廓和矩形草图作为放样切割轮廓。完成操作后的"切除-放样"面板如图 5-40 所示。

（3）单击"切除-放样"面板中的 ✓（确定）按钮，完成放样切割的创建，如图 5-41 所示。

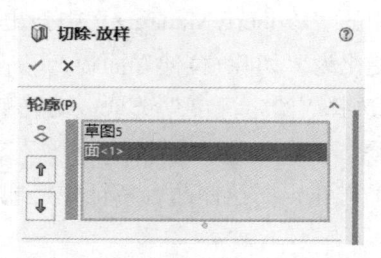

图 5-40　"切除-放样"面板设置

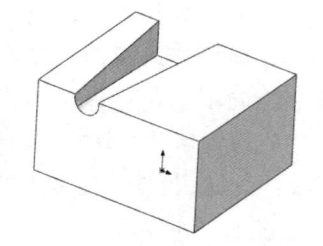

图 5-41　完成放样切割的创建

提示：用户可以创建一条曲线作为引导线，借此确定放样切割的路径。

5.2.5　扫描切除

"扫描切除"命令沿开环或闭合路径通过闭合轮廓来切除实体模型，具体操作步骤如下。

（1）使用"拉伸凸台/基体"命令创建长方体拉伸凸台特征，以上平面为草绘平面绘制样条曲线，如图 5-42 所示，随后退出草图绘制模式。以样条曲线端点作为参考，在其端点创建基准面，如图 5-43 所示。

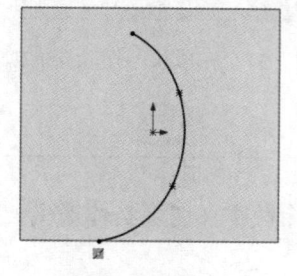

图 5-42　绘制样条曲线

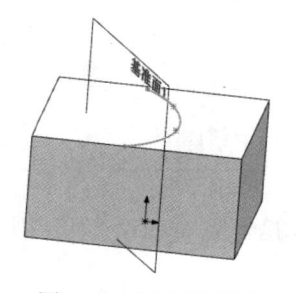

图 5-43　创建基准面

（2）以基准面为草绘平面绘制圆形轮廓，如图 5-44 所示。

（3）单击 （扫描切除）按钮，选择"轮廓扫描"选项，在视图左侧的"PropertyManager"中弹出"切除-扫描"面板。单击圆形作为轮廓，单击样条曲线作为路径，完成设置后单击 （确定）按钮，完成扫描切除特征的创建，如图 5-45 所示。

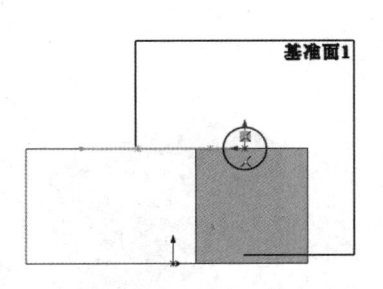

图 5-44　绘制圆形轮廓 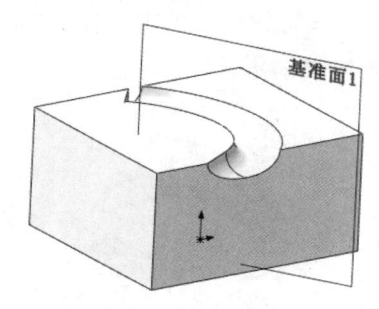　　　　　图 5-45　完成扫描切除特征的创建

5.2.6　边界切除

"边界切除"命令在两个或多个轮廓之间通过移除材质来切除实体模型，具体操作步骤如下。

（1）使用"拉伸凸台/基体"命令创建长方体拉伸凸台特征，以右视基准面和平行于此基准面的两个侧面分别作为草绘平面绘制 3 个正六边形草图，如图 5-46 所示。

（2）退出草图绘制模式，单击 （边界切除）按钮，弹出"边界-切除"面板。依次单击 3 个正六边形草图，随后单击 （确定）按钮，完成边界切除特征的创建，如图 5-47 所示。

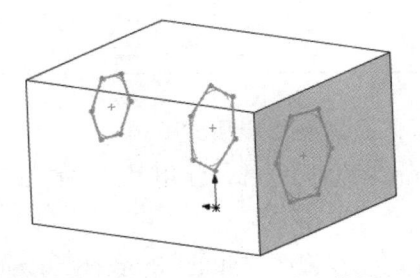

图 5-46　绘制 3 个正六边形草图 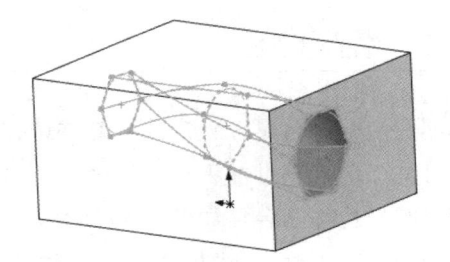　　　　　图 5-47　完成边界切除特征的创建

提示：用户可以使用不同的图形来完成边界切除操作。

5.2.7　使用曲面切除

"使用曲面切除"命令通过一个曲面切除材料来切除实体模型。本命令多用于复杂曲面的冲压模头创建，具体操作步骤如下。

（1）根据初始文件路径打开"使用曲面切除.SLDPRT"文件，得到零件视图特征如

图 5-48 所示。

(2) 选择"插入"→"切除"→"使用曲面"命令，在视图左侧的"PropertyManager"中弹出"使用曲面切除"面板，单击曲面作为切除参考，单击视图中的箭头确定切除方向。

(3) 设置完成后，单击"使用曲面切除"面板中的 ✓（确定）按钮，完成切除操作，如图 5-49 所示。

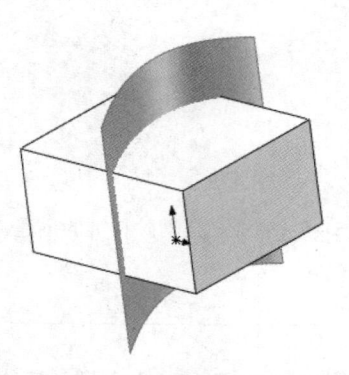

图 5-48　零件视图特征　　　　　　　图 5-49　完成切除操作

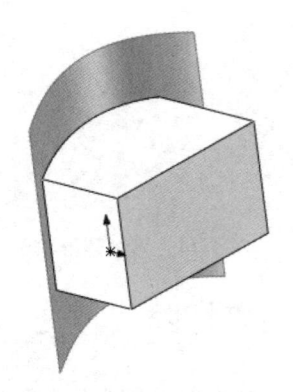

5.3　扣合特征

扣合特征简化了为塑料和钣金零件创建共同特征的过程，可以用于创建装配凸台、弹簧扣、弹簧扣凹槽、通风口及唇缘/凹槽等。

5.3.1　装配凸台

创建装配凸台可以设定翅片数并选择孔或销钉，具体操作步骤如下。

(1) 以前视基准面为草绘平面绘制直径为 20mm 的圆形轮廓，使用"拉伸特征"命令创建圆形拉伸凸台，如图 5-50 所示。

(2) 选择"插入"→"扣合特征"→"装配凸台"命令，在视图左侧的"PropertyManager"中弹出"装配凸台"面板，单击圆形凸台上表面作为定位面。

(3) 单击激活"装配凸台"面板 ◉（选择圆形边线定位装配凸台）右侧的选择框，随后单击选中圆形凸台的上表面边线。

单击选中"凸台类型"选项组中的"硬件凸台"单选按钮；设置"凸台"选项组中的 A 为 12mm，B 为 8mm，C 为 6.2mm，D 为 1.5mm，E 为 2 度，F 为 3.2mm，G 为 5mm，H 为 1.5mm，I 为 1 度，（间隙值）为 0.3mm。完成设置后的"凸台"选项组如图 5-51 所示。

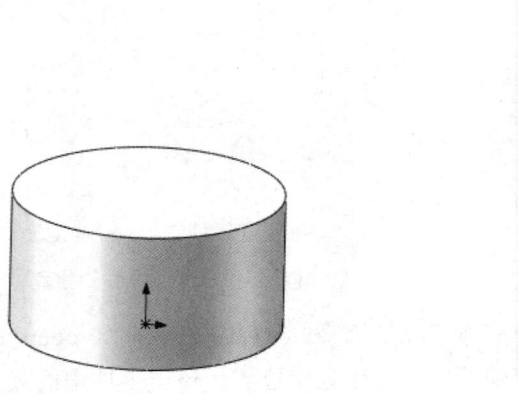

图 5-50 创建圆形拉伸凸台　　　　　图 5-51 "凸台"选项组设置

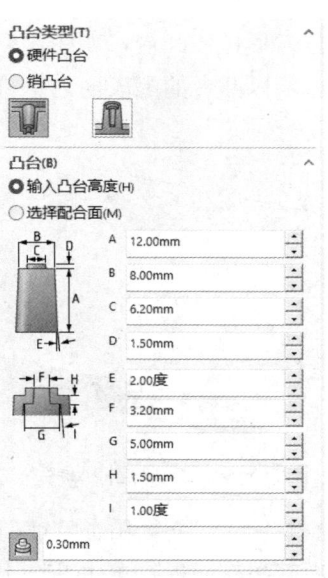

设置"翅片"选项组中的 （输入翅片数）为 6，A 为 8mm，B 为 1mm，C 为 10mm，D 为 1 度，E 为 2.4mm，F 为 60 度。完成设置后的"翅片"选项组如图 5-52 所示。

（4）单击"装配凸台"面板中的 ✓（确定）按钮，完成装配凸台的创建，如图 5-53 所示。

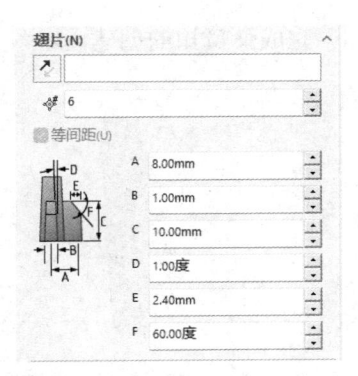

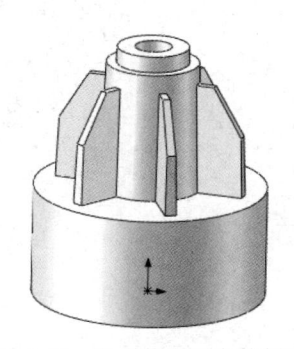

图 5-52 "翅片"选项组设置　　　　　图 5-53 完成装配凸台的创建

提示 1：装配凸台的创建基于已创建的视图特征，创建装配凸台前用户应创建实体特征，否则无法创建此特征。

提示 2："凸台"选项组和"翅片"选项组中提供了预览功能，用户可对比预览效果设置参数，以完成整个装配凸台的参数设置。

5.3.2 弹簧扣

创建弹簧扣的具体操作步骤如下。

（1）以前视基准面为草绘平面，绘制边长为 20mm 的正方形草图，使用"拉伸特征"

命令创建正方形拉伸凸台，如图 5-54 所示。

（2）重新以凸台的上表面为草绘平面，在此平面中心创建点，如图 5-55 所示。

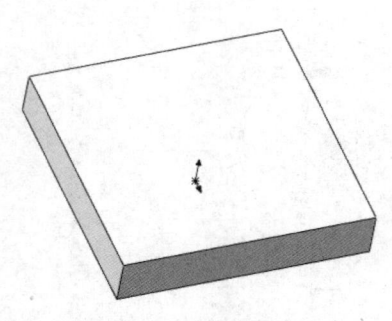

图 5-54　正方形拉伸凸台

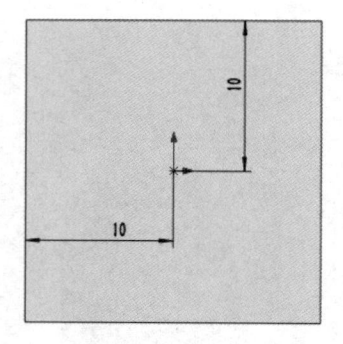

图 5-55　在平面中心创建点

（3）选择"插入"→"扣合特征"→"弹簧扣"命令，在视图左侧的"PropertyManager"中弹出"弹簧扣"面板，单击凸台上表面中的点作为定位点；单击零件中的竖直直线作为"定义扣钩的竖直方向"，单击零件中的水平直线作为"定义扣钩的方向"，勾选两个"反向"复选框，单击选中"输入实体高度"单选按钮。

从上向下依次设置"弹簧扣数据"选项组中的参数，A 为 2mm、B 为 6mm、C 为 1mm、D 为 10mm、E 为 2mm、F 为 2mm、G 为 4mm、H 为 3 度。完成设置后的"弹簧扣数据"选项组如图 5-56 所示。

（4）单击"弹簧扣"面板中的 ✓（确定）按钮，完成弹簧扣的创建，如图 5-57 所示。

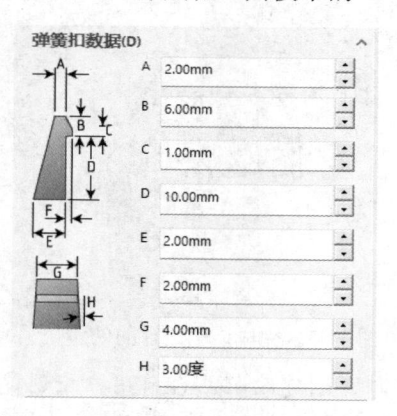

图 5-56　"弹簧扣数据"选项组设置

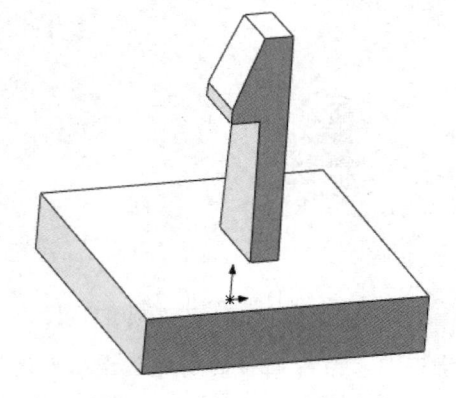

图 5-57　完成弹簧扣的创建

5.3.3　弹簧扣凹槽

弹簧扣凹槽是与所选弹簧扣特征配合的凹槽，创建弹簧扣凹槽的具体操作步骤如下。

（1）首先根据前文创建的弹簧扣来创建弹簧扣特征，然后创建拉伸凸台特征，如图 5-58 所示，注意此特征不与弹簧扣特征合并，即创建此特征时取消勾选"合并结果"复选框。

（2）选择"插入"→"扣合特征"→"弹簧扣凹槽"命令，在视图左侧的"PropertyManager"中弹出"弹簧扣凹槽"面板，单击创建的弹簧扣特征作为所需的弹簧扣特征，单击创建的凸台特征作为创建凹槽特征所需的实体。

"特征和实体选择"选项组中的数值采用默认值，如图 5-59 所示。

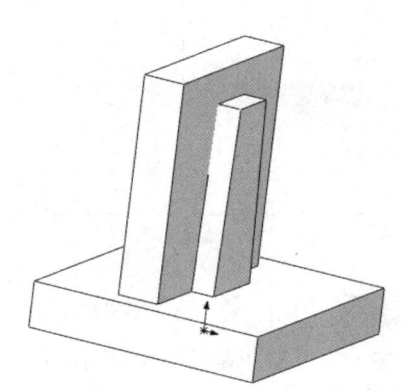

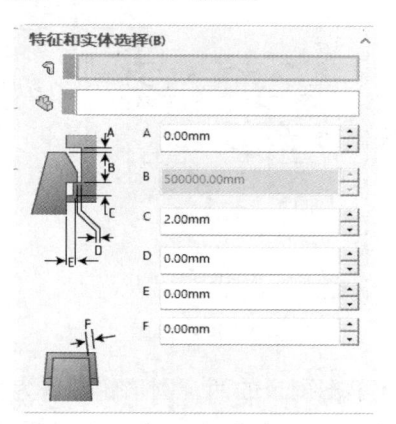

图 5-58　创建弹簧扣特征和拉伸凸台特征　　图 5-59　"特征和实体选择"选项组设置

（3）单击"弹簧扣凹槽"面板中的 ✓（确定）按钮，完成弹簧扣凹槽的创建，如图 5-60 所示。

（4）选择"插入"→"特征"→"移动/复制"命令，移动弹簧扣凹槽，如图 5-61 所示，用户可以看到弹簧扣凹槽与弹簧扣的配合状态。

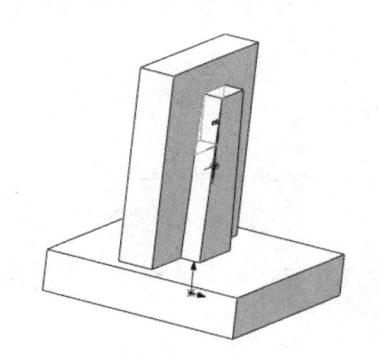

图 5-60　完成弹簧扣凹槽的创建　　图 5-61　移动弹簧扣凹槽

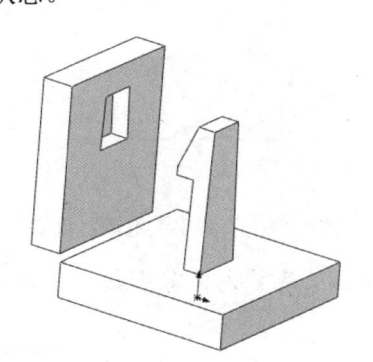

5.3.4　通风口

使用草图实体可在塑料或钣金设计中创建通风口，以供空气流通，可使用绘制的草图创建各种通风口。用户可在"通风口"面板中设置"筋"和"翼梁"选项组中的参数，具体操作步骤如下。

（1）以上视基准面为草绘平面绘制边长为 100mm 的正方形草图，使用"拉伸特征"命令创建厚度为 4mm 的拉伸凸台。

（2）以凸台上表面为草绘平面绘制草图，如图 5-62 所示，注意草图的直径数值。

(3)选择"插入"→"扣合特征"→"通风口"命令,在视图左侧的"PropertyManager"中弹出"通风口"面板,单击最外侧的圆形轮廓作为外边界。

单击 4 条直线作为创建筋的参考轮廓,设置"筋"选项组中的（输入筋的深度）为 2mm,（输入筋的宽度）为 3mm。完成设置后的"筋"选项组如图 5-63 所示。

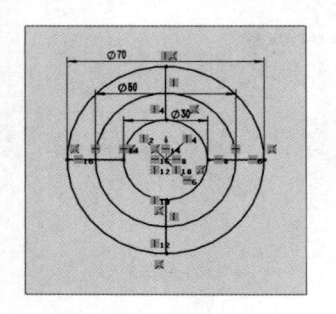

图 5-62　绘制草图

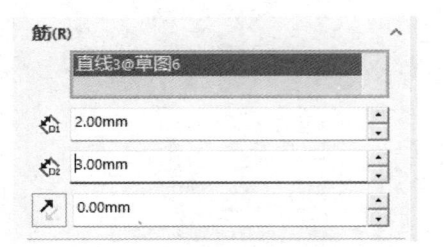

图 5-63　"筋"选项组设置

(4)单击剩余的两个圆形轮廓作为翼梁的参考轮廓,设置"翼梁"选项组中的（输入翼梁的深度）为 2mm,（输入翼梁的宽度）为 2mm。完成设置后的"翼梁"选项组如图 5-64 所示。

(5)单击"通风口"面板中的 ✓（确定）按钮,完成通风口的创建,如图 5-65 所示。

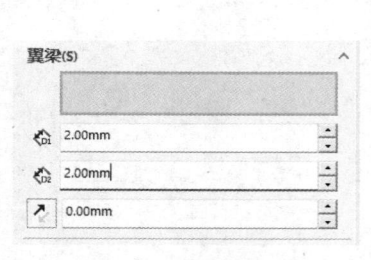

图 5-64　"翼梁"选项组设置

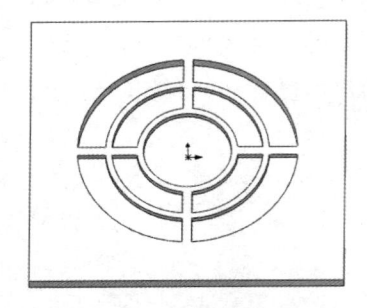

图 5-65　完成通风口的创建

提示:必须首先在零件实体中绘制通风口的草图,然后才能在面板中设置通风口的参数。

5.3.5　唇缘/凹槽

"唇缘/凹槽"命令用于创建唇缘、凹槽,塑料设计中的唇缘和凹槽也可以使用此命令创建。唇缘和凹槽特征用于对齐、配合和扣合两个塑料零件,具体操作步骤如下。

(1)以上视基准面为草绘平面绘制矩形草图,并使用"拉伸特征"命令创建拉伸特征,如图 5-66 所示。

(2)选择"插入"→"扣合特征"→"唇缘/凹槽"命令,在视图左侧的"PropertyManager"中弹出"唇缘/凹槽"面板,单击创建的零件实体作为创建凹槽的参考特征。

(3)单击凸台上平面作为基准面,并设置其为"生成凹槽的面",单击最左侧边线作为"为凹槽选取的内边线"。

由上至下设置唇缘的参数，A 为 10mm、B 为 3 度、C 为 7mm，并勾选"显示预览"复选框和"跳过缝隙"复选框，完成设置后的"凹槽选择"选项组如图 5-67 所示。

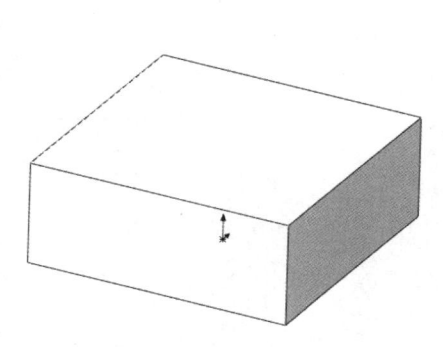

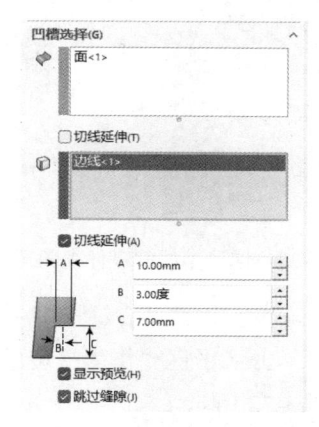

图 5-66　创建拉伸特征　　　　图 5-67　"凹槽选择"选项组设置

（4）完成设置后的预览效果如图 5-68 所示。单击"唇缘/凹槽"面板中的 ✓ （确定）按钮，完成凹槽的创建，如图 5-69 所示。

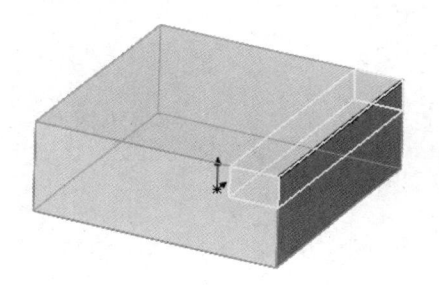

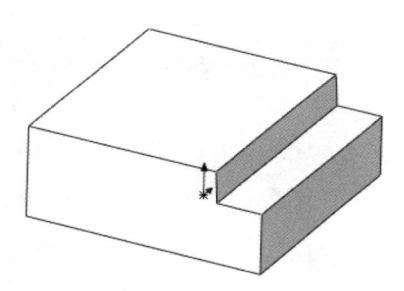

图 5-68　凹槽预览效果　　　　图 5-69　完成凹槽的创建

5.4　实例示范

前文介绍了使用 SOLIDWORKS 创建实体特征的基本命令，本节将通过一个实例综合介绍本章命令。一个球形零件的零件视图如图 5-70 所示，该零件的创建包括旋转实体、拉伸切除特征、旋转切除特征等操作。

5.4.1　创建旋转实体

绘制草图并进行旋转操作，创建旋转实体，具体操作步骤如下。

（1）以前视基准面为草绘平面绘制草图，如图 5-71 所示，注意圆弧半径为 290mm。

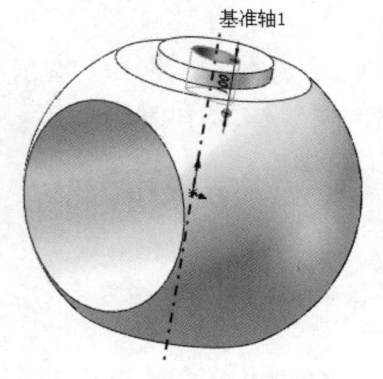

图 5-70　球形零件的零件视图　　　　　图 5-71　绘制草图

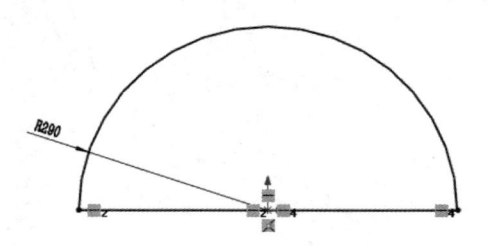

（2）单击 ◎（拉伸凸台/基体）按钮，在视图左侧的"PropertyManager"中弹出"旋转"面板，单击水平直线作为"旋转轴"，设置 ⌃（方向1角度）为360度，其余设置默认，如图5-72所示。

（3）单击"旋转"面板中的 ✓（确定）按钮，完成旋转实体的创建，如图5-73所示。

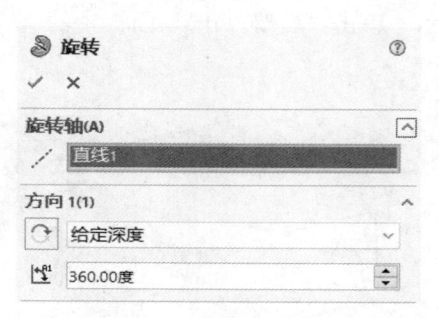

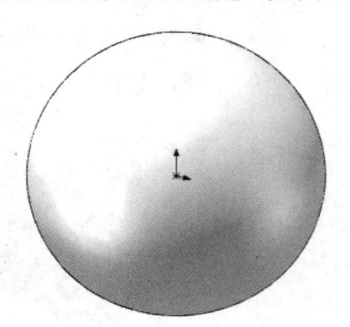

图 5-72　"旋转"面板设置　　　　　图 5-73　完成旋转实体的创建

5.4.2　创建拉伸切除特征

创建新基准面并绘制草图，在草图法线方向上进行拉伸切除操作，具体操作步骤如下。

（1）以前视基准面为草绘平面绘制草图，如图5-74所示，注意圆形轮廓的直径为385mm，且圆心在原点上。单击 ⌃（退出草图）按钮，退出草图绘制模式。

（2）单击"特征"工具栏中的 ▣（拉伸切除）按钮，在视图左侧的"PropertyManager"中弹出"拉伸"面板，单击草图作为拉伸切除轮廓，面板变化为"切除-拉伸"面板。

（3）在"方向1（1）"选项组的下拉列表中选择"完全贯穿"选项，在"方向2（2）"选项组的下拉列表中同样选择"完全贯穿"选项。完成设置后的"切除-拉伸"面板如图5-75所示。

（4）完成设置后的预览效果如图5-76所示，单击"切除-拉伸"面板中的 ✓（确定）按钮，完成拉伸切除操作，如图5-77所示。

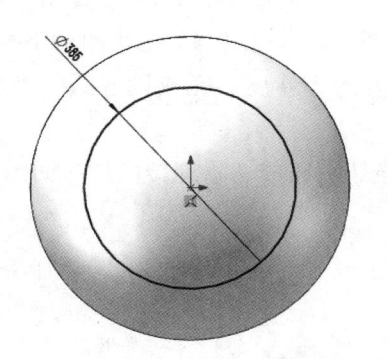

图 5-74　绘制草图

图 5-75　"切除-拉伸"面板设置

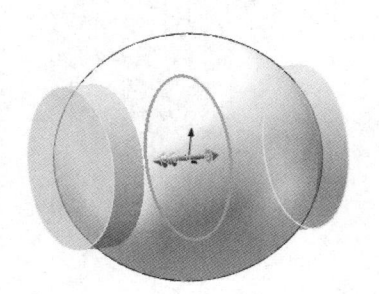

图 5-76　拉伸切除预览效果

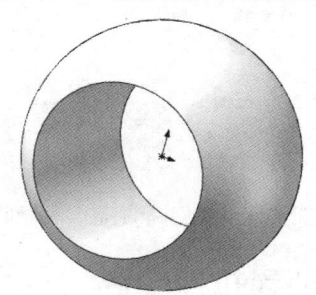

图 5-77　完成拉伸切除操作

5.4.3　创建中轴后创建切除旋转特征

创建基准轴并绘制草图后，对两端同时进行切除旋转操作，具体操作步骤如下。

（1）单击 （基准轴）按钮，在视图左侧的"PropertyManager"中弹出"基准轴"面板。选择"两平面"选项，展开" 零件 1"，选择"前视基准面"和"右视基准面"作为"参考实体"，单击"基准轴"面板中的 （确定）按钮，完成基准轴的创建，如图 5-78 所示。

（2）以右视基准面为草绘平面绘制草图，同时需要准备旋转切除草图截面创建旋转实体，如图 5-79 所示。

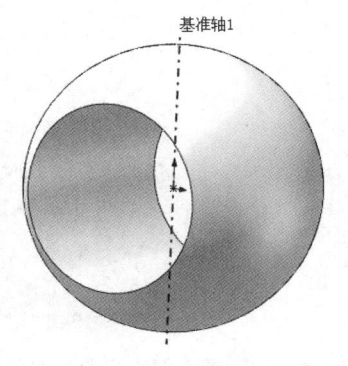

图 5-78　完成基准轴的创建

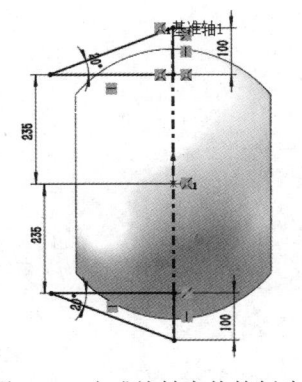

图 5-79　完成旋转实体的创建

（3）单击🔲（旋转切除）按钮，在视图左侧的"PropertyManager"中弹出"切除-旋转"面板。单击创建的基准轴作为"旋转轴"，在"方向 1（1）"选项组的下拉列表中选择"给定深度"选项，设置 ⌈ ⌉（方向1角度）为360度。完成设置后的"切除-旋转"面板如图5-80所示。

（4）单击"切除-旋转"面板中的 ✓（确定）按钮，完成切除旋转操作，如图 5-81 所示。

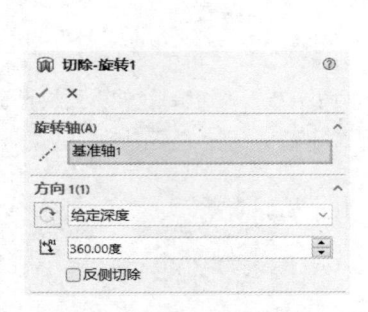

图 5-80　"切除-旋转"面板设置　　图 5-81　完成切除旋转操作

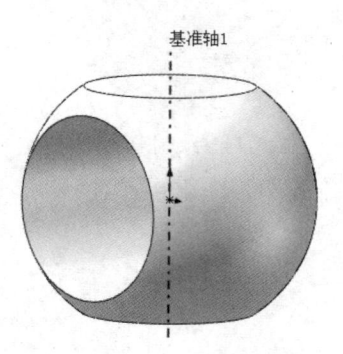

5.4.4　创建拉伸凸台

以上节切除旋转后得到的一个平面为基准绘制草图，并拉伸得到凸台，具体操作步骤如下。

（1）以上平面为草绘平面绘制直径为 200mm 的圆形轮廓，如图 5-82 所示，完成绘制后退出草图绘制模式。

（2）单击🔲（拉伸凸台/基体）按钮，在视图左侧的"PropertyManager"中弹出"凸台-拉伸"面板；在"方向 1（1）"选项组的下拉列表中选择"给定深度"选项，设置 ⌈ ⌉（深度）为30mm。完成设置后的"凸台-拉伸"面板如图5-83所示。

（3）单击"凸台-拉伸"面板中的 ✓（确定）按钮，完成拉伸凸台操作，如图 5-84 所示。

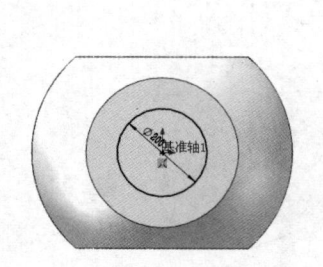

图 5-82　绘制圆形轮廓　　图 5-83　"凸台-拉伸"面板设置　　图 5-84　完成拉伸凸台操作

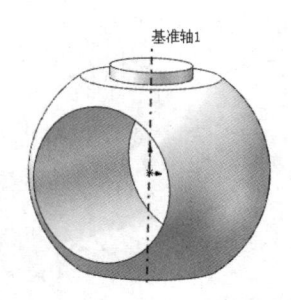

5.4.5 创建拉伸切除特征

进行拉伸切除操作，完成所有特征的创建，具体操作步骤如下。

（1）以零件的上平面为草绘平面，绘制长轴为 100mm、短轴为 30mm、中心与轴重合的椭圆形轮廓，如图 5-85 所示，完成草图绘制后退出草图绘制模式。

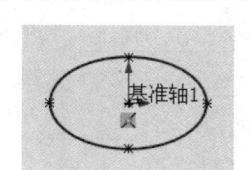

图 5-85 绘制椭圆形轮廓

（2）单击 (拉伸切除) 按钮，在视图左侧的"PropertyManager"中弹出"拉伸"面板，随后单击草图作为拉伸切除轮廓，面板变化为"切除-拉伸"面板。

（3）在"方向1（1）"选项组的下拉列表中选择"给定深度"选项，设置 (深度) 为 100mm。完成设置后的"切除-拉伸"面板如图 5-86 所示。

（4）单击"切除-拉伸"面板中的 √ （确定）按钮，在拉伸凸台中创建拉伸切除椭圆形圆孔，如图 5-87 所示。至此完成此球形零件的创建。

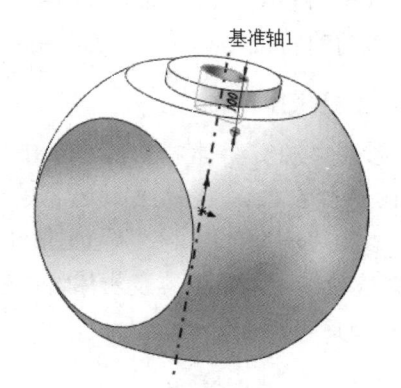

图 5-86 "切除-拉伸"面板设置　　图 5-87 创建拉伸切除椭圆形圆孔

5.5 本章小结

本章详细介绍了 SOLIDWORKS 加材料特征工具、减材料特征工具等命令的使用方法，并通过一个实例综合介绍了各命令的操作步骤。作为 SOLIDWORKS 基础模块的基本操作命令，读者需要熟练掌握本章的所有内容。

5.6 习题

一、填空题

1．零件中生成的第一个特征为_____，此特征为生成其他特征的基础。基体特征可以是_____、旋转、_____、放样、_____或曲面加厚。

2．扫描特征是由二维草绘平面沿一个_____或空间轨迹线扫描而成的一类特征。通过沿一条路径移动轮廓（截面）可以生成_____、_____、切除或曲面。

3．在零件实体建模过程中，在建立的基体上可以通过旋转切除、_____、_____、放样切割、_____和_____等减材料特征工具的命令进一步建立零件实体模型。

4．SOLIDWORKS 将孔特征细分为_____和_____。

5．曲面加厚特征是通过_____与_____来进行实体特征创建的一类特征。

二、问答题

1．扫描的三要素是什么？其中必需的要素是什么？选用的要素是什么？
2．加材料特征工具的命令都有哪些？
3．减材料特征工具的命令都有哪些？

三、上机操作

1．参照"源文件/素材文件/Char05"路径打开"底座.SLDPRT"文件，如图 5-88 所示，请读者参考本章内容及实体特征建模的尺寸创建底座零件。

2．参照"源文件/素材文件/Char05"路径打开"活塞头.SLDPRT"文件，如图 5-89 所示，请读者参考本章内容及实体特征建模的尺寸创建活塞头零件。（倒圆等特征可在学习后续章节后再添加）

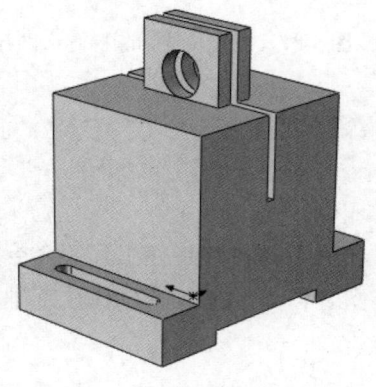

图 5-88　上机操作习题视图 1

图 5-89　上机操作习题视图 2

第6章

实体特征编辑

在实体特征建模的基础上，可以对零件特征进行多种编辑和控制操作，如实体特征编辑、形变特征建模等，从而使建模后的实体特征更加完善。

学习目标

1. 熟练掌握工程特征命令的用法。
2. 掌握特征操作工具的用法。
3. 熟悉形变特征和扣合特征建模的用法。

6.1 工程特征

工程特征在基础特征的基础上进行特征修饰。用户首先需要创建基体特征，然后创建工程特征。工程特征包括圆角、倒角、抽壳、特征阵列、筋、拔模和镜向等。

6.1.1 圆角

圆角特征可以使用一个面的所有边线、所选的多组面、边线或边线环来创建。圆角特征包括等半径圆角、变半径圆角、面圆角和完整圆角 4 种类型。

下面以变半径圆角为例介绍"圆角"命令，具体操作步骤如下。

（1）创建一个长方体凸台，单击 ⊙（圆角）按钮，在视图左侧的"PropertyManager"中弹出"圆角"面板。单击长方体凸台的边线，如图 6-1 所示。

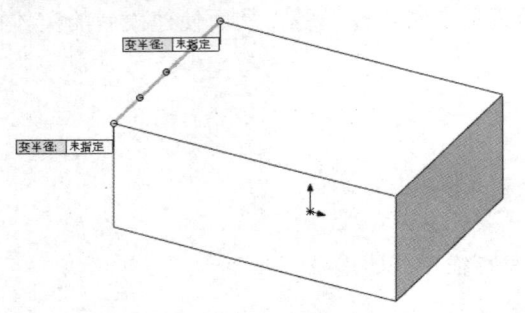

图 6-1　单击长方体凸台的边线

（2）在"圆角"面板的"手工"选项卡中单击"圆角类型"选项组中的 ⊙（变量大小圆角）按钮，设置"变半径参数"选项组中的 ⊙（半径）为 10mm，在"轮廓"下拉列表中选择"圆形"选项，设置 ⊙（实例数）为 3，单击选中"平滑过渡"单选按钮，如图 6-2 所示。

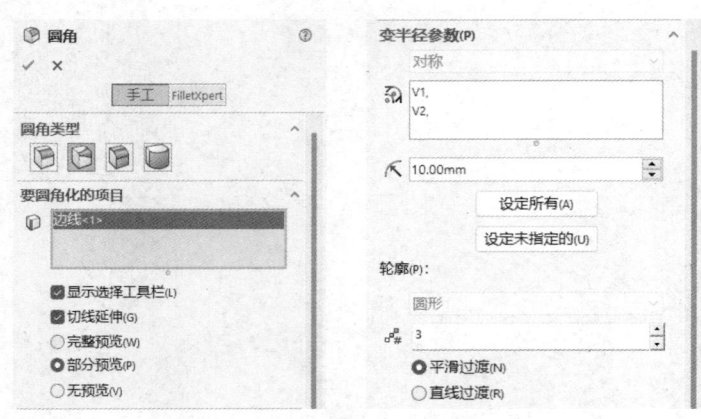

图 6-2　"圆角"面板设置

（3）完成设置后双击如图 6-3 所示的"未指定"文字，并设置圆角半径为 10mm，同理设置另一侧圆角半径为 20mm。单击"圆角"面板的✓（确定）按钮，完成圆角操作后的凸台如图 6-4 所示。

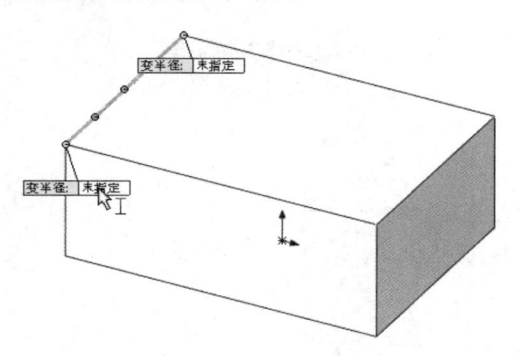

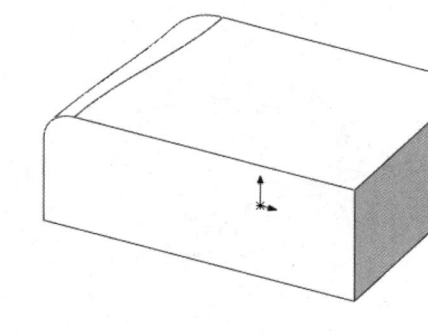

图 6-3　设置圆角半径　　　　　　　　　图 6-4　完成圆角操作后的凸台

> 在创建圆角特征时，应遵守以下原则。
> （1）当有多个圆角汇聚于同一个顶点时，应该先创建较大的圆角。
> （2）如果要创建具有多个圆角边线和拔模面的铸模零件，则应该在添加圆角之前添加拔模特征。
> （3）起装饰作用的圆角最后添加。如果在大多数几何体被定位之前添加圆角，那么系统需要花费较长的时间重建零件。
> （4）如果要加快零件重建的速度，那么建议使用单一圆角操作来处理需要设置为相同圆角半径的多条边线。

6.1.2　倒角

倒角特征在机械加工过程中是不可缺少的工艺。在设计零件时，通常在锐利的零件边角处进行倒角处理，避免伤人和应力集中等问题，同时会起到便于搬运、装配的作用。

倒角的创建方式有"角度距离"、"距离-距离"和"顶点"3 种。下面将以"角度距离"为例，介绍圆角的创建操作，具体操作步骤如下。

（1）创建一个长方体凸台，单击 （倒角）按钮，在视图左侧的"PropertyManager"中弹出"倒角"面板，单击长方体凸台的一条边，如图 6-5 所示。

（2）在"倒角"面板的"倒角参数"选项组中设置 （距离）为 10mm， （角度）为 45 度，如图 6-6 所示。

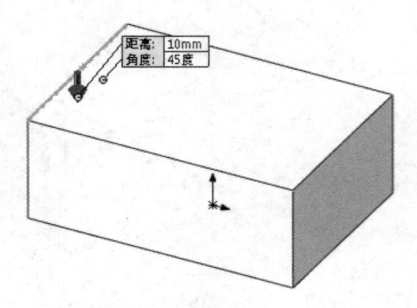

图 6-5 单击长方体凸台的一条边　　　　　图 6-6 "倒角"面板设置

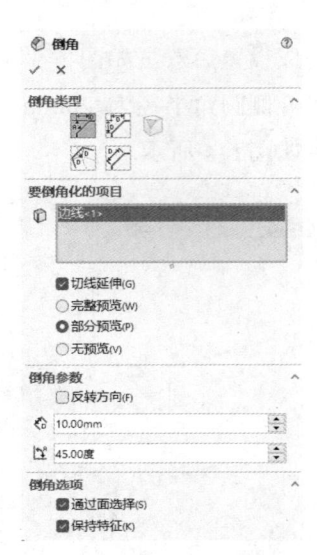

（3）其余设置默认，完成设置后的预览视图如图 6-7 所示。单击"倒角"面板中的 ✓（确定）按钮，完成倒角操作，如图 6-8 所示。

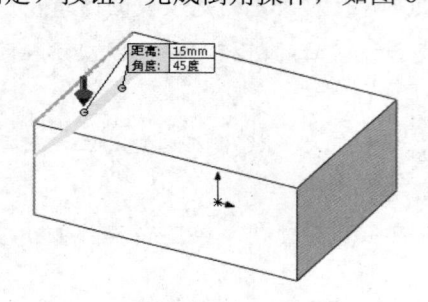

图 6-7 倒角预览视图　　　　　　　　　　图 6-8 完成倒角操作

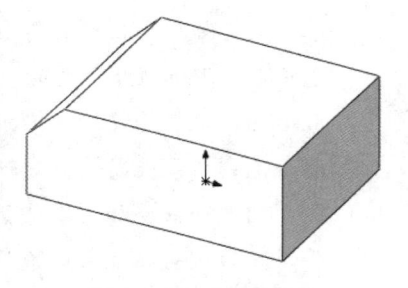

> **注意**：如果设置了一个可覆盖特征的倒角半径，则应勾选"保持特征"复选框，表示保持切除或凸台特征可见；如果取消勾选"保持特征"复选框，则表示以倒角形式包含切除或凸台特征。如果勾选"切线延伸"复选框，则表示将倒角延伸至所有与所选面相切的面。

6.1.3 抽壳

当在零件的其中一个面上使用抽壳工具进行抽壳操作时，系统会掏空零件的内部，使选中的面敞开，并在其余面上创建薄壁特征，具体操作步骤如下。

（1）创建一个长方体凸台，单击 （抽壳）按钮，在视图左侧的"PropertyManager"中弹出"抽壳"面板，单击长方体凸台的上平面作为要移除的面，如图 6-9 所示。

（2）在"抽壳"面板中设置"参数"选项组中的 （厚度）为 10mm，勾选"壳厚朝外"和"显示预览"复选框，如图 6-10 所示

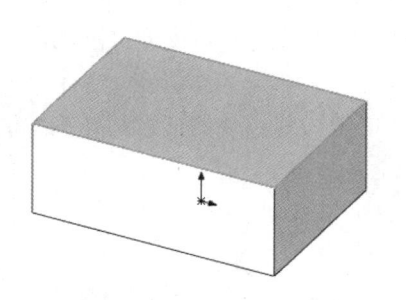

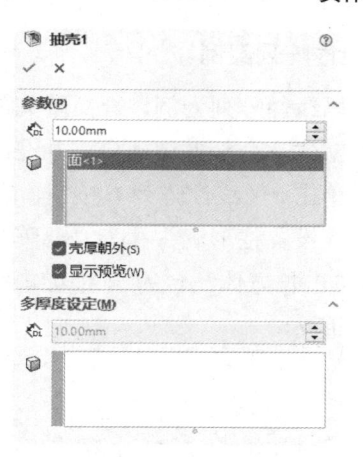

图 6-9　单击面上平面　　　　　　图 6-10　"抽壳"面板设置

（3）其余设置默认，完成设置后的预览视图如图 6-11 所示。单击"抽壳"面板中的 ✓（确定）按钮完成抽壳操作，如图 6-12 所示。

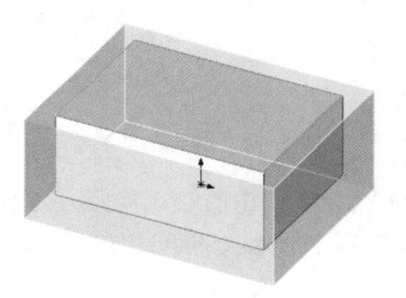

图 6-11　抽壳预览视图　　　　　　图 6-12　完成抽壳操作

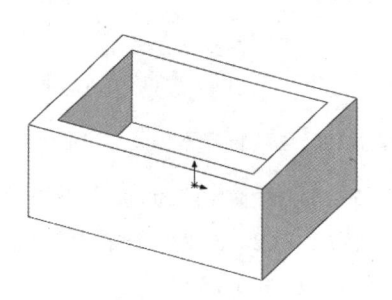

> **注意**　如果没有选择零件中的任何面，则抽壳实体零件时将创建一个闭合的、被掏空的模型。在抽壳时，可以指定各个面的原厚度相等，也可以对某些面的厚度进行单独设置。

抽壳操作只可对实体零件使用。指定的厚度（偏移距离）不合适往往是抽壳失败的主要原因。在删除面时，模型的形状是影响抽壳操作是否成功的重要因素。

6.1.4　特征阵列

阵列即复制所选的源特征，具体包括线性阵列、圆周阵列、曲线驱动的阵列、填充阵列、使用草图点或表格坐标创建阵列。另外，可以创建阵列的阵列和阵列的镜向副本，以及控制和修改阵列。

特征阵列与草图阵列的使用方法类似，都是复制一系列相同的要素。不同之处在于，特征阵列复制的是结构特征，草图阵列复制的是草图；使用特征阵列得到的是复杂的零件，使用草图阵列得到的是草图。

1. 线性阵列实例

下面以线性阵列为例，介绍阵列的基本操作，具体操作步骤如下。

（1）创建一个长方体凸台，并在凸台上创建柱形沉头孔，如图 6-13 所示。

（2）单击 器（线性阵列）按钮，在视图左侧的"PropertyManager"中弹出"线性阵列"面板，设置柱形沉头孔为"要阵列的特征"。

（3）单击长方体凸台的一条边作为"方向一"，单击与其相邻的任意边作为"方向二"，如图 6-14 所示。

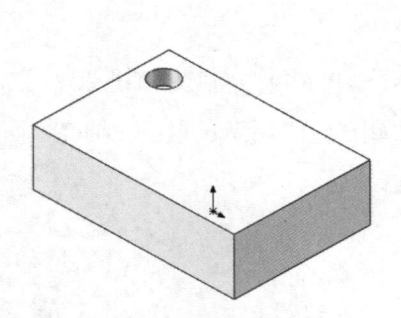

图 6-13 创建长方体凸台和柱形沉头孔　　　图 6-14 指定阵列方向

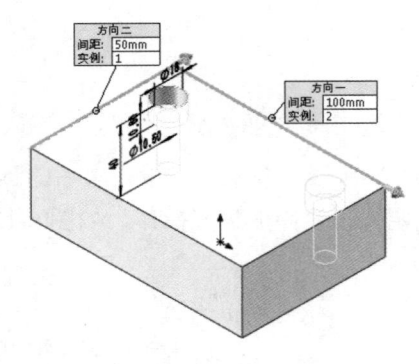

（4）在"线性阵列"面板中设置"方向 1（1）"选项组中的 ✿（间距）为 100mm，✿（实例数）为 2。改为；设置"方向 2（2）"选项组中的 ✿（间距）为 50mm，✿（实例数）为 2，如图 6-15 所示。

（5）单击"线性阵列"面板中的 ✓（确定）按钮，完成线性阵列操作，如图 6-16 所示。

图 6-15 "线性阵列"面板设置　　　图 6-16 完成线性阵列操作

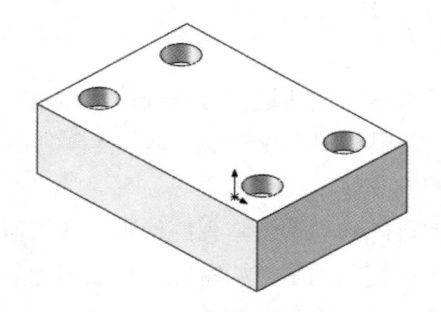

2．特征阵列介绍

对各特征阵列的简单介绍如下。

（1）线性阵列：先选择特征再指定方向、线性间距和实例总数。

（2）圆周阵列：先选择特征再选择作为旋转中心的边线或轴，最后指定阵列的总数和角度间距。

（3）曲线驱动的阵列：先选择特征和边线或特征阵列的草图线段，再指定曲线类型、曲线方法和对齐方法。

（4）草图驱动的阵列：通过在模型面上绘制点来选择复制源特征。

（5）表格驱动的阵列：通过添加或检索之前创建的坐标来在模型面上添加源特征。

（6）填充阵列：以特征阵列或预定义的切割形状来填充定义的区域。

（7）镜向特征：选择要复制的特征和一个基准面，并通过对称于此基准面来镜向所选的特征。

（8）变量阵列：可选择参考轴、参考基准面、参考点、曲线、2D 草图或 3D 草图，并使已选参考几何体的尺寸包含在阵列表格中。

6.1.5 筋

筋是由开环或闭环所绘制的轮廓创建的特殊类型的拉伸特征。它在轮廓与现有零件之间添加了指定方向和厚度的材料。可使用单一或多个草图来创建筋，具体操作步骤如下。

（1）创建一个圆形壳体零件并在其中心创建凸台，创建完成后的零件如图 6-17 所示。

（2）以上平面为草绘平面绘制草图，如图 6-18 所示，完成后退出草图绘制模块。

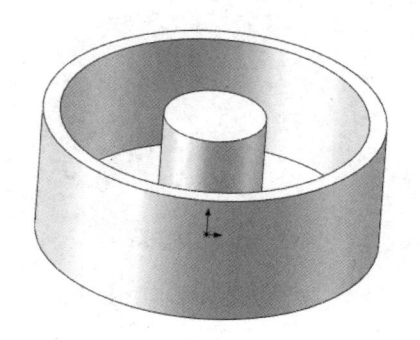

图 6-17　圆形壳体零件　　　　　图 6-18　绘制草图

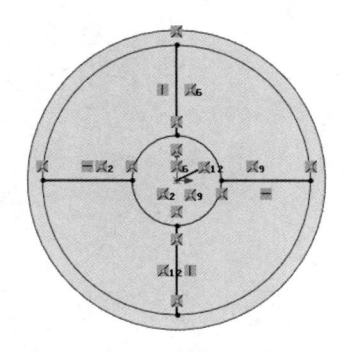

（3）单击（筋）按钮，在视图左侧的"PropertyManager"中弹出"筋"面板，在"参数"选项组中单击（两侧）按钮设置厚度，设置（筋厚度）为 10mm，单击（垂直于草图）按钮设置拉伸方向，设置（拔模开/关）为 1 度。

其余设置默认，完成设置后的"筋 1"面板如图 6-19 所示。

（4）单击"筋"面板中的（确定）按钮，完成筋的创建，如图 6-20 所示。

图 6-19 "筋"面板设置   图 6-20 完成筋的创建

6.1.6 拔模

拔模使用中性面或分型线按照指定的角度削尖模型面，可使模具零件，这样更容易脱出模具。可在现有零件上插入拔模，或者在进行拉伸特征时拔模，也可将拔模应用到实体或曲面模型上，具体操作步骤如下。

（1）创建圆形凸台，如图 6-21 所示，单击 （拔模）按钮，在视图左侧的 "PropertyManager"中弹出"DraftXpert"面板，可以看到面板中有手工和 DraftXpert 两种拔模方式，在此只介绍 DraftXpert 方式。

（2）单击圆形凸台的上表面指定向上的拔模方向，单击圆形凸台的侧面并以其作为拔模面，如图 6-22 所示。

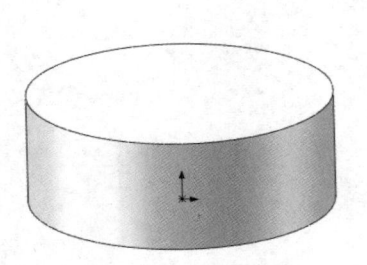

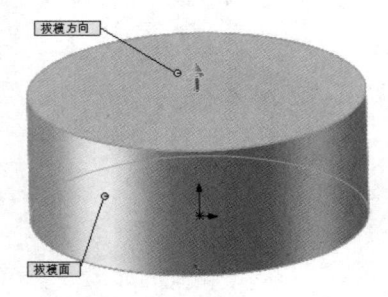

图 6-21 创建圆形凸台   图 6-22 指定拔模方向和拔模面

（3）在"DraftXpert"面板的"DraftXpert"选项卡中选择"更改"选项，在"要拔模的项目"选项组中设置 （拔模角度）为 15 度，勾选"拔模分析"选项组中的"自动涂刷"复选框，完成设置后的"DraftXpert"面板如图 6-23 所示。

（4）在"DraftXpert"选项卡中单击"要拔模的项目"选项组中的"应用"按钮，并单击"DraftXpert"面板中的 （确定）按钮，完成拔模操作，进行拔模分析，如图 6-24 所示。

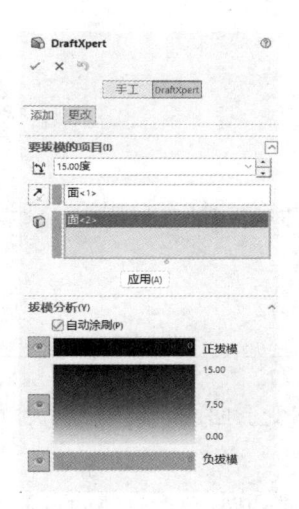

图 6-23 "DraftXpert"面板设置　　　　图 6-24 完成拔模操作

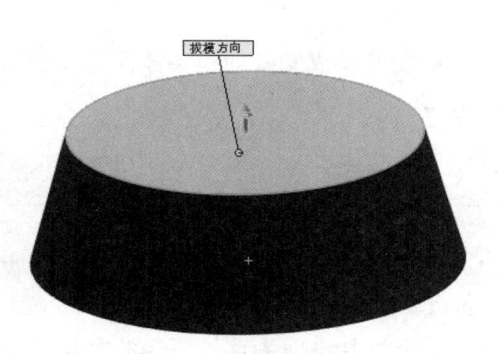

6.1.7 镜向

利用镜向特征工具沿面或基准面进行镜向，可复制一个或多个特征。可选择特征或者构成特征的面或实体来进行实体镜向。

在单一模型或多实体零件中选择一个实体来创建镜向实体，具体操作步骤如下。

（1）创建 M 形凸台实体，如图 6-25 所示，单击 （镜向）按钮，在视图左侧的"PropertyManager"中弹出"镜向"面板。

（2）单击实体侧面作为"镜向面"，单击整个实体作为"镜向实体"，如图 6-26 所示。

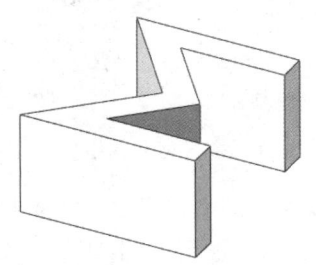

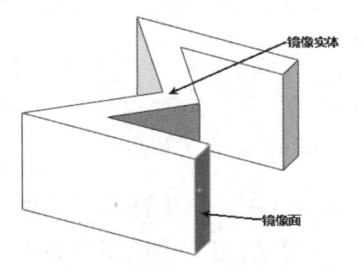

图 6-25　创建 M 形凸台实体　　　　图 6-26　设置镜向面和镜向实体

（3）完成设置后的预览视图如图 6-27 所示，单击"镜向"面板中的 （确定）按钮，完成镜向操作，如图 6-28 所示。

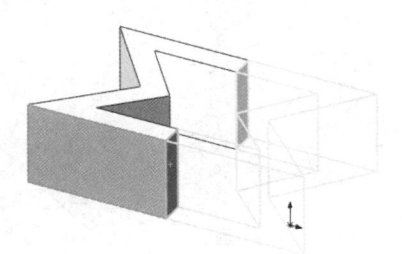

图 6-27　镜向预览视图　　　　图 6-28　完成镜向操作

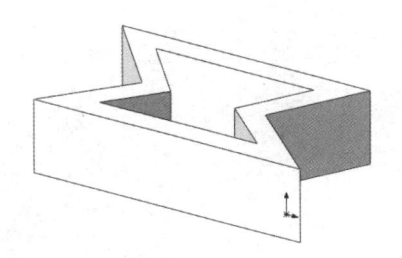

6.2 形变特征

形变特征可以改变或创建实体模型和曲面。常用的形变特征有自由形、变形、压凹、弯曲和包覆。

6.2.1 自由形

自由形通过推动或拖动点来在平面或非平面上添加变形曲面。自由形特征可用于修改曲面或实体的面，具体操作步骤如下。

（1）以上视基准面为草绘平面绘制矩形草图，并拉伸矩形为长方体凸台，如图 6-29 所示。

（2）选择"插入"→"特征"→"自由形"命令，在视图左侧的"PropertyManager"中弹出"自由样式"面板。单击凸台的上表面作为"要变形的面"，在"自由样式"面板中设置"显示"选项组中的"网格密度"为 6，操作完成后的零件表面网络化如图 6-30 所示。

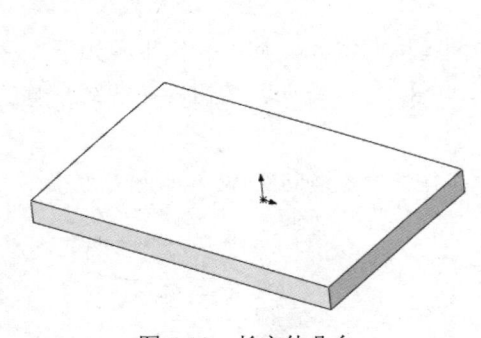

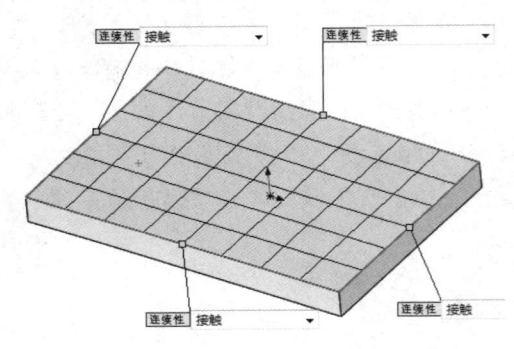

图 6-29　长方体凸台　　　　　图 6-30　零件表面网格化

（3）单击选中"自由样式"面板"控制曲线"选项组中的"通过点"单选按钮，单击"添加曲线"按钮，在视图中添加 3 条横向直线（绿色），如图 6-31 所示。随后单击"反转方向"按钮，在视图中添加 3 条竖向直线（绿色），如图 6-32 所示。

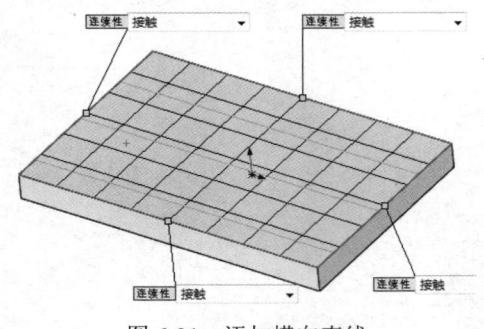

图 6-31　添加横向直线　　　　　图 6-32　添加竖向直线

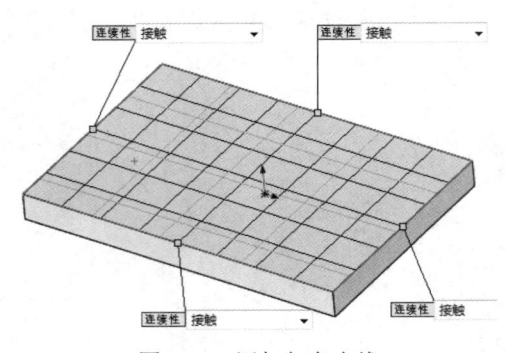

（4）单击"自由样式"面板"控制点"选项组中的"添加点"按钮，单击中央的竖向直线会出现如图 6-33 所示的控制点，右击确定控制点。

（5）此时单击创建的任意点，即可出现如图 6-34 所示的三重轴，用户可拖动三重轴向任意方向移动，进行曲面变形操作，如图 6-35 所示。

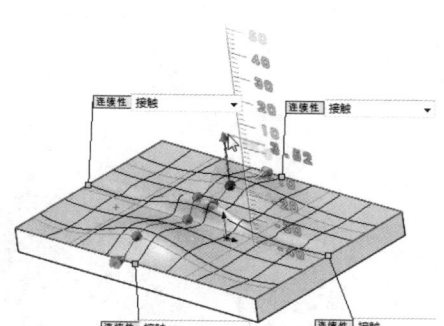

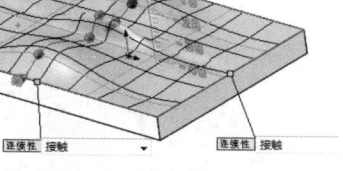

图 6-33　控制点　　　　图 6-34　三重轴　　　　图 6-35　曲面变形操作

（6）单击"自由样式"面板中的 ✓（确定）按钮，完成自由形操作，如图 6-36 所示。

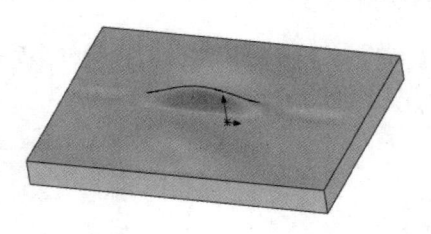

图 6-36　完成自由形操作

提示：自由形还可应用于特殊曲面的创建，可在学习曲面设计的过程中使用自由形特征创建曲面。

6.2.2　变形

变形是指将整体变形并应用到实体或曲面实体，使用变形特征可改变复杂曲面或实体模型的局部或整体的形状，而无须考虑用于创建模型的草图或特征约束。

使用变形特征改变实体模型的形状，具体操作步骤如下。

（1）以上视基准面为草绘平面绘制矩形草图，拉伸矩形为长方体凸台，并在其上平面中绘制一个草图点，如图 6-37 所示。

（2）选择"插入"→"特征"→"变形"命令，在视图左侧的"PropertyManager"中弹出"变形"面板。单击选中"变形类型"选项组中的"点"单选按钮，在视图中单击绘制的草图点，并以其作为"变形点"，设置"变形点"选项组中的 （变形半径）为 10mm，并设置"变形区域"选项组中的 （变形距离）为 20mm，设置完成后的"变形"面板如图 6-38 所示。

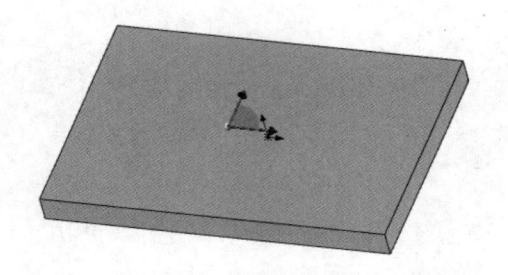

图 6-37　创建凸台并绘制草图点 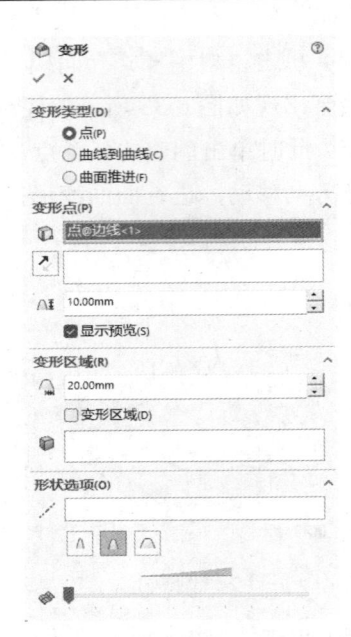　　　　　图 6-38　"变形"面板设置

（3）单击"变形"面板中的 ✓（确定）按钮，完成变形操作，如图 6-39 所示，反转实体模型可以看到因变形而产生的凹坑，如图 6-40 所示。

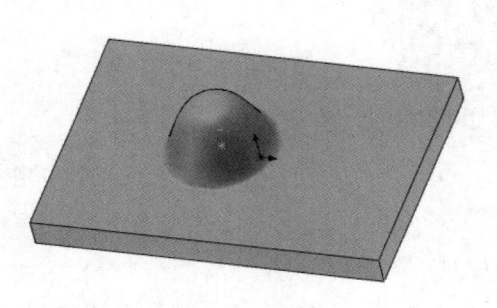

图 6-39　完成变形操作后的长方体凸台 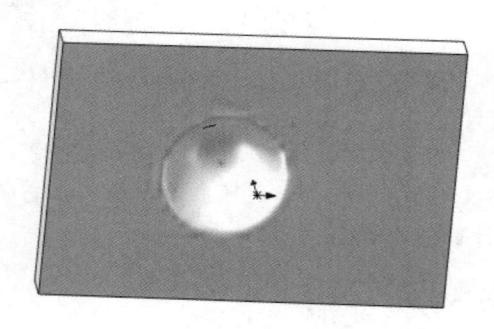　　　　图 6-40　因变形而产生的凹坑

6.2.3　压凹

压凹是指通过厚度和间隙值而生成的特征，压凹将在所选择的目标实体上生成与所选工具实体轮廓类似的凸起特征。具体操作步骤如下。

（1）使用拉伸操作创建长方体凸台，并在长方体凸台上平面创建圆形凸台，如图 6-41 所示，注意在创建过程中应取消勾选"合并结果"复选框。

（2）选择"插入"→"特征"→"压凹"命令，在视图左侧的"PropertyManager"中弹出"压凹"面板。单击长方体凸台作为"目标实体"，单击圆形凸台作为"工具实体区域"，勾选"选择"选项组中的"切除"复选框，并在"参数"选项组中设置间隙为 10mm，完成设置后的"压凹"面板如图 6-42 所示。

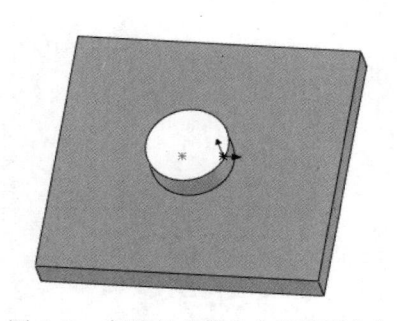

图 6-41　创建长方体凸台和圆形凸台　　　图 6-42　"压凹"面板设置

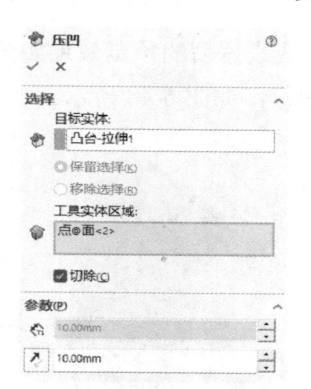

（3）完成设置的预览效果如图 6-43 所示。单击"压凹"面板中的 ✓（确定）按钮，完成压凹特征操作，如图 6-44 所示。

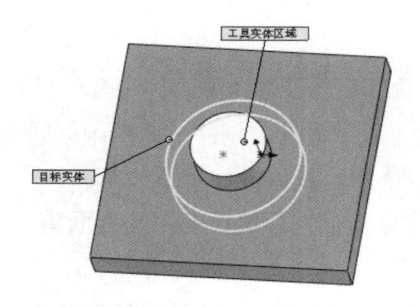

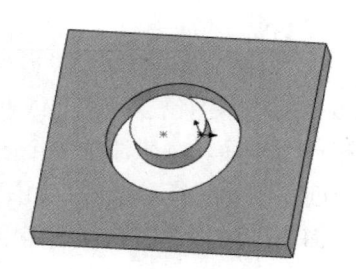

图 6-43　压凹预览效果　　　图 6-44　完成压凹特征操作

6.2.4　弯曲

弯曲特征以直观的方式对复杂的模型进行变形操作，使用该特征可以创建 4 种类型的弯曲，折弯、扭曲、锥削和伸展。下面以折弯为例介绍弯曲特征，具体操作步骤如下。

（1）创建高为 150mm 的管型零件模型，如图 6-45 所示。

（2）选择"插入"→"特征"→"弯曲"命令，在视图左侧的"PropertyManager"中弹出"弯曲"面板。单击零件作为"弯曲的实体"，在"弯曲输入"选项组中单击选中"折弯"单选按钮，设置 （角度）为 70 度，完成设置后的"弯曲"面板如图 6-46 所示。

图 6-45　创建管型零件模型　　　图 6-46　"弯曲"面板设置

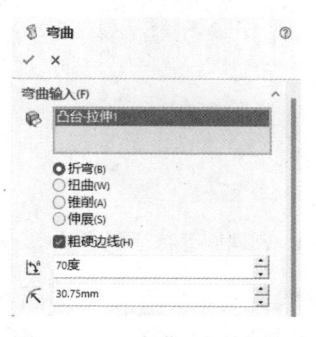

119

（3）完成设置后的预览效果如图 6-47 所示。单击"弯曲"面板中的 ✓（确定）按钮，完成弯曲操作，如图 6-48 所示。

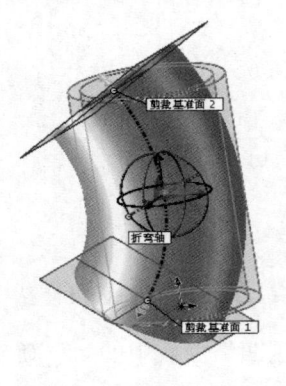

图 6-47　弯曲预览效果　　　　图 6-48　完成弯曲操作

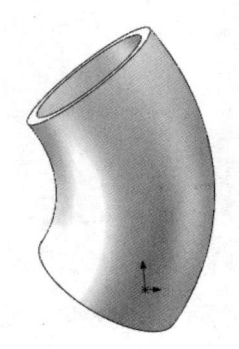

6.2.5　包覆

包覆是指将草图包裹到平面或非平面中，可在圆柱、圆锥或拉伸的模型中创建平面，也可选择一个平面轮廓来添加多个闭合的样条曲线草图，具体操作步骤如下。

（1）创建圆管特征和草图，如图 6-49 所示，注意圆管特征应在上视基准面由圆环拉伸而成，而草图应则在右视基准面中绘制而成。

（2）选择"插入"→"特征"→"包覆"命令，在视图左侧的"PropertyManager"中弹出"包覆"面板。单击绘制的草图，面板会变化为"包覆 1"。单击"包覆类型"选项组中的 （浮雕）按钮，单击选中圆管特征曲面作为"包覆草图的面"，设置 （厚度）为 1mm，完成设置后的"包覆 1"面板如图 6-50 所示。

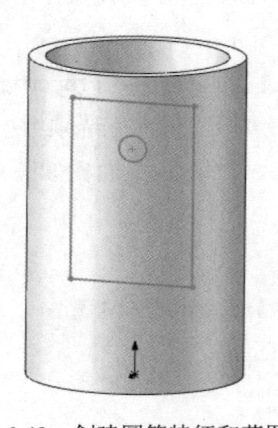

图 6-49　创建圆管特征和草图　　　　图 6-50　"包覆 1"面板设置

（3）完成设置后的预览效果如图 6-51 所示。单击"包覆 1"面板中的 ✓（确定）按钮，完成浮雕包覆操作，如图 6-52 所示。

第 6 章
实体特征编辑

图 6-51 包覆预览效果图

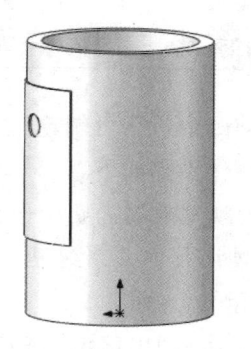

图 6-52 完成浮雕包覆操作

> **注意**：包覆操作还包括蚀雕包覆操作和刻划包覆操作，如图 6-53 和图 6-54 所示。

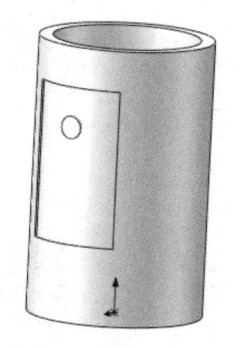

图 6-53 蚀雕包覆操作

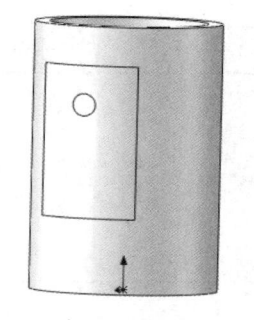

图 6-54 刻划包覆操作

6.3 实例示范

前面介绍了实体特征建模的一些基本操作，本节将通过一个有代表性的实例综合介绍实体特征建模一系列命令的用法。

完成创建的法兰阀体如图 6-55 所示，在学习本节内容之前，读者可根据图 6-55 自行尝试创建此实体特征零件。

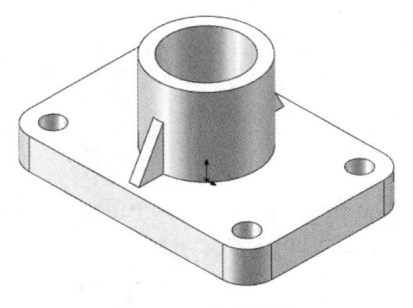

图 6-55 法兰阀体

6.3.1 创建法兰阀体并设置倒圆角

使用拉伸凸台特征可创建法兰阀体，使用倒圆角操作可对法兰阀体的边进行倒圆角设置，具体操作步骤如下。

（1）将上视基准面为草绘平面绘制矩形草图，使用尺寸标注约束其长为150mm、宽为100mm，使用几何关系约束其长、宽分别与 X 轴、Y 轴对称，完成绘制后的矩形草图如图 6-56 所示。

（2）单击 （退出草图）按钮，退出草图绘制模式。单击"特征"工具栏中的 （拉伸凸台/基体）按钮，在视图左侧的"PropertyManager"中弹出"凸台-拉伸"面板。

（3）在"方向 1（1）"选项组的下拉列表中选择"给定深度"选项，将 （深度）设置为 20mm，如图 6-57 所示。

图 6-56 完成绘制后的矩形草图　　图 6-57 "凸台-拉伸"面板设置

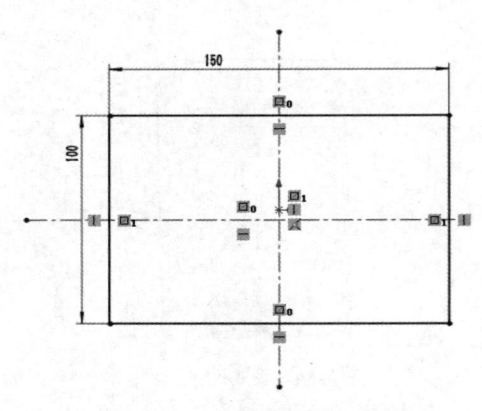

（4）其余设置默认，完成设置后的预览视图如图 6-58 所示。

（5）单击"凸台-拉伸"面板中的 ✓ （确定）按钮，完成拉伸凸台创建，如图 6-59 所示。

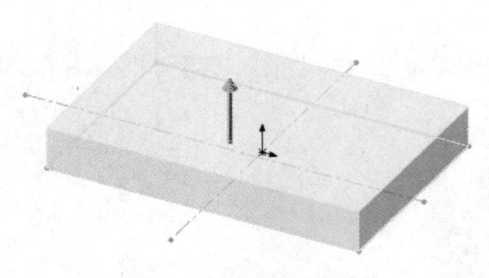

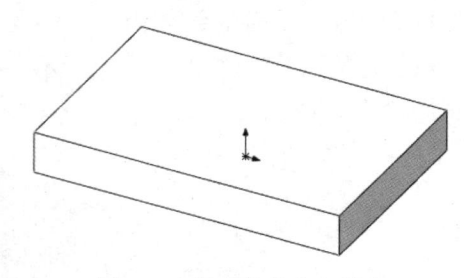

图 6-58 凸台预览视图　　图 6-59 完成拉伸凸台创建

（6）单击 （圆角）按钮，在视图左侧的"PropertyManager"中弹出"圆角"面板，如图 6-60 所示，依次单击长方体凸台的 4 条边线。

（7）在"圆角"面板"手工"选项卡的"圆角类型" 选项组中单击 （恒定大小

按钮，单击选中"要圆角化的项目"选项组中的"完整预览"单选按钮，设置"圆角参数"选项组中的 ⦗ （半径）为 15mm，如图 6-61 所示。

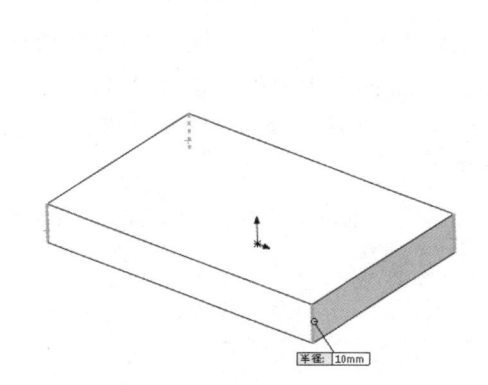

图 6-60 单击 4 条边线

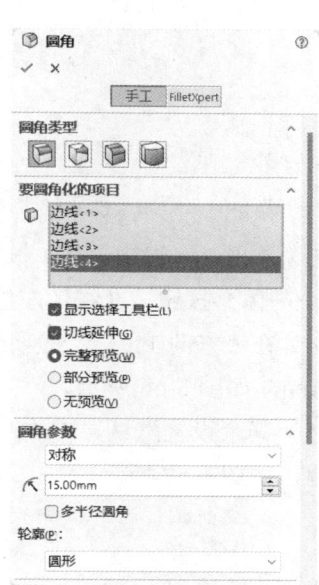

图 6-61 "圆角"面板设置

（8）其余设置默认，完成设置后的预览效果如图 6-62 所示。单击"圆角"面板中的 ✓（确定）按钮，完成圆角创建，如图 6-63 所示。

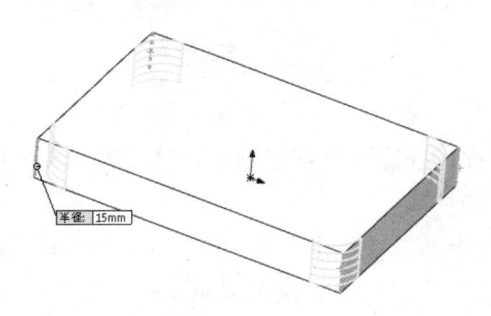

图 6-62 圆角预览效果

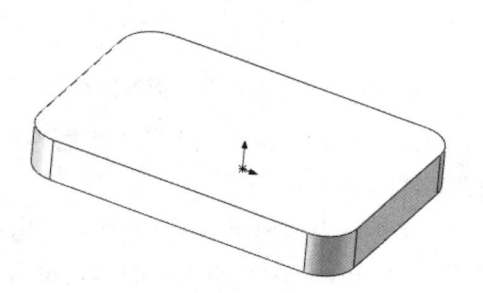

图 6-63 完成圆角创建

6.3.2 拉伸创建上部圆形凸台并切除贯穿孔

通过拉伸操作创建上部圆形凸台并切除贯穿孔，得到上部圆形桶装实体，具体操作步骤如下。

（1）单击拉伸凸台上表面创建上平面，单击"草图"工具栏中的 ⦗ （草图绘制）按钮并按键盘中的空格键，在弹出的视图选择框中单击 ⦗ （正视于）按钮，将草绘平面正视于屏幕，如图 6-64 所示。

（2）绘制圆形轮廓，要求圆心必须与原点重合且直径为 60mm。可通过尺寸标注约束和几何关联约束进行设置，完成绘制的圆形轮廓如图 6-65 所示。

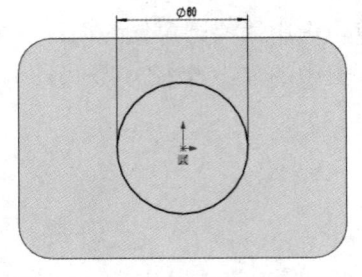

图 6-64　草绘平面正视于屏幕　　　　图 6-65　完成绘制后的圆形轮廓

（3）单击 （退出草图）按钮，退出草图绘制模式。单击"特征"工具栏中的 （拉伸凸台/基体）按钮，在视图左侧的"PropertyManager"中弹出"凸台-拉伸"面板。

（4）在"方向1（1）"选项组的下拉列表中选择"给定深度"选项，设置 （深度）为 50mm，如图 6-66 所示。

（5）其余设置默认，单击"凸台-拉伸"面板中的 （确定）按钮，完成拉伸凸台的创建，如图 6-67 所示。

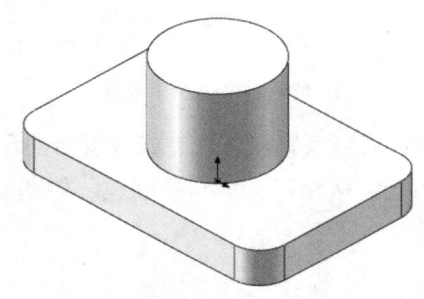

图 6-66　"凸台-拉伸"面板设置　　　　图 6-67　完成拉伸凸台的创建

（6）同理，以圆形凸台的上平面为草绘平面，在原点处创建圆心，直径为 45mm 的圆形轮廓如图 6-68 所示。

（7）单击 （退出草图）按钮，退出草图绘制模式。单击"特征"工具栏中的 （拉伸切除）按钮，随后单击创建的圆形轮廓，在视图左侧的"PropertyManager"中弹出"切除-拉伸"面板。

（8）在"方向1（1）"选项组的下拉列表中选择"完全贯穿"选项，如图 6-69 所示。

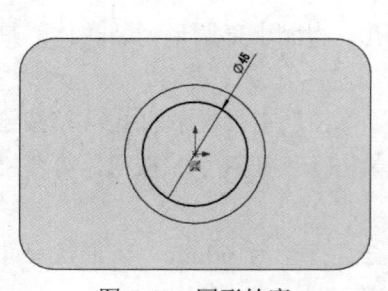

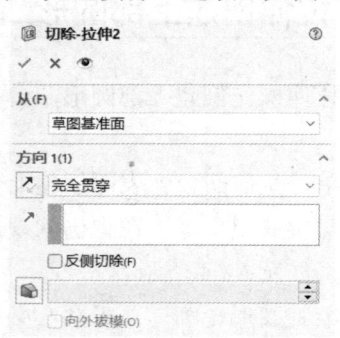

图 6-68　圆形轮廓　　　　图 6-69　"切除-拉伸"面板设置

(9) 其余设置默认，完成设置后的预览视图如图 6-70 所示。

(10) 单击"切除-拉伸"面板中的 ✓（确定）按钮，完成贯穿孔的创建，如图 6-71 所示。

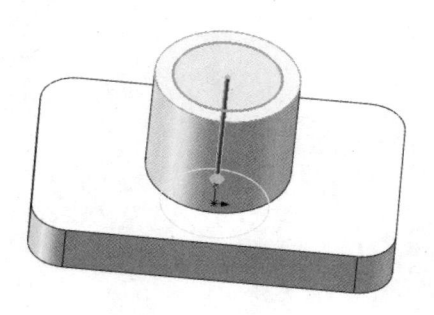

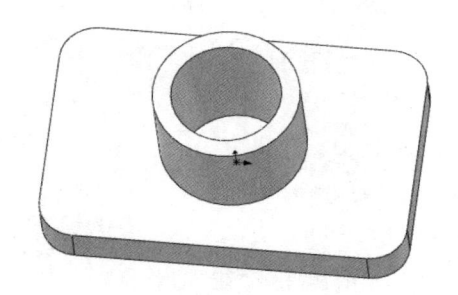

图 6-70　贯穿孔预览视图　　　　图 6-71　完成贯穿孔的创建

6.3.3　创建加强筋并镜向

以圆形桶和法兰凸台为基准创建加强筋，对其进行镜向操作后创建另一个方向上的加强筋，具体操作步骤如下。

（1）以右视基准面为草绘平面绘制一条带有一定角度的直线，如图 6-72 所示。

（2）单击视图上方的 ⌾（隐藏线可见）按钮，将隐藏线显示出来，并使用智能尺寸标注和几何关系约束，约束直线的上端点与上平面的距离为 15mm，与圆形凸台内侧的距离为 4mm。

下端点与长方体凸台的上平面重合，与圆形凸台外侧的距离为 15mm。完成约束后的视图如图 6-73 所示。

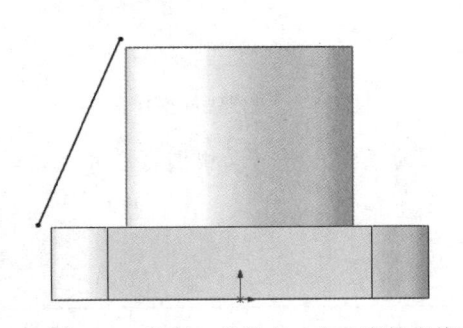

图 6-72　绘制一条带有一定角度的直线　　　图 6-73　完成约束后的视图

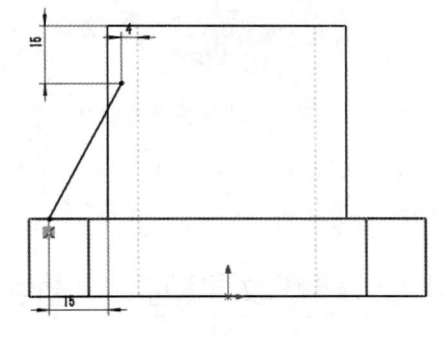

（3）单击 ⌾（退出草图）按钮，退出草图绘制模式。单击"特征"工具栏中的 ⌾（筋）按钮，随后单击创建的直线，在视图左侧的"PropertyManager"中弹出"筋"面板。

（4）选择"参数"选项组中的 ≡（两侧）选项，将 ⌾（筋厚度）设置为 6mm，单击"拉伸方向"选项中的 ⌾（平行于草图）按钮，将 ⌾（拔模开/关）设置为 1 度。

其余设置默认，完成设置后的"筋"面板如图 6-74 所示，完成设置后的预览视图，

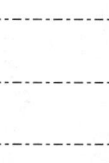

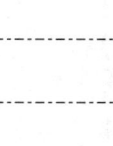

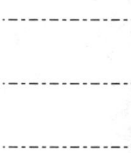

如图 6-75 所示。

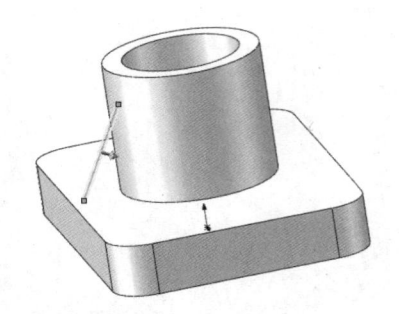

图 6-74 "筋"面板设置

图 6-75 筋预览视图

注意：预览视图中的箭头应该是斜向下的，否则请单击箭头使其反向。

（5）单击"筋"面板中的 ✓（确定）按钮，完成加强筋的创建，如图 6-76 所示。

（6）单击 ▸◂（镜向）按钮，在视图左侧的"PropertyManager"中弹出"镜向"面板。

（7）单击前视基准面作为"镜向面"，单击筋作为"镜向实体"，完成设置后单击"镜向"面板中的 ✓（确定）按钮，完成镜向操作，如图 6-77 所示。

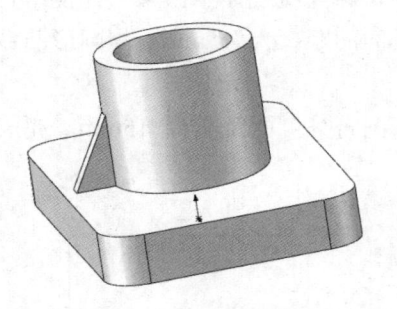

图 6-76 完成加强筋的创建

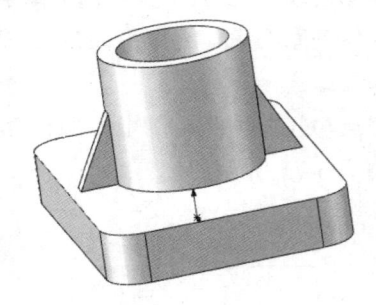

图 6-77 完成镜向操作

提示：在进行镜向操作时，需要以前视基准面为参考，并借助视图窗口左上角的树形图选择。

6.3.4 创建螺纹异型孔并线性阵列

创建螺纹异型孔并以线性阵列的方式创建不同位置的其余 3 个螺纹异型孔，具体操作步骤如下。

（1）单击"特征"工具栏中的 ◉（异型孔向导）按钮，在视图左侧的"PropertyManager"中弹出"孔规格"面板。

（2）在"类型"选项卡中可以设置孔类型及其详细参数，如图 6-78 所示，单击"孔类型"选项组中的 ▯（锥形螺纹孔）按钮，在"标准"下拉列表中选择"ISO"选项，在"类型"下拉列表中选择"锥形管螺纹"选项。

在"孔规格"选项组中设置"大小"为1/4,在"终止条件"选项组中设置"螺纹孔钻孔"为"完全贯穿",其余设置默认。

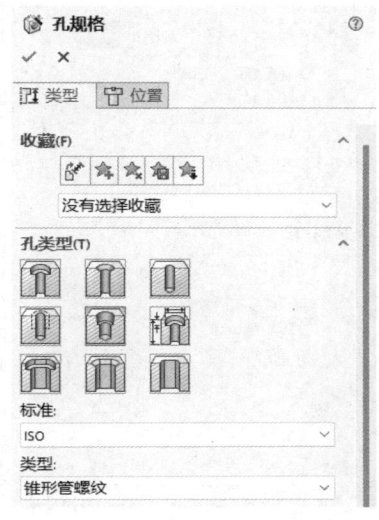

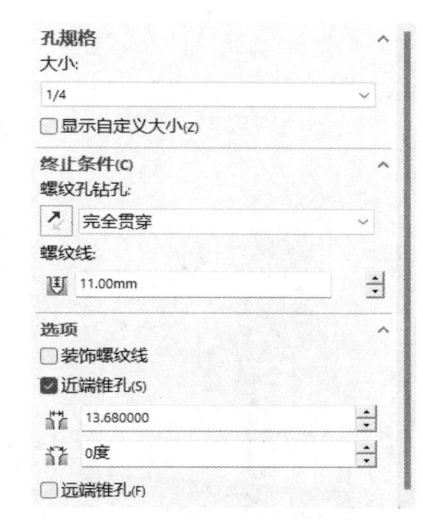

图 6-78 "孔规格"面板设置

(3) 切换至"位置"选项卡,单击长方形凸台的上平面并将鼠标指针置于长方形凸台的圆角上,此时会出现圆角圆心,单击圆角圆心,如图 6-79 所示。

(4) 单击"孔规格"面板中的 ✓(确定)按钮,完成柱形螺纹孔的创建,如图 6-80 所示。

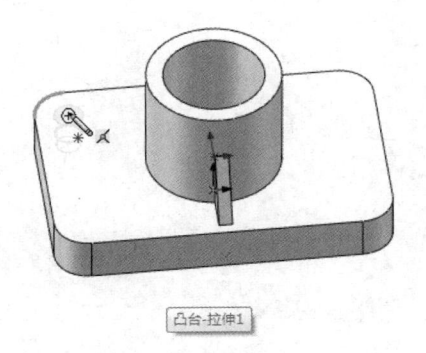

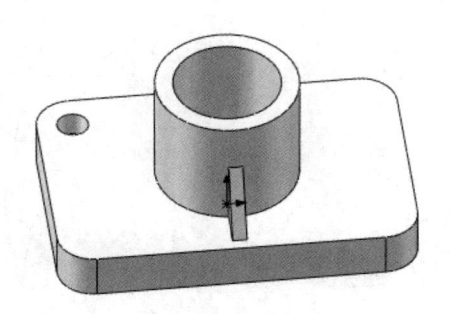

图 6-79 单击圆角圆心   图 6-80 完成柱形螺纹孔的创建

(5) 单击 ▦(线性阵列)按钮,在视图左侧的"PropertyManager"中弹出"线性(阵列)"面板,单击柱形螺纹孔作为"要阵列的特征"。

(6) 单击选中长方体凸台的一条边线作为"方向一",单击选中与其相邻的任意一条边线作为"方向二",如图 6-81 所示。

(7) 设置"阵列(线性)"面板"方向 1(1)"选项组中的 ↔(间距)为120mm, ▦(实例数)为 2;设置"方向 2(2)"选项组中的 ↔(间距)为70mm, ▦(实例数)为

2，如图 6-82 所示。

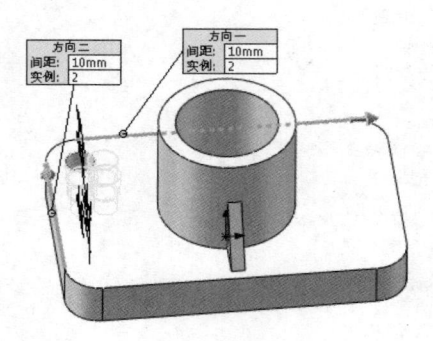

图 6-81　单击边线作为方向

图 6-82　"阵列（线性）"面板设置

（8）完成设置后的预览效果如图 6-83 所示。单击"阵列（线性）"面板中的 ✓（确定）按钮，完成线性阵列操作，如图 6-84 所示，至此，完成了法兰阀体的创建。

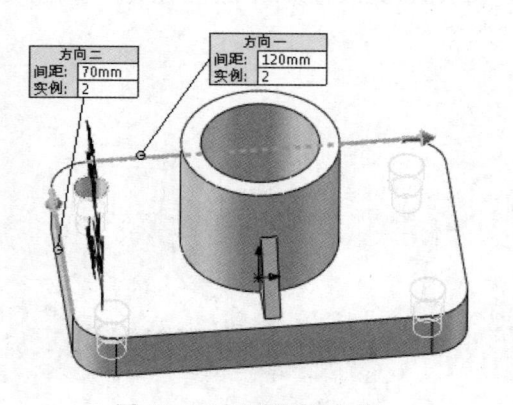

图 6-83　阵列预览效果图

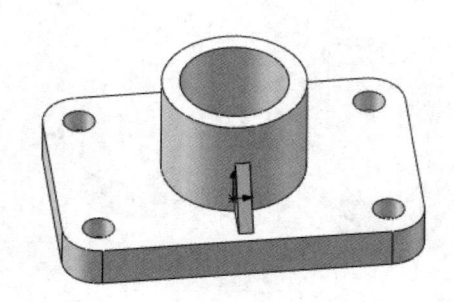

图 6-84　完成线性阵列操作

6.4　本章小结

本章详细介绍了 SOLIDWORKS 工程特征及形变特征等命令的使用方法，并通过一个实例综合介绍了各命令的操作步骤。SOLIDWORKS 的实体特征编辑转为重要，读者需要熟练掌握本章的所有内容。

6.5 习题

一、填空题

1. 圆角特征可以使用一个面的所有边线、所选的多组面、边线或边线环来创建。圆角特征包括_____、_____、_____和_____4种类型。

2. 阵列即复制所选的源特征，具体包括_____、_____、曲线驱动的阵列、_____、使用草图点或表格坐标创建阵列。另外，可以创建阵列的阵列和阵列的镜向副本，以及控制和修改阵列。

3. 形变特征可以改变或创建实体模型和曲面。常用的形变特征有_____、_____、压凹、_____和包覆。

4. 压凹是指通过_____和_____值生成的特征，压凹将在所选择的目标实体上生成与所选工具实体轮廓类似的突起特征。

5. 弯曲特征以直观的方式对复杂的模型进行变形操作，使用该特征可以创建4种类型的弯曲，_____、_____、锥削和_____。

二、问答题

1. 请简述创建圆角特征的几大原则。
2. 进行拔模操作的作用是什么？
3. 请简述各种阵列特征的操作方法。

三、上机操作

1. 参照"源文件/素材文件/Char06"路径打开"轮毂.SLDPRT"文件，如图6-85所示，请读者参考本章内容及此实体特征建模的尺寸创建轮毂零件。

2. 参照"源文件/素材文件/Char06"路径打开"轴承座.SLDPRT"文件，如图6-86所示，请读者参考本章内容及此实体特征建模的尺寸创建轴承座零件。

图6-85 上机操作习题视图1

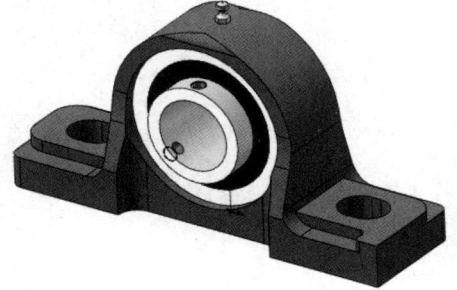

图6-86 上机操作习题视图2

第 7 章

3D草图与曲线

前文介绍了使用草图绘制轮廓的方法,本章将介绍使用 3D 草图与曲线进行设计的方法。3D 草图与曲线有一个共同点,那就是在创建草图与曲线时,可以不选择基准面或不进入草绘模式。常用的曲线包括分割线、投影曲线、组合曲线、螺旋线/涡状线等。

> **学习目标**

1. 了解 3D 草图的绘制方法。
2. 掌握曲线的绘制方法。
3. 熟悉 3D 草图与曲线的特性。

7.1 3D 草图

3D 草图可以在不指定基准面的情况下绘制直线或点,使用 3D 草图命令还可以绘制圆弧、圆形、矩形、样条曲线等。

7.1.1 3D 草图与 2D 草图的区别

3D 草图与 2D 草图的区别在于,3D 草图可以不选择基准面或平面来作为草绘平面。用户可单击"草图"工具栏中的 (3D 草图)按钮,或者选择"插入"→"3D 草图"命令,开始 3D 草图的绘制。

1. 3D草图坐标系

3D 草图通常是相对于模型中默认的坐标进行绘制的。如果要切换至另外两个默认基准面中的其中一个,则需在使用草图命令后按键盘中的"Tab"键,改变草图基准面。

如果只选择一个基准面或平面,那么 3D 草图基准面将进行旋转,使 X、Y 草图基准面与所选项目对齐。在 3D 草图开始绘制之前,将视图方向改为"等轴测",因为在此方向上,X 轴、Y 轴、Z 轴均可见,可以方便地绘制 3D 草图。

2. 3D草图尺寸标注

3D 草图尺寸标注与 2D 草图尺寸标注类似。先按照近似长度绘制直线,再单击 (智能尺寸)按钮,随后单击被选中线段的两头或整条直线,添加或修改尺寸。依次单击 3 个点或两条直线可以添加角度尺寸。

3. 空间控标

在使用 3D 草图绘图时,鼠标的图形化指针可以帮助用户定位方向,此功能被称为"空间控标"。当在绘图区域中定义直线或样条曲线的第一个点时,空间控标会提示当前的坐标。

7.1.2 3D 直线

3D 直线捕捉到的主要方向将分别约束水平、竖直和沿 Z 轴,但是不要求必须沿着这 3 个方向进行绘制,可以有一定的夹角。

一般来说,3D 直线是相对于模型的默认坐标进行绘制的,但如需转换其他两个基准面,用户可使用键盘中的"Tab"键来切换草图基准面,具体操作步骤如下。

(1)单击 (3D 草图)按钮,或者选择"插入"→"3D 草图"命令,进入 3D 草图绘制模式。

（2）单击 ✏（直线）按钮，在视图左侧的"PropertyManager"中弹出"插入线条"面板，如图 7-1 所示。单击绘图区域，开始绘制 3D 直线，此时会出现空间控标，可帮助用户在不同基准面上绘制草图。按"Tab"键可切换草图基准面。

（3）单击并拖动鼠标指针至终点处。

（4）如果要继续绘制直线，则可选择终点并按"Tab"键切换至另一个基准面。

（5）拖动鼠标指针直至出现第 2 条 3D 直线，释放鼠标指针后的效果如图 7-2 所示。

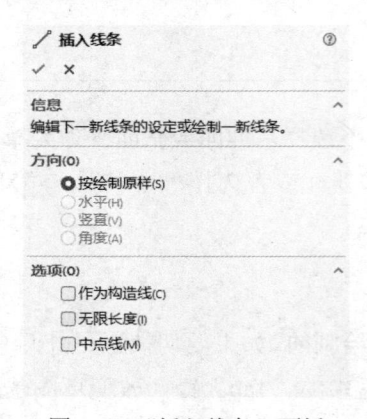

图 7-1　"插入线条"面板

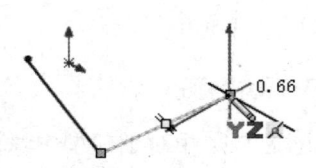

图 7-2　3D 直线

7.1.3　3D 圆角

3D 圆角的操作方法与 2D 圆角的操作方法类似，都是通过单击两条可以相交的直线并指定圆角半径来创建的，具体操作步骤如下。

（1）单击 ▣（3D 草图）按钮，或者选择"插入"→"3D 草图"命令，进入 3D 草图的绘制模式。

（2）单击 ⏜（绘制圆角）按钮，在视图左侧的"PropertyManager"中弹出"绘制圆角"面板。在"圆角参数"选项组中设置 ⏜（半径）为 12mm，如图 7-3 所示。

（3）选中两条相交的直线，创建圆角，如图 7-4 所示。

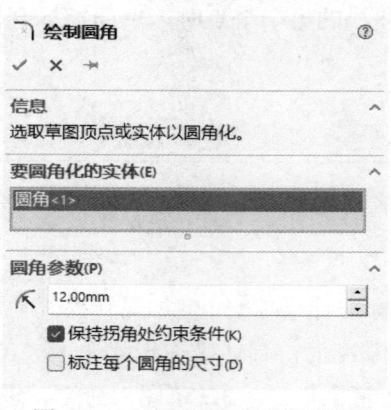

图 7-3　"绘制圆角"面板设置

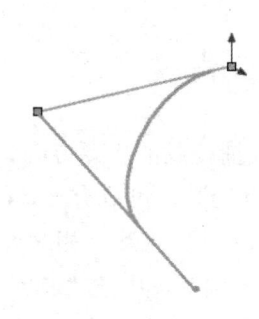

图 7-4　3D 圆角

7.1.4　3D 样条曲线

3D 样条曲线是通过单击来指定多个点或通过输入不同的坐标值来确定点,从而绘制出的曲线轮廓。具体操作步骤如下。

(1) 单击 (3D 草图)按钮,或者选择"插入"→"3D 草图"命令,进入 3D 草图的绘制模式。

(2) 单击 (样条曲线)按钮,在绘图区域中任意单击,拖动鼠标指针绘制一段曲线。在视图左侧的"PropertyManager"中弹出"样条曲线"面板,如图 7-5 所示。在面板中可以看到,3D 样条曲线比 2D 样条曲线多了 Z 坐标参数。

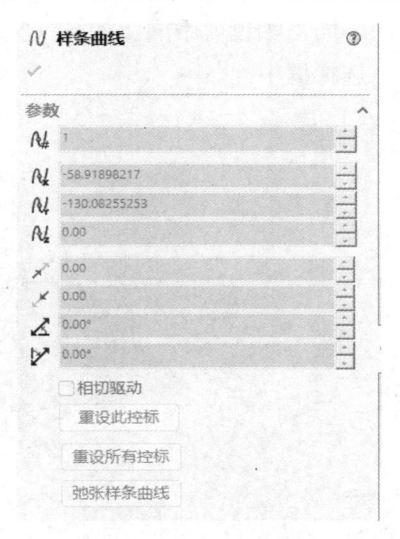

图 7-5　"样条曲线"面板

(3) 每次单击鼠标都会显示空间控标,可根据空间控标来在不同基准面上绘制草图。

(4) 重复以上步骤,直至 3D 样条曲线绘制完成。

7.1.5　3D 点

使用 3D 草图绘制出的点和使用 2D 草图绘制出的点的区别在于,使用 2D 草图绘制出的点只定义了两个方向上的坐标,而使用 3D 草图绘制出的点可定义第 3 个方向上的坐标。具体操作步骤如下。

(1) 单击 (3D 草图)按钮,或者选择"插入"→"3D 草图"命令,进入 3D 草图的绘制模式。

(2) 单击 (点)按钮,随后单击绘图区域中的任意位置,在视图左侧的"PropertyManager"中弹出"点"面板,可以看到该面板比 2D 草图的"点"面板多了"Z 坐标"参数。

(3) 激活"点"命令后,可以连续单击或设置坐标以创建不同位置的点。

7.1.6 面部曲线

在绘制模型时,可以从其他软件导入文件,这样可以先在一个面上提取 UV 曲线,再使用 ❖(面部曲线)命令进行调整。

由此创建的曲线都是单独的草图,单击创建的曲线可将提取的 UV 曲线添加到激活的 3D 草图中进行编辑。具体操作步骤如下。

(1)创建一个长方体凸台,选择"工具"→"草图工具"→"面部曲线"命令,并单击长方体凸台的上表面。

(2)在视图左侧的"PropertyManager"中弹出"面部曲线"面板,如图 7-6 所示。曲线在模型面上预览,其方向不同,颜色就不同,如图 7-7 所示,并且"面"的名称显示在"选择"选项组的"面"选择框中。

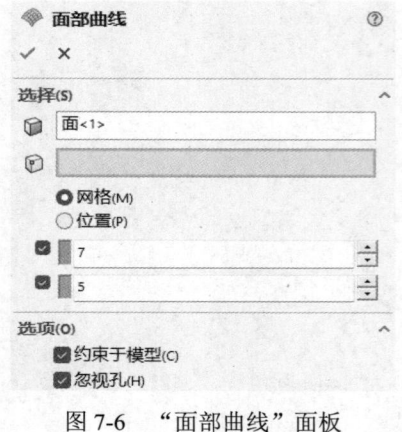

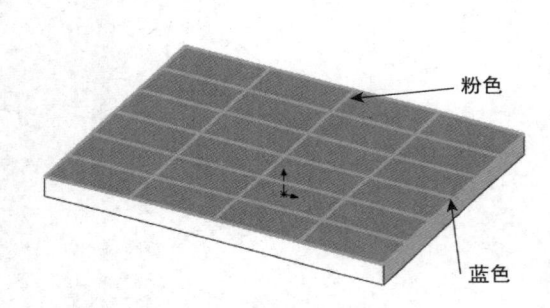

图 7-6　"面部曲线"面板　　　图 7-7　模型上的面部曲线

(3)在"选择"选项组中,可单击选中"网格"或"位置"单选按钮。

- 网格:两条均匀放置的互相垂直的曲线。
- 位置:两条直交曲线的相交处,在模型上拖动鼠标指针可定义位置。

选中的单选按钮不同,其属性也不同,如图 7-8 所示。

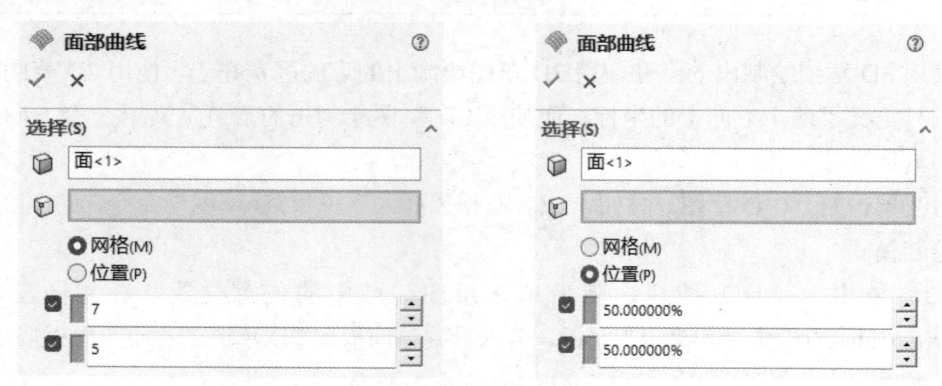

图 7-8　不同单选按钮的属性设置

如果不需要绘制曲线,则可以取消勾选复选框。

(4)在"选择"选项组中可以同时勾选这两个复选框。

- 约束与模型:勾选该复选框,曲线会随模型的改变而更新。
- 忽视孔:用于带有内部缝隙或环的输入曲面。勾选该复选框时,曲线是穿过孔而生成的;取消勾选该复选框时,曲线会停留在孔的边缘。

(5)单击 ✓(确定)按钮,完成面部曲线提取操作。

7.2 3D 曲线

曲线是曲面的基础,本节主要介绍常用的创建曲线的方式,包括投影曲线、组合曲线、螺旋线和涡状线、通过 XYZ 点的曲线、通过参考点的曲线及分割线。

选择"插入"→"曲线"命令,选择绘制曲线的方式,如图 7-9 所示;或者单击"特征"工具栏中的 ⒎(曲线)下拉按钮,在菜单列表中选择绘制曲线的方式,如图 7-10 所示。

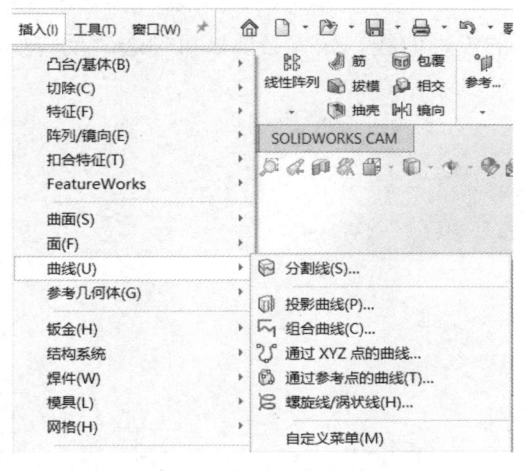

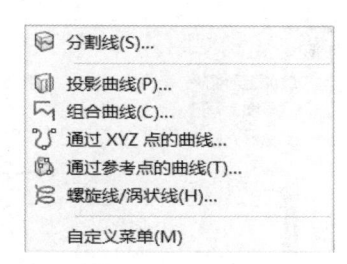

图 7-9 通过菜单命令选择　　　　图 7-10 通过 ⒎(曲线)下拉按钮选择

7.2.1 投影曲线

将所绘制的曲线通过投射的方式投影到曲面上可以创建一个三维曲线,即投影曲线。SOLIDWORKS 有两种绘制投影曲线的方式。

1. "面上草图"投影曲线

将草图上绘制的曲线投影到模型面上可得到三维曲线(面上草图),具体操作步骤如下。

(1)创建一个长方体凸台,如图 7-11 所示。

（2）在距离基准面或模型上表面 30mm 处创建新的基准面，单击"草图"工具栏中的 ✎（直线）按钮，在此基准面上绘制曲线，如图 7-12 所示。

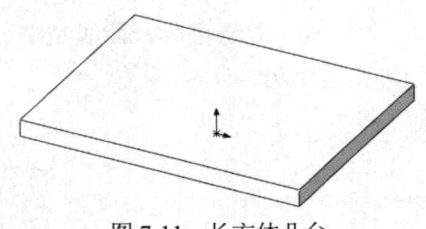

图 7-11　长方体凸台 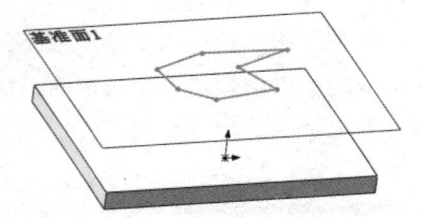　　　　图 7-12　在基准面上绘制曲线

（3）单击 ↵（返回）按钮，退出草图编辑状态。

（4）单击 ⛶（投影曲线）按钮，在视图左侧的"PropertyManager"中弹出"投影曲线"面板，单击选中"投影类型"单选按钮组中的"面上草图"单选按钮，如图 7-13 所示。

（5）单击激活 ⎕（要投影的草图）选择框，随后单击所绘制的草图，出现投影预览。

（6）单击激活 ⬚（投影面）选择框，随后单击模型上平面，出现投影预览，如图 7-14 所示。

（7）此时在图形区域中将显示所得到的投影曲线。如有必要，可勾选"反转投影"复选框改变投影方向。

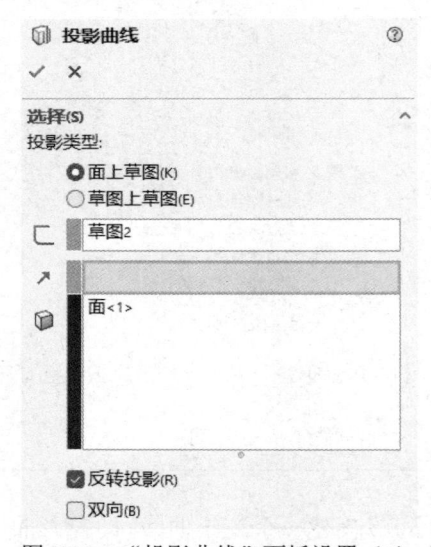

图 7-13　"投影曲线"面板设置（1） 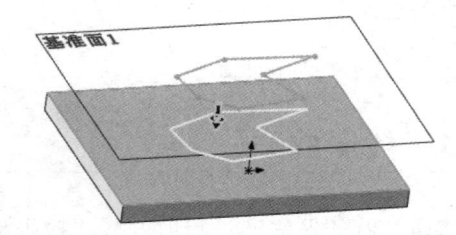　　　　图 7-14　创建"面上草图"曲线投影

- ⎕（要投影的草图）：在绘图区域或"FeatureManager 设计树"中选择曲线草图。
- ⬚（投影面）：在实体模型上选择想要投影到草图上的面。
- 反转投影：用于设置投影曲线的方向。

2. "草图上草图"投影曲线

在两个相交的基准面上分别绘制草图,将这两条曲线草图投影到曲面上可生成三维曲线(草图上草图),具体操作步骤如下。

(1)以前视基准面为草绘平面绘制草图,单击"草图"工具栏中的 ∿(样条曲线)按钮,绘制一条样条曲线,如图 7-15 所示。

(2)以上视基准面为草绘平面绘制草图,单击"草图"工具栏中的 ∿(样条曲线)按钮,绘制另一条样条曲线,如图 7-16 所示。

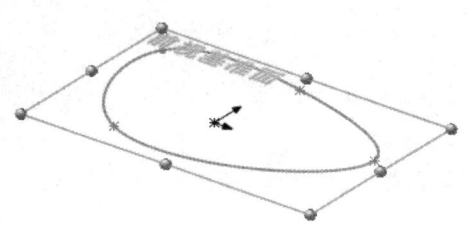

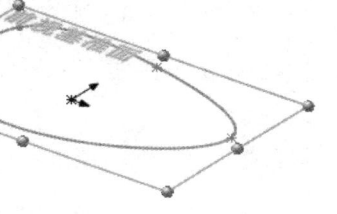

图 7-15 在前视基准面中绘制样条曲线 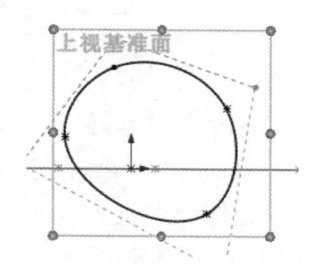 图 7-16 在上视基准面中绘制样条曲线

(3)单击 ⑪(投影曲线)按钮,在视图左侧的"PropertyManager"中弹出"投影曲线"面板,单击选中"投影类型"单选按钮组中的"草图上草图"单选按钮。

(4)单击激活 ⊏(要投影的一些草图)选择框,随后单击绘图区域中绘制的两个草图,出现投影预览,如图 7-17 所示。

(5)单击 ✓(确定)按钮,完成"草图上草图"投影,如图 7-18 所示。

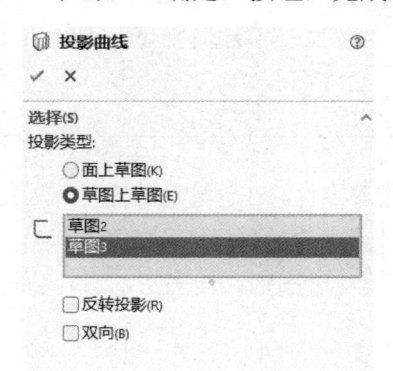

图 7-17 "投影曲线"面板设置(2) 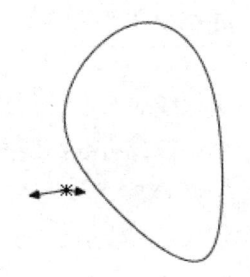 图 7-18 完成"草图上草图"投影

7.2.2 组合曲线

组合曲线是指将所绘制的曲线、模型边线或草图几何进行组合,使之成为单一的曲线。组合曲线可以作为创建放样或扫描的引导曲线。

SOLIDWORKS 可以将多段相互连接的曲线或模型边线组合成一条曲线。

(1)以前视基准面为草绘平面,单击"草图"工具栏中的 ∿(样条曲线)按钮和 ╱(直线)按钮,绘制草图,如图 7-19 所示。

（2）单击"特征"工具栏中的 ◎（拉伸凸台）按钮，设置拉伸深度为 15mm，创建拉伸凸台，如图 7-20 所示。

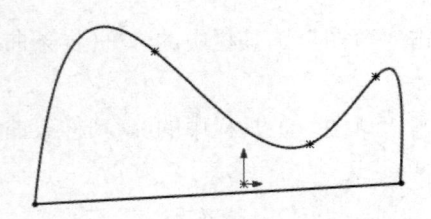

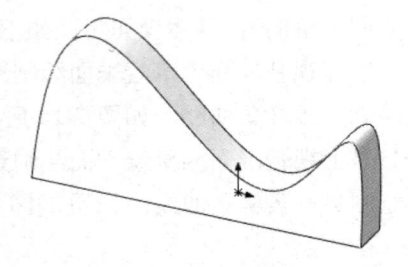

图 7-19　绘制草图　　　　　　　　图 7-20　创建拉伸凸台

（3）单击 ᶙ（曲线）下拉按钮，选择 ☒（组合曲线）命令，在视图左侧的"PropertyManager"中弹出"组合曲线"面板。

（4）单击激活 ᶙ（要连接的草图、边线及曲线）选择框，依次单击基准面上的 4 条边线，如图 7-21 所示。

（5）单击"组合曲线"面板中的 ✓（确定）按钮，完成组合曲线的创建，如图 7-22 所示。

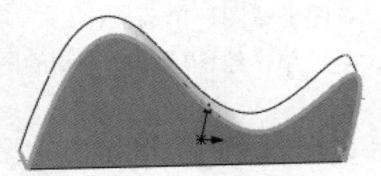

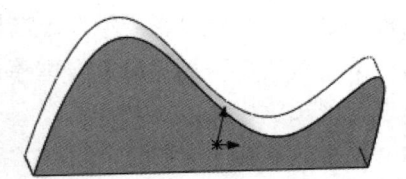

图 7-21　单击 4 条边线　　　　　　图 7-22　完成组合曲线的创建

7.2.3　螺旋线和涡状线

螺旋线和涡状线通常用于创建螺纹、弹簧、发条等零件。在创建这些零件时，此曲线可以被当成一个路径或引导曲线在扫描特征上使用，或者作为放样特征的引导曲线使用。

用于创建空间螺旋线和涡状线的草图必须只包含一个圆形，该圆形的直径将控制螺旋线的直径和涡旋线的起始位置。

1．螺旋线的绘制

（1）以前视基准面为草绘平面，单击"草图"工具栏中的 ⊙（圆）按钮，绘制直径为 20mm 的圆形轮廓，如图 7-23 所示。单击 ⤴（返回）按钮，退出草图绘制模式。

（2）单击 ᶙ（曲线）下拉按钮，选择 ⌇（螺旋线/涡状线）命令，随后单击绘制的圆形轮廓，在视图左侧的"PropertyManager"中弹出"螺旋线/涡状线"面板。

（3）在"定义方式"下拉列表中选择"螺距和圈数"选项，单击选中"参数"选项组中的"恒定螺距"单选按钮，设置"螺距"为 8mm，"圈数"为 12，起始角度为 90 度，并且单击选中"顺时针"单选按钮。完成设置后的"螺旋线/涡状线"面板如图 7-24 所示。

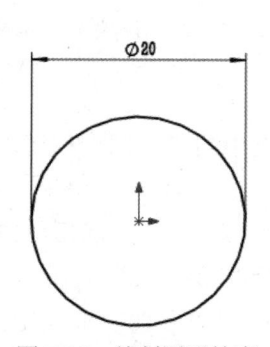

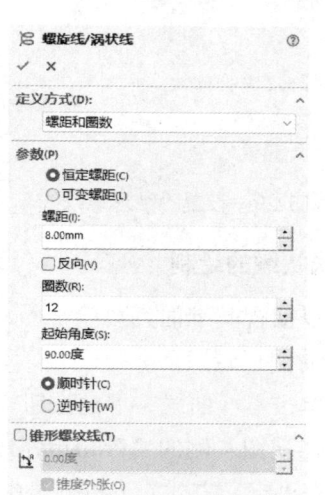

图 7-23　绘制圆形轮廓　　　　图 7-24　"螺旋线/涡状线"面板设置（1）

（4）单击"螺旋线/涡状线"面板中的 ✓（确定）按钮，完成螺旋线的创建，如图 7-25 所示。

（5）右击"FeatureManager 设计树"中的"螺旋线/涡状线 1"，在弹出的快捷菜单中单击 🗔（编辑特征）按钮，如图 7-26 所示。

图 7-25　完成螺旋线的创建　　　　图 7-26　"编辑特征"快捷菜单

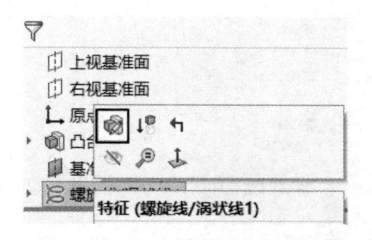

（6）勾选"锥形螺纹线"复选框，设置 ↖（锥形角度）为 3 度，如图 7-27 所示。单击 ✓（确定）按钮，完成锥形螺纹线的创建，如图 7-28 所示。

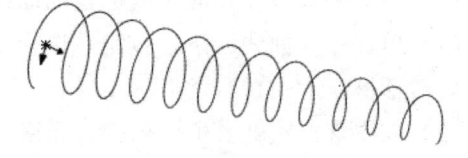

图 7-27　设置"锥形螺纹线"（1）　　　　图 7-28　完成锥形螺纹线的创建（1）

（7）在"螺旋线/涡状线"面板中勾选"锥形螺纹线"复选框，设置 ↖（锥形角度）为 5 度，勾选"锥度外张"复选框，如图 7-29 所示。单击 ✓（确定）按钮，完成锥形螺纹线的创建，如图 7-30 所示。

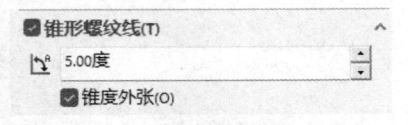

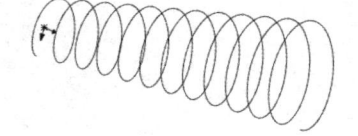

图 7-29　设置"锥形螺纹线"（2）　　　　图 7-30　完成锥形螺纹线的创建（2）

2．涡状线的绘制

（1）以前视基准面为草绘平面，单击"草图"工具栏中的 ⊙（圆）按钮，绘制直径为 30mm 的圆形轮廓。

（2）单击 ∪（曲线）下拉按钮，选择 ⌇（螺旋线/涡状线）命令，随后单击绘制的圆形轮廓，在视图左侧的"PropertyManager"中弹出"螺旋线/涡状线"面板。

（3）在"定义方式"下拉列表中选择"涡状线"选项。在"参数"选项组中设置"螺距"为 6mm，"圈数"为 15，"起始角度"为 90 度，单击选中"顺时针"单选按钮，完成设置后的"螺旋线/涡状线"面板如图 7-31 所示。

（4）单击"螺旋线/涡状线"面板中的 ✓（确定）按钮，完成涡状线的创建，如图 7-32 所示。

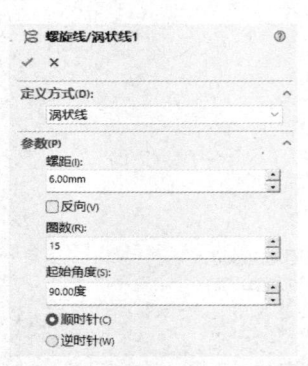

图 7-31　"螺旋线/涡状线"面板设置（2）　　　　图 7-32　完成涡状线的创建

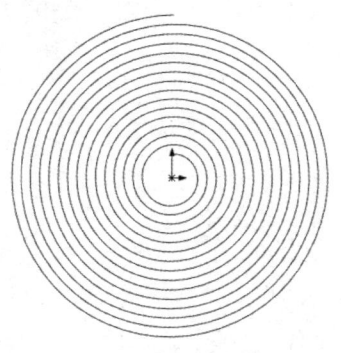

7.2.4　通过 XYZ 点的曲线

通过 XYZ 点的曲线是指在"曲线文件"对话框中输入 X、Y、Z 三个方向的坐标值后，程序根据坐标值在相应位置创建的曲线。具体操作步骤如下。

（1）单击 ∪（曲线）下拉按钮，选择 ∪（通过 XYZ 点的曲线）命令，弹出"曲线文件"对话框。

（2）双击 X、Y 和 Z 坐标列的单元格，并在每个单元格中输入一个数值，如图 7-33 所示，创建多个新坐标，同时，在绘图区域中可以预览生成的样条曲线。

（3）如果要在某行的上方插入一个新的行，则单击选中该行，随后单击"插入"按钮即可。

（4）单击"确定"按钮，即可按照输入的坐标生成三维样条曲线，如图 7-34 所示。

第 7 章
3D 草图与曲线

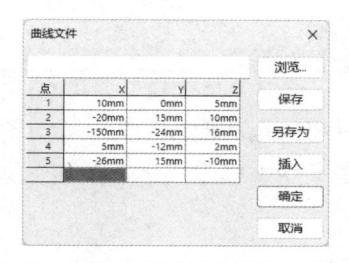

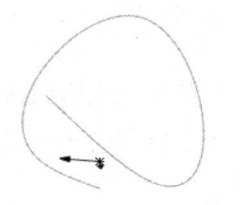

图 7-33　在每个单元格中输入一个数值　　　　图 7-34　三维样条曲线

（5）单击"保存"按钮，弹出"另存为"对话框，选择想要保存的位置，随后在"文件名"文本框中输入文件名称。如果没有指定扩展名，则 SOLIDWORKS 应用程序会自动添加*.SLDCRV 扩展名。

7.2.5　通过参考点的曲线

要创建通过参考点的曲线需要选择已有的点作为曲线通过的参照，至少需要选择两个或两个以上的点。具体操作步骤如下。

（1）以前视基准面为草绘平面，单击"草图"工具栏中的 ⊙（多边形）按钮，设置边数为 6，内切圆直径为 60mm，绘制正六边形草图，如图 7-35 所示。

（2）单击"特征"工具栏中的（拉伸凸台）按钮，设置拉伸距离为 12mm，创建正六边形凸台，如图 7-36 所示。

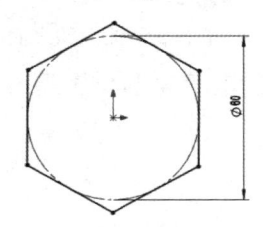

图 7-35　绘制正六边形草图　　　　图 7-36　创建正六边形凸台

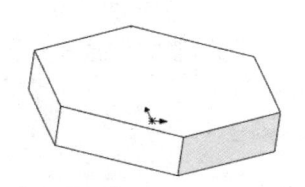

（3）选择"插入"→"曲线"→"通过参考点的曲线"命令；或者单击"特征"工具栏中的 ひ（曲线）下拉按钮，选择 （通过参考点的曲线）命令。

（4）单击激活"通过参考点的曲线"面板中的"通过点"选择框，在绘图区域中单击选中凸台的顶点位置，出现曲线预览，如图 7-37 所示。

（5）单击"通过参考点的曲线"面板中的 ✓（确定）按钮，完成通过参考点的曲线的创建，如图 7-38 所示。

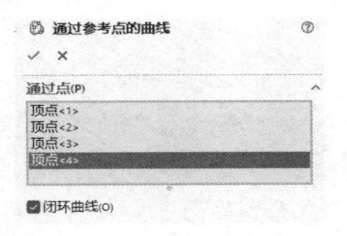

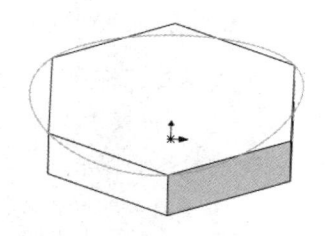

图 7-37　出现曲线预览　　　　图 7-38　完成通过参考点的曲线的创建

7.2.6 分割线

分割线可以将草图投影到曲面或平面上。它可以将所选的面分割为多个分离的面，也可以将草图投影到曲面实体上。投影的实体可以是草图、模型实体、曲面、面、基准面或曲面样条曲线。

1. 创建"轮廓"类型分割线

（1）根据前面所学习的内容，使用拉伸、回转等命令，创建如图 7-39 所示的参考模型。

（2）选择"插入"→"曲线"→"分割线"命令；或者单击"特征"工具栏中的 ⌣（曲线）下拉按钮，选择 ⊗（分割线）命令。

（3）单击选中"分割类型"选项组中的"轮廓"单选按钮，单击激活 ⌣（拔模方向）选择框，在绘图区域中单击六棱柱的平面。

单击激活 ⊡（要分割的面）选择框，在绘图区域中单击旋转曲面的表面，如图 7-40 所示，完成设置后的"分割线"面板如图 7-41 所示。

图 7-39　创建参考模型　　　　　图 7-40　单击旋转曲面的表面

（4）单击"分割线"面板中的 ✓（确定）按钮，创建"轮廓"类型分割线，如图 7-42 所示。

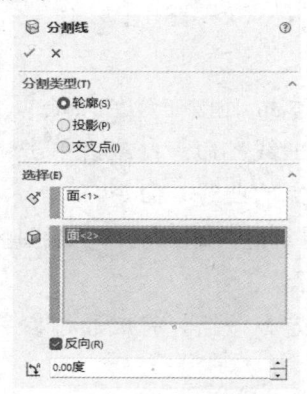

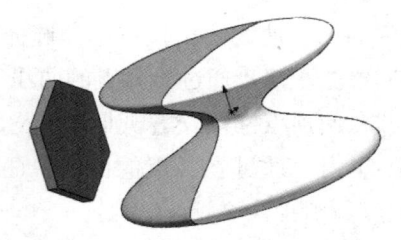

图 7-41　"分割线"面板设置（1）　　　图 7-42　创建"轮廓"类型分割线

> **注意**
> 在创建"轮廓"类型分割线时，分割的面必须是曲面，不能是平面。
> ⌣（拔模方向）：在绘图区域或"FeatureManager 设计树"中选择通过模型轮廓投影的基准面。
> ⊡（要分割的面）：选择一个或多个要分割的面。
> ⌐（角度）：设置拔模角度，为了让工件更好地脱模而人为设定的参数。

2. 创建"投影"类型分割线

（1）使用草图功能和拉伸命令创建圆形凸台，如图 7-43 所示。

（2）使用基准面命令创建参考平面并绘制矩形草图，如图 7-44 所示。

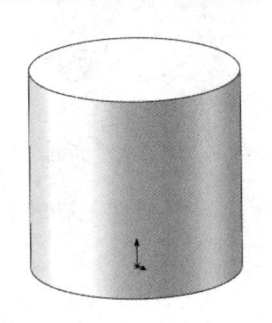

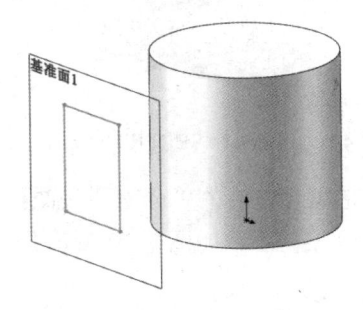

图 7-43 创建圆形凸台　　图 7-44 创建参考平面并绘制矩形草图

（3）单击"特征"工具栏中的 ↗（曲线）下拉按钮，选择 ⬢（分割线）命令，在视图左侧的"PropertyManager"中弹出"分割线"面板。

（4）单击选中"分割线"面板"分割类型"选项组中的"投影"单选按钮；选择当前草图为要投影的草图，单击激活 ⬢（要分割的面）选择框，随后在绘图区域中单击模型的曲面，完成设置后的"分割线"面板如图 7-45 所示。

（5）单击"分割线"面板中的 ✓（确定）按钮，创建"投影"类型分割线，如图 7-46 所示。

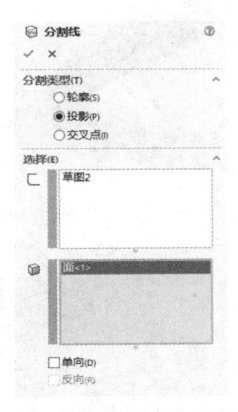

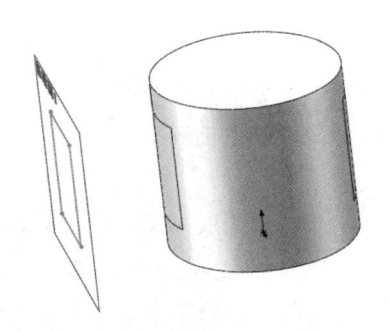

图 7-45 "分割线"面板设置（2）　　图 7-46 创建"投影"类型分割线

3. 创建"交叉点"类型分割线

（1）根据起始文件路径打开"交叉点.SLDPRT"文件，如图 7-47 所示。

（2）单击"特征"工具栏中的 ↗（曲线）下拉按钮，选择 ⬢（分割线）命令，在视图左侧的"PropertyManager"中弹出"分割线"面板。

（3）单击选中"分割线"面板"分割类型"选项组中的"交叉点"单选按钮，随后任意单击一个曲面作为分割面，单击另一个曲面作为要分割的面，如图 7-48 所示。

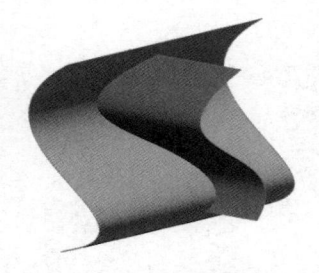

图 7-47　"交叉点.SLDPRT"文件　　　　　　图 7-48　单击两个曲面

（4）完成设置后的"分割线"面板如图 7-49 所示。单击 ✓（确定）按钮，创建"交叉点"类型分割线，如图 7-50 所示。

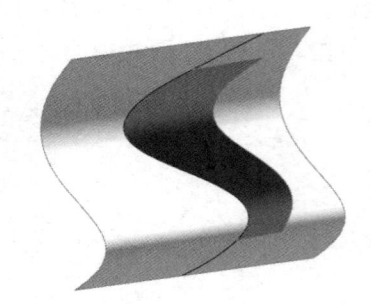

图 7-49　"分割线"面板设置（3）　　　　　图 7-50　创建"交叉点"类型分割线

- 分割所有：分割线穿越曲面上所有可能的区域，即分割所有可以分割的曲面。
- 自然：按照曲面的形状进行分割。
- 线性：按照线性的方向进行分割。

7.3　实例示范

前面介绍了使用 3D 草图和 3D 曲线创建轮廓的基本操作，本节将通过一个有代表性的实例综合介绍 3D 草图和 3D 曲线一系列命令的用法。

创建完成的曲线轮廓如图 7-51 所示，在学习本节内容之前，读者可根据图 7-51 先自行尝试创建实体特征零件。

7.3.1 创建 3D 曲线轮廓

使用 3D 草图创建 3D 曲线轮廓，得到弹簧曲线相连接部分的曲线。具体操作步骤如下。

（1）单击 (3D 草图) 按钮，或者选择"插入"→"3D 草图"命令，进入 3D 草图绘制模式。

（2）单击选中右视基准面，按键盘中的空格键，随后单击 （正视于）按钮，使右视基准面正视于屏幕。

（3）单击 （直线）按钮，在视图左侧的"PropertyManager"中弹出"插入线条"面板，如图 7-52 所示。单击绘图区域开始绘制直线，此时会出现空间控标，可帮助用户在不同的基准面上绘制草图。按"Tab"键可切换草图基准面。

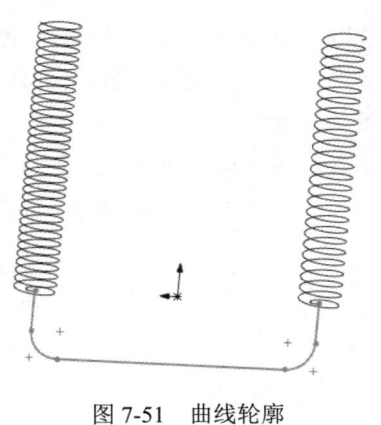

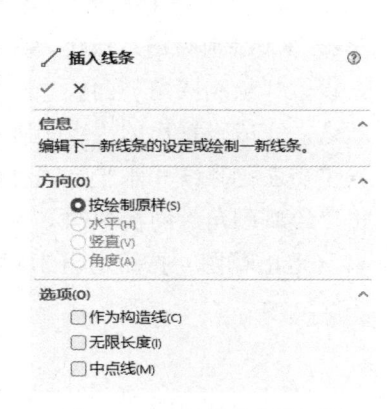

图 7-51　曲线轮廓　　　　　　　　图 7-52　"插入线条"面板

（4）单击视图内的三个点，绘制 3D 草图，如图 7-53 所示。

（5）单击 （智能尺寸）按钮，对 3D 草图进行智能尺寸标注，如图 7-54 所示。其中，水平直线至原点的距离为 25mm，水平直线的长度为 100mm，左右两条直线至原点的距离均为 50mm。

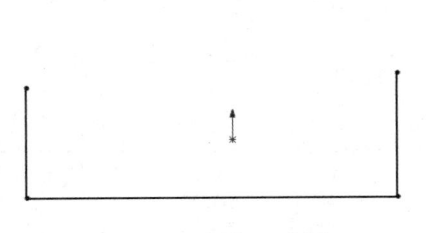

图 7-53　绘制 3D 草图　　　　　　　图 7-54　智能尺寸标注

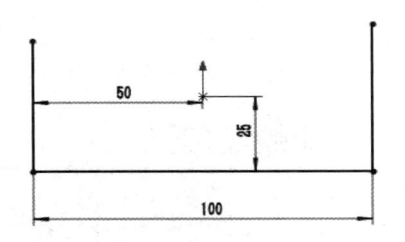

（6）按住键盘中的"Ctrl"键，依次单击左右直线的上端点和原点，在视图左侧的"PropertyManager"中弹出"属性"面板，如图 7-55 所示。在面板的"添加几何关系"

选项组中单击 (沿 Z) 按钮，三个点全部与 Z 轴对齐，如图 7-56 所示。

图 7-55 "属性" 面板

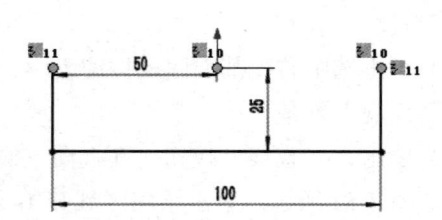

图 7-56 三个点全部与 Z 轴对齐

（7）单击 (绘制圆角) 按钮，在视图左侧的 "PropertyManager" 中弹出 "绘制圆角" 面板，设置 "绘制圆角" 面板 "圆角参数" 选项组中的 (圆角半径) 为 10mm，其余设置默认，完成设置后的 "绘制圆角" 面板如图 7-57 所示。

（8）先单击左侧直线和水平直线创建圆角，再单击右侧直线和水平直线创建圆角，完成后单击 "绘制圆角" 面板中的 (确定) 按钮，如图 7-58 所示。完成 3D 草图绘制后，单击 (退出草图) 按钮退出 3D 草图绘制模式。

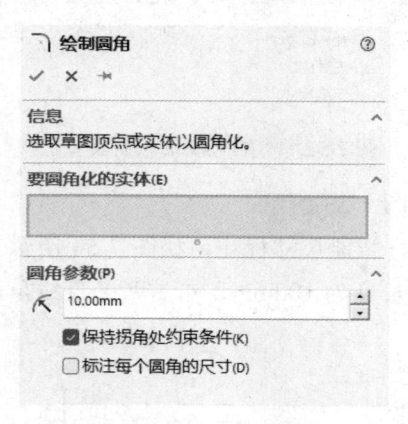

图 7-57 "绘制圆角" 面板设置

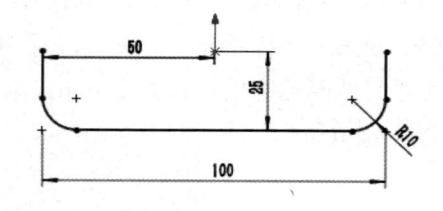

图 7-58 创建圆角

7.3.2 创建螺纹线

使用 "螺旋线/涡状线" 命令创建螺纹线，具体操作步骤如下。

（1）以上视基准面为草绘平面，使用 2D 草图绘制直径为 15mm 的圆形轮廓，其中心点应与 3D 草图的一个端点重合，如图 7-59 所示。

（2）单击 "曲面" 工具栏中的 (曲线) 下拉按钮，选择 (螺旋线/涡状线) 命令，在视图左侧的"PropertyManager"中弹出"螺旋线/涡状线"面板。

（3）在"螺旋线/涡状线"面板的"定义方式"下拉列表中选择"高度和螺距"选项，单击选中"参数"选项组中的"恒定螺距"单选按钮，设置"高度"为100mm，"螺距"为3mm，"起始角度"为180度，单击选中"顺时针"单选按钮。

其余设置默认，完成设置后的"螺旋线/涡状线"面板如图 7-60 所示。

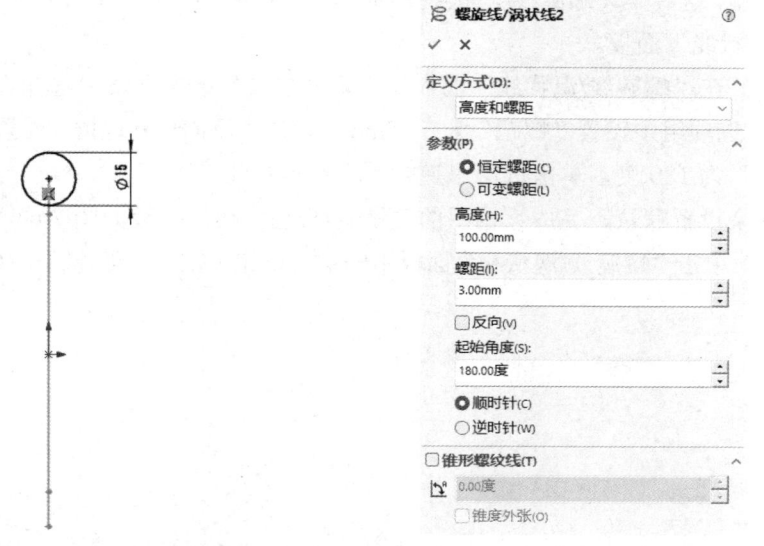

图 7-59　圆形轮廓的中心点与 3D 草图的端点重合　　图 7-60　"螺旋线/涡状线"面板设置

（4）单击"螺旋线/涡状线"面板中的 ✓（确定）按钮，创建第 1 条螺旋线，如图 7-61 所示。

（5）重复以上步骤，在直线另一端点处创建相同大小的圆形轮廓及螺旋线，如图 7-62 所示。

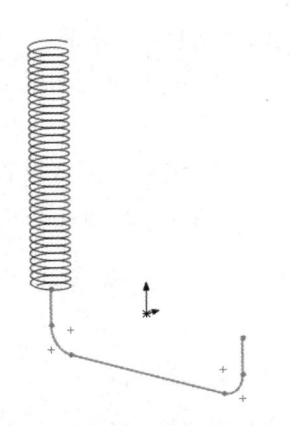

图 7-61　创建第 1 条螺旋线　　　　　　　图 7-62　创建第 2 条螺旋线

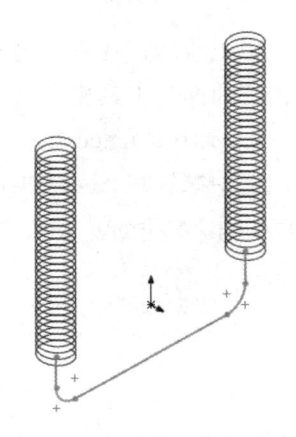

提示：参考圆形轮廓与螺旋线是创建在同一草图中的。用户可尝试在同一草图中创建两个圆形轮廓并试验这样是否可以创建螺旋线。

7.3.3 创建涡状线并连接螺旋线和 3D 草图

本节的操作步骤与上一节的类似,使用的都是"螺旋线/涡状线"命令,具体操作步骤如下。

(1) 重复上一节的步骤(2),创建圆形轮廓。单击"曲面"工具栏中的 (曲线)下拉按钮,选择 (螺旋线/涡状线)命令,在视图左侧的"PropertyManager"中弹出"螺旋线/涡状线"面板。

(2) 在"螺旋线/涡状线"面板的"定义方式"下拉列表中选择"涡状线"选项,在"参数"选项组中设置"螺距"为 3.75mm,勾选"反向"复选框,设置"圈数"为 2,"起始角度"为 180 度,单击选中"逆时针"单选按钮。

其余设置默认,完成设置后的"螺旋线/涡状线"面板如图 7-63 所示。

(3) 单击"螺旋线/涡状线"面板中的 ✓(确定)按钮,创建第 1 条涡状线,如图 7-64 所示。

图 7-63 "螺旋线/涡状线"面板设置   图 7-64 创建第 1 条涡状线

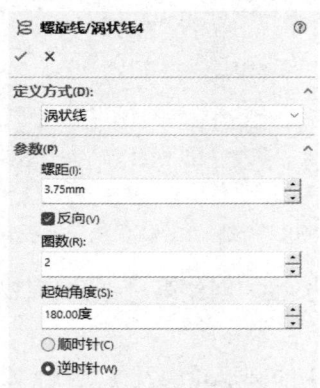

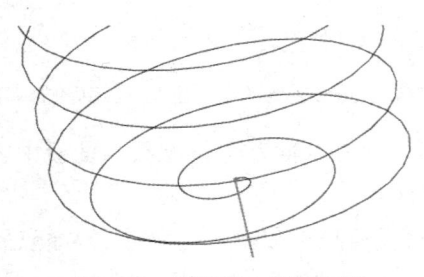

(4) 重复以上步骤,在直线另一端点处创建圆形轮廓及涡状线,如图 7-65 所示。

(5) 单击"曲面"工具栏中的 (曲线)下拉按钮,选择 (组合曲线)命令,在视图左侧的"PropertyManager"中弹出"组合曲线"面板。

(6) 依次选中螺旋线、涡状线和 3D 草图作为"要连接的实体",完成设置后的"组合曲线"面板如图 7-66 所示。单击"组合曲线"面板中的 ✓(确定)按钮,连接所有曲线。

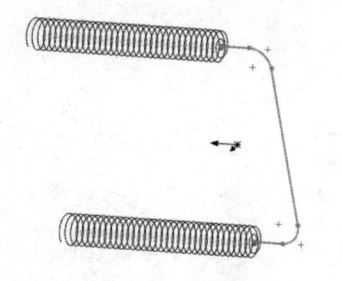

图 7-65 创建第 2 条涡状线   图 7-66 "组合曲线"面板设置

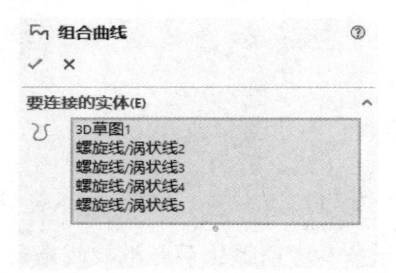

7.4 本章小结

本章介绍了使用 3D 草图绘制直线、圆角、样条曲线、点及面部曲线的方法，同时介绍了创建投影曲线、组合曲线、螺旋线和涡状线、通过 XYZ 点的曲线、通过参考点的曲线及分割线的方法，并以一个实例将 3D 草图和 3D 曲线的部分命令进行了综合介绍。对于本章内容，读者了解即可。

7.5 习题

一、填空题

1．3D 草图可以在不指定基准面的情况下绘制直线或点，使用 3D 草图命令还可以绘制_____、圆形、_____、_____等。

2．在绘制模型时，可以从其他软件导入文件，这样可以先在一个面上提取_____，再使用 ◆（面部曲线）命令进行调整。

3．曲线是曲面的基础，本章主要介绍常用的创建曲线的方法，包括投影曲线、_____、螺旋线和涡状线、_____、_____及分割线。

4．螺旋线和涡状线通常用于创建_____、_____、_____等零件。在创建这些零件时，此曲线可以被当成一个路径或_____在扫描特征上使用，或者作为放样特征的引导曲线使用。

5．分割线可以将草图投影到曲面或平面上。它可以将所选的面分割为多个分离的面，也可以将草图投影到曲面实体上。投影的实体可以是_____、_____、曲面、面、_____或曲面样条曲线。

二、上机操作

请读者参考本章介绍内容及本章实例示范的操作内容创建三个方向相连的螺旋曲线草图。（注意：不同方向间的夹角均为 120 度）

第 8 章

曲面特征的创建与编辑

在 SOLIDWORKS 中，实体与曲面是非常相似的，这也是可以轻松利用两者来进行高级建模的原因。理解实体与曲面的差异和相似之处，有利于正确创建曲面和实体。

在现代制造业的项目工程方面，对外观、功能、实用设计等要求愈发严格，曲面造型也更多地被应用到工业领域的产品设计中，包括电子产品外形设计行业、航空航天领域、汽车零件行业等。

学习目标

1. 了解曲线和曲面特征的特点。
2. 熟练利用曲线和曲面特征进行复杂的三维零件设计。
3. 熟练使用曲线造型设计、曲面特征和曲面控制功能。

8.1 创建曲面命令

曲面是一种可以用来创建实体特征的几何体，相较于基础特征，曲面特征在创建较为复杂的外观造型时更有优势。在创建复杂外观造型时，扫描、放样、边界等曲面形式较为常用。

8.1.1 拉伸曲面

拉伸曲面的造型方法与实体特征的造型方法类似，不同点在于拉伸曲面操作的草图对象可以封闭也可以不封闭，该操作创建的是曲面而不是实体。

拉伸曲面以基准平面或现有的平面为草绘平面，选取或创建拉伸草图截面，并沿指定方向与拉伸长度创建拉伸曲面。

SOLIDWORKS 提供了"草图基准面"、"曲面/面/基准面"、"顶点"和"等距"4 种拉伸曲面的操作方式。此处以第一种方式为例介绍拉伸操作，具体操作步骤如下。

（1）以前视基准面为草绘平面绘制草图，如图 8-1 所示。

（2）单击"曲面"工具栏中的 ◈ （拉伸曲面）按钮，或者选择"插入"→"曲面"→"拉伸曲面"命令，在视图左侧的"PropertyManager"中弹出"曲面-拉伸"面板。

（3）在"曲面-拉伸"面板"方向 1（1）"选项组的下拉列表中选择"给定深度"选项，并设置 ◈ （深度）为 40mm；在"方向 2（2）"选项组的下拉列表中选择"给定深度"选项，并设置 ◈ （深度）为 40mm。完成设置后的"曲面-拉伸"面板如图 8-2 所示。

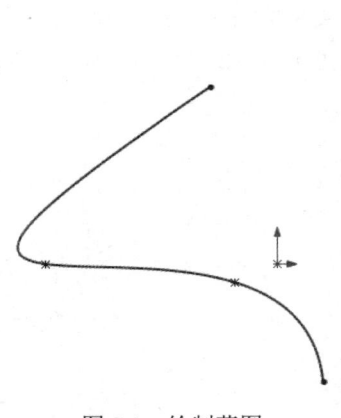

图 8-1 绘制草图　　　图 8-2 "曲面-拉伸"面板设置

（4）完成设置后的预览效果如图 8-3 所示，单击"曲面-拉伸"面板中的 ✓ （确定）按钮，创建拉伸曲面，如图 8-4 所示。

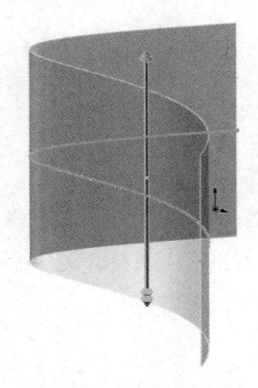

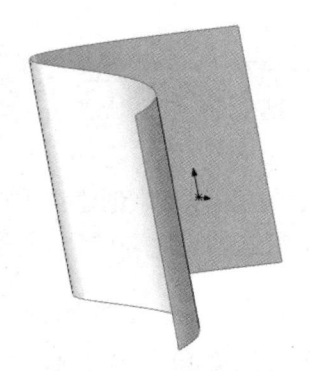

图 8-3　拉伸曲面预览效果　　　　　　　图 8-4　创建拉伸曲面

- "给定深度"：从草图基准面拉伸特征到模型的某个顶点的所处平面以创建特征。这个平面平行于草图基准面且穿越指定的顶点。
- "成形到一面"：从草图基准面拉伸特征到所选曲面以创建特征。
- "到离指定面指定的距离"：从草图基准面拉伸特征到距某面或某曲面特定距离处以创建特征。
- "两侧对称"：从草图基准面向两个对称的方向创建特征。

8.1.2　旋转曲面

旋转曲面是指将选取或创建的旋转草图按指定的旋转角度绕旋转轴旋转而创建的曲面。具体操作步骤如下。

（1）以前视基准面为草绘平面，绘制草图如图 8-5 所示。

（2）单击"曲面"工具栏中的 ◎（旋转曲面）按钮，或者选择"插入"→"曲面"→"旋转曲面"命令，在视图左侧的"PropertyManager"中弹出"曲面-旋转"面板。

（3）单击激活"旋转轴"选择框，随后在绘图区域中单击中心线，在"曲面-旋转"面板中设置"方向 1（1）"选项组中的 ↥（方向 1 角度）为 180 度，如图 8-6 所示。

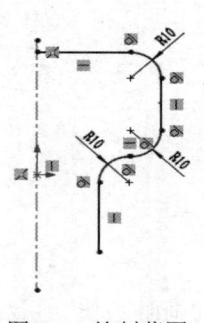

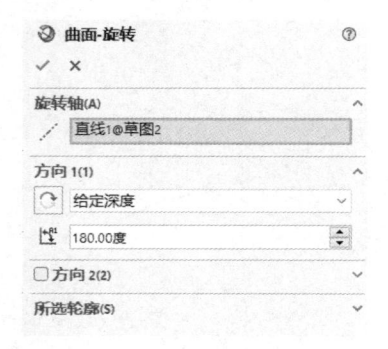

图 8-5　绘制草图　　　　　　　图 8-6　"曲面-旋转"面板设置

（4）单击 ✓（确定）按钮，创建旋转曲面如图 8-7 所示。

（5）在"方向 2（2）"选项组中，设置 ↥（方向 2 角度）为 90 度。

（6）单击"曲面-旋转"面板中的 ✓（确定）按钮，创建旋转曲面如图 8-8 所示。

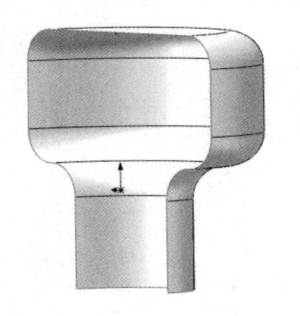

图 8-7　创建 180 度旋转曲面　　　　图 8-8　创建 90 度旋转曲面

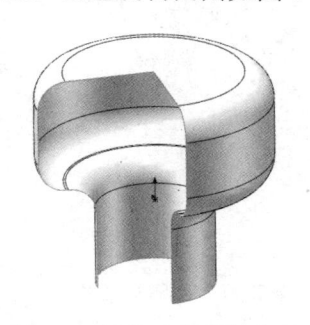

曲面旋转所围绕的线可以是中心线、直线、边线。

8.1.3　扫描曲面

扫描曲面是指选择或绘制的扫描截面沿指定的扫描路径创建的曲面，扫描截面和扫描路径可以呈封闭状态或开放状态。具体操作步骤如下。

（1）以前视基准面为草绘平面，绘制尺寸如图 8-9 所示的草图。

（2）退出草图绘制模式，单击"特征"工具栏中的（参考几何体）下拉按钮，选择（基准面）命令。

（3）单击激活"第一参考"选择框，并在绘图区域中单击曲线的端点。单击激活"第二参考"选择框，并在绘图区域中单击曲线段，在"第二参考"选项组中勾选"将原点设在曲线上"复选框，如图 8-10 所示。单击 ✓（确定）按钮，创建基准面如图 8-11 所示。

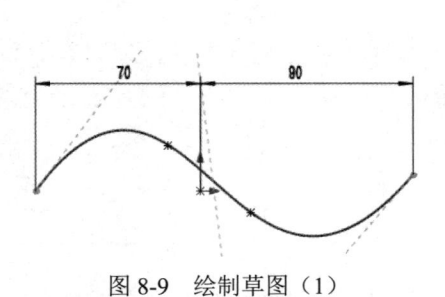

图 8-9　绘制草图（1）　　　　图 8-10　"基准面"面板设置

（4）单击基准面 1，在弹出的快捷菜单中选择（草图绘制）命令，绘制尺寸如图 8-12 所示的草图。

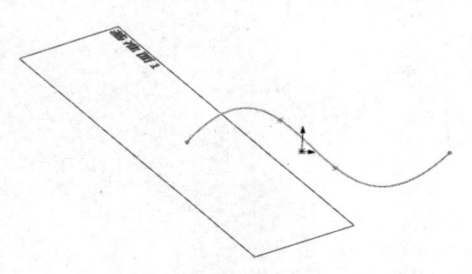

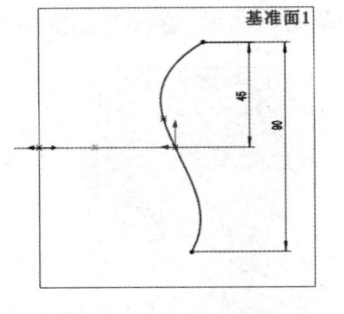

图 8-11 创建基准面　　　　　图 8-12 绘制草图（2）

（5）退出草图绘制模式，单击"曲线"工具栏中的 ♪（扫描曲面）按钮，在视图左侧的"PropertyManager"中弹出"曲面-扫描"面板。

（6）单击激活 ⊙（轮廓）选择框，在绘图区域中选择基准面1上的草图作为扫描轮廓。

（7）单击激活 ⌒（路径）选择框，在绘图区域中选择另一个曲面作为扫描路径，如图 8-13 所示。

（8）单击 ✓（确定）按钮，创建扫描曲面如图 8-14 所示。

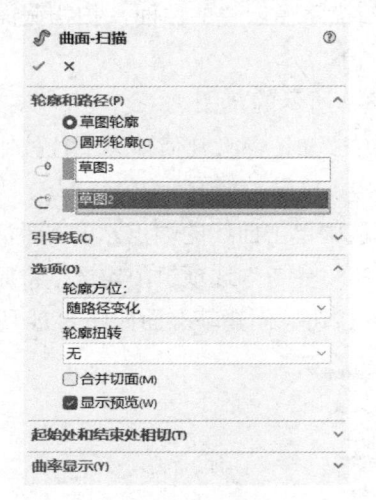

图 8-13 "曲面-扫描"面板设置　　　　　图 8-14 创建扫描曲面

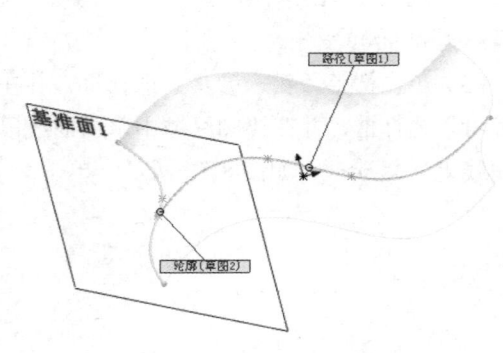

> **注意**：用于创建扫描的草图（截面）可以是开环的或闭环的。扫描路径也可以是开环的或闭环的，它可以是草图中的一组曲线、一条曲线或一组模型边线，但路径的起点必须位于轮廓的基准面上。

8.1.4 放样曲面

放样曲面的造型方法与实体特征的造型方法类似，放样曲面是在两个或多个轮廓间创建过渡曲面，选取的轮廓可以是点。在创建放样曲面时，可以设置起始端与结束端边界的约束、引导线的数目等。具体操作步骤如下。

第 8 章
曲面特征的创建与编辑

（1）以前视基准面为基准面创建其余两个基准面，如图 8-15 所示。其中，基准面 1 距前视基准面的距离为 40mm，基准面 2 距前视基准面的距离为 70mm。

（2）以前视基准面为草绘平面，绘制椭圆形轮廓如图 8-16 所示。

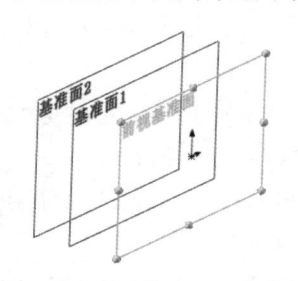

图 8-15　创建其余两个基准面

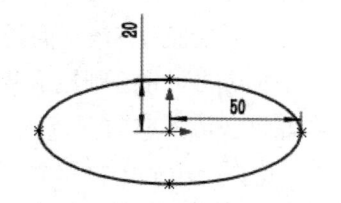

图 8-16　绘制椭圆形轮廓

（3）分别以基准面 1 和基准面 2 为草绘平面绘制草图，如图 8-17 和图 8-18 所示。

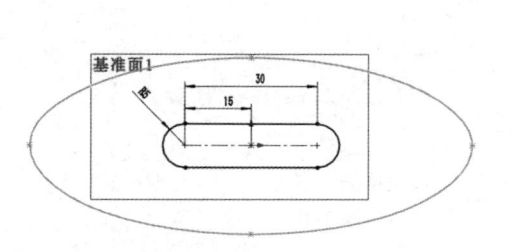

图 8-17　绘制第 2 个草图

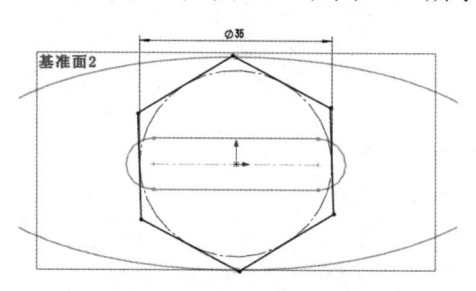

图 8-18　绘制第 3 个草图

（4）退出草图绘制模式，单击"曲线"工具栏中的 ♨ （放样曲面）按钮。

（5）单击激活 ◇（轮廓）选择框，在绘图区域中依次单击所绘制的 3 个草图，完成设置后的"曲面-放样"面板如图 8-19 所示。

（6）单击 ✓（确定）按钮，创建放样曲面如图 8-20 所示。

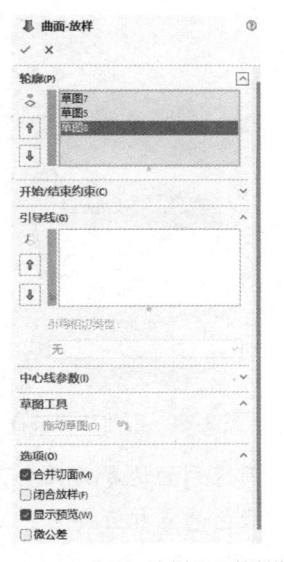

图 8-19　"曲面-放样"面板设置

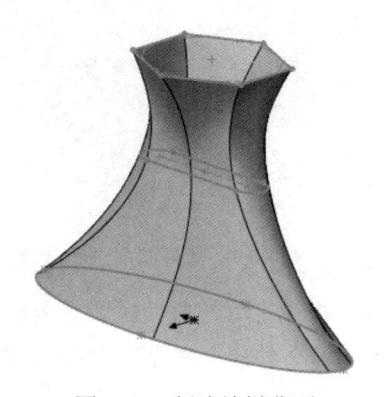

图 8-20　创建放样曲面

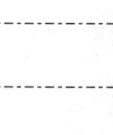

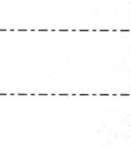

8.1.5 边界曲面

边界曲面是指在一个或两个方向上依次选取多条曲线来创建曲面，与创建放样曲面的方法类似，但边界曲面在两个方向上都可以设置约束条件。边界曲面是各种复杂曲面造型中最常用的命令，具体操作步骤如下。

（1）以上视基准面为草绘平面绘制椭圆形轮廓，如图 8-21 所示，可参考上视基准面创建与其平行的基准面并绘制矩形草图的操作步骤，完成所要绘制的视图。

（2）单击 （边界曲面）按钮，在视图左侧的 "PropertyManager" 中弹出 "边界-曲面" 面板，依次单击椭圆形轮廓、矩形轮廓作为截面曲线。

设置相切类型为 "方向向量"，对齐为 "与下一截面对齐"，拔模角度为 0 度，相切长度为 1。完成设置后的 "边界-曲面" 面板如图 8-22 所示。

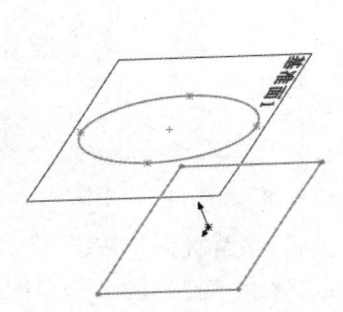

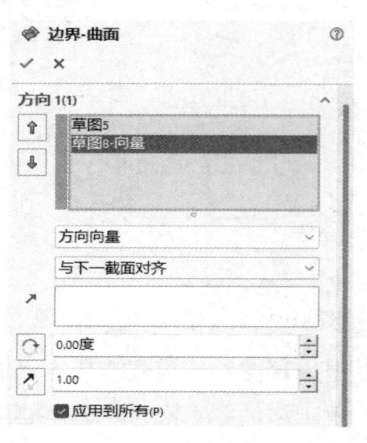

图 8-21　绘制椭圆形轮廓　　　　图 8-22　"边界-曲面" 面板设置

（3）完成设置后的预览效果如图 8-23 所示。单击 "边界-曲面" 面板中的 ✓（确定）按钮，创建边界曲面，如图 8-24 所示。

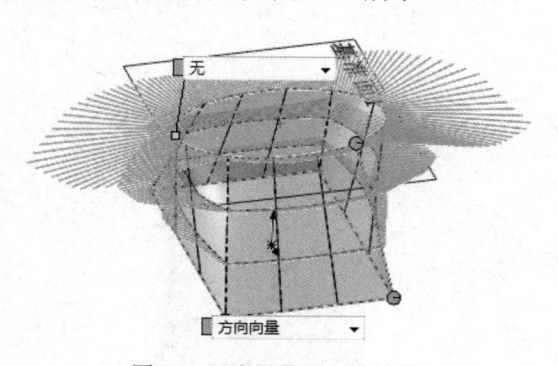

图 8-23　边界曲面预览效果　　　　图 8-24　创建边界曲面

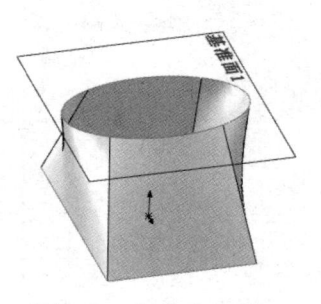

提示：在创建边界曲面时，如果曲线位置未对应，则得到的边界曲面会产生扭曲，此时可单击绿色的点并对其进行拖动操作，使上下两个绿色的点相互对应，从而创建状态合理的曲面。

8.1.6 平面区域

平面区域是使用草图或一组边线创建的。使用"平面区域"命令可以创建有边界的平面区域。草图可以是封闭轮廓，也可以是平面实体。具体操作步骤如下。

（1）以上视基准面为草绘平面绘制相互嵌套的草图，如图 8-25 所示，完成草图绘制后退出草图编辑模式。

（2）单击 ▇（平面区域）按钮，在视图左侧的"PropertyManager"中弹出"平面"面板，随后单击绘制的草图，并单击面板中的 ✓（确定）按钮，创建平面区域，如图 8-26 所示。

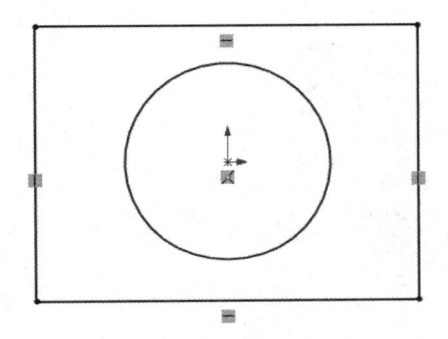

图 8-25　绘制相互嵌套的草图　　　　图 8-26　创建平面区域

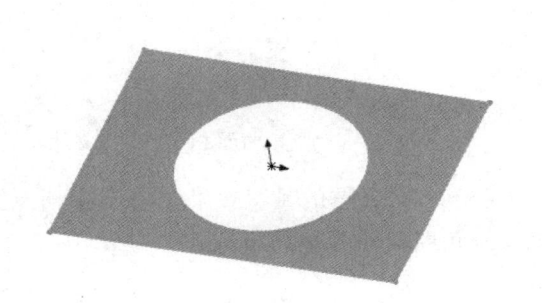

8.2 高级曲面设计命令

在基本曲面建模的基础上，可以通过高级曲面设计命令对曲面进行控制，以对曲面进行修改。高级曲面设计命令主要包括圆角曲面、等距曲面、延展曲面、填充曲面、中面、自由形等。

8.2.1 圆角曲面

圆角是一种修饰特征，常用于两个特征几何的过渡，主要是减少特征尖角的存在，以避免应力集中现象。具体操作步骤如下。

（1）根据起始文件路径打开"圆角曲面.SLDPRT"文件，如图 8-27 所示。

（2）单击"曲面"工具栏中的 ▇（圆角）按钮，在视图左侧的"PropertyManager"中弹出"圆角"面板。

（3）在"圆角类型"选项组中单击 ▇（面圆角）按钮，随后单击激活"要圆角化的项目"选项组中的第 1 个选择框，并在绘图区域中单击圆面。

（4）单击激活"要圆角化的项目"选项组中的第 2 个选择框，随后在绘图区域中单击弧面，并设置圆角半径为 10mm。完成设置后的"圆角"面板如图 8-28 所示。

图 8-27 "圆角曲面.SLDPRT" 文件

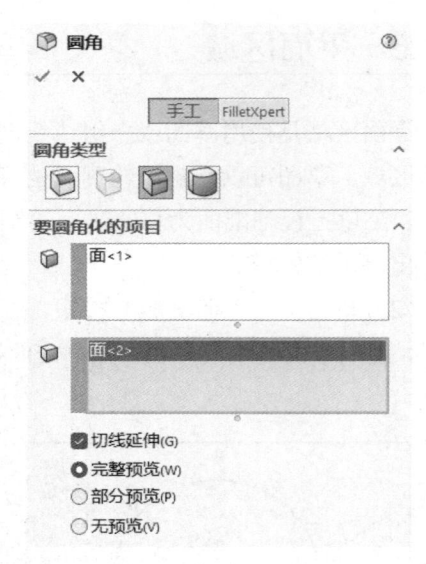

图 8-28 "圆角" 面板设置

（5）完成设置的预览效果如图 8-29 所示。单击"圆角"面板中的 ✓（确定）按钮，创建圆角曲面如图 8-30 所示。

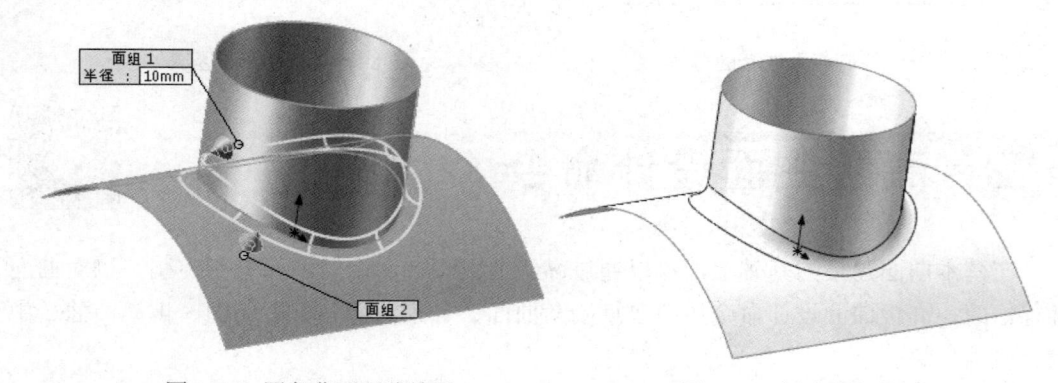

图 8-29 圆角曲面预览效果

图 8-30 创建圆角曲面

8.2.2 等距曲面

在创建形状相同的曲面时，为了提高设计效率，可使用将现有的相同曲面偏移一个距离的方法来创建等距曲面。等距曲面是由曲面按一定的距离进行偏移而形成的，偏移的曲面可以是多个，并且可以根据需要改变曲面的偏移方向。具体操作步骤如下。

（1）根据前文介绍的内容创建如图 8-31 所示的拉伸曲面。

（2）单击"曲面"工具栏中的 ◈（等距曲面）按钮，在视图左侧的"PropertyManager"中弹出"等距曲线"面板，单击激活"等距参数"选项组中的 ◆（要等距的曲面或面）选择框，随后单击创建的拉伸曲面，在面板中设置等距距离为 8mm，如图 8-32 所示。

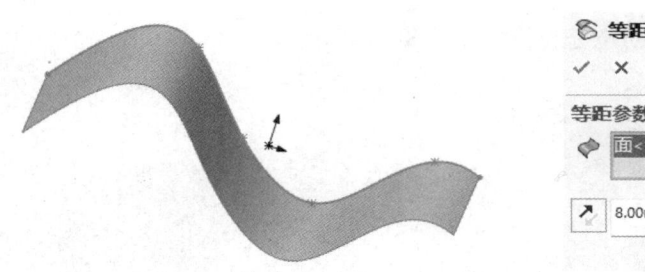

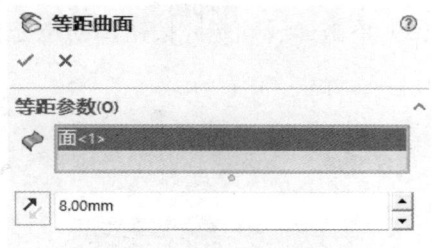

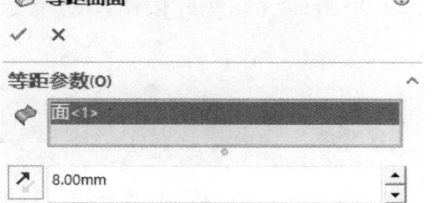

图 8-31　创建拉伸曲面　　　　　图 8-32　"等距曲面"面板设置

（3）如果等距曲面的方向有误，则可单击 ↗（反向）按钮，反转等距方向。
（4）单击 ✓（确定）按钮，创建等距曲面如图 8-33 所示。

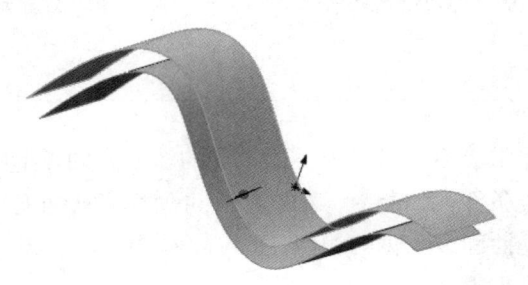

图 8-33　创建等距曲面

8.2.3　延展曲面

延展曲面是指通过沿所选平面方向延展实体或沿曲面边线创建的曲面。具体操作步骤如下。

（1）根据前文介绍的内容，创建拉伸曲面，如图 8-34 所示。

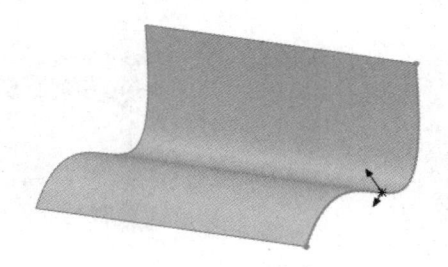

图 8-34　创建拉伸曲面

（2）选择"插入"→"曲面"→"延展曲面"命令，在视图左侧的"PropertyManager"中弹出"延展曲面"面板。

（3）单击激活"延展参数"选项组中的第 1 个选择框，单击上视基准面作为其参考方向。如有必要，则可单击 ↗（反向）按钮以相反方向延展曲面。

（4）单击激活 ◎（要延展的边线）选择框，在绘图区域中单击曲面的一条侧边，设置 ◈（延展距离）为 20mm。完成设置后的"延展曲面"面板如图 8-35 所示。

(5)单击 ✓（确定）按钮，创建延展曲面如图8-36所示。

图8-35 "延展曲面"面板设置　　　图8-36 创建延展曲面

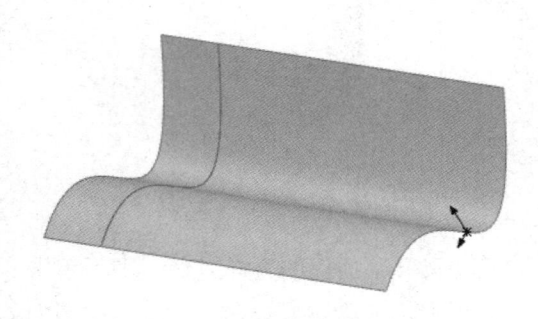

8.2.4 填充曲面

填充曲面的设计非常灵活，可根据不同数量的边界来创建形状不同的填充曲面，通过设置填充曲面的连接条件，如曲率、相切等，可使填充曲面变得更加光滑。

选择的边界可以是曲面或实体的边线，也可以是2D草图或3D草图绘制的曲线。创建填充曲面的具体操作步骤如下。

(1)根据起始文件路径打开"填充曲面.SLDPRT"文件，如图8-37所示。

(2)单击"曲面"工具栏中的 ◈（填充曲面）按钮，在视图左侧的"PropertyManager"中弹出"填充曲面"面板。

(3)单击激活 ◈（修补边界）选择框，在绘图区域中单击曲线轮廓，完成设置后的"填充曲面"面板如图8-38所示。

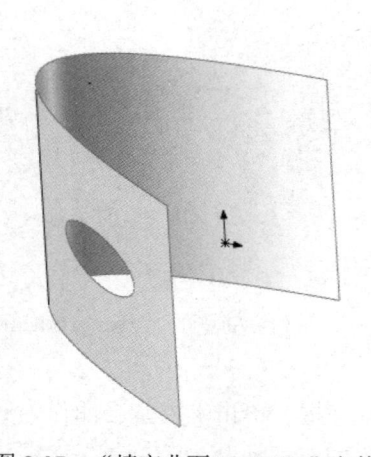

图8-37 "填充曲面.SLDPRT"文件　　　图8-38 "填充曲面"面板设置

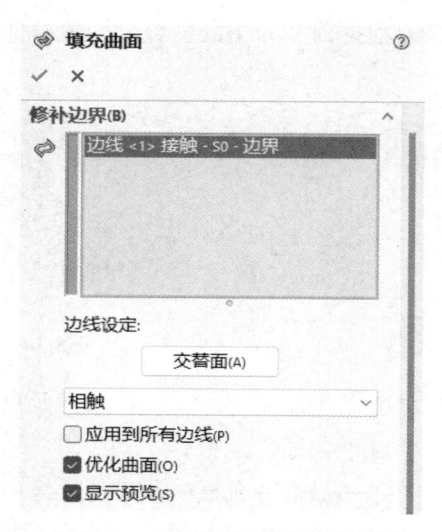

(4)完成设置后的预览效果如图8-39所示。单击"填充曲面"面板中的 ✓（确定）按钮，创建填充曲面如图8-40所示。

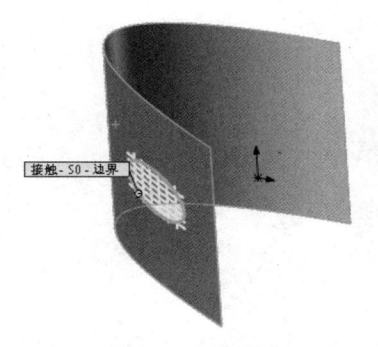

图 8-39 填充曲面预览效果　　　　　图 8-40 创建填充曲面

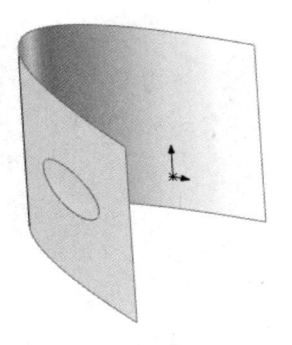

> **注意**：单击"交替面"按钮后可以为修补的曲率反转边界面，但交替面只能在实体模型上创建修补。

8.2.5 中面

中面是在等距面组之间创建的。使用"中面"命令可在所选面与其对面之间创建中面，合适的对面应与中面等距且两个面必须属于同一实体。具体操作步骤如下。

（1）创建拉伸叠加特征如图 8-41 所示，需注意，在创建拉伸叠加特征时要将两个特征合并。

（2）选择"插入"→"曲面"→"中面"命令，在视图左侧的"PropertyManager"中弹出"中面"面板。依次单击上平面和下平面分别作为"面 1"和"面 2"，将"选择"选项组中的"定位"设置为 40%，勾选"选项"选项组中的"缝合曲面"复选框。完成设置后的"中面"面板如图 8-42 所示。

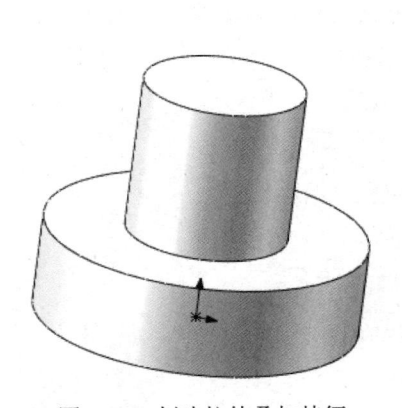

图 8-41 创建拉伸叠加特征　　　　　图 8-42 "中面"面板设置

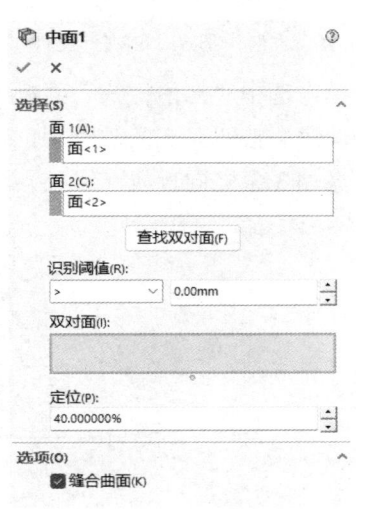

（3）单击"中面"面板中的 ✓（确定）按钮，创建中面如图 8-43 所示。

161

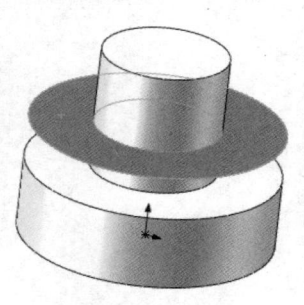

图 8-43 创建中面

8.2.6 自由形

自由形是通过推动点来在平面或非平面上添加变形曲面的。自由形特征可用于修改曲面或实体的面。具体操作步骤如下。

（1）根据起始文件路径打开"自由形.SLDPRT"文件，如图 8-44 所示。

（2）选择"插入"→"曲面"→"自由样式"命令，在视图左侧的"PropertyManager"中弹出"自由样式"面板，单击拉伸面作为"要变形的面"，设置"自由样式"面板"显示"选项组中的"网格密度"为 6，完成后的零件表面如图 8-45 所示。

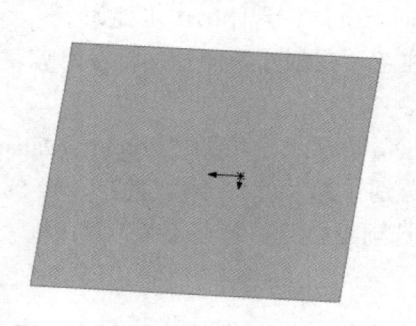

图 8-44 "自由形.SLDPRT"文件　　　　图 8-45 表面网格化

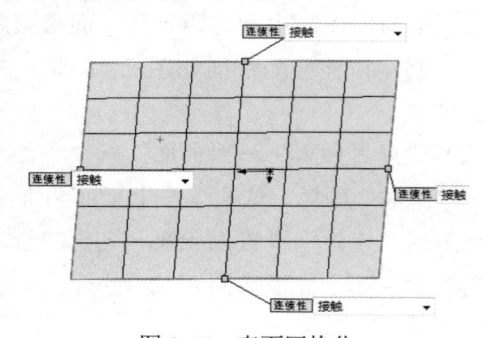

（3）单击选中"自由样式"面板"控制曲线"选项组中的"通过点"单选按钮，单击"添加曲线"按钮，在视图中添加 3 条横向直线（绿色）；随后单击"反转方向"按钮，在视图中添加 3 条竖向直线（绿色），如图 8-46 所示。

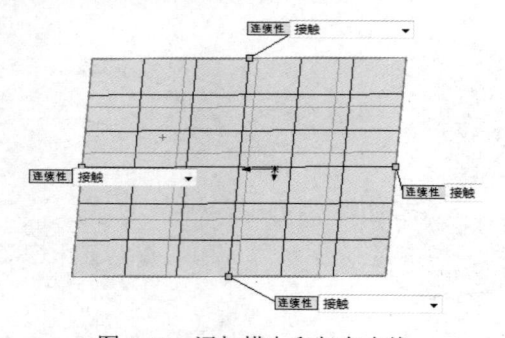

图 8-46 添加横向和竖向直线

（4）单击"自由样式"面板"控制点"选项组中的"添加点"按钮，随后单击中央的竖向直线，会出现如图8-47所示的控制点，右击确定控制点。

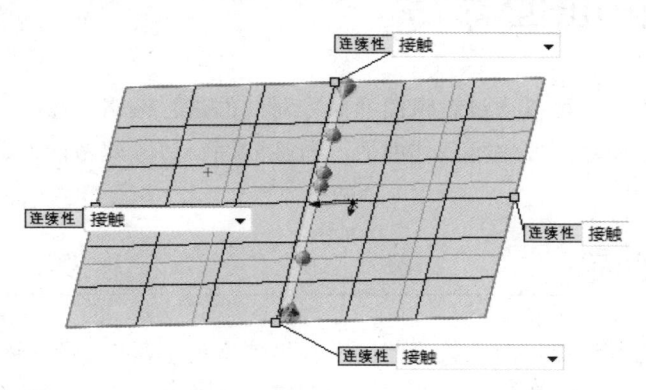

图8-47 控制点

（5）此时单击创建的任意点，即可出现如图8-48所示的三重轴，用户可拖动三重轴向任意方向移动，进行曲面变形操作，如图8-49所示。

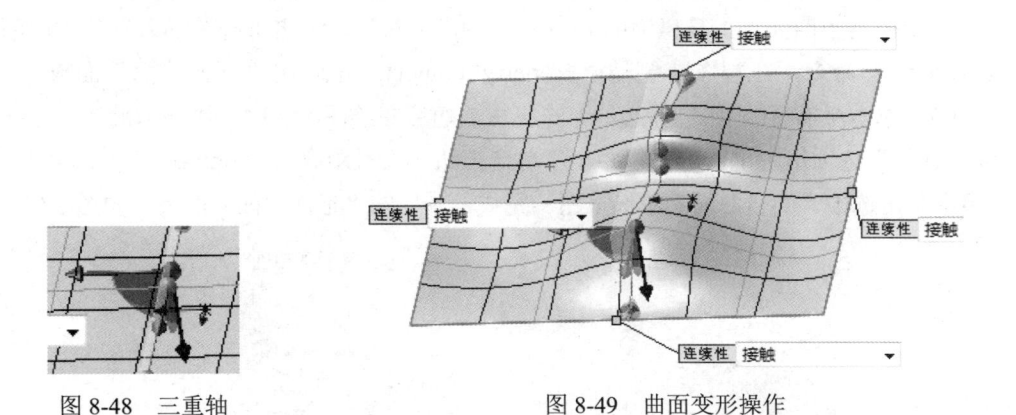

图8-48 三重轴　　　　图8-49 曲面变形操作

（6）单击"自由样式"面板中的 ✓（确定）按钮，完成自由形操作，如图8-50所示。

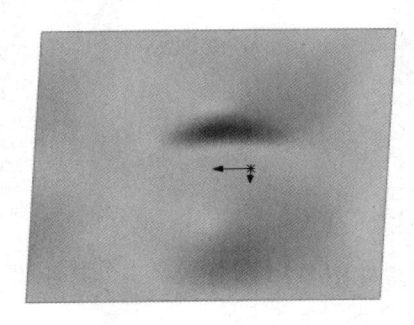

图8-50 完成自由形操作

提示：6.2.1节中介绍过实体面进行自由形操作的过程，可对比进行操作。

8.3 编辑曲面命令

在创建曲面之后，可以通过编辑曲面命令对曲面进行编辑和修改，以达到理想的曲面要求。编辑曲面命令主要包括延伸曲面、剪裁曲面、解除剪裁曲面、替换面、删除面和缝合曲面等。

8.3.1 延伸曲面

在设计零件的过程中，由于某些曲面在长度或宽度上没有达到指定的尺寸要求，从而造成编辑曲面命令无法执行，如缝合、修剪等，因此必须将相关曲面进行延伸。

在创建延伸曲面时，可选取一条边、多条边或一个面，将现有曲面的边缘沿切线方向进行延伸。具体操作步骤如下。

（1）根据起始文件路径打开"延伸.SLDPRT"文件，如图 8-51 所示。

（2）单击"曲面"工具栏中的 （延伸曲面）按钮，或者选择"插入"→"曲面"→"延伸曲面"命令，在视图左侧的"PropertyManager"中弹出"延伸曲面"面板。

（3）单击激活 （所选面/边线）选择框，随后在绘图区域中单击模型的 4 条边线。在"终止条件"选项组中单击选中"距离"单选按钮，设置距离为 25mm；在"延伸类型"选项组中单击选中"同一曲面"单选按钮。完成设置后的"延伸曲面"面板，如图 8-52 所示。

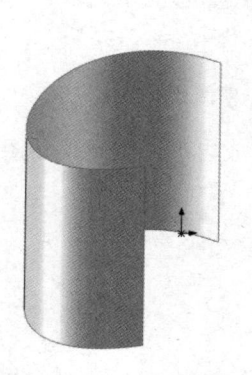

图 8-51 "延伸.SLDPRT"文件

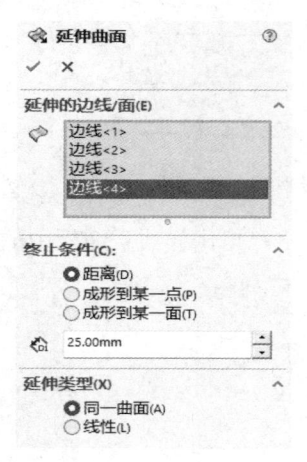

图 8-52 "延伸曲面"面板设置

（4）完成设置的预览效果如图 8-53 所示。单击"延伸曲面"面板中的 ✓（确定）按钮，创建延伸曲面如图 8-54 所示。

> **注意**：用户可指定延伸曲面的终止条件，如距离、成形到某一面、成形到某一点等。

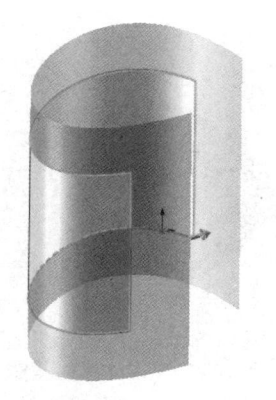

图 8-53　延伸曲面预览效果　　　　　图 8-54　创建延伸曲面

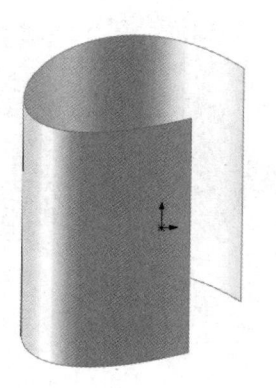

8.3.2　剪裁曲面

创建完成后的曲面可能没有达到所需的设计要求，如某些曲面超出了指定的边界，这时应对超出部分进行裁剪。

在裁剪曲面时，可将曲面、基准面或草图作为剪裁工具进行剪裁，也可以将曲面与其他曲面联合使用作为剪裁工具。具体操作步骤如下。

（1）根据起始文件路径打开"剪裁.SLDPRT"文件，如图 8-55 所示。

（2）单击"曲面"工具栏中的 （剪裁曲面）按钮，或者选择"插入"→"曲面"→"剪裁曲面"命令，在视图左侧的"PropertyManager"中弹出"剪裁曲面"面板。

（3）单击选中"剪裁类型"选项组中的"标准"单选按钮，在"选择"选项组中单击激活 （裁剪曲面、基准面或草图）选择框，随后在绘图区域中单击模型的横向切面；单击选中"保留选择"单选按钮，随后单击激活 （保留的部分）选择框，在绘图区域中单击切面的上部模型部分。完成设置后的"剪裁曲面"面板，如图 8-56 所示。

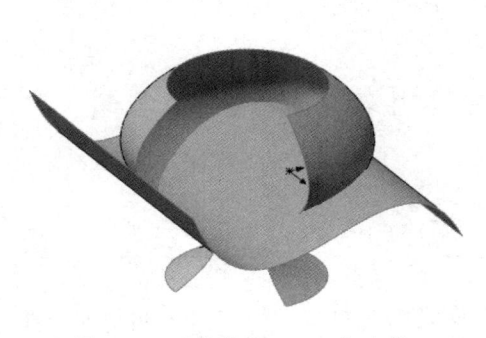

图 8-55　"剪裁.SLDPRT"文件　　　　　图 8-56　"裁剪曲面"面板设置

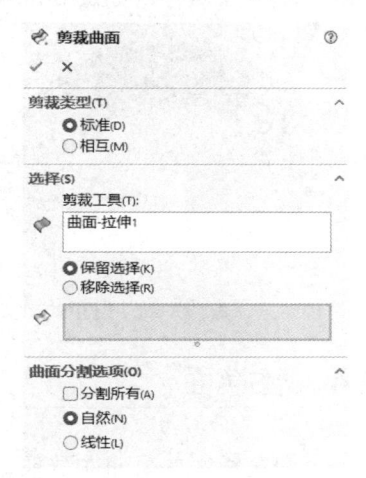

（4）完成设置后的预览效果如图 8-57 所示。单击"剪裁曲面"面板中的 （确定）

按钮,创建剪裁曲面,如图8-58所示。

图8-57 剪裁曲面预览效果 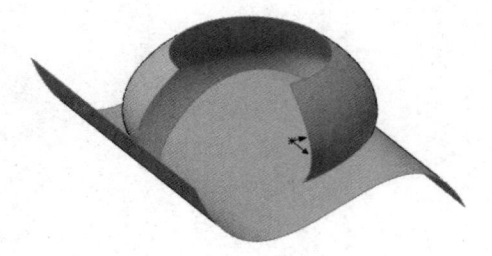　　　　　　　图8-58 创建剪裁曲面

提示:用户可单击选中"移除选择"单选按钮,从而得到移除上部分的剪裁视图。

8.3.3 解除剪裁曲面

在剪裁曲面的过程中,由于操作失误,可能将所要保留的曲面进行了剪裁,此时可利用"解除剪裁曲面"命令在现有的曲面上对错误剪裁的曲面进行修补。除此之外,还可利用"解除剪裁曲面"命令将现有的曲面沿边界自然延伸。具体操作步骤如下。

(1) 根据起始文件路径打开"解除剪裁.SLDPRT"文件,并将绿色剪裁曲面隐藏,如图8-59所示。

(2) 单击"曲面"工具栏中的 ◈(解除剪裁曲面)按钮,或者选择"插入"→"曲面"→"解除剪裁曲面"命令,在视图左侧的"PropertyManager"中弹出"解除剪裁曲面"面板。

(3) 单击此曲面零件的下边线作为"所选面/边线",并勾选"解除剪裁曲面"面板中的"与原有合并"复选框,随后单击"解除剪裁曲面"面板中的 ✓(确定)按钮,完成解除剪裁曲面操作,如图8-60所示。

图8-59 "解除剪裁.SLDPRT"文件 　　　　　　　图8-60 完成解除剪裁曲面操作

8.3.4 替换面

替换面是使用替换曲面替换目标面的一种实体特征创建形式,目标面必须相连,但不一定相切。具体操作步骤如下。

(1) 根据起始文件路径打开"替换面.SLDPRT"文件,如图8-61所示。

（2）单击"曲面"工具栏中的 ❧（替换面）按钮，或者选择"插入"→"曲面"→"替换面"命令，在视图左侧的"PropertyManager"中弹出"替换面"面板。

（3）单击激活 ❧（替换的目标面）选择框，在绘图区域中单击棱柱的上表面；单击激活 ❧（替换的曲面）选择框，在绘图区域中单击曲面，选择"替换的目标面"和"替换的曲面"，如图 8-62 所示，完成"替换面"设置。

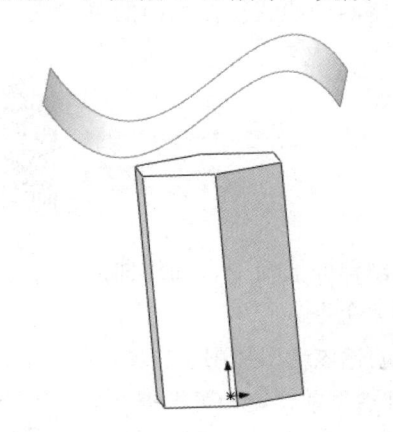

图 8-61 "替换面.SLDPRT"文件   图 8-62 单击曲面

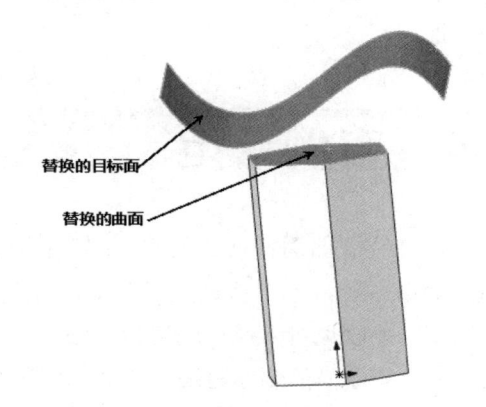

（5）单击"替换面"面板中的 ✓（确定）按钮，创建替换面如图 8-63 所示。

（6）右击创建的替换面，在弹出的快捷菜单中选择"隐藏"命令，此时的视图零件如图 8-64 所示。

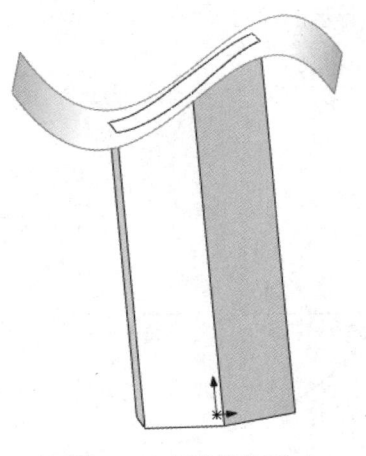

图 8-63 创建替换面   图 8-64 隐藏替换面

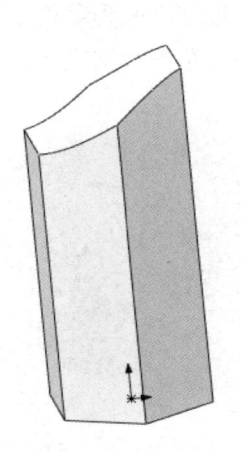

8.3.5 删除面

使用"删除面"命令可以从曲面实体中删除一个面，也可以对实体中的曲面进行删除和自动修补操作。使用"删除面"命令可进行的操作如下。

- 删除：从曲面实体中删除面。

- 删除和修补：从曲面实体或实体中删除一个面，并自动对其进行修补和剪裁。
- 删除和填充：删除面并创建单一面，将所有缝隙填补起来。

8.3.6 缝合曲面

"缝合曲面"命令可以进行缝合曲面操作，可以将两个边线相接的曲面缝合成一个单独的曲面。

8.4 实例示范

前面介绍了曲面特征的创建与编辑操作，包括创建曲面命令、高级曲面设计命令及编辑曲面命令等，本节将通过一个实例综合介绍相关命令。

某型号的吹风机入风口的造型如图 8-65 所示，创建该造型使用了旋转、拉伸、放样、剪裁、缝合等曲面的创建与编辑命令。在学习本零件造型前，读者可根据前面介绍的命令自行尝试创建该造型。

8.4.1 旋转创建入风口

用户可通过"旋转曲面"命令创建吹风机入风口，具体操作步骤如下。

（1）以前视基准面为草绘平面绘制如图 8-66 所示的草图，需注意图中的尺寸约束，完成绘制后退出草图绘制模式。

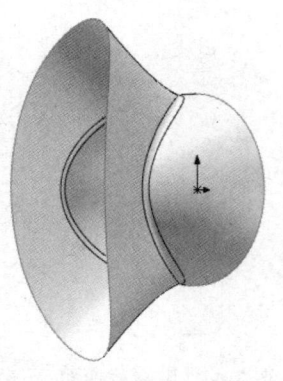

图 8-65 吹风机入风口造型

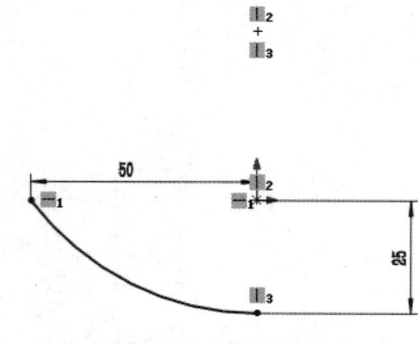

图 8-66 绘制草图

（2）使用基准轴创建命令创建垂直于右视基准面并通过原点的基准轴，如图 8-67 所示。

（3）单击"曲面"工具栏中的 （旋转曲面）按钮，或者选择"插入"→"曲面"→"旋转曲面"命令，在视图左侧的"PropertyManager"中弹出"曲面-旋转"面板。

（4）单击激活"旋转轴"选择框，在绘图区域中单击基准轴 1 作为旋转中心线，设置"方向 1（1）"选项组中的 ![] （方向 1 角度）为 360 度，如图 8-68 所示。

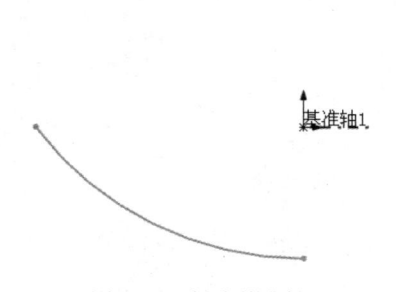

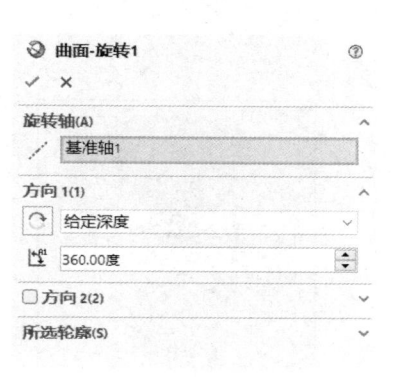

图 8-67　创建基准轴　　　　　　　图 8-68　"曲面-旋转"面板设置

（5）完成设置后的预览效果如图 8-69 所示。单击"曲面-旋转"面板中的 ✓（确定）按钮，创建旋转曲面，如图 8-70 所示。

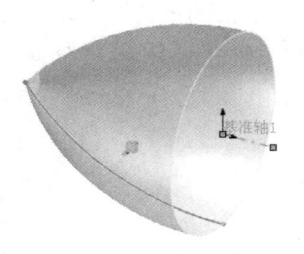

图 8-69　旋转曲面预览效果　　　　　图 8-70　创建旋转曲面

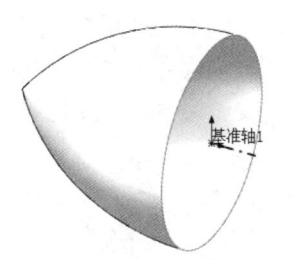

8.4.2　创建出风口基本曲面

用户可通过放样曲面命令创建出风口基本曲面，具体操作步骤如下。

（1）使用基准面创建命令创建平行于右视基准面的两个基准面，如图 8-71 所示，注意基准面 1 距离右视基准面 5mm，基准面 2 距离右视基准面 55mm。

（2）以右视基准面为草绘平面，创建如图 8-72 所示的椭圆形轮廓，需注意图中的尺寸约束。

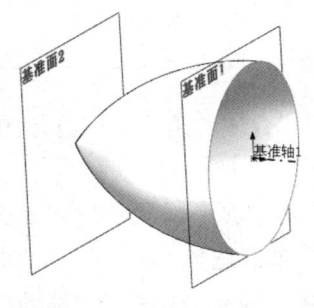

图 8-71　创建两个基准面　　　　　　图 8-72　创建椭圆形轮廓

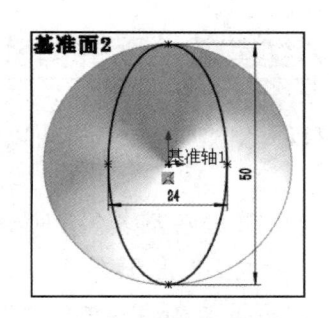

（3）分别以基准面 1 和基准面 2 创建如图 8-73 和图 8-74 所示的草图，需注意先后顺序和尺寸约束。

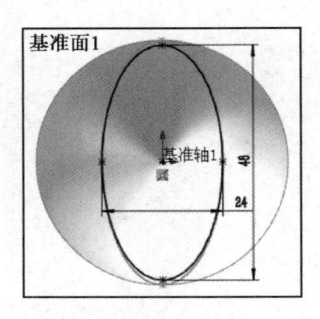

图 8-73　创建基准面 1 草图

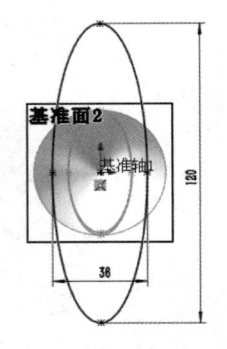

图 8-74　创建基准面 2 草图

（4）单击"曲线"工具栏中的 按钮，在视图左侧的"PropertyManager"中弹出"曲面-放样"面板。

（5）单击激活 选择框，在绘图区域中依次单击基准面 2、基准面 1 和右视基准面中绘制的 3 个草图。完成设置后的"曲面-放样"面板如图 8-75 所示。

（6）单击 ✓（确定）按钮，创建出风口基本曲面，如图 8-76 所示。

图 8-75　"曲面-放样"面板设置

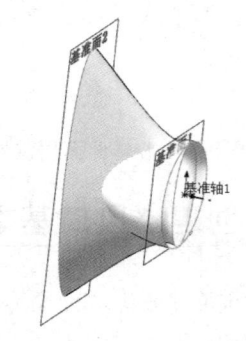

图 8-76　创建出风口基本曲面

注意：单击椭圆形轮廓时，应依次单击选中 3 个草图上相互对应的绿色的点，或者在单击选中后拖动点至相互对应的位置，否则创建的曲面会产生扭曲。

8.4.3　创建剪裁曲面并剪裁出风口

用户可以先创建剪裁曲面，再以其为参考剪裁出形状合适的出风口。具体操作步骤如下。

（1）以前视基准面为草绘平面创建圆弧轮廓，如图 8-77 所示，需注意尺寸约束。

（2）单击"曲面"工具栏中的 按钮，或者选择"插入"→"曲面"→"拉伸曲面"命令，在视图左侧的"PropertyManager"的下拉列表中弹出"曲面-拉伸"面板。

(3)在"曲面-拉伸"面板的"方向1（1）"选项组中选择"给定深度"选项，并设置 (深度)为30mm；在"方向2（2）"选项组中选择"给定深度"选项，并设置 (深度)为30mm。完成设置后的"曲面-拉伸"面板如图8-78所示。

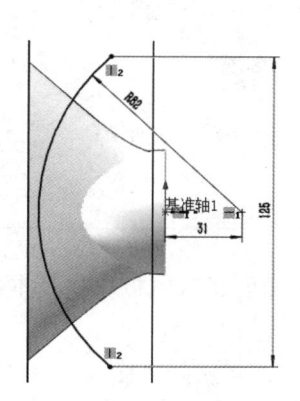

图8-77　创建圆弧轮廓 　　　　　　图8-78　"曲面-拉伸"面板设置

(4)单击"曲面-拉伸"面板中的 ✓（确定）按钮，创建拉伸曲面如图8-79所示。

(5)单击"曲面"工具栏中的 ❀（剪裁曲面）按钮，或者选择"插入"→"曲面"→"剪裁曲面"命令，在视图左侧的"PropertyManager"中弹出"曲面-剪裁"面板。

(6)单击选中"剪裁类型"选项组中的"标准"单选按钮，在"选择"选项组中单击激活 ❀（裁剪曲面、基准面或草图）选择框，在绘图区域中单击零件的拉伸曲面作为"剪裁工具"；单击选中"保留选择"单选按钮，随后单击激活 ❀（保留的部分）选择框，在绘图区域中单击拉伸曲面右侧的放样曲面。完成设置后的"曲面-剪裁"面板如图8-80所示。

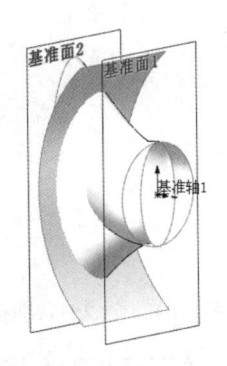

图8-79　创建拉伸曲面 　　　　　　图8-80　"曲面-剪裁"面板设置

(7)单击"曲面-剪裁"面板中的 ✓（确定）按钮，创建剪裁曲面，如图8-81所示，将拉伸曲面隐藏后可得到如图8-82所示的曲面集合。

171

图 8-81　创建剪裁曲面　　　　　　　图 8-82　曲面集合

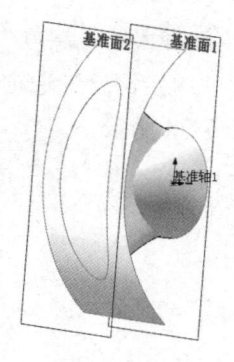

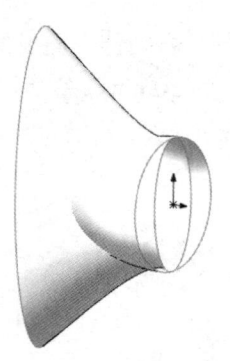

8.4.4　创建吹风机口基本曲面

用户需再剪切两次才可以将多余曲面完全清除，从而创建吹风机口的基本曲面，具体操作步骤如下。

（1）单击"曲面"工具栏中的 ◈（剪裁曲面）按钮，或者选择"插入"→"曲面"→"剪裁曲面"命令，在视图左侧的"PropertyManager"中弹出"曲面-剪裁"面板。

（2）单击选中"剪裁类型"选项组中的"标准"单选按钮，在"选择"选项组中单击激活 ◈（裁剪曲面、基准面或草图）选择框，在绘图区域中单击零件的放样曲面作为"剪裁工具"；单击选中"保留选择"单选按钮，随后单击激活 ◈（保留的部分）选择框，在绘图区域中单击旋转曲面。完成设置后的"曲面-剪裁"面板如图 8-83 所示。

（3）单击"曲面-剪裁"面板中的 ✓（确定）按钮，完成剪裁曲面操作，如图 8-84 所示。

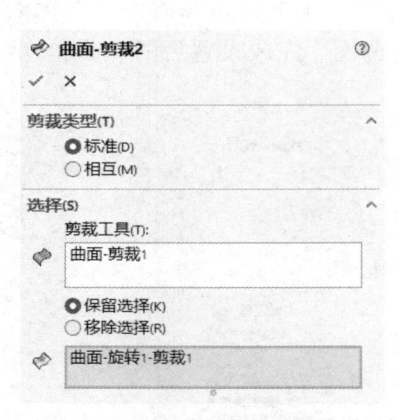

图 8-83　"曲面-剪裁"面板设置（1）　　　　　　　图 8-84　完成剪裁曲面操作

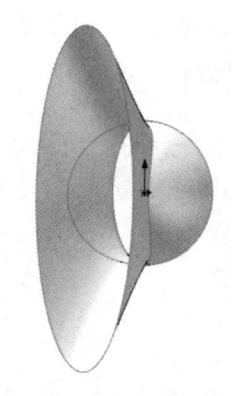

（4）继续剪裁操作，以旋转曲面为"剪裁工具"，以放样曲面为要"剪裁的曲面"。完成设置后的"曲面-剪裁"面板如图 8-85 所示。

（5）单击"曲面-剪裁"面板中的 ✓（确定）按钮，创建吹风机口基本曲面，如图 8-86 所示。

图 8-85 "曲面-剪裁"面板设置（2） 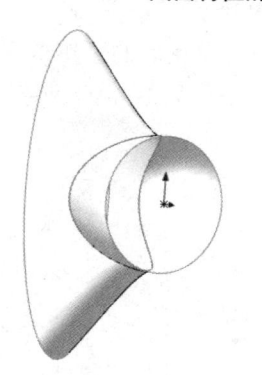　　图 8-86 创建吹风机口基本曲面

8.4.5 缝合曲面并创建圆角

完成以上操作后，用户就可以看到吹风机口的基本造型轮廓了，下面仅需要用户缝合曲面随后创建圆角即可。具体操作步骤如下。

（1）单击 （缝合曲面）按钮，在视图左侧的"PropertyManager"中弹出"缝合曲面"面板，依次单击剪裁后的放样曲面和旋转曲面，缝合公差默认，单击"缝合曲面"面板中的 ✓（确定）按钮，完成曲面缝合操作，如图 8-87 所示。

（2）单击"曲面"工具栏中的 （圆角）按钮，在视图左侧的"PropertyManager"中弹出"圆角"面板。

（3）在"圆角类型"选项组中单击 （恒定大小）按钮，单击激活"要圆角化的项目"选项组中的选择框，在绘图区域中单击放样曲面和旋转曲面之间的相接曲线，随后在面板中勾选"切线延伸"复选框并选中"完整预览"单选按钮。

（4）设置"圆角参数"选项组中的 （圆角半径）为 5mm。完成设置后的"圆角"面板如图 8-88 所示。

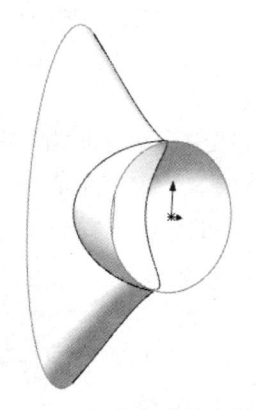

图 8-87 完成曲面缝合操作 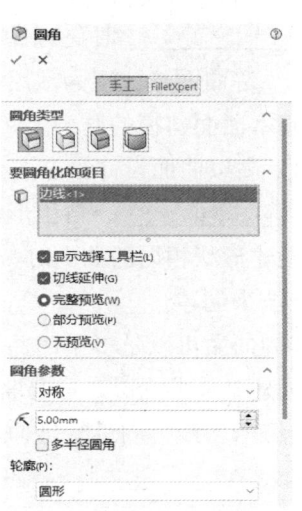　　图 8-88 "圆角"面板设置

（5）完成设置后的预览效果如图 8-89 所示。单击"圆角"面板中的 ✓（确定）按钮，完成圆角操作，如图 8-90 所示。至此完成了本模型的造型设计。

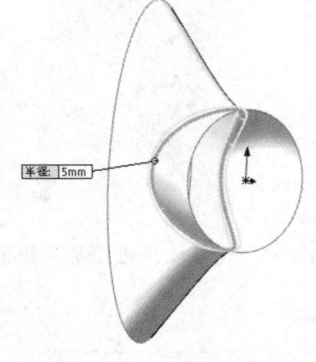

图 8-89　圆角预览效果　　　　　图 8-90　完成圆角操作

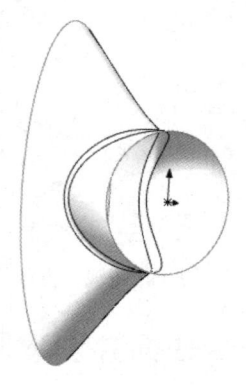

8.5　本章小结

本章介绍了进行曲面特征创建与编辑的命令，其中包括创建曲面命令、高级曲面设计命令和编辑曲面命令，并通过一个实例综合介绍了各种曲面的创建与编辑命令。

8.6　习题

一、填空题

1．曲面是一种可以用来创建实体特征的几何体，相较于基础特征，曲面特征在创建较为复杂的_____时更有优势。在创建复杂外观造型时，_____、放样、_____等曲面形式较为常用。

2．在基本曲面建模的基础上，可以通过高级曲面设计命令对曲面进行控制，以对曲面进行修改。高级曲面设计命令主要包括_____、_____、_____、填充曲面、_____、自由形等。

3．在创建形状相同的曲面时，为了提高设计效率，可使用将现有的相同曲面偏移一个距离的方法来创建_____。_____是由曲面按一定的距离进行偏移而形成的，偏移的曲面可以是多个，并且可以根据需要改变曲面的偏移方向。

4．在创建延伸曲面时，可选取_____、_____或_____，将现有曲面的边缘沿切线方向进行延伸。

5．中面是在_____之间创建的。使用"中面"命令可在所选面与其对面之间创建中面，合适的对面应与中面等距且两个面必须属于同一个实体。

二、问答题

1. 请简述曲面创建命令有哪些。
2. 请简述高级曲面设计命令有哪些。
3. 请简述编辑曲面命令有哪些。

三、上机操作

1. 参照"源文件/素材文件/Char09"路径打开"水杯.SLDPRT"文件，如图 8-91 所示，请读者参考本章内容及此水杯实体特征建模的尺寸创建水杯的曲面造型零件。
2. 参照"源文件/素材文件/Char09"路径打开"小瓶.SLDPRT"文件，如图 8-92 所示，请读者参考本章内容及此小瓶实体特征建模的尺寸创建小瓶的曲面造型零件。

图 8-91　上机操作习题视图 1

图 8-92　上机操作习题视图 2

第 9 章

零件装配设计

用户可以将多个零件或子装配体组合成复杂的装配体,在装配模式下可以新建零件特征,也可以创建与编辑零件。除了需要掌握装配环境下的各种装配定位方式,还需要掌握以装配环境下的零件的相对位置作为相关零件特征的参照方式。

学习目标

1. 熟悉装配体文件。
2. 了解零件的压缩与轻化。
3. 了解并使用装配体的干涉检查。
4. 熟练掌握装配体的配合与装配操作。

9.1 装配体文件

将构成产品功能或结构的零件按设计意图组成一个组件，中间的组合动作叫装配，装配结果叫装配体或子装配体。

9.1.1 生成装配体的途径

装配体的设计生成方法有两种，即自下而上设计法和自上而下设计法，可以将两种方法结合使用。无论采用哪种方法，其目标都是配合这些零件，以便生成装配体或子装配体。

1. 自下而上设计法

自下而上设计法是比较传统的方法。在自下而上设计法中，需要先生成零件并将其插入装配体，再根据设计要求配合零件。当使用之前生成的零件时，自下而上设计法是首选方案。

自下而上设计法的另一个优点是零件是独立设计的，与自上而下设计法相比，它们的相互关系及重建行为更加简单。使用自下而上设计法可以专注于单个零件的设计工作。当不需要建立控制零件大小和尺寸的参考关系时（相对于其他零件），此方法较为适用。

2. 自上而下设计法

自上而下设计法从装配体中开始设计工作，这是两种设计生成方法的不同之处。可以借助一个零件的几何体来定义另一个零件或生成组装零件后才添加的加工特征。将布局草图作为设计的开端定义固定的零件位置、基准面等，之后可以参考这些定义来设计零件。

例如，可以将一个零件插入装配体中，随后根据此零件生成一个夹具。使用自上而下设计法在关联中生成夹具，这样可以参考模型的几何体，并通过与原零件建立的几何关系来控制夹具的尺寸。如果改变了零件的尺寸，则夹具会自动更新。

9.1.2 创建装配体

在进行装配前，首先需要创建装配体。

（1）选择"文件"→"新建"命令，弹出"新建 SOLIDWORKS 文件"对话框，如图 9-1 所示。

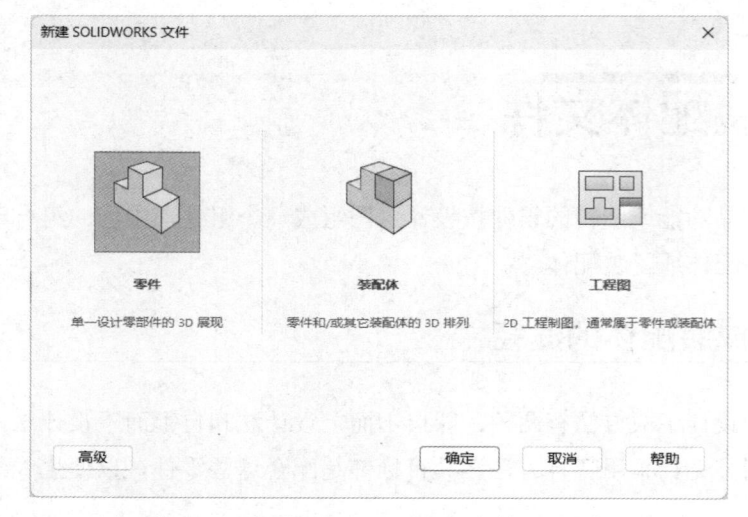

图 9-1 "新建 SOLIDWORKS 文件"对话框

（2）在"新建 SOLIDWORKS 文件"对话框中选择 （装配体）选项，单击"确定"按钮，进入装配体制作界面，如图 9-2 所示。

（3）在绘图区域左侧的"PropertyManager"中弹出"开始装配体"面板，在"要插入的零件/装配体"选项组中单击"打开文档"选择框下的"浏览"按钮，弹出"打开"对话框。

（4）选择一个零件作为装配体的基准零件，单击"打开"按钮，随后单击空白界面放置零件。此后调整视图为"等轴测"，得到如图 9-3 所示的导入零件后的界面。

装配体制作界面与零件制作界面基本相同，在"FeatureManager 设计树"中会出现一个配合组，在选项卡栏中会出现"装配体"选项卡，其命令的用法同前文介绍的工具栏命令的用法相同。

（5）将一个零件（单个零件或子装配体）放入装配体时，这个零件文件会与装配体文件链接。此时零件将出现在装配体中，但零件的数据还保存在原零件文件中。

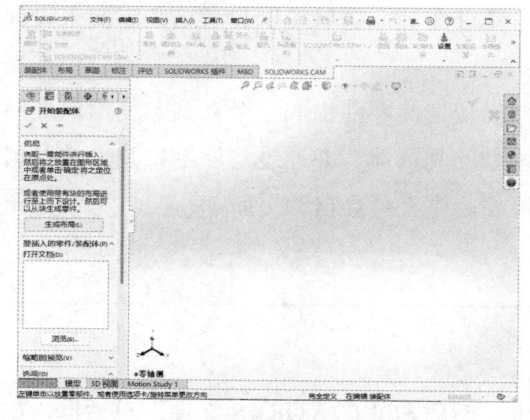

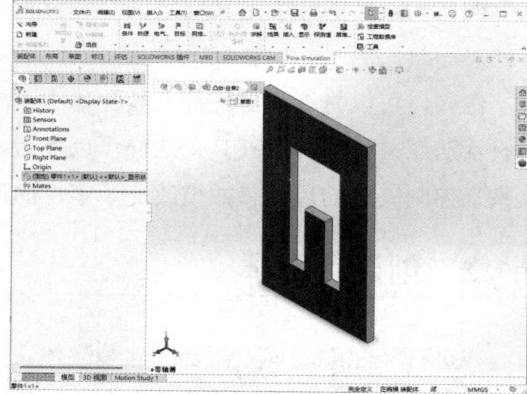

图 9-2 装配体制作界面　　　　图 9-3 导入零件后的界面

在处于编辑零件状态时，单击"标注"工具栏中的 （从零件/装配体制作装配体）

按钮也可以进入装配体制作界面。

> **注意**：对零件文件所进行的任何改变都会改变装配体。在保存装配体时，文件的扩展名与零件文件的不同，扩展名为*.SLDASM 的文件前的图标也与零件文件的不同。

9.1.3 插入零件

在制作装配体时，需要按照装配的过程依次插入相关零件，有多种方法可以将零件添加到一个新的或现有的装配体中。此处仅介绍一种常用的操作方法。具体操作步骤如下。

（1）首先导入一个装配体中的零件，然后选择"插入"→"零部件"→"现有零件/装配体"命令，或者单击"装配体"工具栏中的 （插入零部件）按钮，在视图左侧的"PropertyManager"中弹出"插入零部件"面板，如图 9-4 所示。

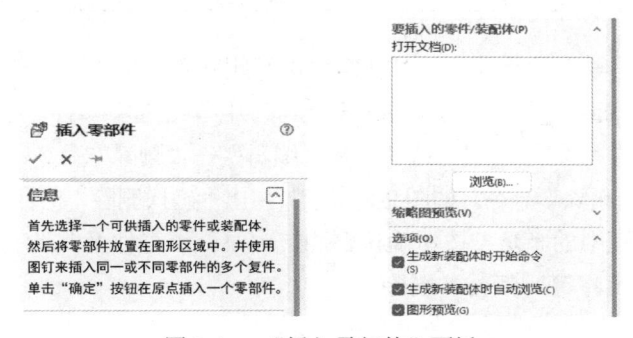

图 9-4 "插入零部件"面板

（2）单击"插入零部件"面板中的"浏览"按钮，弹出"打开"对话框，在该对话框中选择要插入的零件，如图 9-5 所示。

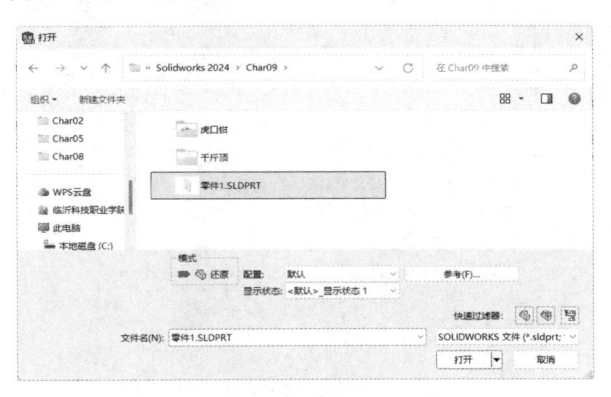

图 9-5 选择要插入的零件

（3）打开文件后，鼠标指针旁会出现一个零件图标。在一般情况下，该零件会放置在原点或空白处，可在原点或空白处单击插入该零件，如图 9-6 所示。此时在"FeatureManager 设计树"中，该零件的图标后会自动添加"（固定）"标志，如图 9-7 所示，这表明其已被定位。

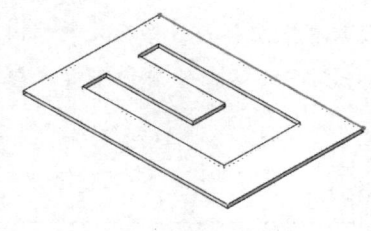

图 9-6 插入零件

图 9-7 FeatureManager 设计树

（4）按照装配过程，使用同样的方法导入其他零件，其他零件可放置在任意点。

（5）此时单击"装配体"工具栏中的 ▣（移动零件）按钮和 ▣（旋转零件）按钮可移动新插入的零件，以便将其放置在合适的位置。

9.1.4 删除零件

有时需要删除已导入的零件，此时就需要进行删除零件操作，具体操作步骤如下。

（1）在绘图区域或"FeatureManager 设计树"中单击选中零件。

（2）按键盘中的"Delete"键，或者选择"编辑"→"删除"命令，或者右击，在弹出的快捷菜单中选择"删除"命令，如图 9-8 所示，弹出"确认删除"对话框，如图 9-9 所示。

（3）单击对话框中的"是"按钮确认删除。此时，该零件及其所有相关项（配合、零部件阵列、爆炸步骤等）都会被删除。

图 9-8 "删除"命令

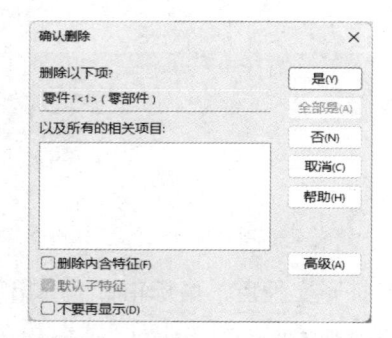

图 9-9 "确认删除"对话框

9.1.5 调整视图

使用"移动零部件"和"旋转零部件"命令可对插入的非固定零件进行相对于固定零件的位置调整，使用户更方便地查看和预测装配状态。具体操作步骤如下。

（1）根据前文介绍的插入零件的方法，依次插入起始文件夹中的"活动钳口"文件和"护口板"文件，如图9-10所示。

（2）单击 （移动零部件）按钮，在视图左侧的"PropertyManager"中弹出如图9-11所示的"移动零部件"面板，且鼠标指针的形状由 变为 ，用户可通过单击鼠标并拖动鼠标指针来移动"护口板"。例如，用户可将"护口板"移动至如图9-12所示的位置。

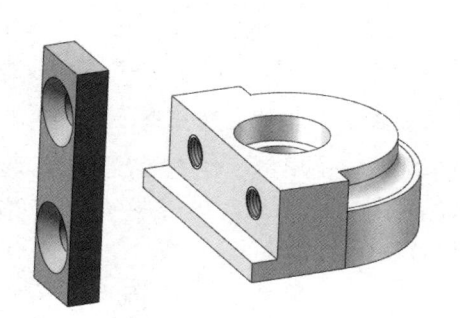

图9-10 插入零件

图9-11 "移动零部件"面板

（3）单击 （旋转零部件）按钮，使非固定零件旋转。例如，用户可将"护口板"旋转至如图9-13所示的位置。

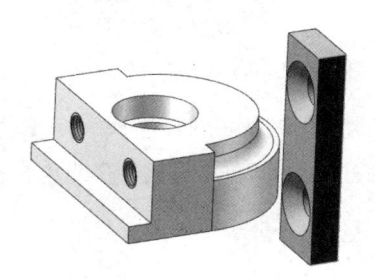

图9-12 移动"护口板"

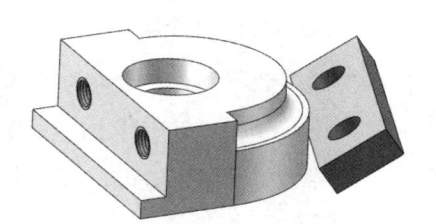

图9-13 旋转"护口板"

9.1.6 零件装配

本节将介绍使用"装配体"模块进行零件插入及装配的过程，具体操作步骤如下。

（1）根据前文介绍的插入零件的方法，依次插入起始文件夹中的"活动钳口"文件和"护口板"文件并对其进行调整，如图9-14所示。

（2）单击"装配体"工具栏中的◎（配合）按钮，在视图左侧的"PropertyManager"中弹出"配合"面板，如图 9-15 所示。

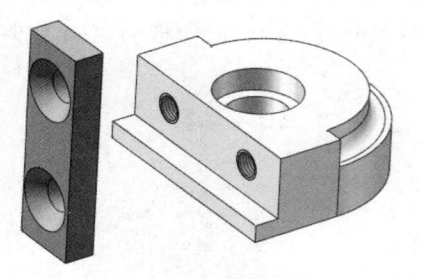

图 9-14 完成调整的零件

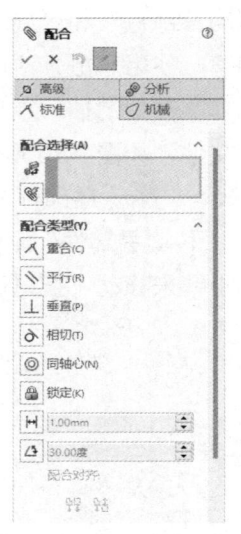

图 9-15 "配合"面板

（3）单击激活"配合选择"选项组中的 ◻（要配合的实体）选择框，在绘图区域中分别单击两个零件的孔，此时零件旁边将弹出装配快捷菜单，选择"配合类型"选项组中的◎（同轴心）选项，完成第 1 个配合约束，如图 9-16 所示，单击 ✓（确定）按钮。重复该步骤，确定另外两个孔同心，如图 9-17 所示。

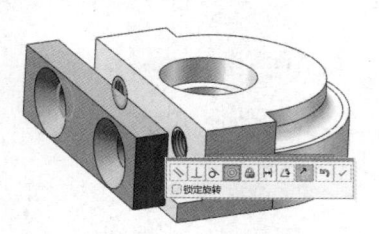

图 9-16 确定第 1 个圆心

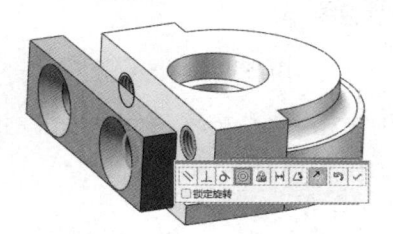

图 9-17 确定第 2 个圆心

（4）单击选中两个平面，如图 9-18 所示，随后在装配快捷菜单中选择 ⋏（重合）命令，使两个零件重合，如图 9-19 所示，单击 ✓（确定）按钮，完成两个零件的重合操作。

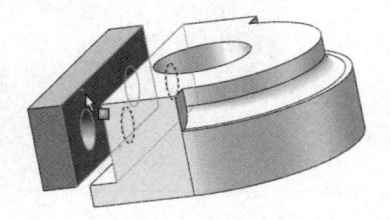

图 9-18 单击选中两个平面

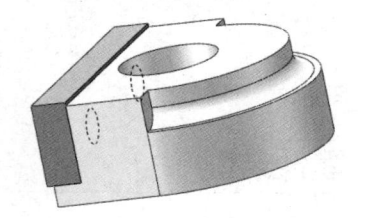

图 9-19 使两个零件重合

提示："虎口钳"文件夹中包含所有装配子文件和最终的装配结果，用户可参考本节内容和虎口钳装配图来对零件进行装配操作。

9.1.7 常用配合关系介绍

下面介绍建立装配体文件时常用的几种配合方法，这些配合方法都在"配合"面板中可以找到。

1. 重合配合

重合会将所选面、边线和基准面定位（相互组合或与单一项组合），这样它们就可以共享同一无限基准面。定位两个顶点可使它们彼此接触。边线与边线重合的视图如图 9-20 所示。

2. 平行配合

所选项目将保持在同一方向上，并且彼此之间的距离也相同。面与面平行的视图如图 9-21 所示。

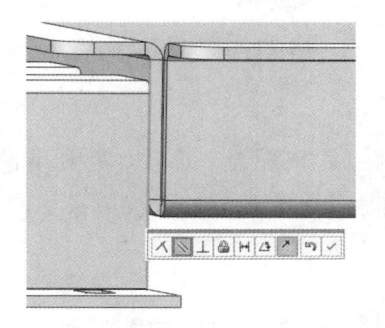

图 9-20　重合配合　　　　　　　　图 9-21　平行配合

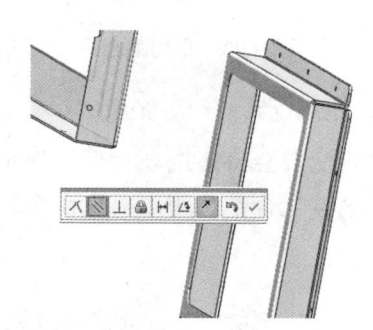

3. 垂直配合

垂直配合会将所选项目相互垂直配合。两个所选面相互垂直配合的视图如图 9-22 所示。

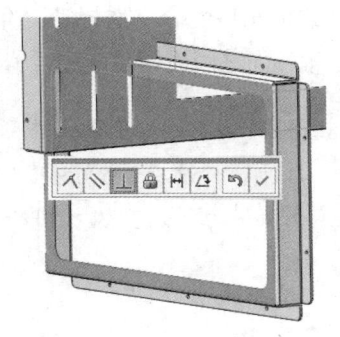

图 9-22　垂直配合

> **注意**：在平行配合与垂直配合中，圆柱指的是圆柱的轴，拉伸指的是拉伸实体或曲面特征的单一面，且不允许以拔模的方式进行拉伸。

4. 相切配合

所选项目会保持相切（至少有一个所选项目为圆柱面、圆锥面或球面），两个所选圆环侧边面相切的视图如图 9-23 所示。

5. 同轴心配合

同轴心配合会将所选项目聚集于同一中心点上。环与轴之间的同轴心配合如图 9-24 所示。

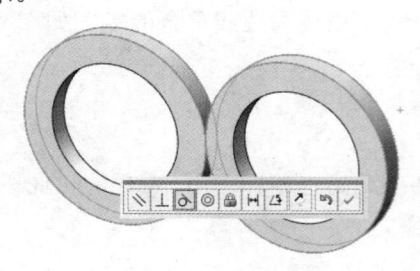

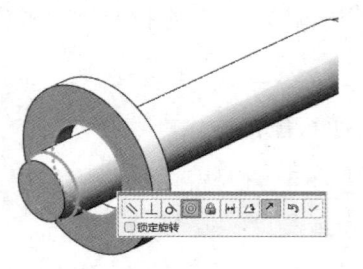

图 9-23　相切配合　　　　图 9-24　同轴心配合

6. 距离配合

距离配合会将所选项目保持指定距离。选择 ⊢⊣（距离配合）选项，并利用输入的数据来确定配合件的距离，在两个轴端面之间设置距离配合值后的配合效果如图 9-25 所示。

> **注意**：在这里，直线也可以指轴。在配合时，必须在"PropertyManager"面板的"距离"数值框中键入距离值，其默认值为所选实体之间的当前距离。两个圆锥之间的配合必须使用相同半角的圆锥。

7. 角度配合

角度配合会将所选项目以指定的角度配合。选择 ∠（角度配合）选项，并输入一定的角度，确定配合的角度。在两个轴端面之间设置角度配合值后的配合效果如图 9-26 所示。

> **注意**：圆柱指的是圆柱的轴。拉伸指的是拉伸实体或曲面特征的单一面，不可使用拔模的方式进行拉伸。必须在"PropertyManager"面板的"角度"数值框中键入角度值，其默认值为所选实体之间的当前角度。

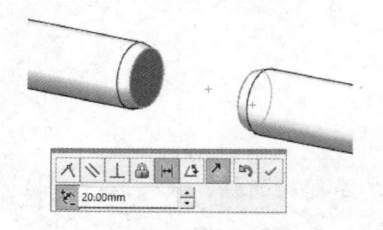

图 9-25　距离配合　　　　图 9-26　角度配合

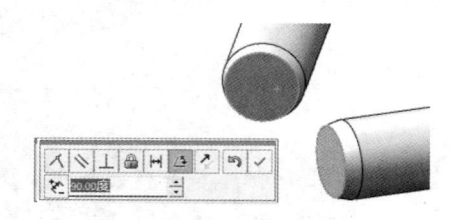

9.2 干涉检查

零件装配完成后,要进行装配体的干涉检查。在一个复杂的装配体中,想用眼睛来检查零件之间是否存在干涉的情况,是极其困难的。在 SOLIDWORKS 中,可以对装配体进行干涉检查。

9.2.1 零件的干涉检查

在 SOLIDWORKS 中,可以在移动或旋转零件时检查其与其他零件之间是否存在冲突。软件可以检查零件与整个装配体或所选零件组之间是否存在碰撞。具体操作步骤如下。

(1) 根据起始文件路径打开装配体文件。

(2) 选择"工具"→"评估"→"干涉检查"命令,或者单击"评估"工具栏中的 (干涉检查)按钮,在视图左侧的"PropertyManager"中弹出"干涉检查"面板。

(3) 在"所选零部件"选项组中单击"计算"按钮,进行干涉检查,在干涉信息中列出存在干涉情况的干涉零件,并在"结果"选项组的列表框中显示所干涉的零件,如图 9-27 所示。

(4) 在单击列表中的项目时,相关的干涉体会在绘图区域中高亮显示,还会列出相关零件的名称。

(5) 单击"确定"按钮,完成对干涉体的干涉检查。

因为干涉检查对于设计工作非常重要,所以在每次移动或旋转零件后都要进行干涉检查。

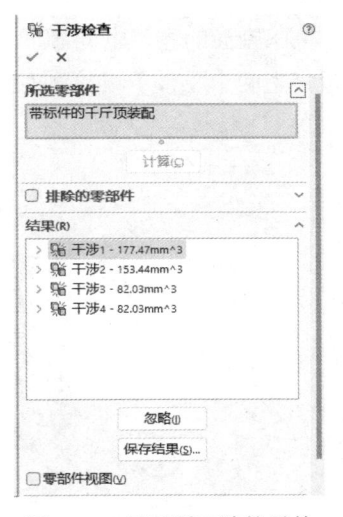

图 9-27 显示所干涉的零件

9.2.2 物理动力学检查

物理动力学检查是碰撞检查中的一个选项，它允许以现实的方式查看装配体零件的移动轨迹。

启用物理动力后，当拖动一个零件时，此零件会向其接触的零件施加一个力，其会在接触的零件所允许的自由度范围内拖动和旋转接触的零件。

当碰撞时，拖动的零件会在其允许的自由度范围内旋转或者向约束的或部分约束的零件相反的方向滑动，使拖动得以继续。

物理动力贯穿整个装配体。拖动的零件可以推动一个零件的侧面使其向前移动并推动另一个零件的侧面，以此类推。对于只有几个自由度的装配体，物理动力学的效果是极佳的并且也是极有意义的。在运行"物理动力学"之前，需添加所有相应的配合。

（1）仍然使用"活动钳口"文件和"护口板"文件作为示例，将二者插入图中并保证其中一个为非固定零件。

（2）单击"装配体"工具栏中的 （移动零部件）按钮，在视图左侧的"PropertyManager"中弹出"移动零部件"面板。

（3）在"选项"工具栏下单击选中"物理动力学"单选按钮，弹出如图 9-28 所示的设置面板。

（4）拖动"敏感度"滑块，更改物理动力检查碰撞所使用的频度。将滑块向右侧拖动以增加灵敏度。当滑块处于最高灵敏度时，软件每 0.2mm（以模型单位）就会检查一次碰撞。当滑块处于最低灵敏度时，检查间歇为 20mm。

（5）如有必要，则需指定参与碰撞的零件。单击选中"这些零部件之间"单选按钮，为"供碰撞检查的零部件"选择零件，单击"恢复拖动"按钮。

（6）勾选"仅被拖动的零件"复选框，检查被拖动的零件的碰撞。

（7）在绘图区域中拖动零件。

当物理动力检测到碰撞时，将在碰撞的零件之间添加一个相触力并允许拖动继续。只要两个零件相接触，力就会保留。当两个零件不再接触时，力会被移除，如图 9-29 所示。

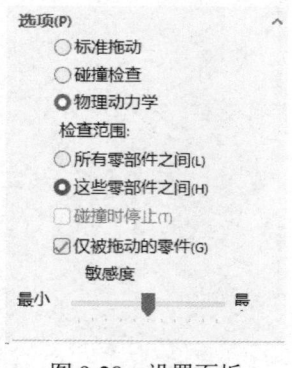

图 9-28 设置面板

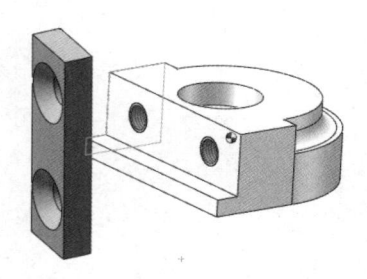

图 9-29 拖动检查零件

（8）单击 √（确定）按钮，完成所有操作。

> **注意:** 只可将最高灵敏度设定用于体积很小的零件,或者用于在碰撞区域中具有复杂几何体的零件。当检查大型零件之间的碰撞时,使用最高灵敏度拖动将变得很慢,此时应使用所需的灵敏度设定来观察装配体中的运动。

在碰撞检查中选择具体的零件可以提高物理动力的性能,需注意只选择与正在测试的运动直接相关的零件。

9.2.3 装配体统计

为了得出一个装配体文件的某些统计资料,可以在装配体中生成零件和配合报告。具体操作步骤如下。

(1) 打开一个装配体零件,选择"工具"→"评估"→"性能评估"命令,弹出"性能评估"对话框,如图 9-30 所示。

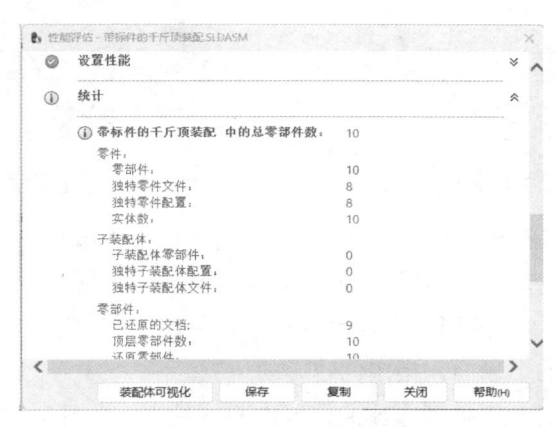

图 9-30 "性能评估"对话框

(2) 装配体统计报告包括以下几个项目。

- 零部件总数包含零件数、不同零件、独特零件文件、子装配体、不同子装配体、独特子装配体文件、压缩、还原及轻化的零件等。
- 顶层配合数量。
- 顶层零部件数量。
- 实体数。
- 装配体层次关系(巢状子装配体)的最大深度。

(3) 阅读完报告后,单击"关闭"按钮,关闭此对话框。

9.3 装配体特征

在"装配体特征"命令中有多种孔的创建方式,本节将介绍一般孔、异型孔、简单直孔、拉伸切除、旋转切除等创建方法。

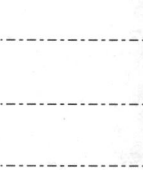

9.3.1 装配体创建孔特征

SOLIDWORKS 提供了在装配体中创建孔特征的命令，包括孔系列、异型孔向导和简单直孔。

在装配体特征中创建孔的操作方法与在零件中创建孔的操作方法类似，区别在于装配体特征孔可在装配在一起的零件上创建，也可在不同的零件上同时创建；而零件特征孔只能创建在一个零件中。以"孔系列"命令为例，介绍装配体创建孔特征，具体操作步骤如下。

（1）创建两个 100mm×80mm×20mm 的长方体零件，如图 9-31 所示，要求两个零件位于不同的零件文件中，不要使用同一零件进行装配操作。

（2）将两个零件进行装配并填充不同的颜色，如图 9-32 所示。

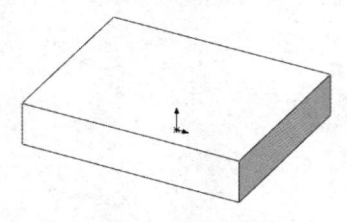

图 9-31　长方体零件　　　　图 9-32　装配并填充不同的颜色

（3）单击 (装配体特征)下拉按钮，选择 (孔系列)命令，在视图左侧的"PropertyManager"中弹出"孔位置"面板。切换至 (孔位置)选项卡，并单击选中"孔位置"选项组中的"生成新的孔"单选按钮，如图 9-33 所示。

（4）单击装配体的上表面，指定创建孔的位置。

（5）切换至 (最初零件)选项卡，单击 (柱形沉头孔)按钮，在"标准"下拉列表中选择"ISO"选项，在"类型"下拉列表中选择"六角凹头 ISO 4762"选项，在"大小"下拉列表中选择"M10"选项，在"套合"下拉列表中选择"正常"选项，其余设置默认。完成设置后的 (最初零件)选项卡如图 9-34 所示。

图 9-33　"孔位置"面板　　　　图 9-34　最初零件设置

（6）切换至 ⊞（中间零件）选项卡，单击 ⬚（孔）按钮，并勾选"根据开始孔自动调整大小"复选框，如图 9-35 所示。

（7）切换至 ⊔（最后零件）选项卡，单击 ⬚（孔）按钮，并勾选"根据开始孔自动调整大小"复选框，在"套合"下拉列表中选择"正常"选项，在"终止条件"下拉列表中选择"完全贯穿"选项。完成设置后的面板如图 9-36 所示。

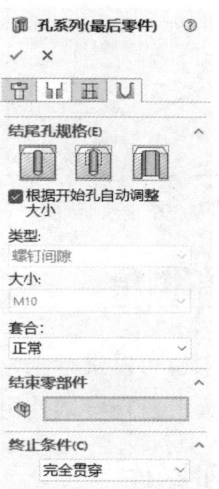

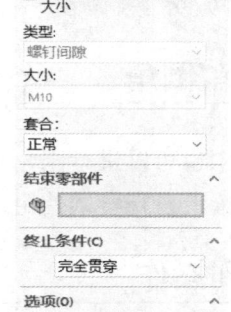

图 9-35 中间零件设置

图 9-36 最后零件设置

（8）单击面板中的 ✓（确定）按钮，完成所有的创建孔操作，如图 9-37 所示。单击 ▦（剖面视图）按钮，通过设置可得到装配体剖面视图如图 9-38 所示。

图 9-37 创建孔

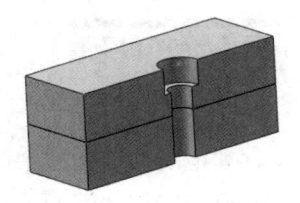

图 9-38 装配体剖面视图

提示：异型孔和简单直孔的创建请参考第 5.2.2 节异型孔向导。

9.3.2 切除特征

装配体中的切除特征包括拉伸切除、旋转切除和扫描切除。此处以"拉伸切除"命令为例，介绍切除特征操作，具体操作步骤如下。

（1）首先创建两个零件并装配，完成后在首个零件的上表面绘制草图，如图 9-39 所示。

（2）单击 ▦（装配体特征）下拉按钮，选择 ▦（拉伸切除）命令，在视图左侧的

"PropertyManager"中弹出"切除-拉伸"面板。

(3) 在"方向 1（1）"选项组中设置终止条件为"给定深度"，设置深度为"15mm"，单击 ✓（确定）按钮，创建拉伸切除特征，如图 9-40 所示。

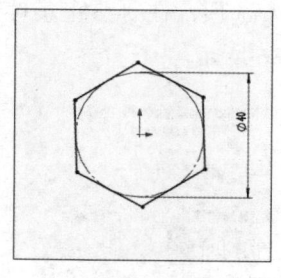

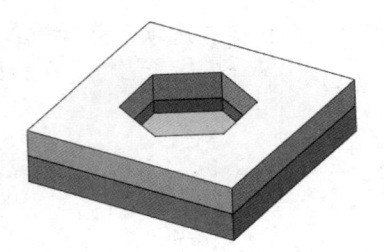

图 9-39　绘制草图　　　　　　图 9-40　创建拉伸切除特征

9.3.3　圆角/倒角

在装配体中也可以进行圆角和倒角操作，具体操作可以参考零件设计模块的圆角和倒角命令。请读者自行尝试使用这两个命令进行操作。

9.3.4　阵列操作

在装配模块中也可以进行阵列操作，阵列操作包括线性零部件阵列、圆周零部件阵列、阵列驱动零部件阵列、草图驱动零部件阵列、曲线驱动零部件阵列和镜向零部件阵列。操作方法请参考零件设计的阵列操作。

9.4　爆炸视图

为了便于直观地观察装配体中的零件与零件之间的关系，需要经常分离装配体中的零件，以形象地分析它们之间的关系。装配体的爆炸视图可以分离其中的零件，以便查看装配体。

在装配体爆炸后，不能为装配体添加任何配合，一个爆炸视图包括一个或多个爆炸步骤，每个爆炸视图都被保存在所生成的装配体配置中，每个配置都可以有一个爆炸视图。

9.4.1　创建爆炸视图

创建爆炸视图是先通过选取目标零件，再利用三重轴对目标零件进行爆炸定位，以确定正确的放置位置。创建的爆炸视图可以被删除，也可以在爆炸步骤中查看其爆炸零件。

(1) 根据起始文件路径打开"装配体.SLDASM"文件，得到如图 9-41 所示的虎口钳装配体文件。

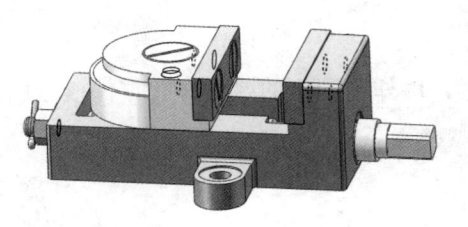

图 9-41 "装配体.SLDASM"文件

（2）单击"装配体"选项卡中的 (爆炸视图)按钮，在视图左侧的"PropertyManager"中弹出"爆炸"面板。

（3）单击要移动的零件，出现零件拖动操纵杆，如图 9-42 所示。单击并拖动操纵杆可实现零件的拖动，如图 9-43 所示。

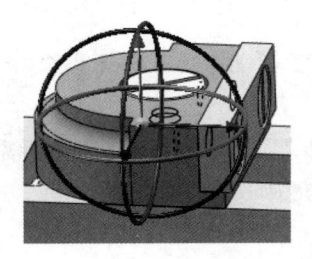

图 9-42 出现零件拖动操纵杆 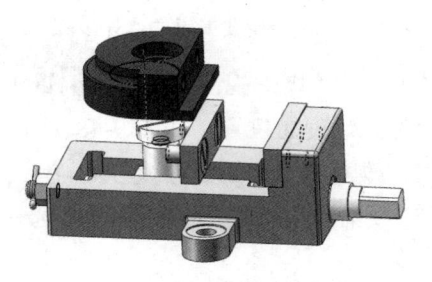　　　　图 9-43 实现零件的拖动

（4）重复步骤（3），实现多零件的拖动操作。同时，在"爆炸"面板的"爆炸步骤"列表框中将显示拖动的所有零件，如图 9-44 所示。绘图区域中的爆炸视图如图 9-45 所示。

（5）在设置完成的情况下，单击"完成"按钮，为下一爆炸步骤做准备。

（6）根据需要生成更多的爆炸步骤，为每一个或每一组零件重复以上步骤后，单击"完成"按钮。

（7）当对爆炸视图满意时，单击 ✓（确定）按钮，生成爆炸视图。

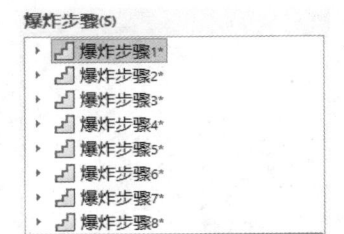

图 9-44 显示拖动的所有零件 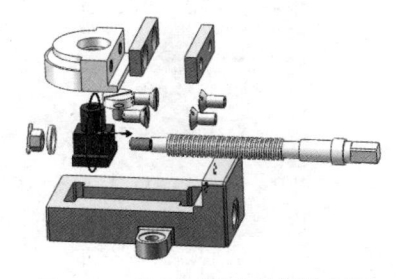　　　　图 9-45 绘图区域中的爆炸视图

9.4.2 编辑爆炸视图

如果对生成的爆炸视图不太满意，则可以对其进行修改。具体操作步骤如下。

（1）在"爆炸"面板的"爆炸步骤"列表框中选择所要编辑的爆炸步骤并双击，如

图 9-46 所示。

(2) 在此时的视图中,爆炸步骤中的要爆炸的零件被蓝色高亮显示,爆炸方向与操纵杆出现,如图 9-47 所示。

图 9-46 选择所要编辑的爆炸步骤

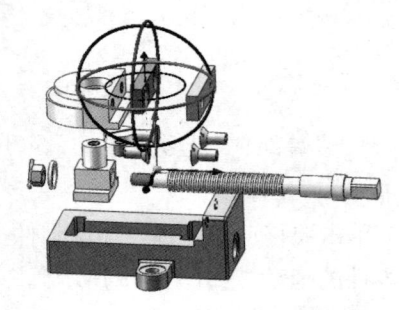

图 9-47 出现爆炸方向与操纵杆

(3) 可在"爆炸视图"面板中编辑相应的参数,或者拖动绿色控标来改变距离参数,直至零件到达理想位置,如图 9-48 所示。

(4) 改变要爆炸的零件或方向,单击对应的爆炸步骤,选择或取消选择所需项目。

(5) 要清除所爆炸的零件并重新选择,可在绘图区域中选中该零件后右击,选择"清除"命令。

(6) 单击 ↶(撤销)按钮,撤销对上一个步骤的编辑操作。

(7) 编辑每一个步骤之后,单击"应用"按钮。

(8) 要删除一个爆炸视图的步骤,可选中该步骤并右击,在弹出的快捷菜单中选择"删除"命令。

(9) 单击 ✓(确定)按钮,完成爆炸视图修改,如图 9-49 所示。

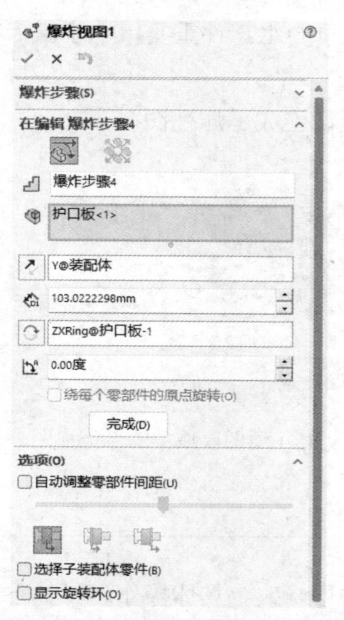

图 9-48 "爆炸视图"面板设置

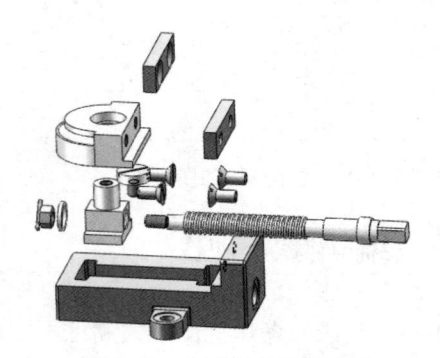

图 9-49 完成爆炸视图修改

9.4.3 爆炸解除

爆炸视图保存在生成它的装配体配置中，每一个装配体配置中都可以有一个爆炸视图，如果要解除爆炸视图，则可以按照下面的步骤进行操作。

（1）在绘图区域左侧边栏中切换至 （ConfigurationManager）选项卡。
（2）单击所需配置旁边的，（打开）按钮，在爆炸视图特征旁单击以查看爆炸步骤。
（3）如果想解除爆炸，则右击爆炸视图特征，在弹出的快捷菜单中选择"删除爆炸步骤"命令，如图9-50所示。
（4）解除爆炸状态后，装配体会恢复到原来的状态，如图9-51所示。

图9-50 选择"删除爆炸步骤"命令

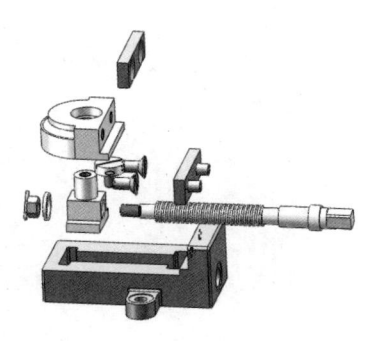

图9-51 恢复所选零件的装配状态

9.5 实例示范

前面介绍了 SOLIDWORKS 零件装配设计所需的命令，本节将通过一个实例综合介绍如何将零件进行装配。

完成装配的千斤顶装配件如图9-52所示，此装配件包括5个主要部分，为方便介绍，已将标准件的装配过程省去，用户可参考本章案例文件"带标件的千斤顶装配.SLDASM"自行装配设计。

为了解装配结构，方便装配操作，可使用"剖面视图"命令对千斤顶装配件进行剖视，如图9-53所示。

图9-52 完成装配的千斤顶装配件

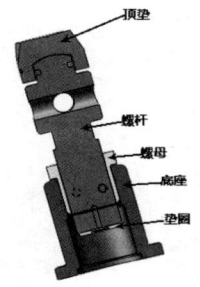

图9-53 千斤顶装配件的剖面视图

9.5.1 新建装配体文件并插入螺杆零件

在开始零件装配设计前,用户需新建装配体文件并插入螺杆零件,开始装配操作。具体操作步骤如下。

(1)选择"文件"→"新建"命令,弹出"新建 SOLIDWORKS 文件"对话框,如图 9-54 所示。

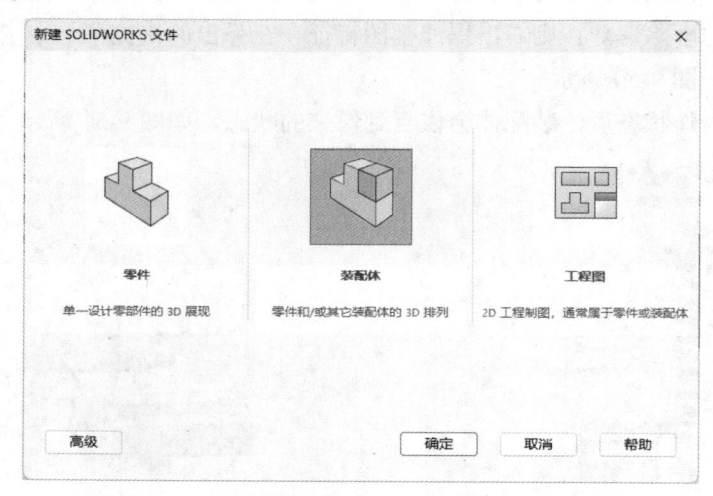

图 9-54 "新建 SOLIDWORKS 文件"对话框

(2)在"新建 SOLIDWORKS 文件"对话框中选择 (装配体)选项,单击"确定"按钮后进入装配体界面,如图 9-55 所示。

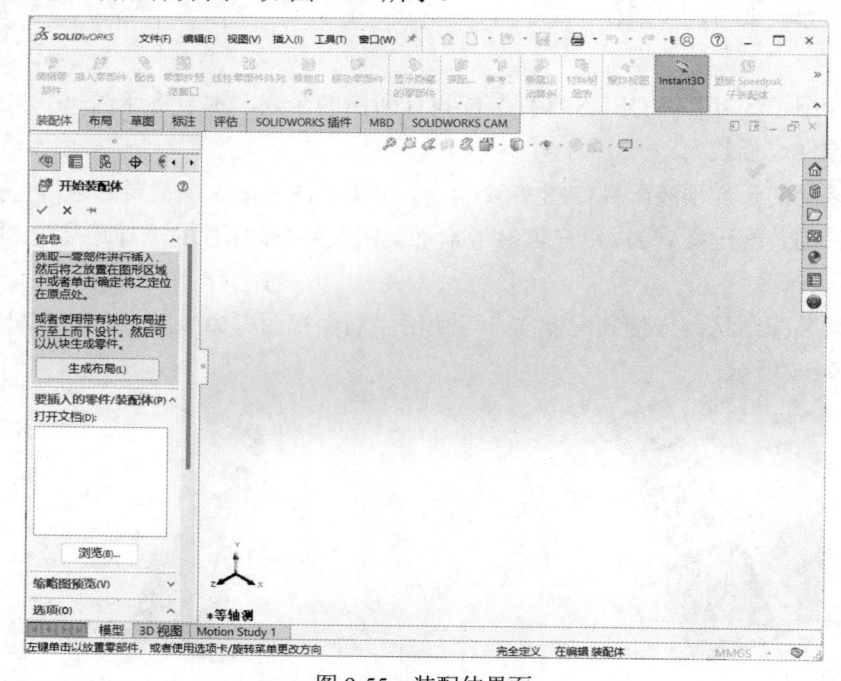

图 9-55 装配体界面

（3）在视图左侧的"PropertyManager"中弹出"开始装配体"面板，如图 9-56 所示，在"要插入的零件/装配体"选项组中单击"浏览"按钮，弹出"打开"对话框。

（4）单击"螺杆.SLDPRT"零件作为装配体的基准零件，单击"打开"按钮，随后单击窗口任意空白位置放置零件。此后，调整视图为"等轴测"，得到如图 9-57 所示的插入零件后的视图。

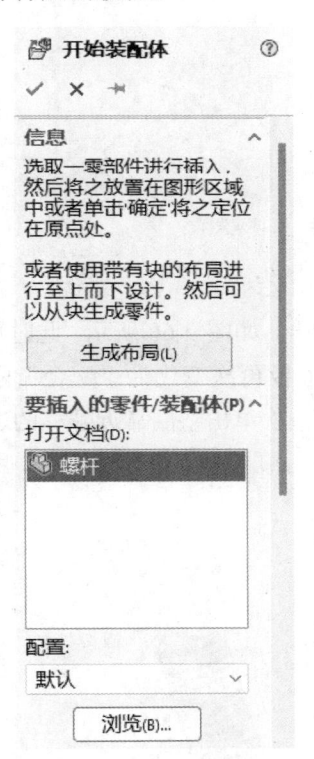

图 9-56 "开始装配体"面板　　　　图 9-57 插入螺杆零件后的视图

9.5.2 插入垫圈零件并配合约束

插入基准零件后即可插入垫圈零件，并对其进行配合约束，具体操作步骤如下。

（1）选择"插入"→"零部件"→"现有零件/装配体"命令，或者单击"装配体"选项卡中的 （插入零部件）按钮，在视图左侧的"PropertyManager"中弹出"插入零部件"面板。

（2）单击"浏览"按钮，弹出"打开"对话框，选择"垫圈.SLDPRT"文件并打开，随后单击窗口任意空白位置放置零件，如图 9-58 所示。

（3）单击 （配合）按钮，在视图左侧的"PropertyManager"中弹出"配合"面板，单击面板中的 （同轴心）按钮，并依次单击垫圈侧表面与螺杆侧表面，"配合"面板变化为"同心"面板，如图 9-59 所示。

图 9-58　插入垫圈后的视图　　　　　　　　图 9-59　"同心"面板

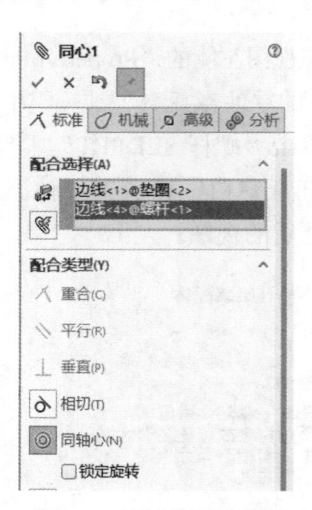

（4）面板变化的同时，两个零件将自动进行同心配合，如图 9-60 所示。此时单击"同心"面板中的 ✓（确定）按钮，完成同心配合操作，面板再次变化为"配合"面板。

（5）单击"配合"面板中的 人（重合）按钮，随后依次单击垫圈靠近螺杆的边线与螺杆靠近垫圈的平面，"配合"面板变化为"重合"面板，并自动配合，如图 9-61 所示。

图 9-60　同心配合结果　　　　　　　　图 9-61　重合配合结果

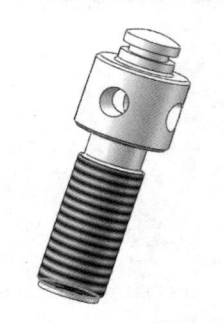

（6）完成配合后单击"重合"面板中的 ✓（确定）按钮，重新回到"配合"面板，再次单击 ✓（确定）按钮，完成垫圈与螺杆的配合操作。

9.5.3　插入螺母零件并配合约束

前文介绍了插入垫圈并与螺杆配合的过程，可继续插入和前文零件相关的零件。具体操作步骤如下。

（1）选择"插入"→"零部件"→"现有零件/装配体"命令，或者单击"装配体"选项卡中的 ☞（插入零部件）按钮，在视图左侧的"PropertyManager"中弹出"插入零部件"面板。

（2）单击"浏览"按钮，弹出"打开"对话框，选择"螺母.SLDPRT"文件并打开，随后单击窗口任意空白位置放置零件，如图 9-62 所示。

第 9 章　零件装配设计

（3）单击 ◎（配合）按钮，在视图左侧的"PropertyManager"中弹出"配合"面板，单击面板中的 ◎（同轴心）按钮，并依次单击螺母侧表面与螺杆侧表面，"配合"面板变化为"同心"面板，如图 9-63 所示。

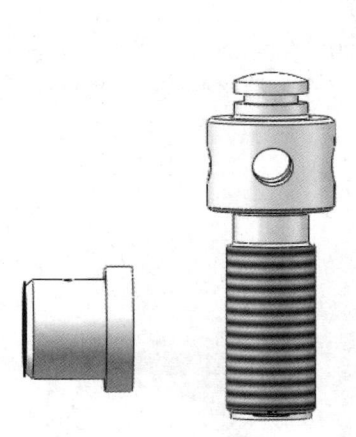

图 9-62　插入螺母后的视图　　　　　　图 9-63　"同心"面板

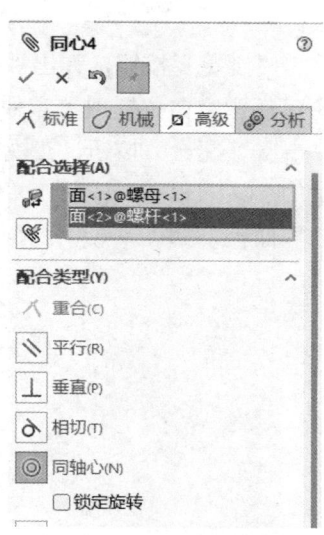

（4）面板变化的同时，两个零件将自动进行同心配合，如图 9-64 所示。此时单击"同心"面板中的 ✓（确定）按钮，完成同心配合操作，面板再次变化为"配合"面板。

（5）单击"配合"面板中的 ⊢⊣（距离）按钮，并设置距离为 50mm，随后依次单击螺母靠近螺杆的平面与螺杆靠近螺母的平面，"配合"面板变化为"距离"面板，并自动配合，如图 9-65 所示。

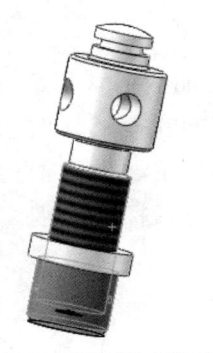

图 9-64　同心配合结果　　　　　　图 9-65　距离配合结果

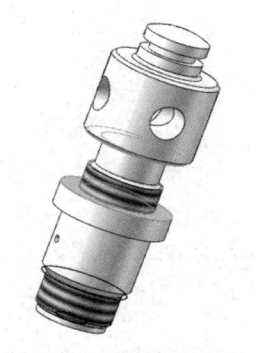

（6）完成配合后单击"距离"面板中的 ✓（确定）按钮，重新返回"配合"面板，再次单击 ✓（确定）按钮，完成螺母与螺杆的配合操作。

9.5.4　插入底座零件并配合约束

由于螺母和底座有接触，所以在此可插入底座零件并进行配合操作，具体操作步骤如下。

(1) 选择"插入"→"零部件"→"现有零件/装配体"命令，或者单击"装配体"选项卡中的 📥 (插入零部件) 按钮，在视图左侧的"PropertyManager"中弹出"插入零部件"面板。

(2) 单击"浏览"按钮，弹出"打开"对话框，选择"底座.SLDPRT"文件并打开，随后单击窗口任意空白位置放置零件，如图 9-66 所示。

(3) 单击 ◎ (配合) 按钮，在视图左侧的"PropertyManager"中弹出"配合"面板，单击面板中的 ◎ (同轴心) 按钮，并依次单击底座侧表面与螺母侧表面，"配合"面板变化为"同心"面板，如图 9-67 所示。

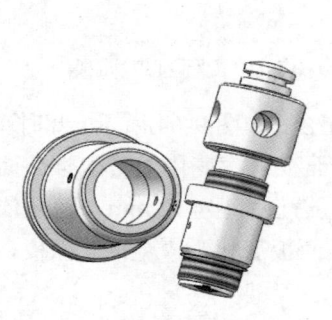

图 9-66 插入底座后的视图

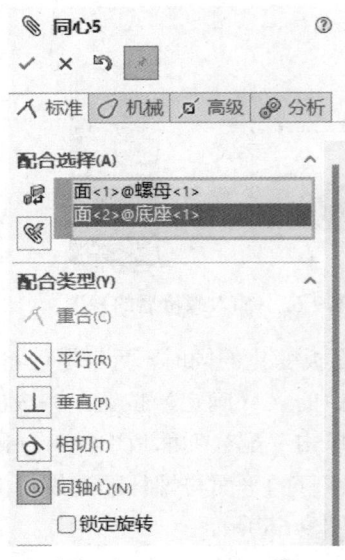

图 9-67 "同心"面板

(4) 面板变化的同时，两个零件将自动进行同心配合，如图 9-68 所示。此时单击"同心"面板中的 ✓ (确定) 按钮，完成同心配合操作，面板再次变化为"配合"面板。

(5) 按之前的顺序来说，下面应为重合配合操作，但两个零件需要进行相互重合配合约束的面被遮挡，此时单击 📥 (移动零部件) 按钮，按住鼠标左键将底座沿轴线进行拖动，将需要使用的平面显示出来，如图 9-69 所示。

图 9-68 同心配合结果

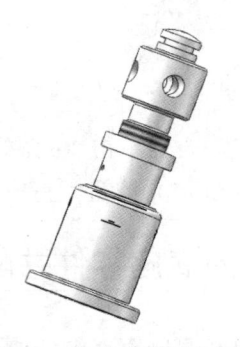

图 9-69 移动底座后的视图

第 9 章
零件装配设计

（6）单击"配合"面板中的 ⊼（重合）按钮，并依次单击底座的上平面与螺母的下平面，"配合"面板变化为"重合"面板并自动配合，如图 9-70 所示。

（7）完成配合后单击"重合"面板中的 ✓（确定）按钮，重新回到"配合"面板，再次单击 ✓（确定）按钮，完成底座与螺母的配合操作。

9.5.5 插入顶垫零件并配合约束

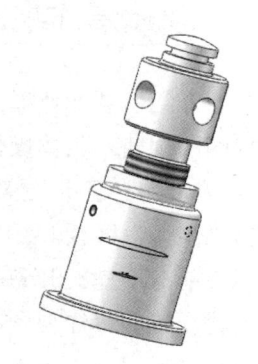

图 9-70 重合配合结果

将最后一个顶垫零件插入视图并进行配合约束后即可完成此装配件。具体操作步骤如下：

（1）选择"插入"→"零部件"→"现有零件/装配体"命令，或者单击"装配体"选项卡中的 ☞（插入零部件）按钮，在视图左侧的"PropertyManager"中弹出"插入零部件"面板。

（2）单击"浏览"按钮，弹出"打开"对话框，选择"顶垫.SLDPRT"文件并打开，单击窗口任意空白位置放置零件，如图 9-71 所示。

（3）单击 ◎（配合）按钮，在视图左侧的"PropertyManager"中弹出"配合"面板，单击面板中的 ⊼（重合）按钮，并依次单击螺杆的上边线与顶垫最内侧的弧形面，"配合"面板变化为"重合"面板，如图 9-72 所示，自动配合得到如图 9-73 所示的视图。

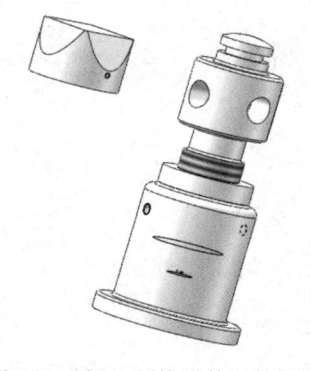

图 9-71 插入顶垫零件后的视图

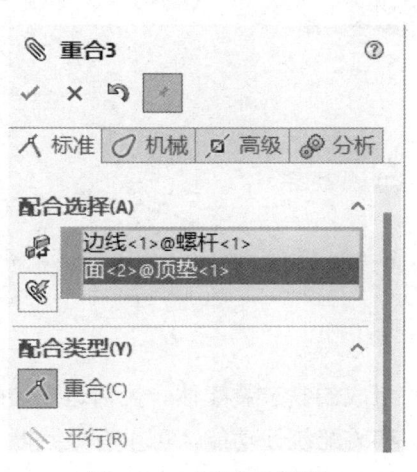

图 9-72 "重合"面板

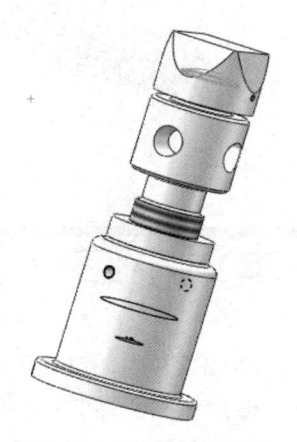

图 9-73 插入顶垫零件

（4）完成配合后单击"重合"面板中的 ✓（确定）按钮，重新回到"配合"面板。再次单击 ✓（确定）按钮，完成底座零件同螺母零件的配合操作。

9.5.6 创建爆炸视图

前面介绍了装配体插入零件并进行配合约束操作的过程，完成上述过程后即可开始爆炸视图的创建。具体操作步骤如下。

（1）单击"装配体"选项卡中的 按钮，在视图左侧的"PropertyManager"中弹出"爆炸"面板。

（2）单击顶垫，出现零件操纵杆如图 9-74 所示。单击并拖动操纵杆，实现零件的移动，创建顶垫的爆炸视图，如图 9-75 所示。

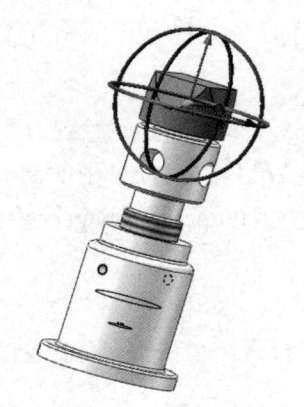

图 9-74　出现零件操纵杆

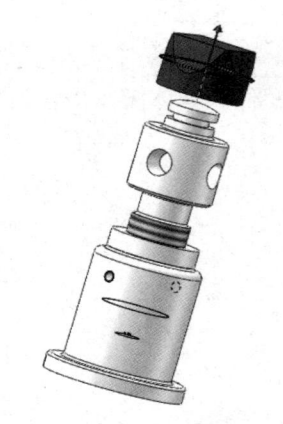

图 9-75　创建顶垫的爆炸视图

（3）重复操作，创建各零件的爆炸视图，如图 9-76 所示。

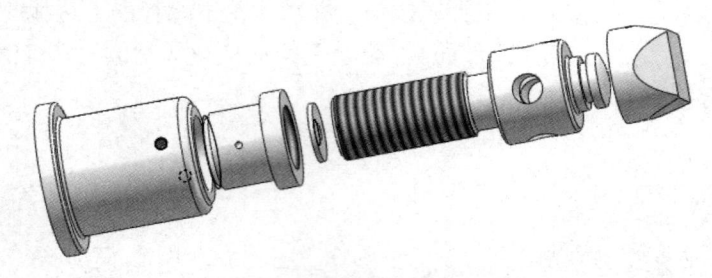

图 9-76　创建各零件的爆炸视图

9.6　本章小结

在 SOLIDWORKS 中，可以生成由许多零件组成的复杂装配体。灵活运用装配体中的干涉检查、爆炸视图、轴测剖视图、压缩状态和装配统计功能，可以有效判断零件在虚拟现实中的装配关系和干涉位置等，为装配体的虚拟设计提供强大助力。

9.7 习题

一、填空题

1. 将构成产品功能或结构的零件按设计意图组成一个组件，中间的组合动作叫_____，装配结果叫_____或_____。

2. 装配体的设计生成方法有两种，即_____和_____，可以将两种方法结合使用。

3. SOLIDWORKS 提供了在装配体中创建孔特征的命令，包括_____、异型孔向导和_____。

4. 装配体中的切除特征包括_____、旋转切除和_____。

二、问答题

1. 请简述装配体设计生成的两种方法。
2. 干涉检查的作用是什么？
3. 进行爆炸视图操作的作用是什么？

三、上机操作

1. 参照"源文件起始路径/素材文件/Char09"路径，打开如图 9-77 所示的虎口钳装配视图，请读者参考本章内容及虎口钳装配结果自行装配部件。

2. 参照"源文件起始路径/素材文件/Char09"路径，打开如图 9-78 所示的三爪卡盘装配视图，请读者参考本章内容及三爪卡盘装配结果自行装配部件。

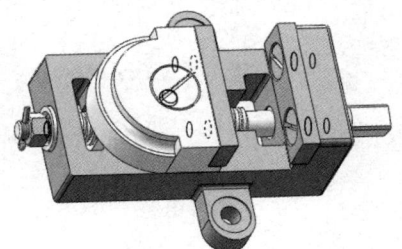

图 9-77　上机操作习题视图 1 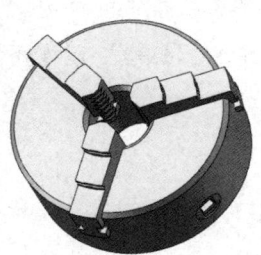　　　　图 9-78　上机操作习题视图 2

第10章

工程图设计

工程图可以表达产品的功能、作用,是指导生产的重要依据。SOLIDWORKS 可以使用二维几何创建工程图,也可以将三维的零件图或装配体设计图转换为二维的工程图。本章将介绍如何将三维模型转换为二维工程图。

学习目标

1. 了解工程图的入门知识。
2. 熟悉图纸格式的设定。
3. 熟练掌握标准工程视图的操作方法。

第 10 章 工程图设计

10.1 工程图

在工程设计中，工程图是用来指导生产的主要技术文件，通过一组具有规定表达方式的二维多面正投影、标注尺寸、表面粗糙度符号和公差配合来指导机械加工。

10.1.1 工程图概述

零件、装配体和工程图是互相链接的文件，对零件或装配体所作的任何更改都会导致工程图文件产生相应的变更。

工程图文件的扩展名为.SLDDRW，其中包含一个或多个由零件或装配体创建的视图。用户可以在零件或装配体文件中创建工程图，也可以直接打开现有的工程图。一般新工程图的名称使用的是所插入的第一个模型的名称，该名称将出现在标题栏中。

工程图窗口与零件、装配体窗口相似，也包含"FeatureManager 设计树"。在工程图窗口的"FeatureManager 设计树"中包含项目层次关系的清单。每张图纸下都有各自对应的图纸格式和图标、视图名称。

在保存工程图时，模型名称会作为默认文件名出现在"另存为"对话框中，并带有默认扩展名.SLDDRW，但是在保存工程图文件之前可以编辑该名称。

10.1.2 打开工程图

单击"标准"工具栏中的 (打开) 按钮，或者选择"文件"→"打开"命令，或者按快捷键"Ctrl+O"。

在弹出的"打开"对话框中选择后缀为.SLDDRW 的工程图文件，如图 10-1 所示。单击"打开"按钮，打开该工程图文件。

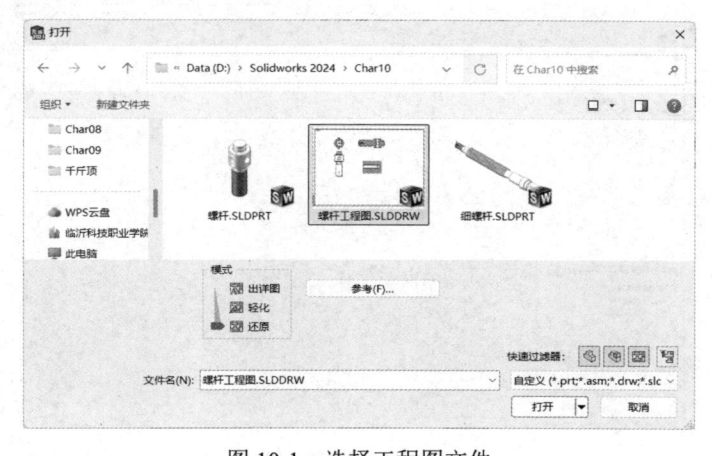

图 10-1 选择工程图文件

> **注意**：SOLIDWORKS 将会寻找与模型名称及模型文件夹名称相同的工程图。如果工程图存在，则自动打开。如果工程图不存在，则出现浏览窗口，需手动找到工程图。

10.1.3 新建工程图

工程图中包含一个或多个由零件或装配体创建的视图。在新建工程图前，必须先保存与它相关的零件或装配体。具体操作步骤如下。

（1）单击"标准"工具栏中的 □（新建）按钮，弹出"新建 SOLIDWORKS 文件"对话框，如图 10-2 所示。

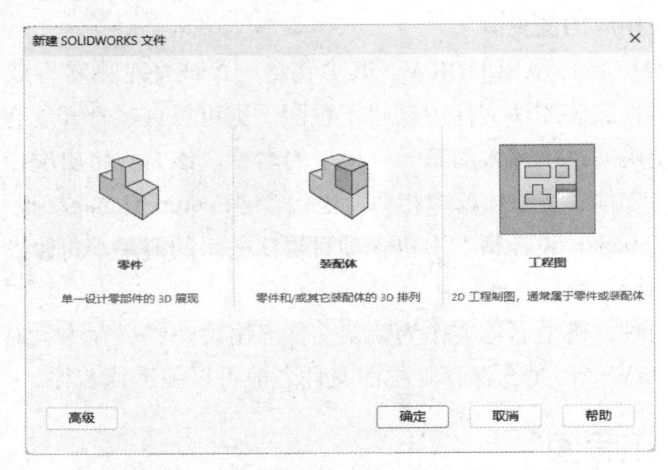

图 10-2 "新建 SOLIDWORKS 文件"对话框

（2）选择 （工程图）选项，单击"确定"按钮，打开如图 10-3 所示的空白图纸，并在视图左侧的"PropertyManager"中弹出"模型视图"面板。

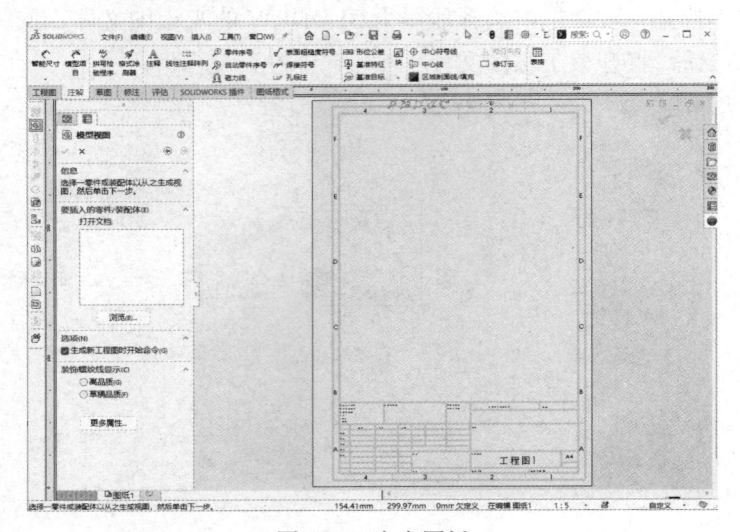

图 10-3 空白图纸

（3）单击"模型视图"面板中的"浏览"按钮，弹出"打开"对话框，如图 10-4 所示，单击零件或装配文件，随后单击"打开"按钮，弹出如图 10-5 所示的"SOLIDWORKS"对话框，单击"重建"按钮，"模型视图"面板发生变化。

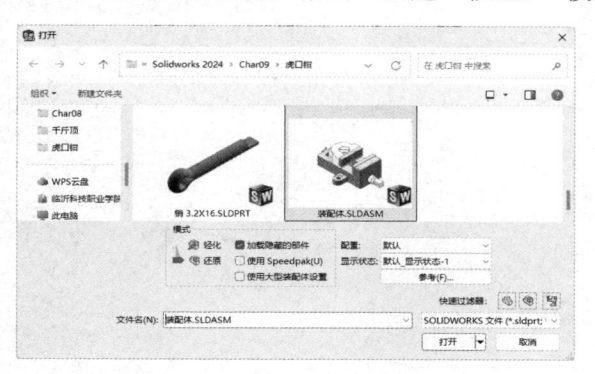

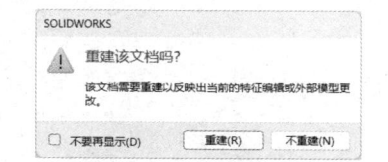

图 10-4　"打开"对话框　　　　图 10-5　"SOLIDWORKS"对话框

（4）"模型视图"面板的"方向"选项组如图 10-6 所示，可单击其中的按钮来确定第一个视图方向。例如，单击◎（等轴测）按钮，并在图纸中的任意位置单击，可创建等轴测二维视图，如图 10-7 所示。

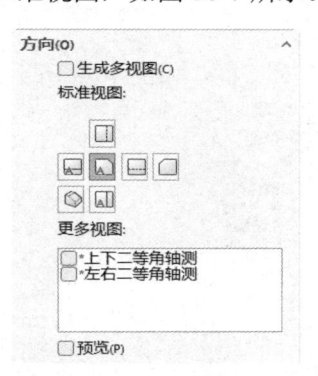

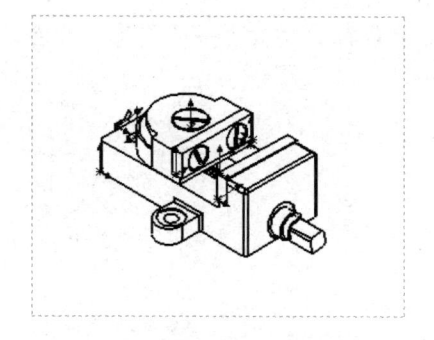

图 10-6　"方向"选项组　　　　图 10-7　等轴测二维视图

（5）用户可单击"方向"选项组中的其他按钮改变视图方向，完成二维视图创建后单击"模型视图"面板的 ✓（确定）按钮，完成单个二维视图的创建。

10.1.4　工程图打印

用户可以打印或绘制整张工程图纸，也可以只打印图纸中的所选区域。在打印时，可以选择黑白打印（默认值）或彩色打印，也可以为单独的工程图纸指定打印方式，或者使用电子邮件应用程序将当前 SOLIDWORKS 文件发送到另一个系统中。

1. 彩色打印工程图

（1）在工程图中，根据需要修改实体的颜色。选择"文件"→"页面设置"命令，弹出"页面设置"对话框，如图10-8所示。

图10-8 "页面设置"对话框

（2）在"页面设置"对话框中设置合适的参数，随后单击"确定"按钮，完成页面设置操作。

（3）选择"文件"→"打印"命令，弹出"打印"对话框，如图10-9所示。

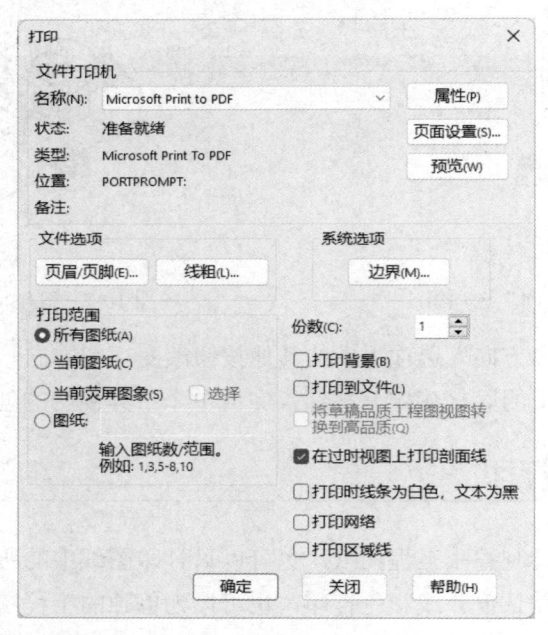

图10-9 "打印"对话框

（4）在"打印"对话框的"名称"下拉列表中选择支持彩色打印的打印机。当指定的打印机被设定为彩色打印时，打印预览也将以彩色的方式显示工程图。

单击"属性"按钮，检查所设定的彩色打印所需的参数是否正确，随后单击"确定"

按钮进行打印。

提示：
- "自动"：SOLIDWORKS 可检测打印机或绘图机的能力，如果打印机或绘图机能够进行彩色打印，则发送彩色信息；否则，将发送黑白信息。
- "颜色/灰度级"：不论打印机或绘图机的能力如何，SOLIDWORKS 都将发送彩色信息到打印机或绘图机中。黑白打印机通常以灰度级打印，当彩色打印机或绘图机自动设定以黑白打印时，使用此命令可彩色打印。
- "黑白"：不论打印机或绘图机的能力如何，SOLIDWORKS 都将以黑白的形式发送所有实体到打印机或绘图机中。

2. 打印工程图的所选区域

（1）选择"文件"→"打印"命令，弹出"打印"对话框，在"打印"对话框的"打印范围"选项组中，单击选中"当前荧屏图像"单选按钮，勾选"选择"复选框，如图 10-10 所示。

（2）单击"确定"按钮，弹出"打印所选区域"对话框，如图 10-11 所示，同时在工程图纸中出现选择框，该框用于反映文件、页面、打印等设置下的当前打印机的参数，如纸张的大小、方向等。

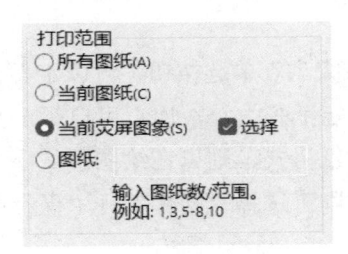

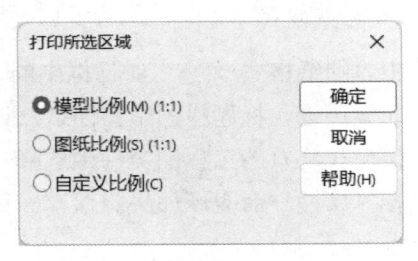

图 10-10　打印范围设置①　　　　图 10-11　"打印所选区域"对话框

（3）选择比例因子并应用于所选区域。

"打印所选区域"对话框中各选项的含义如下。
- 模型比例（1∶1）：默认值，表示所选区域按实际尺寸打印，即毫米的模型尺寸按毫米打印。
- 图纸比例（1∶1）：表示所选区域按图纸比例打印。如果工程图大小和纸张大小相同，则打印整张图纸；否则，只按它在整张图纸中的显示内容打印所选区域。
- 自定义比例：所选区域按自定义比例打印。在文本框中输入需要的数值，随后单击任意位置应用比例。当改变比例因子时，选择框的大小将相应改变。

（4）将选择框拖动到想要打印的区域。可以拖动整个选择框，但不能通过拖动单独的边来控制所选区域。

---

① 本书中"当前荧屏图象"的正确写法为"当前荧屏图像"，下同。

10.2 图纸格式与工具栏

创建工程图的第一步是选择图纸格式,可以采用标准图纸格式,也可以自定义和修改图纸格式。标准图纸格式包括系统属性和自定义属性的链接。图纸格式有助于创建具有统一格式的工程图。工程图视图格式被视为 OLE 文件,因此可以嵌入对象文件中,如位图等。

10.2.1 格式说明

图纸格式包括图框、标题栏和明细栏,图纸格式有两种类型。

1. 标准图纸格式

SOLIDWORKS 系统提供了各种适用于标准图纸的图纸格式,用户可以选择"插入"→"图纸"命令,在弹出的"图纸格式/大小"对话框的"标准图纸大小"选择框中选择一种图纸格式。其中包括 A1、A2、A3、A4 四种格式,如图 10-12 所示。

2. 无图纸格式

选中"图纸格式/大小"对话框中的"自定义图纸大小"单选按钮,可以定义无图纸格式,即无边框、标题栏的空白图纸,该格式要求指定纸张大小,用户可自行定义。

如果想在现有的工程图文件中选择一种不同的图纸格式,则可在绘图区域中右击,随后选择"属性"命令。如果想保存一种图纸格式,则可选择"文件"→"保存图纸格式"命令。

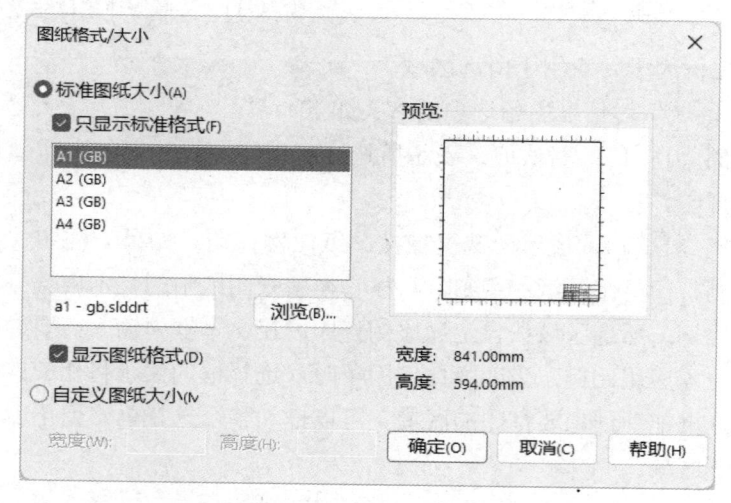

图 10-12 标准图纸格式

10.2.2 图纸格式修改

本节将介绍修改图纸标准格式、设置图纸属性和多张工程图纸设定的方法。

1. 修改图纸标准格式

（1）右击"FeatureManager 设计树"中的"图纸 1"图标，或者右击图纸上的空白区域，在弹出的快捷菜单中选择"编辑图纸格式"命令。如图 10-13 所示，此时的"图纸 1"正处于被编辑状态。

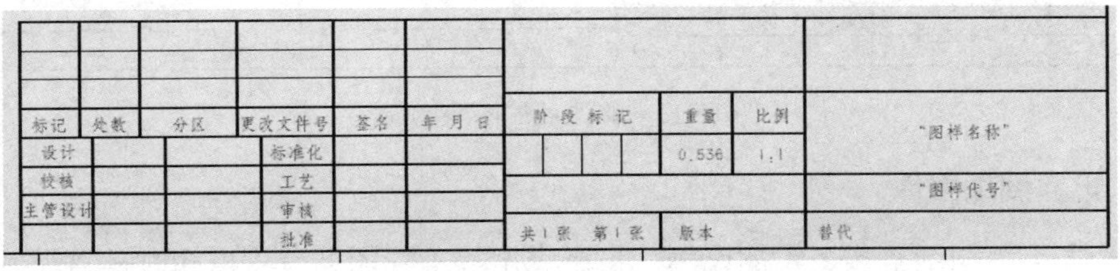

图 10-13　编辑图纸格式

（2）编辑图中现有文字。双击文字，弹出"格式化"工具栏，在要修改的位置输入所需文字，如图 10-14 所示，并根据需要修改字体类型、字体大小等属性。随后单击除文字之外的区域，退出编辑模式。

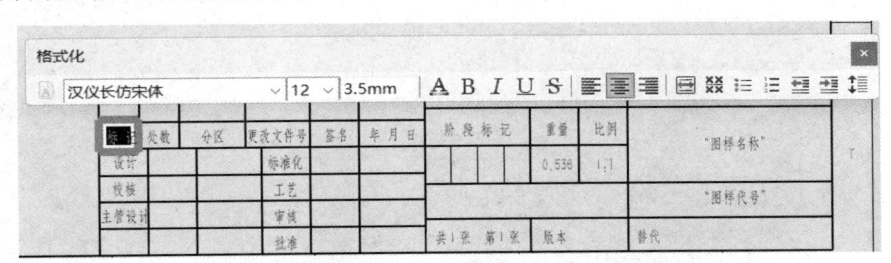

图 10-14　编辑图中现有文字

（3）如果要删除多余的线条或文字，则可在单击选中线条或文字后按键盘中的"Del"键。

（4）如果要移动、添加线条或文字，则可单击选中线条或文字并将其拖动到新的位置，或者使用草图绘制工具的绘制直线命令添加线条。

（5）依次编辑完图纸格式后，选择"文件"→"保存图纸格式"命令，图纸格式保存的默认位置是安装目录/data。

（6）如果要替换标准图纸格式，则可在标准格式清单中选择图纸格式，随后单击"确定"按钮。如果要使用新名称保存图纸格式，则可选择用户图纸格式。单击"浏览"按钮，选择所需目录，输入新的图纸格式名称，随后单击"保存"按钮，所修改的图纸格式将以扩展名为.SLDDRT 的文件保存下来。

（7）保存完毕后，返回编辑图纸状态。返回编辑图纸状态的方法有 3 种。

- 选择"编辑"→"图纸"命令。

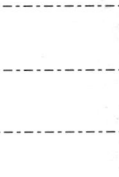

- 在"FeatureManager 设计树"中右击图纸或模板的图标,在快捷菜单中选择"编辑图纸"命令。
- 右击图纸中的空白处,随后在快捷菜单中选择"编辑图纸"命令。

修改后的图纸标题栏如图 10-15 所示。

图 10-15 修改后的图纸标题栏

2. 设置图纸属性

纸张大小、图纸格式、绘图比例、投影类型等工程图细节可以随时在"图纸属性"对话框中更改。

(1)右击"FeatureManager 设计树"中的 ▢(图纸)图标,在弹出的快捷菜单中选择 ▤(属性)命令,或者右击工程图图纸中的空白区域或工程图窗口底部的图纸标签,随后从快捷菜单中选择"属性"命令,弹出"图纸属性"对话框,如图 10-16 所示。

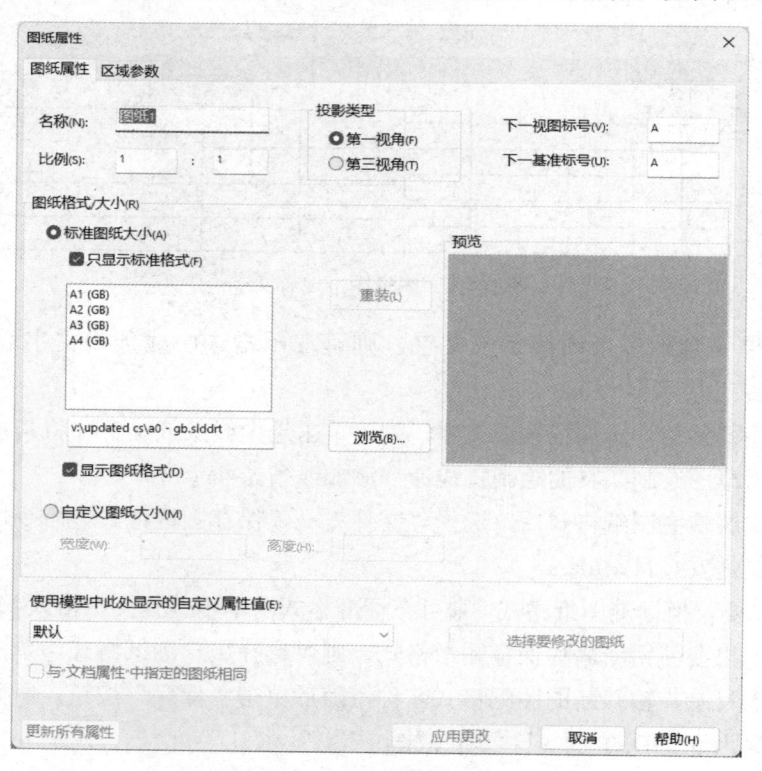

图 10-16 "图纸属性"对话框

（2）如果图纸中有一个以上的模型，且工程图中包含链接到模型自定义属性的注解，则可选择包含想使用的模型属性的视图。如果没有另外指定视图，则将使用插入图纸的第一个视图的模型属性。

（3）根据需要设定图纸的各种类型，设定完毕后单击"确定"按钮。

3．多张工程图纸设定

（1）选择"插入"→"图纸"命令，或者右击"FeatureManager 设计树"中的 （图纸）图标，在弹出的快捷菜单中选择"添加图纸"命令，如图 10-17 所示。

（2）完成以上操作后即可添加一张图纸，在"FeatureManager 设计树"中会多出一个图纸标签，如图 10-18 所示。

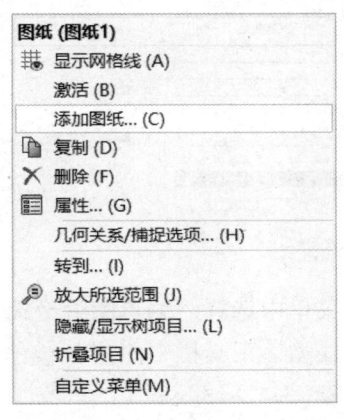

图 10-17 "添加图纸"命令　　　　图 10-18 图纸标签

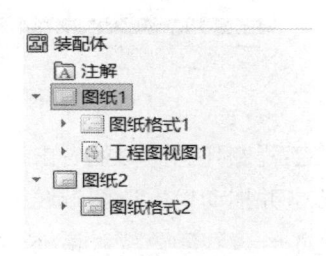

（3）如果需要查看另一张图纸，则选择"激活"命令，即首先在图纸下方单击要激活图纸的图标，随后在快捷菜单中选择"激活"命令。

（4）如果要删除多余的工程图纸，则单击"FeatureManager 设计树"中要删除图纸的标签或图标，随后选择"删除"命令。还可以右击图纸区域的任意位置，随后在快捷菜单中选择"删除"命令。

10.2.3 "工程图"工具栏

系统默认在新建工程图的同时打开"工程图"工具栏，如图 10-19 所示，如果要打开或关闭"工程图"工具栏，则可选择"视图"→"工具栏"→"工程图"命令。"工程图"工具栏提供了一系列用于工程图操作的命令，用户可单击激活命令，其中命令的用法将在后文进行具体介绍。

图 10-19 "工程图"工具栏

10.2.4 "线型"工具栏

一般在工程图中添加实体工程图之前,需要先修改"线型"工具栏中的线色、线粗、线型属性,这样添加到工程图中的任何类型的实体使用的都是指定的线型和线粗,直到重新选择格式。"线型"工具栏包括线色、线粗、线型和颜色显示模式等属性。

(1) 如果打开的图纸文件中没有"线型"工具栏,则选择"视图"→"工具栏"→"线型"命令。

(2) 单击"线型"工具栏中的 ◈(图层属性)按钮,弹出"图层"对话框,单击"新建"按钮新建的图层,双击修改名称并输入"装配体",如图 10-20 所示。

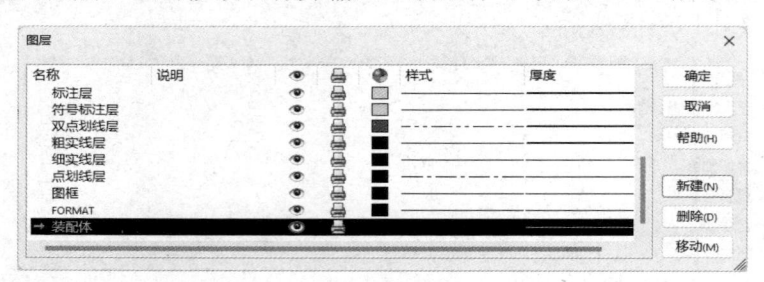

图 10-20 图层属性设置

(3) 在工程图任意空白处右击,在弹出的快捷菜单中选择"编辑图纸格式"命令。

(4) 单击并拖动以框选图纸线框,随后单击"线型"工具栏中的 ✎(线色)按钮,弹出"设定下一直线颜色"对话框,如图 10-21 所示。

(5) 在对话框中选择一种颜色,单击"确定"按钮,完成线框颜色修改。

(6) 单击要更改线型的线条,随后单击"线型"工具栏中的 ≡(线粗)按钮,在"线粗"下拉列表中选择"0.5mm"选项,此时线框线条的粗细发生改变。

图 10-21 "设定下一直线颜色"对话框   图 10-22 "线粗"下拉列表

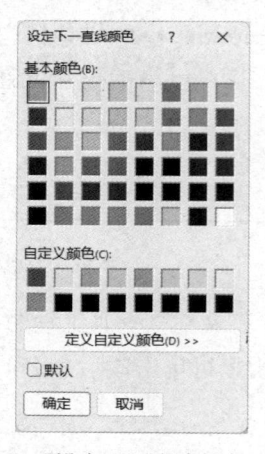

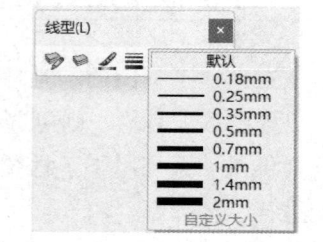

(7) 单击"线型"工具栏中的 ▬(线条样式)按钮,弹出"线条样式"列表框,如图 10-23 所示,选择线条样式,改变工程图的线条样式。

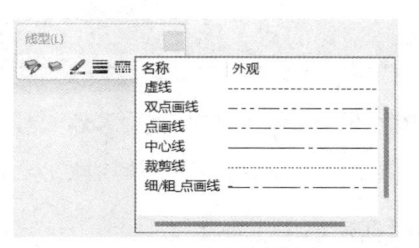

图 10-23 线条样式

（8）单击 按钮，线色会在所设定的颜色之间切换。

10.2.5 "图层"工具栏

在 SOLIDWORKS 工程图文件中可以创建图层，并为每个图层中新建的实体指定线色、粗细和线型。也可以隐藏或显示单个图层，还可以将实体从一个图层移动到另一个图层。

（1）将尺寸和注解（包括注释、区域剖面线、块、折断线、装饰螺纹线、局部视图图标、剖面线及表格）移动到图层上后，将使用图层指定的颜色。

> **注意**：将块移动到图层上，块并不会继承图层属性，必须使用"块定义"功能选择块的单个实体后将其移动到图层上，实体才会继承图层属性。

（2）草图实体可以继承图层的所有属性。

（3）将零件或装配体工程图中的零件移动到图层上。零件线型包括一个用于为零件选择命名图层的清单。

（4）如果将.DXF 或.DWG 文件传输到一个工程图中，则系统会自动建立图层。在最初创建.DXF 或.DWG 文件的系统中，指定的图层信息（名称、属性和实体位置）也会被保留。

（5）如果将带有图层的工程图作为.DXF 或.DWG 文件输出，则图层信息将包含在文件中。当在目标系统中打开文件时，实体都会位于相同的图层上，并且具有相同的属性，除非使用映射将实体重新导向新的图层。

在工程图中单击"线型"工具栏中的 按钮，在弹出的"图层"对话框中单击"新建"按钮，随后输入新图层的名称。

10.3 标准工程视图

2D 工程图可以由 3D 实体零件和装配体创建。一个完整的工程图可以包括一个或几个通过模型建立的标准视图，也可以包括在现有标准视图基础上建立的其他派生视图。

标准工程视图一般有 4 种类型，标准三视图、模型视图、相对视图和预定义的视图。

10.3.1 标准三视图

标准三视图是由零件建立的，它能为所显示的零件或装配体同时创建 3 个相关的默认正交前视图，在投影类型图纸设定中选定第一视角或第三视角投影法。

1．创建新工程图的同时创建标准三视图

（1）以前文介绍的方法创建一个新工程图，在视图左侧的"PropertyManager"中弹出"模型视图"面板，单击选中"要插入的零件/装配体"选项组的零件或装配体，或者单击"浏览"按钮确定文件。

（2）勾选"模型视图"面板"方向"选项组中的"生成多视图"复选框，并依次单击 ◻（前视）按钮、◻（左视）按钮和 ◻（上视）按钮，完成设置后的"模型视图"面板如图 10-24 所示。

（3）单击"模型视图"面板中的 ✓（确定）按钮，完成三视图的创建，如图 10-25 所示。

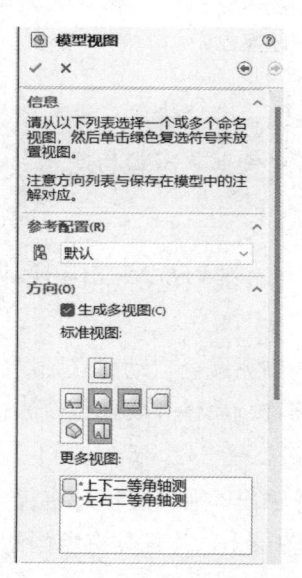

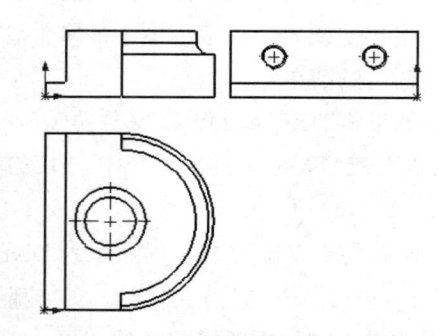

图 10-24　"模型视图"面板设置　　图 10-25　创建新工程图的同时创建标准三视图

2．使用标准方法创建标准三视图

（1）新建一张图纸或打开模板图纸。

（2）单击"工程图"工具栏中的 ◻（标准三视图）按钮，或者选择"插入"→"工程视图"→"标准三视图"命令，在视图左侧的"PropertyManager"中弹出"标准三视图"面板，如图 10-26 所示。

（3）单击"浏览"按钮，弹出"打开"对话框，选择零件或装配体，随后单击"打开"按钮。

（4）此时，在工程图纸中系统将自动添加标准三视图关系。如有必要，则可单击选中其中一个视图并拖动，进行位置调整，如图 10-27 所示。

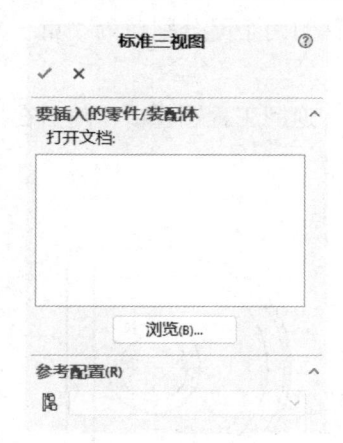

图 10-26 "标准三视图"面板设置

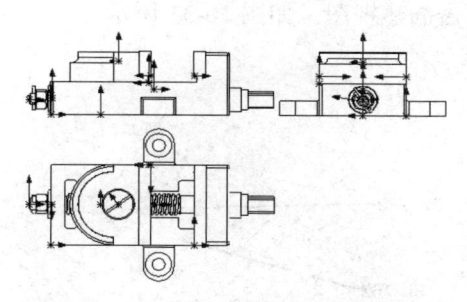

图 10-27 使用标准方法创建标准三视图

10.3.2 模型视图

在将模型视图插入工程图文件中时，创建的新工程图左侧会默认弹出"模型视图"面板。在模型文件中可通过视图名称为视图选择方向。

10.3.3 相对于模型视图

相对于模型视图是一个正交视图，由模型中的两个直交面或基准面及各自的具体方位的规格定义。具体操作步骤如下。

（1）用户首先需要打开一个零件或装配体部件，并创建一张空白图纸。

（2）选择"插入"→"工程视图"→"相对于模型"命令，在视图左侧的"PropertyManager"中弹出"相对视图"面板，如图 10-28 所示。

（3）使用"窗口"菜单切换至用户已打开的零件或装配体的视图，此时左侧的"相对视图"面板发生变化，如图 10-29 所示。

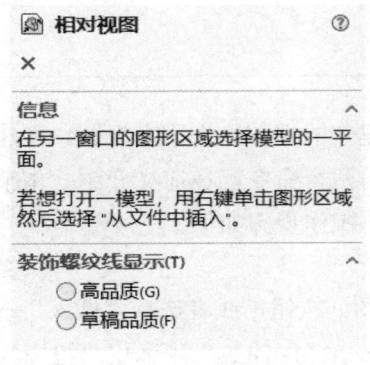

图 10-28 "相对视图"面板

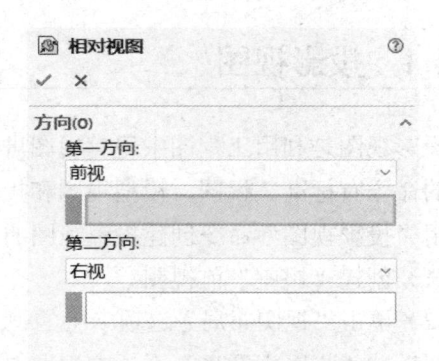

图 10-29 变化了的"相对视图"面板

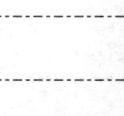

(4）在"相对视图"面板的"第一方向"下拉列表中选择"前视"选项，在"第二方向"下拉列表中选择"右视"选项，并依次单击零件的两个面分别作为"第一方向"和"第二方向"，如图 10-30 所示。

（5）单击"相对视图"面板中的 ✓（确定）按钮，返回工程图窗口，随后在任意位置单击创建视图，如图 10-31 所示。

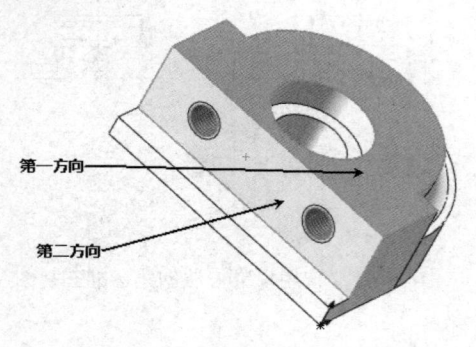

图 10-30 选择零件的两个面

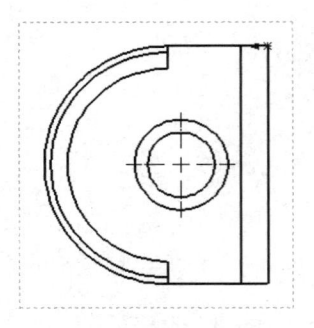

图 10-31 创建视图

10.3.4 预定义的视图

定义工程图图纸中的视图并增殖视图，将带预定义视图的工程图文件保存为文件模板。具体操作步骤如下。

创建一张空白图纸，选择"插入"→"工程视图"→"预定义的视图"命令，在图纸任意位置单击放置视图，随后单击 ✓（确定）按钮完成操作。

10.4 派生的工程视图

派生的工程视图是在现有工程视图的基础上建立起来的视图，包括投影视图、辅助视图、剪裁视图、局部视图、剖面视图和断裂视图等。

10.4.1 投影视图

投影视图是利用工程图中现有视图进行投影而建立的视图，为正交视图。创建投影视图的命令有标准三视图、模型视图和投影视图，前两个命令已在前文介绍，本节将介绍使用"投影视图"命令创建投影视图的方法。具体操作步骤如下。

（1）创建"钳座"前视图。

（2）单击"视图布局"选项卡中的 ❒（投影视图）按钮，或者选择"插入"→"工程视图"→"投影视图"命令，在视图左侧的"PropertyManager"中弹出"投影视图"面板。

（3）移动鼠标，用户可发现视图投影随鼠标指针的位置移动。选择投影的方向，将鼠标指针移动到所选视图的相应侧并单击，创建投影视图，如图 10-32 所示。

（4）当移动鼠标指针时，如果设置了拖动工程图视图时显示其内容，则视图的预览会被显示，同时也可以控制视图的对齐。

（5）将鼠标指针放在被选视图的不同方向会得到不同的投影视图。可按所需投影方向将鼠标指针移动到所选视图的相应侧，并在合适的位置单击，创建投影视图，如图 10-33 所示。

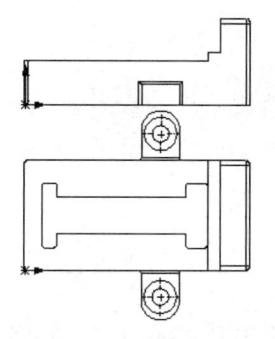

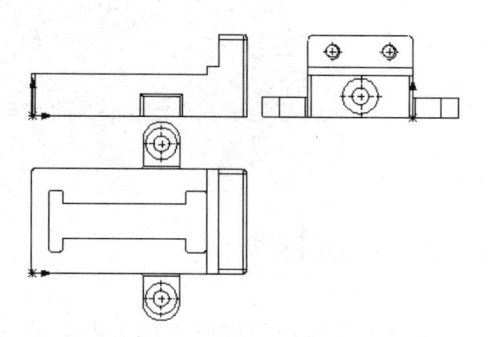

图 10-32　创建投影视图　　　　图 10-33　按所需投影方向创建投影视图

10.4.2　辅助视图

辅助视图相当于机械制图中的斜视图，用于表达机件的倾斜结构，是垂直于现有视图中参考边线的正投影视图，但参考边线不能是水平或竖直的，否则创建的就是投影视图。

（1）创建"钳座"前视图。

（2）在该视图旁绘制一条斜线段，设置该线段与水平直线的夹角为 30 度，如图 10-34 所示。

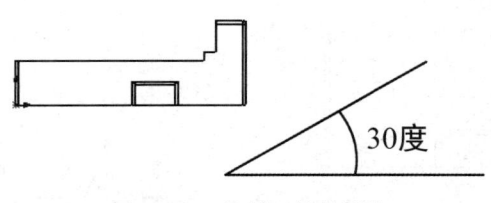

图 10-34　绘制一条斜线段

（3）单击选中需创建辅助视图的参考视图，随后单击"视图布局"选项卡中的（辅助视图）按钮，或者选择"插入"→"工程视图"→"辅助视图"命令，在视图左侧的"PropertyManager"中弹出"辅助视图"面板。

（4）单击绘制的斜线段可出现辅助视图预览。移动鼠标指针至合适位置并单击放置视图，可创建辅助视图，如图 10-35 所示。

（5）如有必要，则可编辑视图标号并更改视图方向。在主视图中，角度边线被选用展开辅助视图，如名为 AB 的视图箭头。

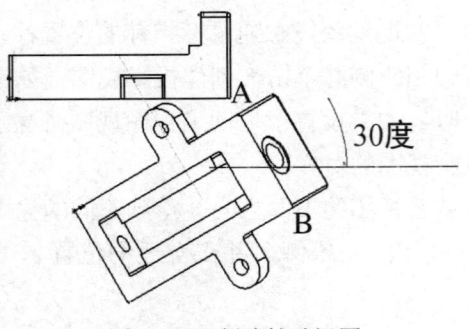

图 10-35 创建辅助视图

> 在"FeatureManager 设计树"中,辅助视图零件的剖面视图或局部视图的实体不可使用。

10.4.3 剪裁视图

剪裁视图是在现有视图中剪去不必要的部分,使得视图所表达的内容既简练又能突出重点。具体操作步骤如下。

(1) 创建"钳座"前视图。

(2) 单击"草图"工具栏中的 ∿ (样条曲线) 按钮,在视图中绘制封闭的轮廓,如图 10-36 所示。

(3) 单击"工程图"工具栏中的 (剪裁视图) 按钮,或者选择"插入"→"工程视图"→"剪裁视图"命令,除封闭轮廓以外的视图消失,创建剪裁视图,如图 10-37 所示。

图 10-36 绘制封闭轮廓(1)　　图 10-37 创建剪裁视图

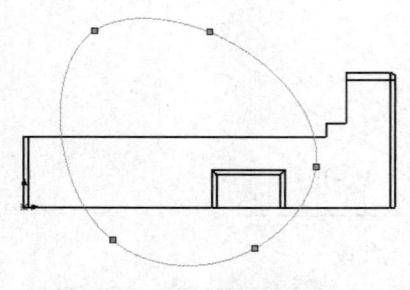

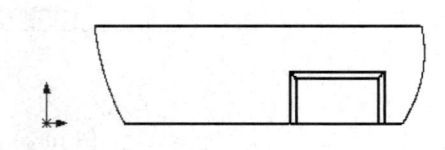

(4) 右击工程视图,在弹出的快捷菜单中选择"剪裁视图"→"编辑剪裁视图"命令;或者先选中视图,再选择"工具"→"剪裁视图"→"编辑剪裁视图"命令,如图 10-38 所示,将出现未裁剪前的视图。

(5) 对绘制的封闭轮廓进行编辑,如图 10-39 所示。

(6) 完成编辑后单击右上角的 (退出草图) 按钮,可得到不同形状的剪裁视图。

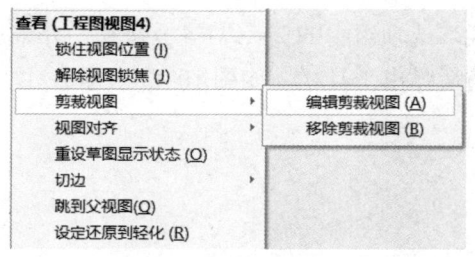

第 10 章 工程图设计

图 10-38　选择"编辑剪裁视图"命令 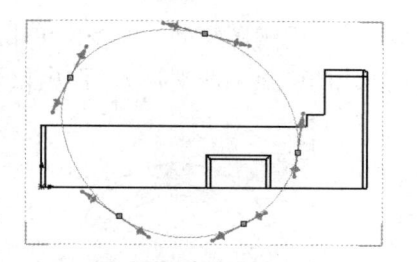　　　图 10-39　对绘制的封闭轮廓进行编辑

注意： 使用同样的方法也可将辅助视图创建为剪裁视图。

10.4.4　局部视图

局部视图用于显示现有视图的局部形状，通常以放大比例显示。

在实际应用时，可以在工程图中创建局部视图来显示视图的某个部分（通常以放大比例显示）。该局部视图可以是正交视图、3D 视图、剖面视图、裁剪视图、爆炸装配体视图或另一局部视图。具体操作步骤如下。

（1）创建"钳座"前视图。

（2）在要放大的区域中使用草图绘制工具绘制一条封闭轮廓，如图 10-40 所示。

（3）单击选中封闭轮廓，随后单击"视图布局"工具栏中的 ⒼA（局部视图）按钮，或者选择"插入"→"工程视图"→"局部视图"命令，在视图左侧的"PropertyManager"中弹出"局部视图"面板。

（4）移动鼠标指针，显示视图的预览框。当视图位于所需位置时，单击放大视图。最终创建的局部视图如图 10-41 所示。

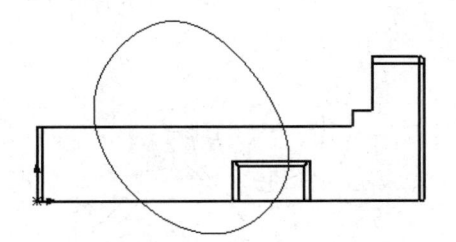

图 10-40　绘制封闭轮廓（2） 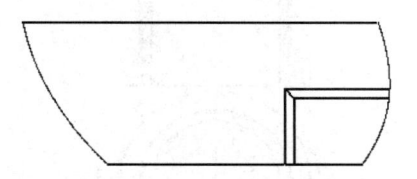　　　图 10-41　最终创建的局部视图

10.4.5　剖面视图

剖面视图用于表达机件的内部结构。剖面视图提供了竖直、水平、辅助视图和对齐 4 种不同的创建方式。下面以对齐方式为例，介绍创建剖面视图的操作，具体操作步骤如下。

（1）创建"千斤顶支座"前视图。

（2）单击"视图布局"选项卡中的 ⇄（剖面视图）按钮，在视图左侧的"PropertyManager"

219

中弹出"剖面视图辅助"面板,单击"切割线"选项组中的 (对齐)按钮,并依次单击剖切线的中点和两端,如图10-42所示,随后弹出工具栏,如图10-43所示。

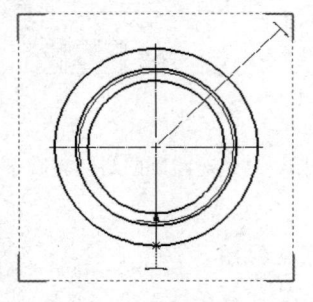

图10-42 单击剖切线的中点和两端

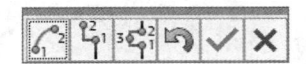

图10-43 工具栏

(3)单击工具栏中的 ✓(确定)按钮,随后单击另一个位置创建"旋转剖切"视图,如图10-44所示。

"竖直剖切"视图如图10-45所示,"水平剖切"视图如图10-46所示,"辅助剖切"视图如图10-47所示。

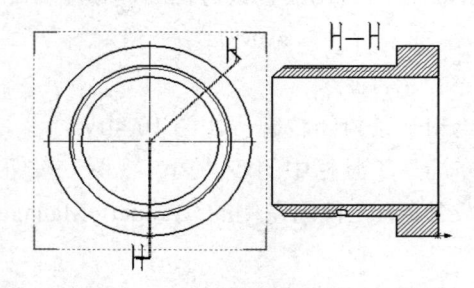

图10-44 "旋转剖切"视图

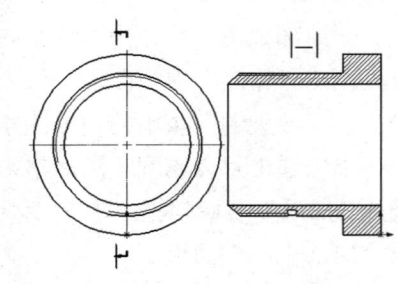

图10-45 "竖直剖切"视图

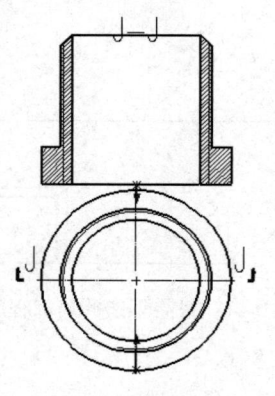

图10-46 "水平剖切"视图

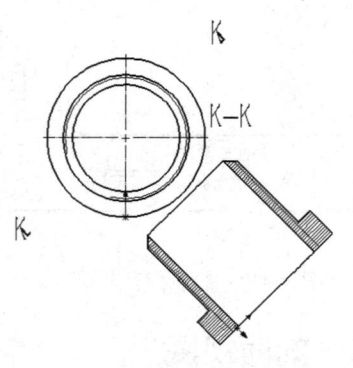

图10-47 "辅助剖切"视图

注意: 完成剖视图的创建后单击视图,在视图左侧的"PropertyManager"中弹出"剖面视图"面板,此面板的常用属性为剖切线箭头方向、标注文字格式、显示样式、比例等。

10.4.6 断裂视图

对于较长的机件（如轴、杆、型材等）沿长度方向的形状或按一定规律变化时，可使用"断裂视图"命令将其断开缩短绘制，断裂区域相关的参考尺寸和模型尺寸反映了实际的模型数值。具体操作步骤如下。

（1）创建"螺杆"前视图。

（2）单击"视图布局"选项卡中的 (断裂视图)按钮，或者"插入"→"工程视图"→"断裂视图"命令，在视图左侧的"PropertyManager"中弹出"断裂视图"面板。

（3）单击视图，在"断裂视图设置"选项组中单击 (添加竖直折断线)按钮，设置"缝隙大小"为"10mm"，"折断线样式"为 (锯齿线切断)，完成设置后的"断裂视图"面板如图10-48所示。

（4）拖动断裂线到所需位置并单击，如图10-49所示。

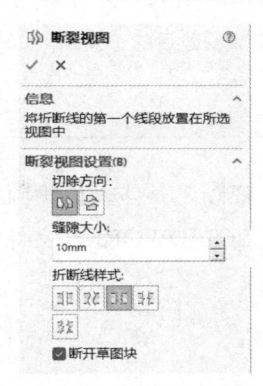

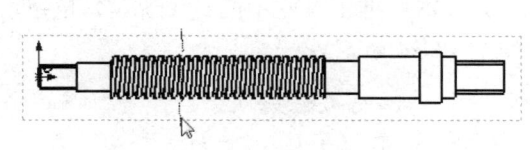

图10-48　"断裂视图"面板设置　　　　图10-49　拖动断裂线到所需位置并单击

（5）创建第1条折断线后拖动鼠标指针至另一点，单击创建第2条折断线。单击"断裂视图"面板中的 ✓（确定）按钮，创建折断视图，如图10-50所示。

> 如果要更改折断线的形状，则右击折断线，在快捷键菜单中选择所需样式即可，如图10-51所示；如果要更改断裂的位置，则拖动折断线即可。
> 在断裂视图处于断裂状态时可以选择区域剖面线，但不可以选择穿越断裂的区域剖面线。

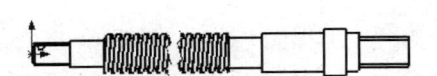

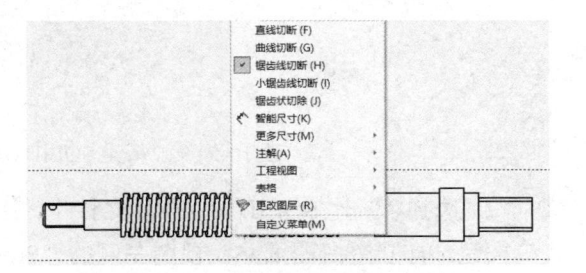

图10-50　创建折断视图　　　　图10-51　更改折断线样式

10.5 实例示范

前面介绍了使用 SOLIDWORKS 进行工程图设计所需的各种命令，本节将通过一个实例综合介绍本章内容。螺杆零件如图 10-52 所示，完成创建后的工程图如图 10-53 所示。

图 10-52 螺杆零件

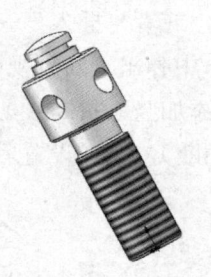

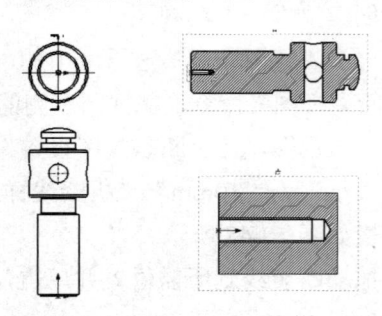

图 10-53 完成创建后的工程图

10.5.1 创建工程图文件和标准三视图

首先需要创建一个工程图文件，然后创建螺杆的标准三视图，具体操作步骤如下。

（1）单击标准工具栏中的 ▢（新建）按钮，弹出"新建 SOLIDWORKS 文件"对话框，如图 10-54 所示。

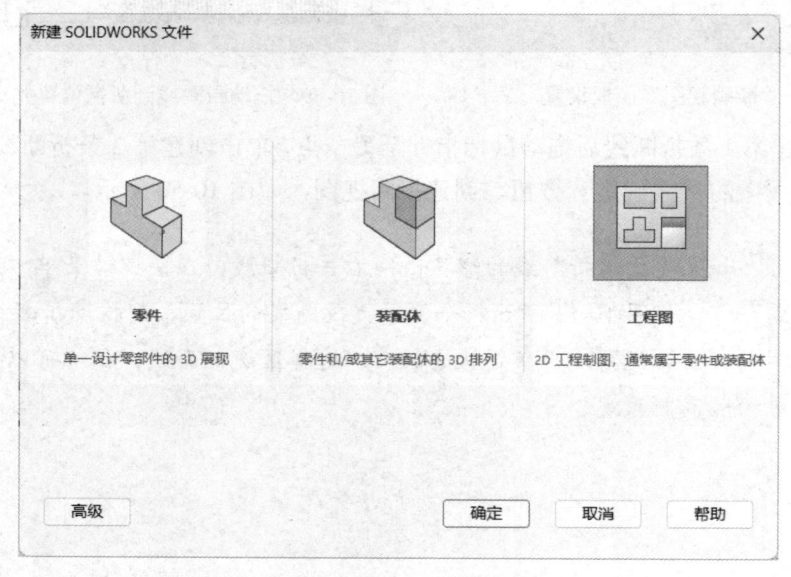

图 10-54 "新建 SOLIDWORKS 文件"对话框

（2）选择"新建 SOLIDWORKS 文件"对话框中的 ▢（工程图）选项，随后单击"确认"按钮，打开空白图纸并在视图左侧的"PropertyManager"中弹出"模型视图"面板，如图 10-55 所示。

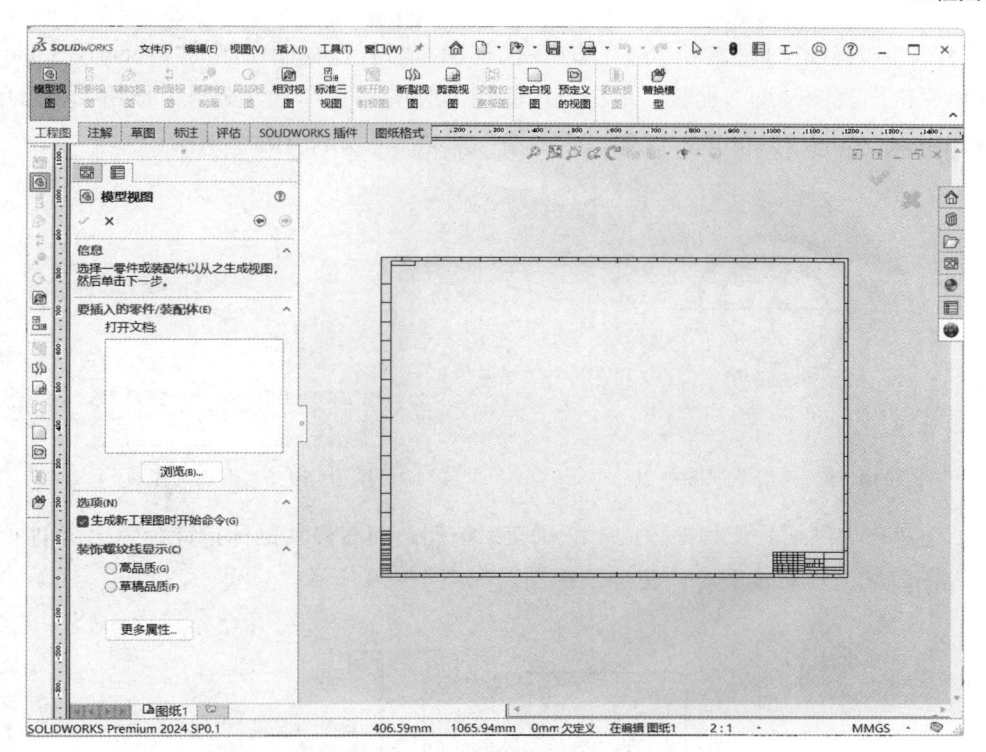

图 10-55 新建空白图纸并弹出"模型视图"面板

（3）在"模型视图"面板中单击"打开文档"选择框下面的"浏览"按钮，弹出"打开"对话框，找到"螺杆.SLDPRT"文件后在空白图纸任意位置单击，创建前视图，如图 10-56 所示。

（4）向上移动鼠标指针并单击图纸，创建下视图，如图 10-57 所示。单击"模型视图"面板中的 ✓ （确定）按钮，完成视图创建。

图 10-56 创建前视图

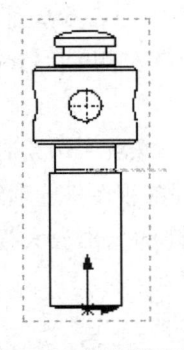

图 10-57 创建下视图

10.5.2 创建剖面视图

完成标准视图的创建后，即可开始进行细节视图创建，本节将介绍创建剖面视图的方法。具体操作步骤如下。

(1)单击"视图布局"选项卡中的 ♫（剖面视图）按钮，在视图左侧的"PropertyManager"中弹出"剖面视图辅助"面板，单击"切割线"选项组中的 ╫（竖直）按钮，随后单击下视图中点，如图10-58所示，弹出"剖切"工具栏，如图10-59所示。

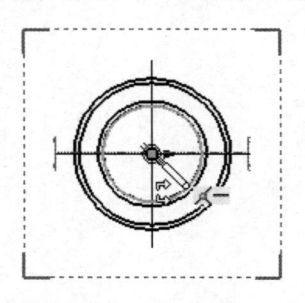

图10-58　单击下视图中点

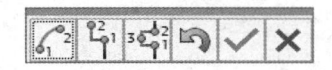

图10-59　"剖切"工具栏

(2)单击"剖切"工具栏中的 ✓（确定）按钮，向右移动鼠标指针会弹出全剖视图，单击视图右侧的任意位置可创建全剖视图，如图10-60所示。

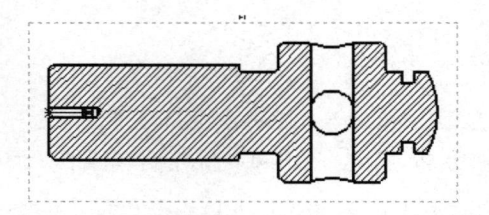

图10-60　全剖视图

10.5.3　创建局部放大视图

由于螺杆底部的螺纹太过细小，因此需要创建局部放大视图。具体操作步骤如下。

(1)单击选中全剖视图，随后单击"视图布局"工具栏中的 ⚲（局部视图）按钮，或者选择"插入"→"工程视图"→"局部视图"命令，在视图左侧的"PropertyManager"中弹出"局部视图"面板。

(2)单击"草图"工具栏中的 ▫（边角矩形）按钮，在小螺纹旁边绘制如图10-61所示的矩形草图。移动鼠标指针，显示视图的预览框，设置"局部视图"选项组中的"比例"为5∶1。当视图位于所需位置时，单击放置视图。最终创建的局部放大视图如图10-62所示。

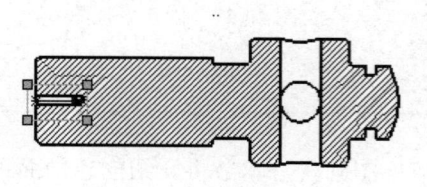

图10-61　绘制矩形草图

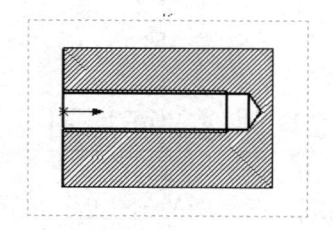

图10-62　局部放大视图

(3) 此时完成了所有视图的创建，如图 10-63 所示，完成了零件的工程图设计。

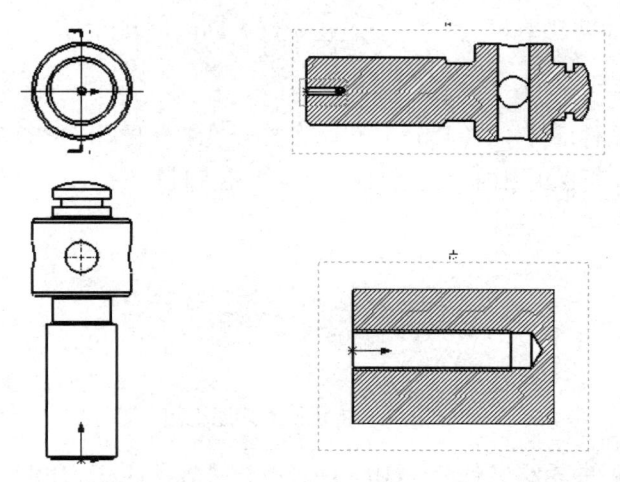

图 10-63　零件的工程图设计

10.6　本章小结

工程图可以表达产品的功能、作用，是指导生产的重要依据。本章介绍了工程图设计中的图纸格式及工具栏的用法，以及标准工程视图的创建方法与派生的工程视图的创建方法等，并通过一个简单的实例综合介绍了工程图设计的用法。作为一个基本模块，建议读者熟练掌握工程图设计操作。

10.7　习题

一、填空题

1．工程图文件的扩展名为＿＿＿＿＿＿，工程图中包含一个或多个由零件或装配体创建的视图。用户可以在零件或装配体文件中创建工程图，也可以直接打开现有的工程图。一般新工程图的名称使用的是所插入的第一个模型的名称，该名称将出现在＿＿＿＿＿＿中。

2．图纸格式包括＿＿＿＿＿＿、＿＿＿＿＿＿和＿＿＿＿＿＿。

3．一般在工程图中添加实体工程图之前，需先修改"线型"工具栏中的＿＿＿＿＿＿、线粗、线型属性，这样添加到工程图中的任何类型的实体使用的都是指定的＿＿＿＿＿＿和＿＿＿＿＿＿，直到重新选择格式。

4．派生的工程视图是在现有的工程视图的基础上建立起来的视图，包括＿＿＿＿＿＿、辅助视图、＿＿＿＿＿＿、＿＿＿＿＿＿、剖面视图和＿＿＿＿＿＿等。

5．剖面视图用于表达机件的内部结构。剖面视图提供了＿＿＿＿＿＿、＿＿＿＿＿＿、辅助视图和＿＿＿＿＿＿4种不同的创建方式。

二、上机操作

1．参照"源文件/素材文件/Char10"路径打开"细螺杆.SLDPRT"文件，如图10-64所示，请读者参考本章介绍内容创建细螺杆零件的工程视图。

图10-64　上机操作习题视图1

2．参照"源文件/素材文件/Char10"路径打开"轴承座.SLDPRT"文件，如图10-65所示，请读者参考本章介绍内容创建轴承座零件的工程视图。

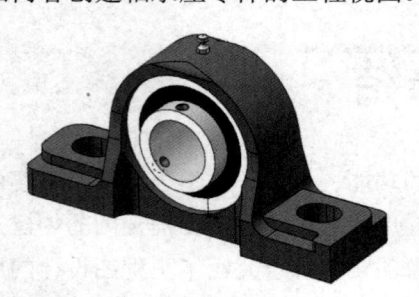

图10-65　上机操作习题视图2

第 11 章

添加工程图注释

在工程图的基础上添加尺寸标注、注释、中心线、符号等内容，可以完善工程图中除视图以外的细节，使工程图中的每个需要表示的内容都能被清晰表达。

学习目标

1. 熟练掌握在工程图中标注尺寸的方法。
2. 熟练掌握在工程图中创建中心线的方法。
3. 掌握在中心图中添加符号与注释的方法。

11.1 工程图注释

注释工具可以在工程图中添加文字信息和一些特殊要求的标注。注释中可以包含文字、符号、参数文字或超文本链接等，如果注释中包含引线，则引线可以是直线、折弯线或多转折引线。

11.1.1 注解选项与属性设定

在"文档属性"对话框中可以调整注释的尺寸、视图、线型等，具体操作步骤如下。

（1）选择"工具"→"选项"命令，弹出"系统选项"对话框。
（2）切换至该对话框中的"文档属性"选项卡。
（3）选择"绘图标准"下的"注解"选项，出现如图 11-1 所示的"文档属性(D)-注解"对话框。该选项中包括零件序号、基准点、形位公差、位置标签、注释、修订云、表面粗糙度和焊接符号子选项。

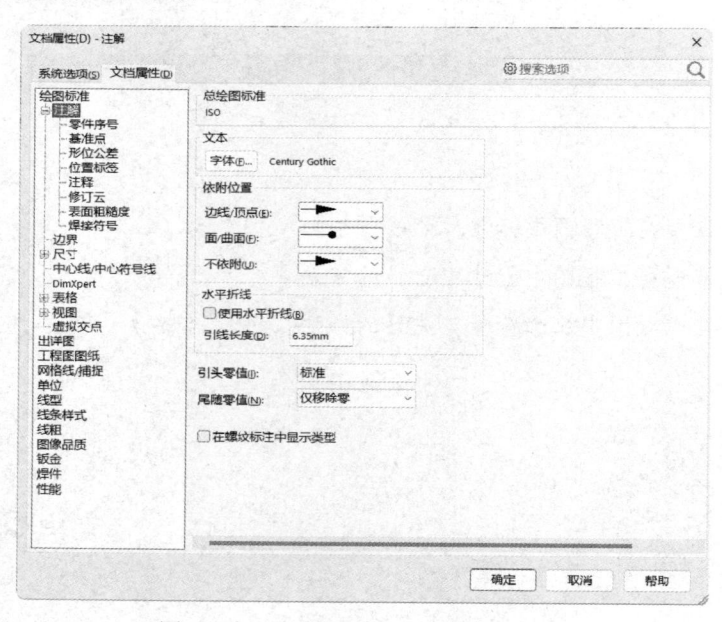

图 11-1 "文件属性(D)-注解"对话框

（4）根据需要设置选项，之后单击"确定"按钮，完成对当前文件的注释设置。

11.1.2 注释操作

所有类型的注释都可以被添加到工程图文件中，大多数类型的注释可以被添加到零件或装配体文件中，之后将其插入工程图文件。在所有类型的 SOLIDWORKS 文件中，添加注释的方式与添加尺寸的方式都是类似的。

1. 创建注释

在文件中，注释可以是自由浮动的或固定的，也可以带有一条指向某项（面、边线或顶点）的引线。具体操作步骤如下。

（1）单击"注解"工具栏卡中的 A（注释）按钮，或者选择"插入"→"注解"→"注释"命令，在视图左侧的"PropertyManager"中弹出"注释"面板。

（2）在绘图区域的适当位置单击并拖动鼠标指针，创建文字输入框，随后在文字输入框中输入注释文字，如图 11-2 所示。

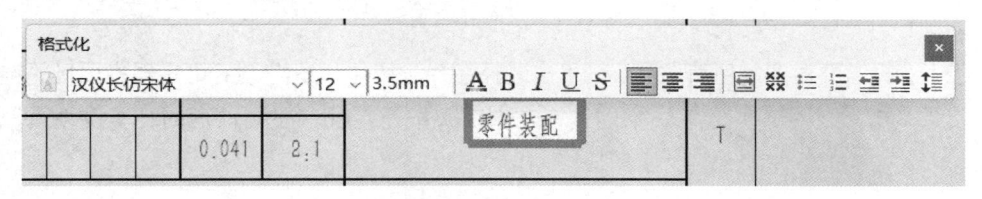

图 11-2　输入注释文字

（3）如果需要，则可单击多次创建多个相同的注释。

（4）单击 ✓（确定）按钮，关闭"注释"面板，完成注释的创建。

2. 编辑注释

（1）拖动注释：将鼠标指针移动到注释上，单击选中并拖动注释到新的位置。

（2）复制注释：选择注释，在拖动注释的同时按住"Ctrl"键即可复制注释。

如果要编辑注释中的属性，则可以右击注释，在快捷键菜单中选择"属性"命令，在"注释"对话框中修改各选项的属性设置。

3. 修改多引线注释

（1）选择注释，此时会出现拖动控标。

（2）将鼠标指针指向引线端点处并在拖动引线时按住"Ctrl"键，当预览引线位于所需位置时，释放"Ctrl"键完成引线复制。标注多引线注释时，可在拖动注释的同时按住"Ctrl"键，随后根据需要多次单击放置多条引线，释放"Ctrl"键后再次单击放置注释，如图 11-3 所示。

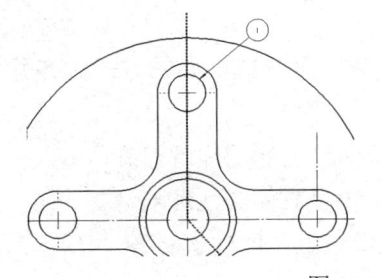

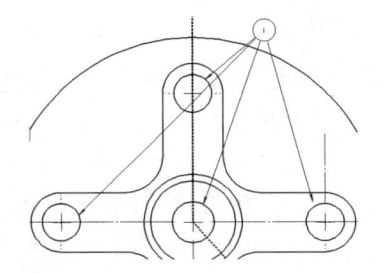

图 11-3　多引线注释

4. 对齐注释

（1）选择"视图"→"工具栏"→"对齐"命令，弹出"对齐"工具栏，如图11-4所示。

图11-4 "对齐"工具栏

（2）选择需要对齐的所有注释。在单击选择注释时按住"Ctrl"键，可实现多项目的选择。

（3）单击 ![] （对齐）工具栏中的 ![] （左对齐）按钮，对齐注释前后对比效果如图11-5所示。

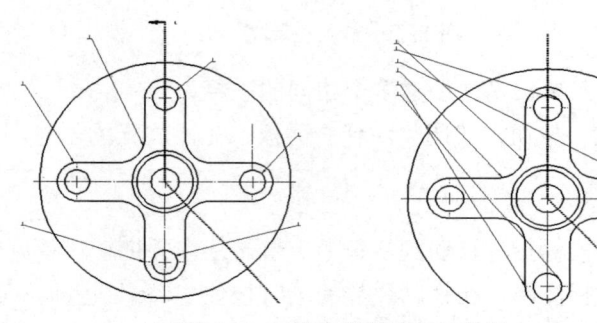

图11-5 对齐注释前后对比效果

在"对齐"工具栏中提供了对齐工具来对齐尺寸和注解，如注释、形位公差符号等。

11.1.3 "对齐"工具栏

"对齐"工具栏中包含如下按钮。

![] （分组）：单击该按钮可以将注解分组，这样在拖动时组内的注解可一起移动。

![] （解除组）：单击该按钮可以删除注解组，这样在拖动时注解可自由移动。

![] （共线/径向对齐）：单击该按钮可以按线性或径向的方式对齐并分组线性、径向和角度工程图尺寸。

![] （平行/同心对齐尺寸）：单击该按钮可以按平行或同心的方式对齐并分组线性、径向和角度工程图尺寸。

![] （左对齐）：单击该按钮可以将注解与组中最左侧的注解对齐。

![] （右对齐）：单击该按钮可以将注解与组中最右侧的注解对齐。

![] （上对齐）：单击该按钮可以将注解与组中最上方的注解对齐。

![] （下对齐）：单击该按钮可以将注解与组中最下方的注解对齐。

呬（水平对齐）：单击该按钮可以将注解与最左侧的注解中心对齐。
富（竖直对齐）：单击该按钮可以将注解与最上方的注解中心对齐。
呬（水平均匀等距）：单击该按钮可以将注解从最左到最右水平均匀对齐。
冨（竖直均匀等距）：单击该按钮可以将注解从最上到最下竖直均匀对齐。
呬（水平紧密等距）：单击该按钮可以将注解与最左侧的注解中心紧密对齐。
冨（竖直紧密等距）：单击该按钮可以将注解与最上方的注解中心紧密对齐。

11.2 尺寸标注

尺寸标注可以将 3D 模型特征的位置尺寸和大小尺寸数值化，让每位阅读图纸的工程师都可以清楚地知道零件的具体尺寸。

11.2.1 标注尺寸

工程图中标注的尺寸会与零件特征相关联，在修改零件特征时，工程图中的尺寸会自动进行更新。具体操作步骤如下。

（1）根据初始文件路径打开"螺杆工程图.SLDPRT"文件，文件视图如图 11-6 所示。

（2）以右上角剖面视图的直径为例进行尺寸标注。单击 （智能尺寸）按钮，在视图左侧的"PropertyManager"中弹出"尺寸"面板，单击

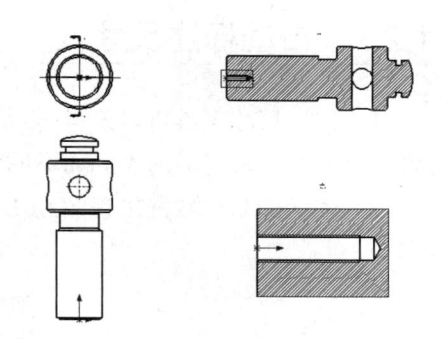

图 11-6 "螺杆工程图.SLDPRT"文件

如图 11-7 所示的"直线 1"和"直线 2"，随后向任意方向拖动鼠标并单击空白图纸，对两条直线之间的尺寸进行标注，如图 11-8 所示。

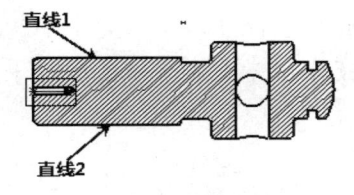

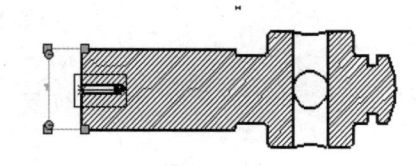

图 11-7 单击两条直线 　　　　图 11-8 对两条直线之间的尺寸进行标注

（3）标注完成后，左侧的"尺寸"面板会发生变化，但标注尺寸因为字体过小而无法清晰显示，需对字体大小进行修改。

（4）切换至"尺寸"面板的"其他"选项卡，取消勾选"使用文档字体"复选框，单击"字体"按钮，弹出"选择字体"对话框。

在"选择字体"对话框中设置"字体"为"汉仪长仿宋体"，"字体样式"为"常规"，"高度"为 20mm，如图 11-9 所示。

(5) 完成字体设置后单击"确定"按钮，随后单击"尺寸"面板中的✓（确定）按钮，完成尺寸设置，如图 11-10 所示。

图 11-9 "选择字体"对话框设置

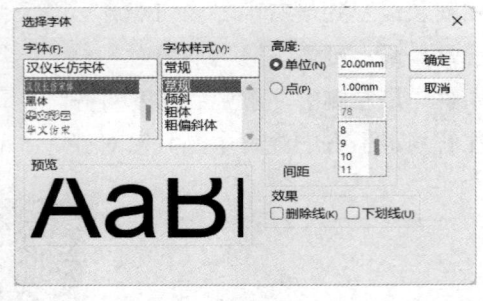

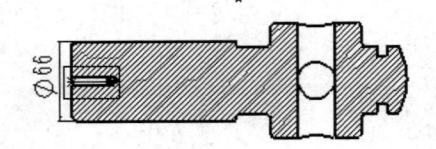

图 11-10 完成尺寸设置后的视图

提示：工程图标注操作与实体草图尺寸约束操作类似，但是工程图标注操作产生的符号是标量，而实体草图尺寸约束操作产生的符号是矢量。

11.2.2 自动标注尺寸

自动标注尺寸工具可以将参考尺寸作为基准尺寸、链和尺寸链插入工程图中，尺寸的状态会根据所选基准的不同而不同。具体操作步骤如下。

（1）同样借助"螺杆工程图.SLDPRT"文件，以左上角视图的尺寸为例自动标注。

（2）单击 ⌀（智能尺寸）按钮，在视图左侧的"PropertyManager"中弹出"尺寸"面板，切换至"自动标注尺寸"选项卡，同时面板名称变为"自动标注尺寸"。

（3）单击选中"要标注尺寸的实体"选项组中的"所有视图中实体"单选按钮，并单击左上角的视图框，随后单击"自动标注尺寸"面板中的✓（确定）按钮，完成自动标注尺寸，如图 11-11 所示。

提示：自动标注的尺寸位置和字体大小是随机创建的，用户可自行修改字体大小或拖动改变尺寸显示的位置。

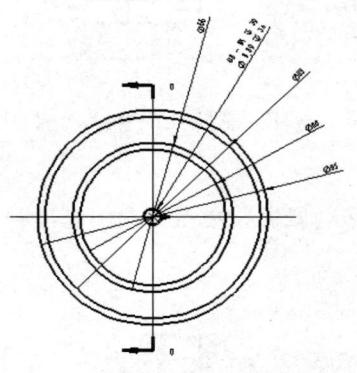

图 11-11 完成自动标注尺寸

11.2.3 其他尺寸标注命令

工程图标注操作与实体草图尺寸约束操作类似，工程图标注还包括水平尺寸、竖直尺寸、基准尺寸、尺寸链等 9 种尺寸标注命令。

⊟（水平尺寸）：使用此命令标注的尺寸总是与坐标系的 X 轴平行。

⊓（竖直尺寸）：使用此命令标注的尺寸总是与坐标系的 Y 轴平行。

⊟（基准尺寸）：使用此命令标注的尺寸是从选择的基准开始进行标注的。

(尺寸链)：使用此命令标注的尺寸是从工程图或草图的零坐标开始测量尺寸链组的。

(水平尺寸链)：使用此命令可以标注水平的尺寸链组。

(竖直尺寸链)：使用此命令可以标注竖直的尺寸链组。

(路径长度尺寸)：使用此命令标注的尺寸与选中多条相连的曲线的尺寸一致。

11.3 中心线

中心线是工程图中常见的一种线形方式，常用于标识孔位和对称式的零件特征。

11.3.1 创建中心线

创建的中心线可以用作标注尺寸的参照，本节将对创建中心线的相关设置进行介绍。具体操作步骤如下。

（1）根据初始文件路径打开"中心线标注.SLDPRT"文件，创建视图的中心线，如图 11-12 所示。

（2）单击 (中心线)按钮，在视图左侧的"PropertyManager"中弹出"中心线"面板，直接单击视图中的零件表面即可创建中心线，如图 11-13 所示。

图 11-12 "中心线标注.SLDPRT"文件　　　图 11-13 创建中心线

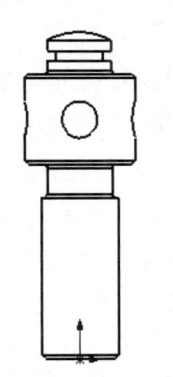

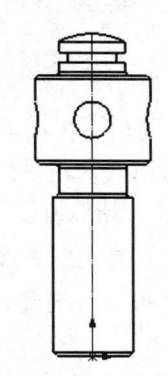

（3）完成中心线创建后，单击"中心线"面板中的 ✓ (确定)按钮，完成操作。

提示：此类中心线应创建在回转轴类零件上。

11.3.2 创建中心符号线

中心符号线有多种形式，用户在创建中心符号线时可以根据需要进行选择。常用的中心符号线有单一中心符号线、线性中心符号线和圆形中心符号线。具体操作步骤如下。

（1）仍然以"中心线标注.SLDPRT"文件为例，创建如图 11-14 所示的上视图的中心符号线。

(2) 单击 ⊕ (中心符号线) 按钮，在视图左侧的 "PropertyManager" 中弹出 "中心符号线" 面板，单击 "手工插入选项" 选项组中的 ┼ (单一中心符号线) 按钮，随后单击选中视图最外侧的圆形，最后单击 "中心符号线" 面板中的 ✓ (确定) 按钮，创建中心符号线，如图 11-15 所示。

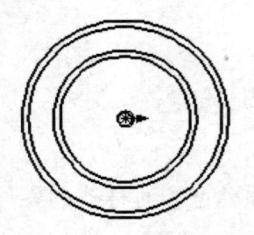

图 11-14　上视图的中心符号线　　　　　图 11-15　创建中心符号线

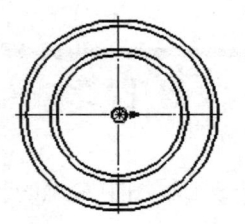

11.4　添加符号

在 SOLIDWORKS 中，注解和符号配合使用表达的含义与标注尺寸的相似，用户可在零件或装配体文件中添加注解和符号来完善尺寸表达。

11.4.1　添加基准特征与目标

基准特征用于元素的基准参照，指定的元素都是以基准特征为基准参照的，在制造加工过程中也是以此基准作为参照的，其与基准目标也有相似之处。具体操作步骤如下。

(1) 根据初始文件路径打开 "螺钉工程图.SLDPRT" 文件，如图 11-16 所示。

(2) 单击 🅰 (基准特征) 按钮，在视图左侧的 "PropertyManager" 中弹出 "基准特征" 面板，单击右上视图的边线添加基准特征，如图 11-17 所示。完成添加后单击 "基准特征" 面板中的 ✓ (确定) 按钮。

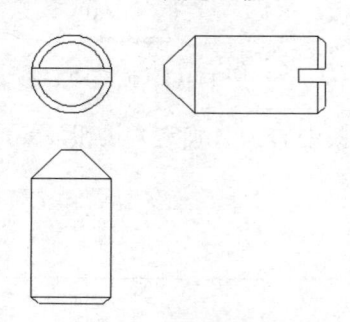

图 11-16　"螺钉工程图.SLDPRT" 文件　　　　　图 11-17　添加基准特征

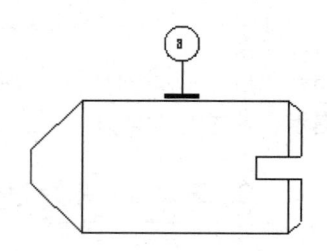

(3) 单击 ⌖ (基准目标) 按钮，在视图左侧的 "PropertyManager" 中弹出 "基准目标" 面板，单击 "设定" 选项组中的 ⊖ (目标符号) 按钮和 ✕ (目标区域) 按钮，设置

⊕（宽度）为 3，设置 ⊕（第一参考）为 A。

单击"引线"选项组中的 ✓（弯实引线）按钮，设置引线箭头样式为 ➤，完成设置后的"基准目标"面板如图 11-18 所示。

（4）单击左下视图的边线，随后单击任意位置，添加基准目标如图 11-19 所示。单击"基准目标"面板中的 ✓（确定）按钮，完成添加操作。

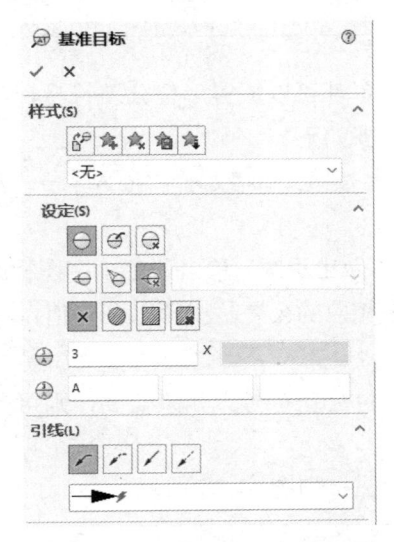

图 11-18　"基准目标"面板设置

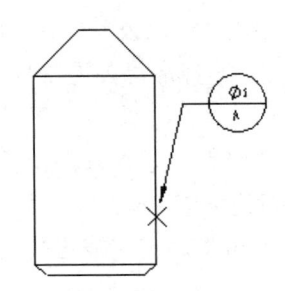

图 11-19　添加基准目标

11.4.2　表面粗糙度

表面粗糙度符号是用来记录物体表面粗糙程度的标记，单位为微米。具体操作步骤如下。

（1）单击"注解"工具栏中的 ✓（表面粗糙度）按钮，或者选择"插入"→"注解"→"表面粗糙度符号"命令。

（2）在视图左侧的"PropertyManager"中弹出"表面粗糙度"面板，在面板的各个选项组中设置所需选项，如图 11-20 所示。

（3）设置完成后，将鼠标指针移动至绘图区域，当表面粗糙度符号预览在视图中处于边线时，单击放置符号，如图 11-21 所示。

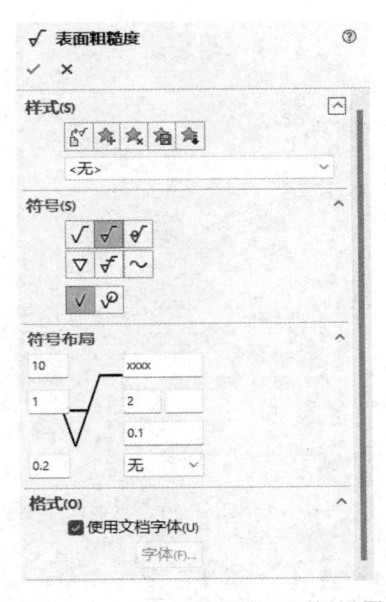

图 11-20　"表面粗糙度"面板设置

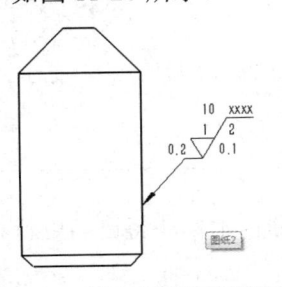

图 11-21　创建表面粗糙度符号

（4）可根据需要多次单击以放置多个相同的符号。

（5）将鼠标指针指向表面粗糙度符号，当其形状变为 ↘✓ 时单击符号，出现"表面粗糙度"面板。

（6）在"表面粗糙度"面板中更改各选项的参数值可以修改当前表面粗糙度。

（7）单击 ✓（确定）按钮，完成对表面粗糙度内容的修改。

11.4.3 形位公差

在工程图、零件、装配体或草图中的任何位置都可以放置形位公差符号，其中包含尺寸线，同时可设置是否显示引线。具体操作步骤如下。

（1）单击"注解"工具栏中的 ▣▣▣（形位公差）按钮，或者选择"插入"→"注解"→"形位公差"命令。

（2）弹出"形位公差"对话框，随后选择物体做出引线，单击蓝色十字图标弹出"公差"对话框，选择形位公差符号，同时根据提示在相应的公差栏中输入公差值，如图 11-22 所示。

（3）当预览处于被标注位置时，单击放置形位公差符号。如果需要，则可多次单击以放置多个相同的符号。

（4）单击"确定"按钮关闭对话框，完成标注，如图 11-23 所示。

图 11-22　"形位公差"面板设置　　　　　图 11-23　"形位公差"标注

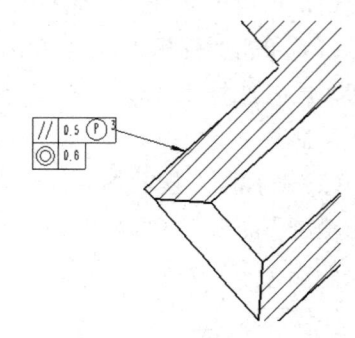

11.4.4 孔标注

孔标注可以在工程图中使用。如果改变了模型中的孔尺寸，则标注将自动更新。需要注意的是，孔轴心必须与工程图正交。具体操作步骤如下。

（1）单击"注解"工具栏中的 ⌴⌀（孔标注）按钮，或者选择"插入"→"注解"→

"孔标注"命令，鼠标指针的形状会变成。

（2）单击孔的边线，在视图左侧的"PropertyManager"中弹出"尺寸"面板。

（3）移动鼠标指针到合适的位置并单击，放置孔标注，如图 11-24 所示。

（4）在"尺寸"面板中输入要标注的尺寸大小及需要说明的文字等。

（5）单击⌴Ø（孔标注）按钮或✓（确定）按钮，结束孔标注命令。

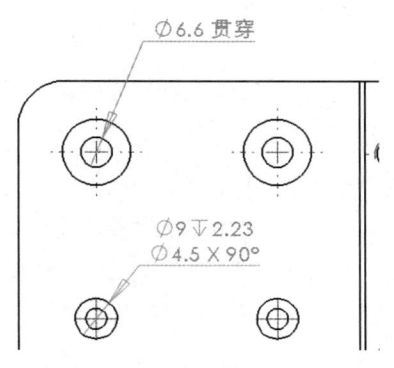

图 11-24 放置孔标注

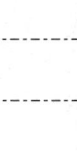

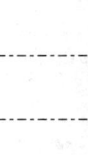

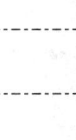

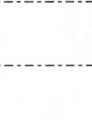

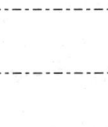

11.4.5 装饰螺纹线

装饰螺纹线是机械制图中螺纹的规定画法，装饰螺纹线与其他注解有所不同，它是其所附加项目的专有特征。在零件或装配体中添加的装饰螺纹线可以添加到工程视图。如果在工程视图中添加了装饰螺纹线，那么零件或装配体会更新，以包含装饰螺纹线特征。具体操作步骤如下。

（1）在零件中找到圆柱形特征，并单击其圆形边线。

（2）选择"插入"→"注解"→"装饰螺纹线"命令，在"FeatureManager 设计树"中会出现"装饰螺纹线"面板。

（3）单击激活◎（圆形边线）选择框，在绘图区域中单击圆柱特征的边线。设置"标准"为"GB"，"类型"为"直管螺纹"，"大小"为"G1-1/8"，终止条件为"通孔"，完成设置后的"装饰螺纹线"面板如图 11-25 所示。

（4）单击✓（确定）按钮，完成插入装饰螺纹线操作，如图 11-26 所示。

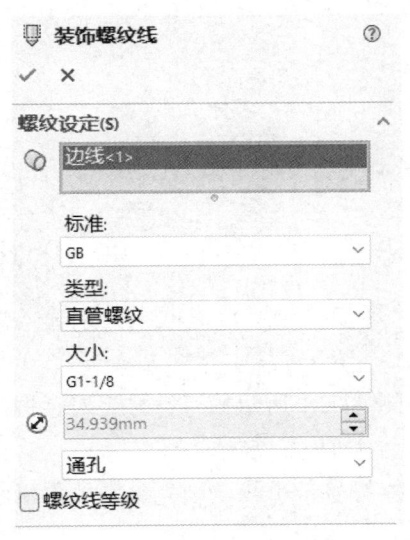

图 11-25 "装饰螺纹线"面板设置

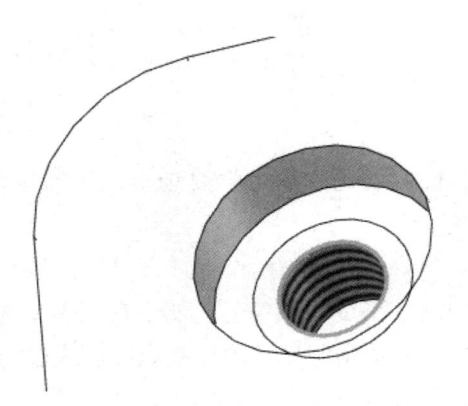

图 11-26 完成插入装饰螺纹线操作

11.4.6 焊接符号

在装配体中创建焊缝零件时或在零件中为焊件结构添加圆角焊缝时，代表指定参数的焊接符号会自动创建。当然，也可以在零件、装配体、工程图中独立构造焊接符号。具体操作步骤如下：

(1) 在视图中选择需要插入焊接符号的边线。

(2) 单击"注解"工具栏中的 ⚑ （焊接符号）按钮，或者选择"插入"→"注解"→"焊接符号"命令，弹出焊接符号的"属性"对话框，如图11-27所示。

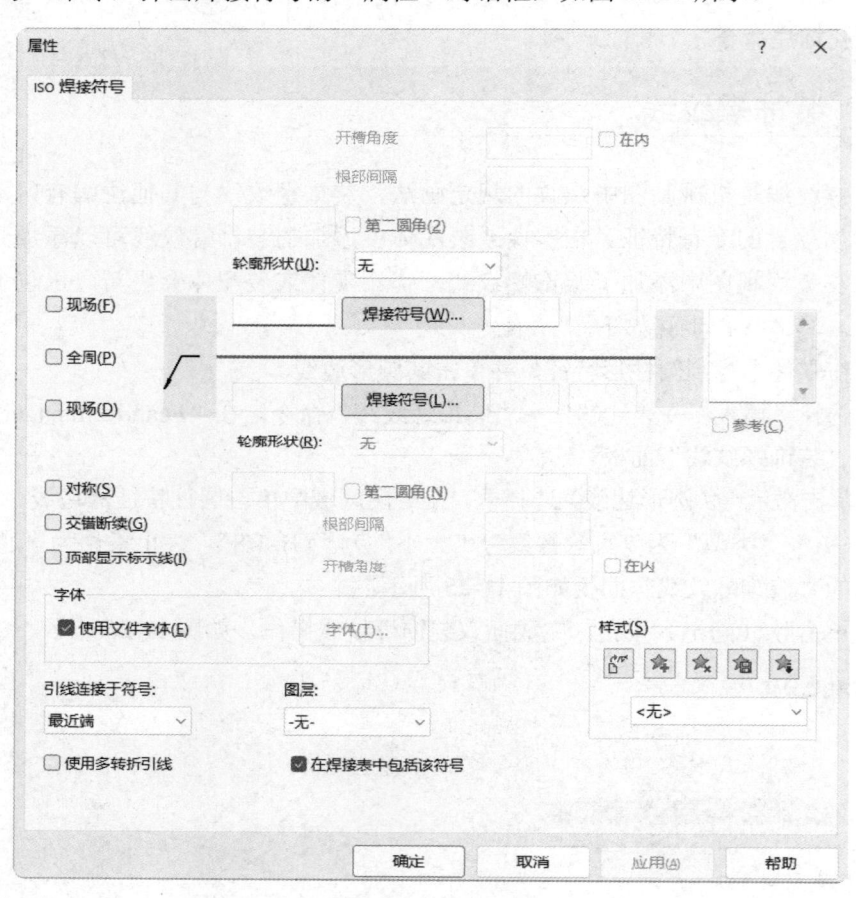

图11-27 焊接符号的"属性"对话框

(3) 勾选"现场"复选框显示预览，在两个"焊接符号"数值框中分别输入焊接数值。

(4) 分别单击两个"焊接符号"按钮，弹出如图11-28所示的"符号"对话框，在其中选定ISO焊接符号，随后在图库中选择焊接符号类型。

(5) 单击想显示焊接接点的面或边线。如果焊接符号带引线，则先单击放置引线再放置符号。

(6) 可根据需要多次单击放置多个焊接符号。

(7)单击"确定"按钮,关闭"属性"对话框完成标注,最终的标注焊接符号如图 11-29 所示。

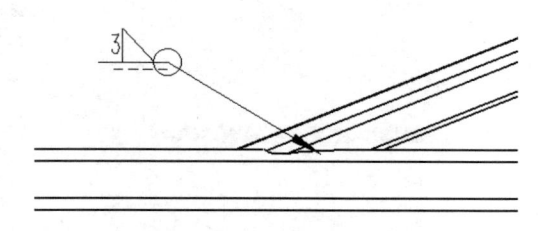

图 11-28　选定 ISO 焊接符号　　　　图 11-29　最终的标注焊接符号

11.4.7　块定义

块定义有利于对经常使用的工程图进行创建、保存与插入操作,如标准注释、标题栏、标签位置等。块中可以包含文字、任何类型的草图实体、零件序号、输入的实体及区域剖面线。

1. 制作块

(1)在工程图界面中,单击"草图"工具栏中的 ☑（直线）按钮,绘制如图 11-30 所示的焊接符号。

(2)单击"注解"工具栏上的 ☑（块）下拉按钮,选择 ☑（制作块）命令,在"FeatureManager 设计树"中弹出"制作块"面板。

(3)单击激活"块实体"选择框,在工程图中框选所绘制的图形随后单击 ✓（确定）按钮,所绘图形会被定义为块,如图 11-31 所示。

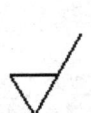

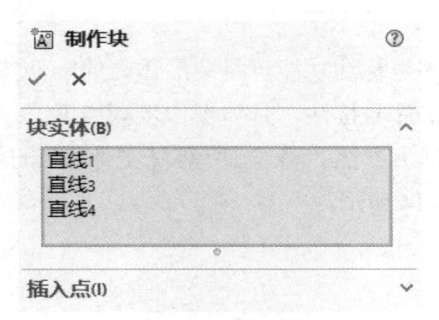

图 11-30　绘制焊接符号　　　　图 11-31　将所绘图形定义为块

(4)右击,在快捷菜单中选择"保存块"命令,弹出"保存"对话框对块进行保存。

2. 插入块

(1)单击"注解"工具栏中的 ☑（块）下拉按钮,选择 ☑（插入块）命令;或者选择"插入"→"注解"→"块"命令。

(2)在"插入块"面板的"打开块"选择框中选择一个块,或者单击"浏览"按钮

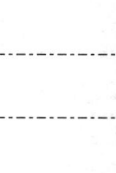

选择一个块文件。

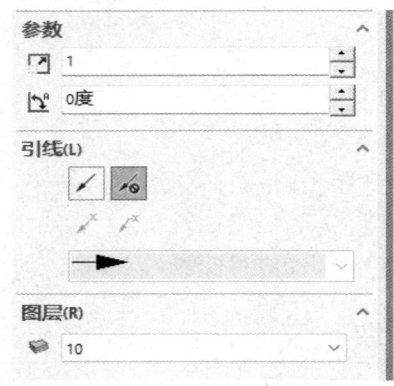

(3) 在属性设置面板中设置插入块的所需参数,随后单击图形区域放置块,如图 11-32 所示。

图 11-32　插入块的参数设置

(4) 可根据需要多次重复步骤(2)和步骤(3),之后单击 ✓ (确定)按钮,完成块的插入操作,如图 11-33 所示。

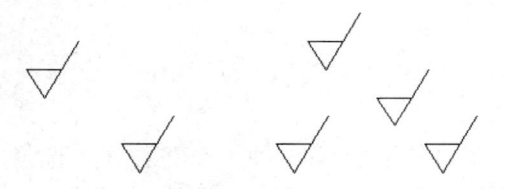

图 11-33　完成块的插入操作

11.4.8　序号标注

序号标注功能可将装配体内的零件按顺序进行标注,用户可手动添加序号标注或自动添加序号标注。具体操作步骤如下。

(1) 参照"源文件/素材文件/Char11"路径打开"序号标注.SLDPRT"文件,如图 11-34 所示。

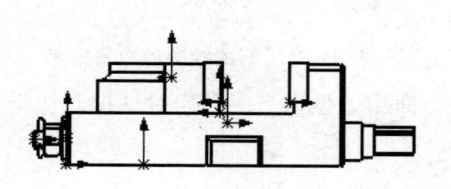

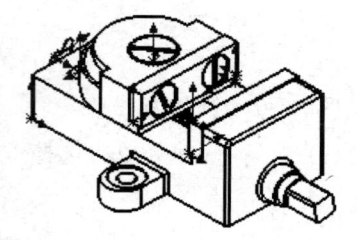

图 11-34　"序号标注.SLDPRT"文件

(2) 单击 ⊘ (零件序号)按钮,在视图左侧的"PropertyManager"中弹出"零件序号"面板,在"设定"选项组的"样式"下拉列表中选择"圆形"选项,在"大小"下拉列表中选择"2个字符"选项,在"零件序号文字"下拉列表中选择"项目数"选项,完成设置后的"零件序号"面板如图 11-35 所示。

(3) 单击左视图中的螺杆零件部位,随后单击任意位置创建序号,如图 11-36 所示。

图 11-35 "零件序号"面板设置　　　图 11-36 创建序号

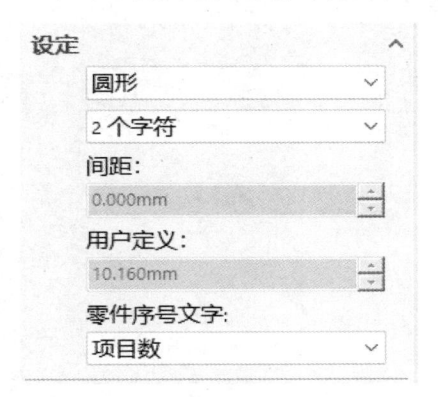

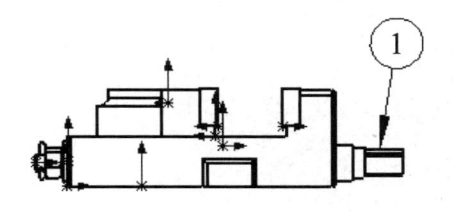

(4) 单击 ⚙（自动零件序号）按钮,在视图左侧的"PropertyManager"中弹出"自动零件序号"面板,同步骤（2）一样进行"序号标注"项目设置,单击"自动零件序号"面板中的 ✓（确定）按钮,完成自动零件序号标注,如图 11-37 所示。

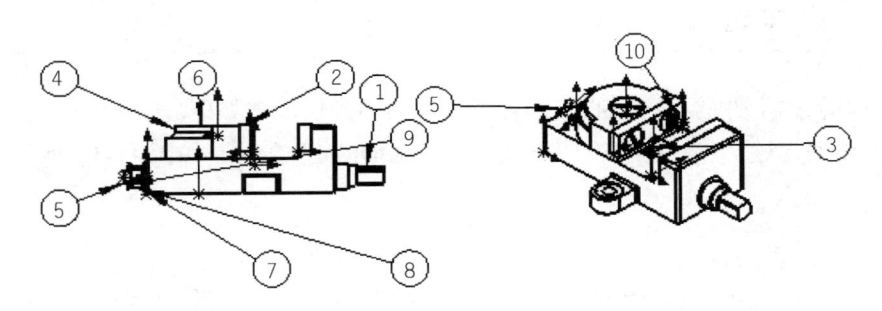

图 11-37 完成自动零件序号标注

提示：完成自动零件序号标注后,用户可拖动鼠标或使用"对齐"命令将序号标注调整至合理位置,使视图看起来更加整齐。

11.5 实例示范

本章介绍了添加工程图注释的操作过程,本节将通过对零件工程图进行注释的案例综合介绍添加工程图注释的方法。

完成工程图注释操作的工程图文件,如图 11-38 所示。

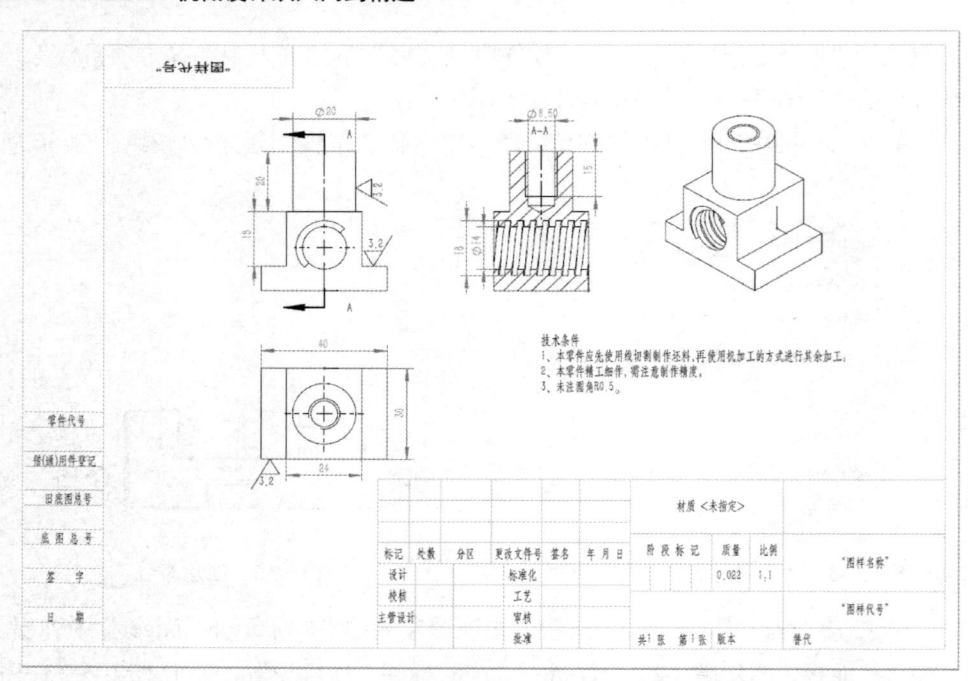

图 11-38　完成工程图注释的工程图文件

11.5.1　打开初始文件并创建中心线

首先对初始文件的各种中心线进行添加，具体操作步骤如下。

（1）根据初始文件路径打开"方块螺母.SLDDRW"文件，如图 11-39 所示。

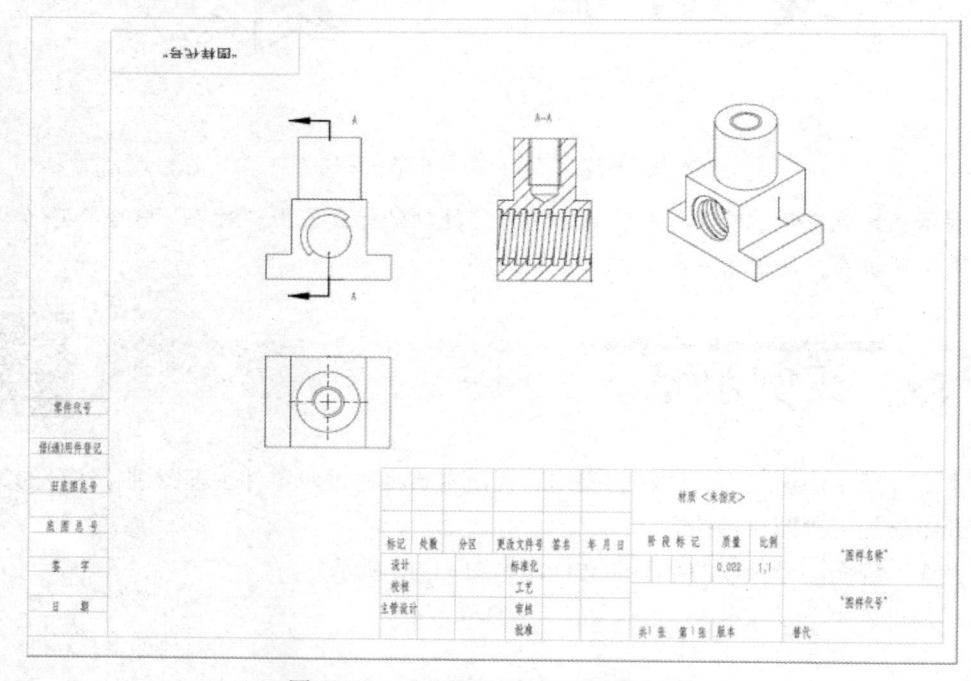

图 11-39　"方块螺母.SLDDRW"文件

（2）单击 ⊞（中心线）按钮，在视图左侧的"PropertyManager"中弹出"中心线"面板，直接单击前视图轴体的侧面和剖面视图内螺纹的内壁，创建中心线，如图 11-40 所示。

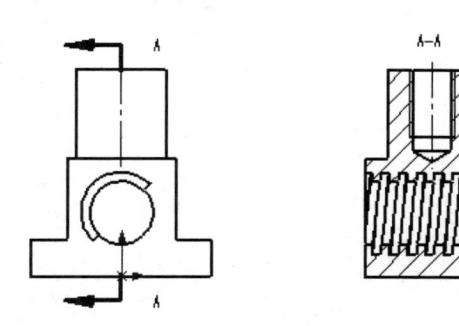

图 11-40 创建中心线

（3）单击 ⊕（中心符号线）按钮，在视图左侧的"PropertyManager"中弹出"中心符号线"面板，单击"手工插入选项"选项组的 ✛（单一中心符号线）按钮，随后单击前视图大螺纹孔的圆边，最后单击"中心符号线"面板中的 ✓（确定）按钮，创建中心符号线，如图 11-41 所示。

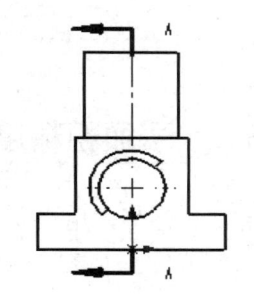

11.5.2 尺寸标注

图 11-41 创建中心符号线

完成中心线添加后，可进行尺寸标注，具体操作步骤如下。

（1）以标注左上角前视图的直径为例进行操作，单击 ⌀（智能尺寸）按钮，在视图左侧的"PropertyManager"中弹出"尺寸"面板。如图 11-42 所示，单击"直线1"，向任意方向拖动鼠标并单击空白图纸，使用轴直径尺寸进行标注，如图 11-43 所示。

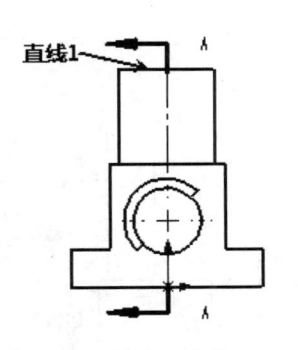

图 11-42 单击"直线1" 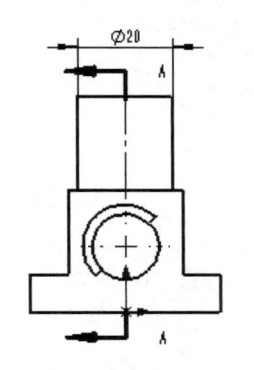   图 11-43 创建轴直径标注

（2）以此为例创建其余标注，如图 11-44 所示。

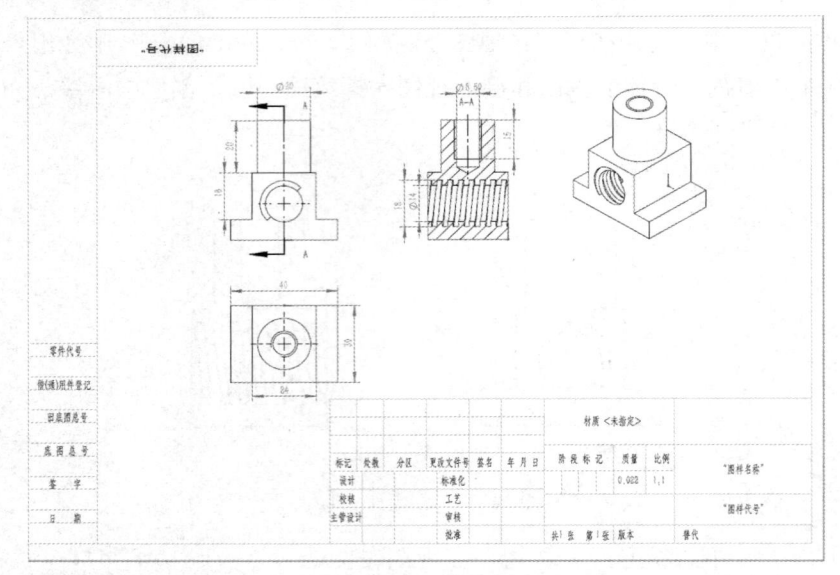

图 11-44 创建其余标注

11.5.3 添加粗糙度符号

完成标注后，用户需要在合适的位置添加粗糙度符号。具体操作步骤如下。

（1）单击"注解"工具栏中的 ✓（表面粗糙度）符号，或者选择"插入"→"注解"→"表面粗糙度符号"命令。

（2）在视图左侧的"PropertyManager"中弹出"表面粗糙度"面板，单击"符号"选项组中的 ✓（要求切削加工）按钮，并设置"符号布局"选项组中的"最大粗糙度"为 3.2，完成设置后的"表面粗糙度"面板如图 11-45 所示。

（3）设置完成后，将鼠标指针移动至前视图，当表面粗糙度符号预览在图形中并处于边线时，单击边线放置符号，如图 11-46 所示。

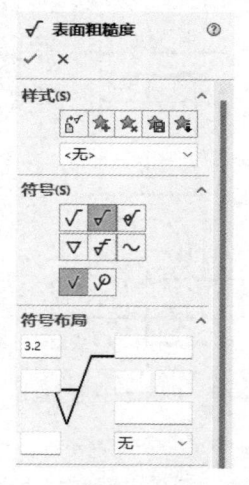

图 11-45 "表面粗糙度"面板设置 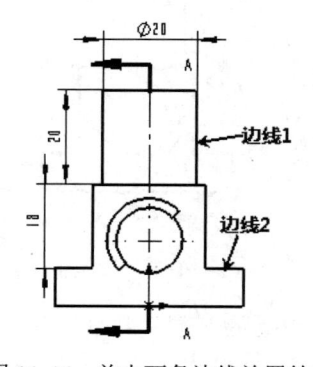　　图 11-46 单击两条边线放置符号

(4) 在前视图中创建粗糙度符号,如图 11-47 所示,在上视图中创建粗糙度符号,如图 11-48 所示。

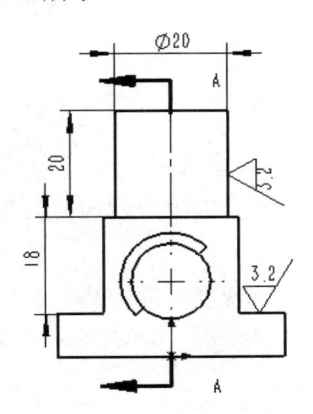

图 11-47 在前视图中创建粗糙度符号

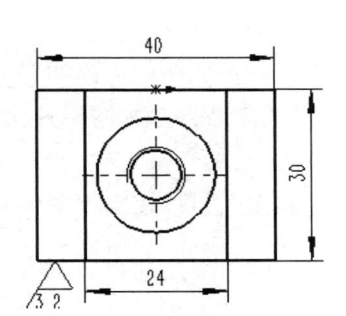

图 11-48 在上视图中创建粗糙度符号

11.5.4 创建技术条件

完成上述操作后,标注就基本完成了,此时只需要在图纸右下方添加"技术条件"即可完成本工程图的注释操作。具体操作步骤如下。

(1) 单击"注解"工具栏中的 A(注释)按钮,或者选择"插入"→"注解"→"注释"命令,在视图左侧的"PropertyManager"中弹出"注释"面板。

(2) 在图纸右下方的适当位置单击并拖动鼠标指针创建文字输入框,随后在文字输入框中输入以下文字:

"技术条件

1. 本零件应先使用线切割制作坯料,再使用机加工的方式进行其余加工;

2. 本零件精工细作,需注意制作精度;

3. 未注圆角 R0.5。"

(3) 单击"注释"面板中的 ✓(确定)按钮,关闭"注释"面板,完成创建注释的操作。至此,就完成了工程图的所有注释操作。

11.6 本章小结

本章介绍了添加工程图注释的具体操作,这些内容包括工程图文字注释、尺寸标注、中心线、添加符号等,并以一个实例对本章内容进行了综合介绍。作为 SOLIDWORKS 的基础模块,掌握本章内容可使读者在日后的工作中,进行工程图创建与注释更加方便。

11.7 习题

一、填空题

1. 在工程图的基础上添加_____、_____、中心线、_____等内容，可以完善工程图除视图以外的细节，使工程图中的每一个需要表示的内容都能被清晰表达。

2. 注释工具可以在工程图中添加_____和一些特殊要求的标注。注释中可以包含_____、_____、_____或超文本链接等，如果注释中包含引线，则引线可以是_____、_____或多转折引线。

3. 尺寸标注可以将 3D 模型特征的_____和_____数值化，让每位阅读图纸的工程师都可以清楚地知道零件的具体尺寸。

4. _____是工程图中常见的一种线形方式，常用于标识孔位与对称式的零件特征。

5. _____用于元素的基准参照，指定的元素都是以_____为基准参照的，在制造加工过程中也是以此基准作为参照的，其基准目标也具有相似之处。

二、上机操作

1. 参照"源文件/素材文件/Char11"路径打开"活动钳口.SLDPRT"文件，如图 11-49 所示，请读者参考本章介绍内容创建细螺杆零件的工程图并添加零件注释。

2. 参照"源文件/素材文件/Char11"路径打开"轮毂.SLDPRT"文件，如图 11-50 所示，请读者参考本章介绍内容创建轮毂零件的工程图并添加零件注释。

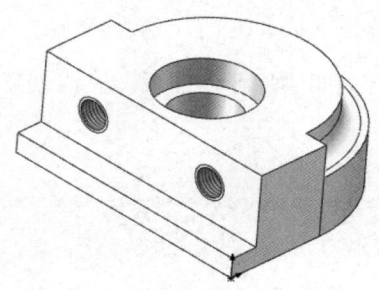

图 11-49　上机习题视图 1

图 11-50　上机习题视图 2

第 12 章

产品测量与分析

在使用 SOLIDWORKS 进行机械零件、产品造型、钣金设计及焊件结构设计的过程中，需要利用其提供的产品测量与分析工具，辅助设计人员完成设计。

产品测量与分析工具包括模型测量、质量属性与剖面属性、传感器、实体分析与检查、面分析与检查等，熟练掌握这些工具的使用后，可提高自身的设计能力。

学习目标

1. 熟练掌握"模型测量"工具和"质量属性与剖面属性"工具的用法。
2. 掌握"实体分析与检查"工具和"面分析与检查"工具的用法。
3. 熟悉传感器的用法。

12.1 模型测量

模型测量可以测量草图、3D 模型、装配体和工程图中的直线、点、曲面、基准面的距离、角度、半径与大小，以及它们之间的距离、角度、半径与尺寸。当选择一个顶点或草图点时，会显示其 X、Y 和 Z 坐标值。

打开一个名称为"钳座"的零件文件，单击"评估"选项卡中的 （测量）按钮，弹出"测量-钳座"工具栏，如图 12-1 所示。同时，鼠标指针的形状由 变为 。

图 12-1 "测量-钳座"工具栏

"测量-钳座"工具栏中有 5 种测量类型，圆弧/圆测量、显示 XYZ 测量、面积与长度测量、零件原点测量和投影测量。

12.1.1 设置单位/精度

在对模型进行测量之前，需设置测量所用的单位与精度。单击 （单位/精度）按钮，弹出"测量单位/精度"对话框，如图 12-2 所示。

"测量单位/精度"对话框中各选项的含义如下。

（1）"使用文档设定"单选按钮：单击选中此单选按钮，将使用"文档属性"中定义的单位和材质属性。系统选项为"文档属性"设置的默认单位如图 12-3 所示。

图 12-2 "测量单位/精度"对话框

图 12-3 系统选项为"文档属性"设置的默认单位

（2）"使用自定义设定"单选按钮：单击选中此单选按钮，用户可以自定义单位与精度的相关选项。

（3）"长度单位"选项组：该选项组可以设置测量的长度单位与精度，其中包括选择线性测量的单位、科学记号、小数位数、分数、分母等。

（4）"角度单位"选项组：该选项组可以设置测量的角度单位与精度，其中包括选择角度尺寸的测量单位、设定显示角度尺寸的小数位数等。

修复输入模型后，需将结果保存在自定义的目录中，以便在数据准备时导入。

12.1.2 圆弧/圆测量

"圆弧/圆测量"类型用于测量圆与圆或圆弧之间的间距，有 3 种测量方式，中心到中心、最小距离和最大距离。

1．中心到中心

中心到中心是选中要测量距离的两个圆弧或圆的圆心，程序会自动计算并得出测量结果。如果两个圆或圆弧在同一平面内，则将只产生中心距离，如图 12-4 所示。如果两个圆或圆弧不在同一平面内，则将产生中心距离和垂直距离，如图 12-5 所示。

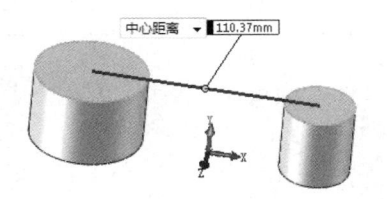

图 12-4　同一平面的中心到中心 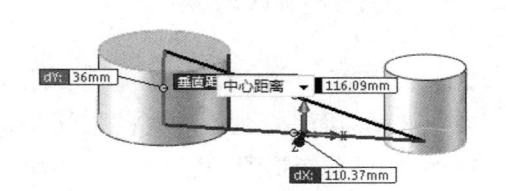　　　　图 12-5　不同平面的中心到中心

2．最小距离

最小距离是指两个圆或圆弧的最近端的距离。无论是选择圆形实体的边缘还是圆面，程序都将依据最近端来计算最小距离，如图 12-6 所示。

提示：在选择要测量的对象时，程序会自动拾取对象中的面或边进行测量。

3．最大距离

最大距离是指两个圆或圆弧的最远端的距离。无论是选择圆形实体的边缘还是圆面，程序都将依据最远端来计算最大距离，如图 12-7 所示。

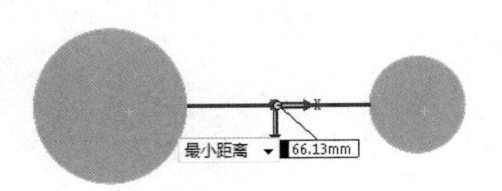

图 12-6　最小距离 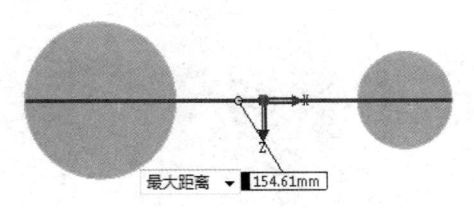　　　　图 12-7　最大距离

12.1.3 显示 XYZ 测量

"显示 XYZ 测量"类型用于在绘图区域中显示所测实体之间的 dX、dY 或 dZ 的距离。

例如,以中心到中心的测量方法测量两圆或圆弧之间的中心距离并得出测量结果,随后单击 （显示 XYZ 测量）按钮,绘图区域中将自动显示 dX、dY 和 dZ 的实测距离,如图 12-8 所示。

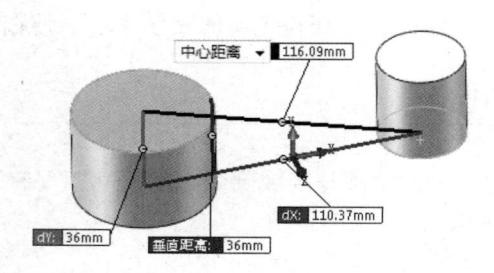

图 12-8 显示 dX、dY 和 dZ 的实测距离

提示：当测量的对象在同一平面内时,使用"显示 XYZ 测量"命令将只显示 dX 和 dY 的距离。当测量的对象相互垂直时,使用"显示 XYZ 测量"命令将只显示 dZ 的距离。

12.1.4 面积与长度测量

在默认情况下,当用户只选择一个圆形面、圆柱面、圆锥面或矩形面时,程序会自动计算所选面的面积、周长和直径（当选择面为圆柱面时）。

例如,仅选择矩形面、圆形面或圆锥面测量时,会得到如图 12-9、图 12-10 和图 12-11 所示的测量结果。仅选择圆柱面测量时,会得到如图 12-12 所示的测量结果。

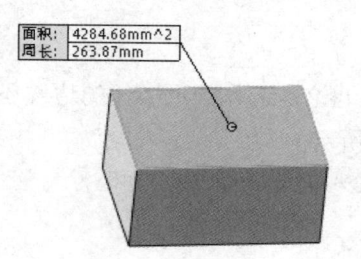

图 12-9 矩形面测量结果

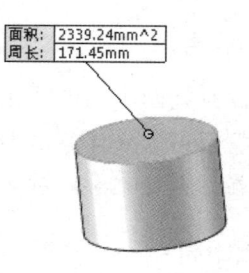

图 12-10 圆形面测量结果

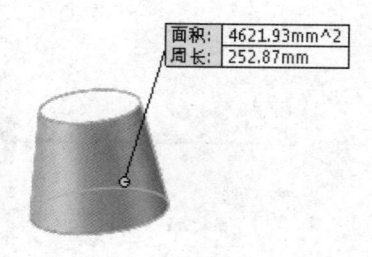

图 12-11 圆锥面测量结果

图 12-12 圆柱面测量结果

在默认情况下，单击实体的边，程序会自动计算所单击边的长度、直径或中心点坐标，如图12-13和图12-14所示。

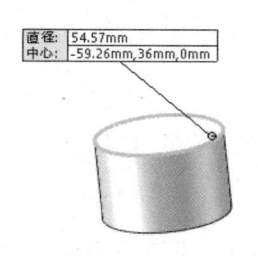

图12-13 直径和中心点坐标测量结果

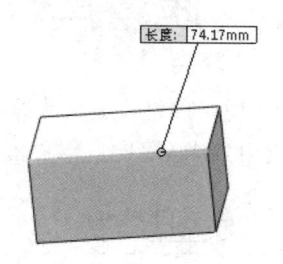

图12-14 长度测量结果

12.1.5 零件原点测量

"零件原点测量"类型用于测量相对于用户坐标系的原点至所选边、面或点之间的距离，包括中心距离、最小距离和最大距离。

要使用"零件原点测量"类型测量距离，需要创建一个坐标系。使用该测量类型得到的中心距离、最小距离和最大距离，如图12-15、图12-16和图12-17所示。

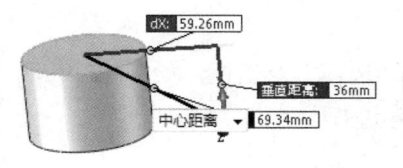

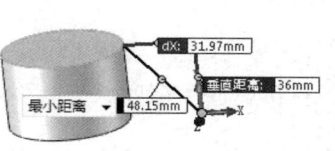

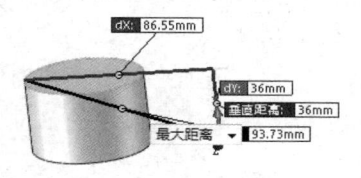

图12-15 基于原点的中心距离　　图12-16 基于原点的最小距离　　图12-17 基于原点的最大距离

12.1.6 投影测量

"投影测量"类型用于测量所选实体的投影于"无"、"屏幕"或"选择面/基准面"之间的距离。

1. 投影于"无"

投影于"无"对不同平面内的测量对象来说，可保存其他类型的测量结果。

2. 投影于"屏幕"

投影于"屏幕"是将测量结果投影于屏幕。

3. 投影于"选择面/基准面"

投影于"选择面/基准面"将计算投影距离（在所选的基准面中）和正交距离（与所选的基准面正交），如图12-18所示。

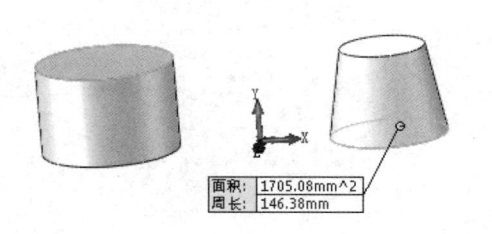

图12-18 投影于"选择面/基准面"

12.2 质量属性与剖面属性

使用"质量属性"工具或"剖面属性"工具可以显示零件或装配体模型的质量属性，或者面或草图的剖面属性。用户也可以为质量和引力中心指定数值以覆写所计算的值。

12.2.1 质量属性

用户可以使用"质量属性"工具对模型的质量属性结果进行打印、复制、属性选项设置、重算等操作。

在"评估"工具栏中单击 (质量属性)按钮，弹出"质量属性"窗口，如图12-19所示。窗口中部分按钮及选项的含义如下。

（1）打印：选择项目，在计算出质量特性后，单击"打印"按钮弹出"打印"对话框，可直接打印结果。

（2）复制到剪贴板：单击"复制到剪贴板"按钮，可以将质量特性结果复制到剪贴板中。

（3）选项：单击"选项"按钮，弹出"质量/截面属性选项"对话框，如图12-20所示，随后对质量属性的单位、材料属性和精度水准等内容进行设置。

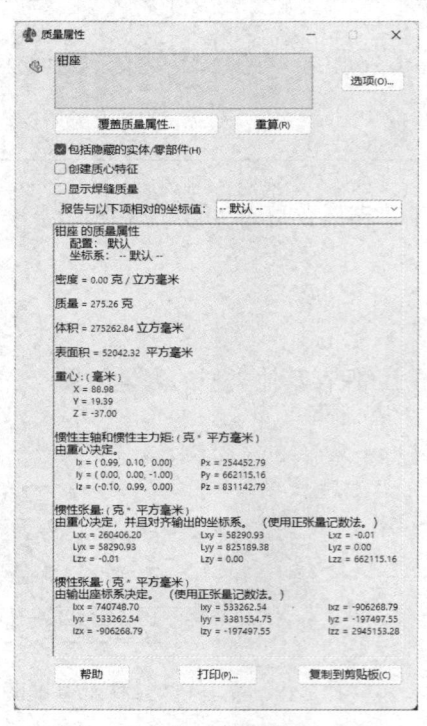

图 12-19 "质量特性"窗口

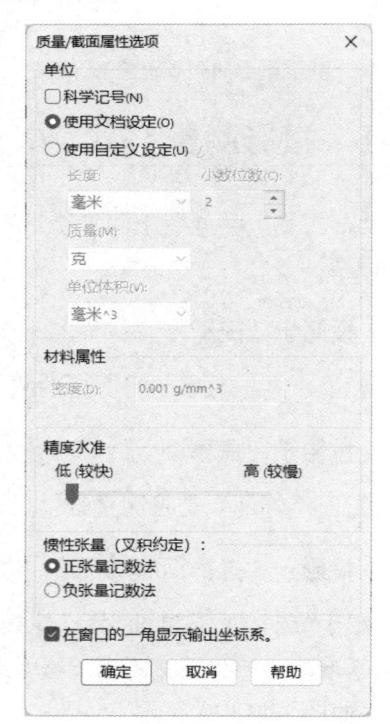

图 12-20 "质量/截面属性选项"对话框

（4）重算：当设置属性选项完成后，单击"重算"按钮可以重新计算结果。

（5）包括隐藏的实体/零部件：勾选该复选框，以在计算中包括隐藏的实体和零部件。

提示：用户不必关闭"质量属性"窗口即可计算其他实体，取消勾选"包括隐藏的实体/零部件"复选框，随后单击"重算"按钮即可。

12.2.2 截面属性

"截面属性"工具可为位于平行基准面的多个面和草图评估截面属性。"截面属性"的对话框及操作方法与"质量属性"的相同。

当为多个实体计算截面属性时，可以选择以下内容。

（1）一个或多个平的模型面。

（2）剖面中的面。

（3）工程图中剖面视图的剖面。

（4）草图（在"FeatureManager 设计树"中单击草图或右击特征，在弹出的快捷菜单中选择"编辑草图"命令）。

单击"评估"工具栏中的 ![] （截面属性）按钮，弹出"截面属性"窗口。如图 12-21 所示，单击选中长方体的上表面和右表面后，随后单击"重算"按钮，计算出所选平面的截面属性，并将结果显示在窗口中，如图 12-22 所示。

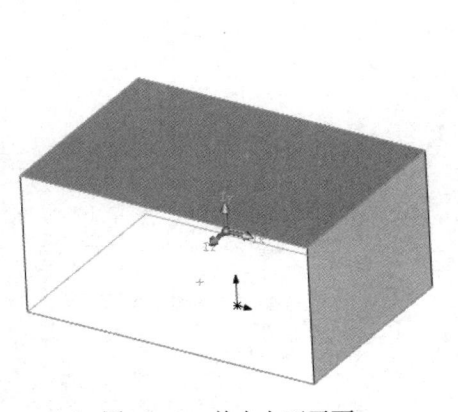

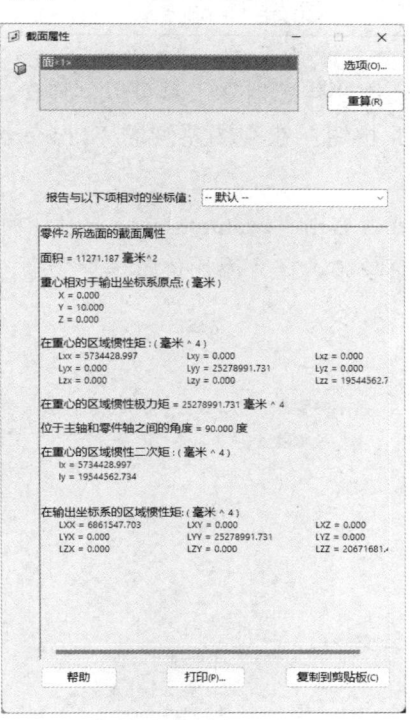

图 12-21　单击上下平面　　　图 12-22　"截面属性"计算结果

提示：当计算一个以上实体时，第一个所选面为计算截面属性定义的基准面。

12.3 传感器

传感器用于监视零件和装配体的所选属性,并在数值超出指定阈值时发出警告。

12.3.1 传感器类型

传感器包括以下几种类型。
(1) 质量属性:监视质量、体积和曲面区域等属性。
(2) 尺寸:监视所选尺寸。
(3) 干涉检查:监视装配体中选定的零件之间的干涉情况(只在装配体中可用)。
(4) 接近:监视装配体中用户定义的直线和选取的零件之间的干涉(只在装配体中可用)。
(5) Simulation 数据:监视 Simulation 的数据(在零件和装配体中可用),如模型特定区域的应力、接头力和安全系数;监视 Simulation 瞬态算例的结果,如非线性算例、动态算例和掉落测试算例。

12.3.2 创建传感器

使用"传感器"工具可以创建传感器来辅助设计。单击"评估"选项卡中的 （传感器）按钮,在视图左侧的"PropertyManager"中弹出"传感器"面板,如图 12-23 所示。

或者右击"FeatureManager 设计树"中的"传感器"文件夹图标 传感器,在弹出的快捷菜单中选择"添加传感器"命令,如图 12-24 所示,弹出"传感器"面板。

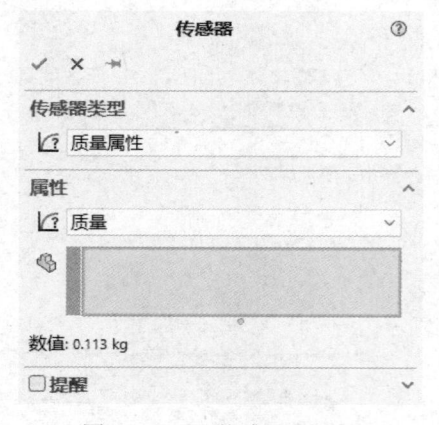

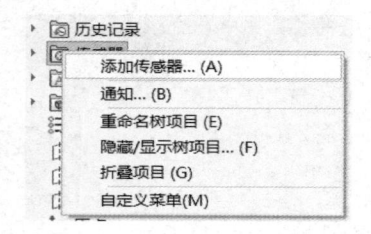

图 12-23 "传感器"面板   图 12-24 "添加传感器"命令

"传感器"面板中各选项组(为"质量属性"类型时的选项组)的含义如下。

(1)"传感器类型"选项组:"传感器类型"下拉列表中列出了可创建传感器的传感器类型。在零件模式下,仅有 3 种类型可供用户选择。在装配模式下,有 5 种类型可供用户选择。

(2)"属性"选项组:不同的传感器类型有不同的属性。

(3)"提醒"选项组:该选项组用于选择警戒并设置运算符和阈值。设定"提醒"后,当传感器数值超出指定阈值时,将立即发出警告。

说明:当传感器类型为"Simulation 数据"、"质量属性"和"尺寸"时,需要指定一个运算符和一到两个数值。当传感器类型为"干涉检查"和"接近"时,需要指定发出的警告是否为假。

提示:如果传感器文件夹不可见,则右击"FeatureManager 设计树",在弹出的快捷菜单中选择"隐藏/显示树项目"命令,随后在弹出的"系统选项"对话框中选择"FeatureManager"选项,将传感器设置为"显示"。

12.3.3 传感器通知

当用户为实体设置传感器类型并创建传感器后,如果检测结果超出"提醒"值,则在"FeatureManager 设计树"中,"传感器"文件夹的名称将显示为灰色,同时会显示预警符号,在鼠标指针接近图标时会弹出如图 12-25 所示的"传感器"通知。

在"FeatureManager 设计树"中右击"传感器"文件夹图标,在弹出的快捷菜单中选择"通知"命令,在视图左侧的"PropertyManager"中弹出"传感器"面板,该面板中仅包含"通知"选项组,如图 12-26 所示。

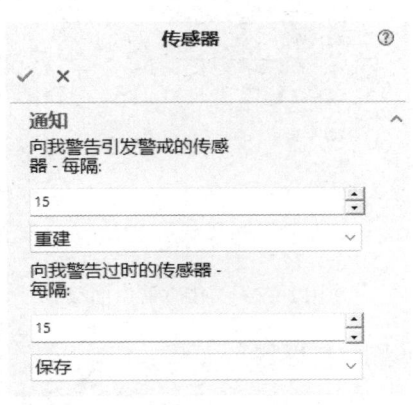

图 12-25 传感器警告

图 12-26 "传感器"面板

"传感器"面板"通知"选项组中各选项的含义如下。

(1)触发警告频率:对于已引发警戒的传感器,指定通知消息之间的重建或保存次数。

(2)NotifyOn(关于通知):有重建和保存两个选项。

(3)过时警告频率:对于已过时的传感器,指定通知消息之间的重建或保存次数。

12.3.4　编辑、压缩或删除传感器

如果需要对传感器进行编辑、压缩或删除操作，则可以在"FeatureManager 设计树"中选择"传感器"文件夹并右击，在弹出的快捷菜单中选择相应的命令。

1．编辑传感器

在"FeatureManager 设计树"中右击"传感器"文件夹下的传感器子文件，在弹出的快捷菜单中选择"编辑传感器"命令，在视图左侧的"PropertyManager"中弹出"传感器"面板，如图 12-27 所示。在"传感器"面板中为传感器重新设置类型、属性和警告等。

如果需要了解某个传感器的详细信息，则可在"FeatureManager 设计树"中双击该传感器。例如，双击"质量属性"传感器，在"质量特性"窗口中查看传感器的详细信息。

2．压缩传感器

压缩传感器会将传感器进行压缩，压缩后的传感器以灰色显示，并且模型不会计算该传感器。

在"FeatureManager 设计树"中右击"传感器"文件夹下的传感器子文件，在弹出的快捷菜单中选择"压缩"命令，所选的传感器会被压缩，如图 12-28 所示。

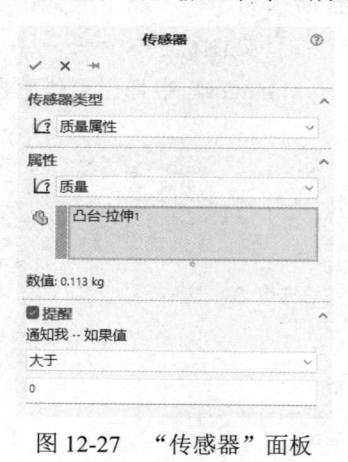

图 12-27　"传感器"面板　　　　　图 12-28　压缩传感器

3．删除传感器

要删除传感器，可在"FeatureManager 设计树"中右击"传感器"文件夹下的传感器子文件，在弹出的快捷菜单中选择"删除"命令。

12.4　实体分析与检查

SOLIDWORKS 提供的基于实体特征的分析与检查工具，可以帮助用户统计特征数

量、找出特征错误并解决几何体分析、拔模分析及厚度分析等问题，最终优化工程图设计。

12.4.1 性能评估

"性能评估"工具是显示重建零件中每个特征所需时间量的工具。使用此工具可通过压缩需要长时间重建的特征来减少重建时间（此工具在所有零件文件中都可以使用）。

单击"评估"工具栏中的 ![图标]（性能评估）按钮，弹出"性能评估"窗口，如图 12-29 所示。

"性能评估"窗口中部分按钮及选项的含义如下。

（1）打印：单击"打印"按钮，弹出"打印"对话框，如图 12-30 所示。
（2）刷新：单击"刷新"按钮，刷新性能评估结果。
（3）在"性能评估"窗口的统计列表中，按降序方式显示所有特征及其重建时间。
（4）特征顺序：在"FeatureManager 设计树"中列举每个项目（特征、草图及派生的基准面），并使用快捷菜单来编辑特征定义、压缩特征等。
（5）时间%：显示重新生成的每个项目的总零件重建时间百分比。
（6）时间：以秒数显示每个项目重建所需的时间量。

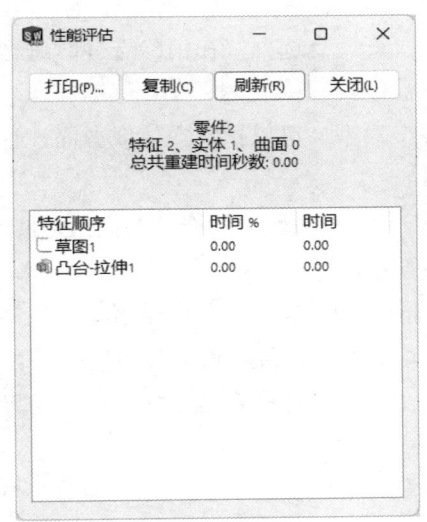

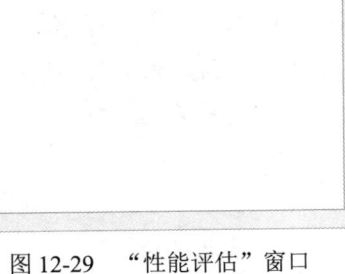

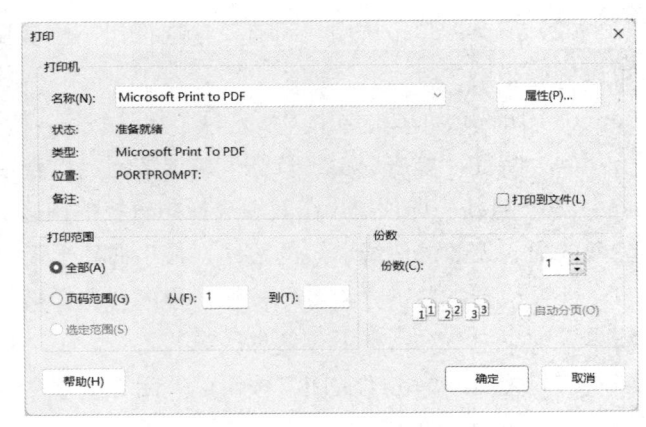

图 12-29 "性能评估"窗口

图 12-30 "打印"对话框

12.4.2 检查实体

"检查实体"工具可以检查实体几何体并识别不良几何体。保持零件的文档激活状态，随后单击"评估"工具栏中的 ![图标]（检查）按钮，弹出"检查实体"对话框，如图 12-31 所示。

图 12-31 "检查实体"对话框

"检查实体"对话框中各按钮及选项的含义如下。

（1）严格实体/曲面检查：勾选"严格实体/曲面检查"复选框，在消除选择时进行标准几何体检查，并利用先前几何体的检查结果改进性能。

（2）所有：单击选中"所有"单选按钮，检查整个模型，可以指定实体或曲面，也可以同时指定二者。

（3）所选项：单击选中"所选项"单选按钮，检查在绘图区域中所选择的面或边线。

（4）特征：单击选中"特征"单选按钮，检查模型中的所有特征。

（5）"查找"选项组：在其中选择想查找的问题类型及用户想决定的数值类型，包括无效的面、无效的边线、短的边线、最小曲率半径、最大边线间隙、最大顶点间隙等。

（6）检查：单击"检查"按钮，程序会选择检查命令，并将检查结果显示在"结果清单"列表中（对话框下方信息区域）。

（7）关闭：单击"关闭"按钮，关闭"检查实体"对话框。

（8）帮助：单击"帮助"按钮，查看"检查实体"工具的帮助文档。

12.4.3 几何体分析

"几何体分析"工具可以分析零件中无意义的几何、尖角及断续几何等。单击"评估"工具栏中的 ◎（几何体分析）按钮，在视图左侧的"PropertyManager"中弹出"几何体分析"面板，如图 12-32 所示。

"几何体分析"面板中各按钮及选项的含义如下。

(1)无意义几何体：勾选"无意义几何体"复选框，可以设置短边线、小面和细薄面等无意义的几何体选项。通常情况下，在无法修复的实体中会出现无意义的几何体。

(2)尖角：尖角是几何体中出现的锐角边，包括锐边线和锐顶点。

(3)断续几何体：几何体出现的断续的边线和面。

(4)全部重设：单击"全部重设"按钮，程序会按设定的分析选项进行分析，分析结束后将结果显示在随后弹出的"分析结果"列表中。

(5)"分析结果"列表：单击"计算"按钮后可显示几何体分析的结果，如图12-33所示。

图12-32 "几何体分析"面板　　　　　图12-33 "分析结果"列表

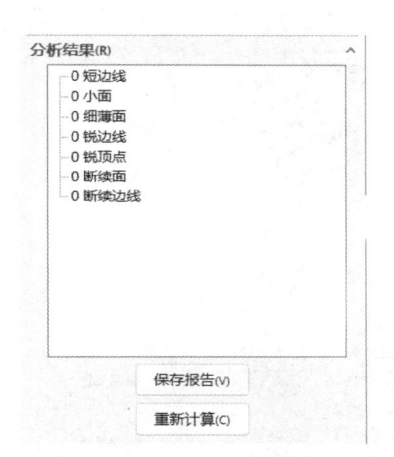

提示：在"分析结果"列表中选择一个分析结果，绘图区域中将显示该结果，如图12-34所示。

(6)保存报告：单击"保存报告"按钮，弹出"几何体分析：保存报告"对话框，如图12-35所示。在该对话框中为报告指定文件夹名称和文件夹路径后，单击"保存"按钮，保存分析结果。

(7)重新计算：单击"重新计算"按钮，重新计算几何体。

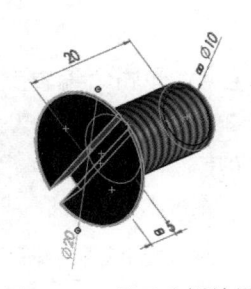

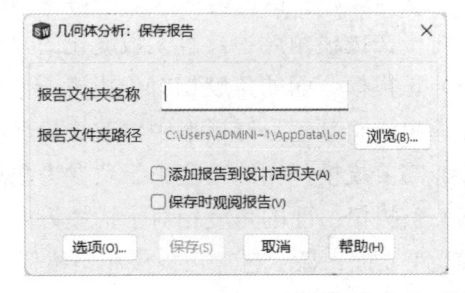

图12-34 显示分析结果　　　　　图12-35 "几何体分析：保存报告"对话框

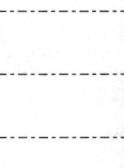

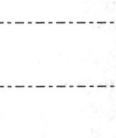

12.4.4 拔模分析

"拔模分析"工具可设置分析参数和颜色,以识别并直观地显示铸模零件上拔模不足的区域。

单击"评估"工具栏中的 (拔模分析)按钮,在视图左侧的"PropertyManager"中弹出"拔模分析"面板,如图12-36所示。

"拔模分析"面板中各选项的含义如下。

(1) 拔模方向:可使用"单击一平面"、"线性边线"和"轴"3个选项来定义拔模方向。单击 (反向)按钮,可更改拔模方向。

(2) 拔模角度:输入参考拔模角度后可与模型中现有的角度进行对比。

(3) 面分类:勾选"面分类"复选框,将每个面归入颜色设定下的类别,随后对每个面应用相应的颜色,并提供每种类型的面的计数,如图12-37所示。

图12-36 "拔模分析"面板

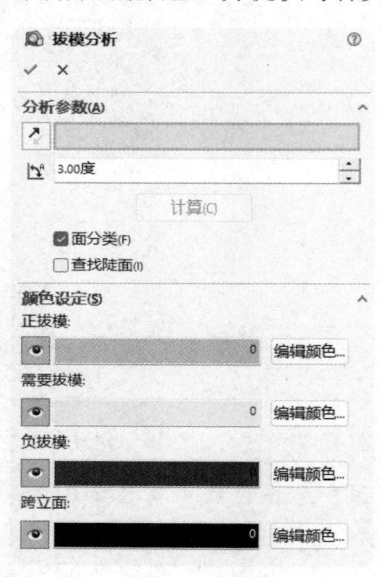

图12-37 勾选"面分类"复选框后的结果

(4) 查找陡面:该复选框仅在勾选"面分类"复选框时可用。勾选"查找陡面"复选框,分析应用于曲面的拔模,以识别陡面。

(5) 逐渐过渡:以色谱形式显示角度范围(正拔模到负拔模),如图12-38所示。逐渐过渡对于在拔模角度中具有无数变化的复杂模型很有帮助。

(6) 正拔模:面的角度相对于拔模方向大于设定的参考角度。单击"编辑颜色"按钮,在弹出的"颜色"对话框中更改拔模面的颜色,如图12-39所示。

(7) 需要拔模:面的角度小于负参考角度或大于正参考角度。

(8) 负拔模:面的角度相对于拔模方向小于设定的负参考角度。

(9) 跨立面:显示包含正拔模和负拔模的面。通常,通过生成分割线来消除跨立面,这对于模具设计很有帮助。

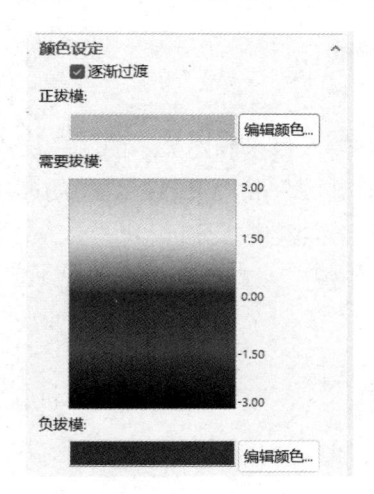

图 12-38 逐渐过渡颜色谱系　　　　　　图 12-39 "颜色"对话框

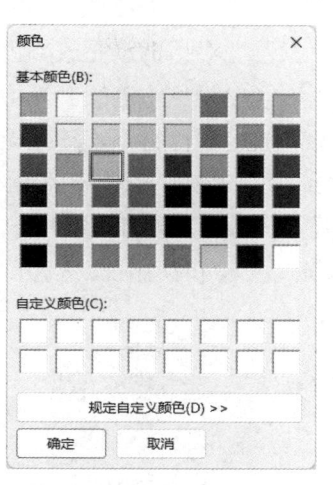

12.4.5　厚度分析

"厚度分析"工具可以检测与分析薄壁壳类产品的厚度。单击"评估"工具栏中的 ≋（厚度分析）按钮，在视图左侧的"PropertyManager"中弹出"厚度分析"面板，如图 12-40 所示。单击选中实体侧面，如图 12-41 所示。

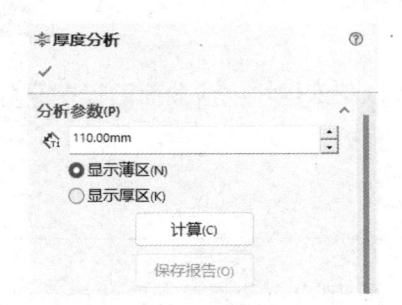

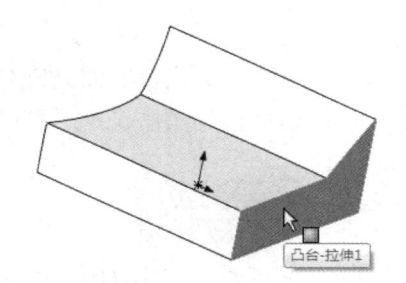

图 12-40 "厚度分析"面板　　　　　　图 12-41 单击选中实体侧面

"厚度分析"面板中各按钮及选项的含义如下。

（1）目标厚度 ：输入要检查的厚度，检查结果将与此值进行对比，此处输入 110mm。

（2）显示薄区：单击选中"显示薄区"单选按钮，厚度分析结束后绘图区域中将高亮显示低于目标厚度的区域。在此例选择本选项。

（3）显示厚区：单击选中"显示厚区"单选按钮，厚度分析结束后绘图区域中将高亮显示高于设定的厚区限制的区域。

（4）计算：单击"计算"按钮，程序运行厚度分析。

（5）保存报告：单击"保存报告"按钮，保存厚度分析的结果数据。

（6）全色范围：以单色来显示分析结果。

（7）目标厚度颜色：设定目标厚度的分析颜色。单击"编辑颜色"按钮，可以通过弹出的"颜色"对话框来更改颜色设置。

（8）连续：颜色将连续、无层次地显示。

（9）离散：颜色将不连续且无层次地显示。通过输入值来确定显示的颜色层次。

（10）厚度比例：以色谱的形式显示厚度比例。"连续"和"离散"类型的厚度比例的色谱是不同的，如图12-42所示。此处选择"连续"类型进行分析。

（11）局部分析所用面：仅分析当前选择的面，如图12-43所示。

图12-42 "连续"和"离散"类型的厚度比例色谱

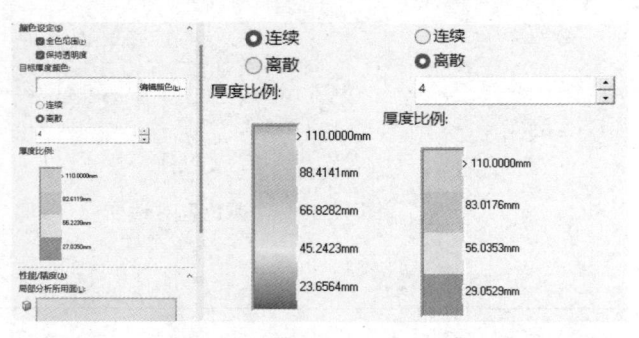

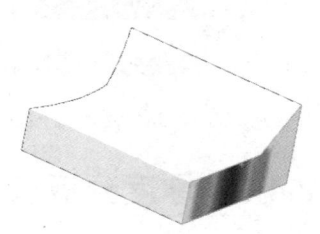

图12-43 分析当前选择的面

12.5 面分析与检查

SOLIDWORKS 提供的面分析与检查功能，可以帮助用户完成曲面的误差分析、曲率分析、底切分析等操作，对产品设计和模具设计有极大的辅助作用。

12.5.1 误差分析

"误差分析"工具是计算面之间的角度的诊断工具。用户可选择单一边线或系列边线。边线可以位于曲面的两个面之间，也可以位于实体的任何边线上。单击"评估"工具栏中的 ✖（误差分析）按钮，在视图左侧的"PropertyManager"中弹出"误差分析"面板，如图12-44所示。

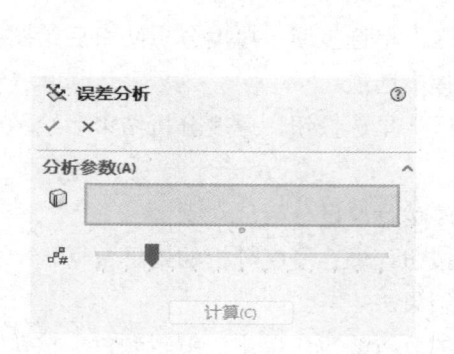

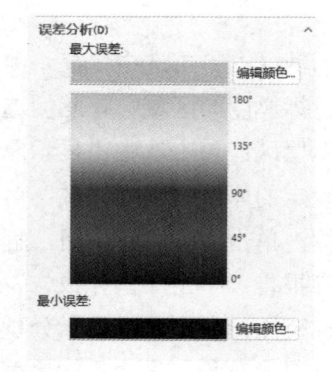

图12-44 "误差分析"面板

"误差分析"面板中各选项的含义如下。

(1) 边线：激活列表，在绘图区域中选择要分析的边线。

(2) 样本点数：拖动滑块，调整误差分析后在边线上显示的样本点数，如图 12-45 所示。

(3) 计算：单击"计算"按钮，程序将自动计算所选边线的误差，并将结果显示在绘图区域中。

(4) 最大误差：沿所选边线的最大误差错误。单击"编辑颜色"按钮，可以更改最大误差的颜色显示。

(5) 最小误差：沿所选边线的最小误差错误。单击"编辑颜色"按钮，可以更改最小误差的颜色显示。

提示 1：点数根据窗口客户区域的大小而定。如果选择一条以上的边线，则样本点分布在所选边线上，且与边线长度成比例。

提示 2：误差分析结果取决于所选边线。如果选择的边线由平滑曲线构成，则误差分析结果如图 12-45 所示。如果选择的边线由复杂曲线构成，则误差分析结果如图 12-46 所示。

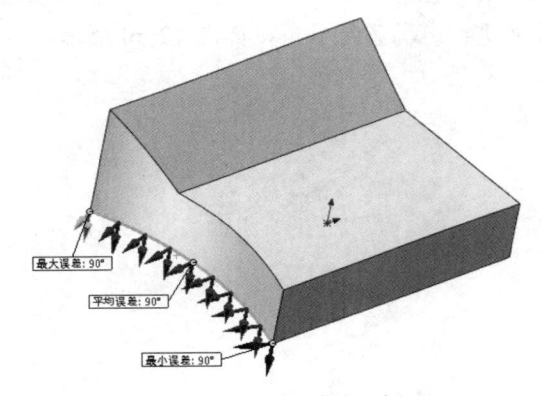

图 12-45 平滑曲线分析　　　　图 12-46 复杂曲线分析

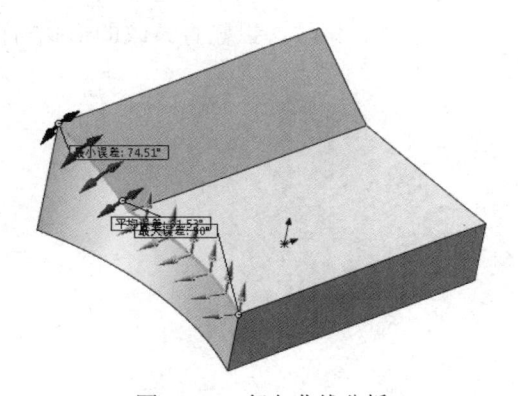

12.5.2 斑马条纹

斑马条纹允许用户查看曲面中标准显示的难以分辨的小变化，可以方便地查看曲面中小的褶皱或疵点，并且可以检查相邻面是否相连或相切，或是否具有连续曲率。

单击"评估"工具栏中的 （斑马条纹）按钮，在视图左侧的"PropertyManager"中弹出"斑马条纹"面板，如图 12-47 所示。

"斑马条纹"面板中各选项的含义如下。

(1) 条纹数：拖动滑块调整条纹数，滑块在最左侧时，条纹数最少，条纹最宽；滑块在最右侧时，条纹数最多，条纹最窄。

(2) 条纹宽度：拖动滑块调整条纹宽度，滑块在最右侧时，条纹宽度最大，如图 12-48 所示。

图 12-47　"斑马条纹"面板　　　　图 12-48　条纹最大宽度

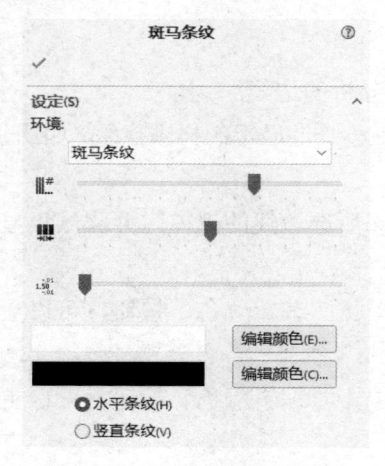

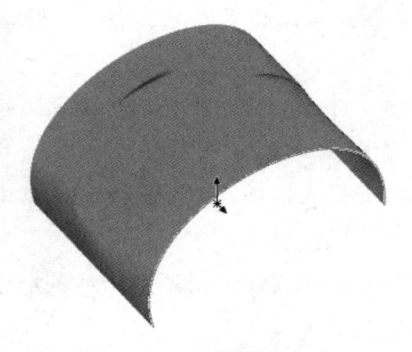

（3）条纹精度：将滑块从低精度（左）拖动至高精度（右），以改进显示品质。

（4）条纹颜色：单击上面的"编辑颜色"按钮，更改条纹的颜色显示。

（5）背景颜色：单击下面的"编辑颜色"按钮，更改背景的颜色显示。

（6）水平条纹：以水平条纹的形式对曲面进行斑马条纹分析，如图 12-49 所示。

（7）竖直条纹：以竖直条纹的形式对曲面进行斑马条纹分析，如图 12-50 所示。

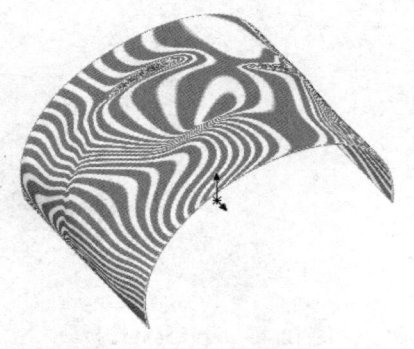

图 12-49　水平条纹分析　　　　图 12-50　竖直条纹分析

12.5.3　曲率分析

"曲率分析"工具是根据模型的曲率半径以不同颜色来显示零件或装配体的。在显示带有曲面的零件或装配体时，可以根据曲面的曲率半径让曲面呈现不同的颜色。

曲率定义为半径的倒数（1/半径），使用的是当前模型的单位。在默认情况下，显示的最大曲率值为 1.000，最小曲率值为 0.0010。随着曲率半径的减小，曲率值会增加，相应的颜色也会从黑色（0.0010）依次变为蓝色、绿色和红色（1.0000）。

打开"曲率.SLDPRT"文件，单击"评估"工具栏中的 ■（曲率）按钮，程序会自动计算模型曲率，并将分析结果显示在模型面上。当鼠标指针靠近模型并缓慢移动时，指针旁边会显示指定位置的曲率和曲率半径，如图 12-51 所示。

对于规则的模型，如长方体，每个面的曲率均为 0，如图 12-52 所示。

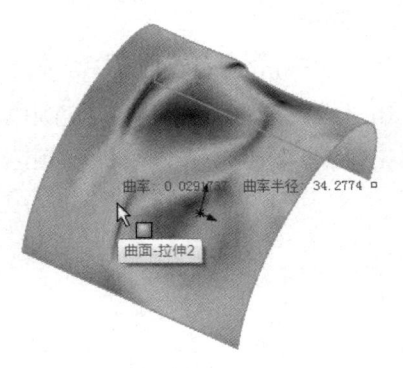

图 12-51　显示曲率和曲率半径

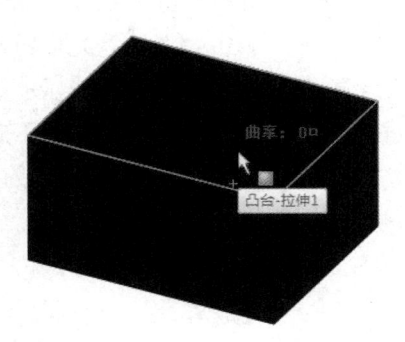

图 12-52　长方体曲率为 0

12.5.4　底切分析

在"底切分析"工具中设置分析参数和颜色，可以识别并直观地显示铸模零件中可能会阻止零件从模具中脱出的围困区域，该区域通常需要做侧向抽芯结构。单击"评估"工具栏中的 （底切分析）按钮，在视图左侧的"PropertyManager"中弹出"底切分析"面板，如图 12-53 所示。

"底切分析"面板中各选项及按钮的含义如下。

（1）坐标输入：程序可自动参考坐标系的 Z 轴来分析模型，用户也可自行输入以改变参考坐标系。

（2）拔模方向：为拔模方向选择参考边和平面。单击 （反向）按钮，可更改拔模方向。如图 12-54 所示，单击选中直线作为拔模方向，"底切分析"面板会发生变化，如图 12-55 所示。

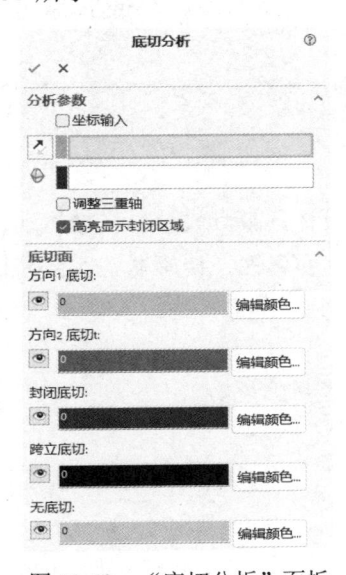

图 12-53　"底切分析"面板

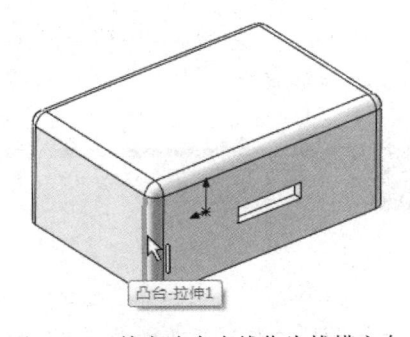

图 12-54　单击选中直线作为拔模方向

（3）分型线：如果已经创建了分型线，则程序会自动将分型线收集到该列表中，并自动完成底切分析。分型线以上或以下将显示底切颜色的面。

（4）计算：单击 ✓（计算）按钮，计算本模型的底切分析，如图 12-56 所示。

（5）方向 1 底切：从分型线以上底切的面，单击"编辑颜色"按钮，改变颜色。

（6）方向 2 底切：从分型线以下底切的面，单击"编辑颜色"按钮，改变颜色。

（7）封闭底切：从分型线以上或以下底切的面。

（8）跨立底切：双向底切的面。

（9）无底切：没有底切的面。

图 12-55 变化后的"底切分析"面板

图 12-56 本模型的底切分析

12.6 本章小结

本章主要介绍了 SOLIDWORKS 提供的用于产品设计、模具设计、机械运动、数据导入与导出的评估功能，包括模型测量、质量属性与剖面属性、传感器、实体分析与检查、面分析与检查等。

12.7 习题

一、填空题

1."测量-钳座"工具栏中有 5 种测量类型，_____、显示 XYZ 测量、面积与长度测量、_____和_____。

2. _____用于监视零件和装配体的所选属性，并在数值超出指定阈值时发出警告。

3. "零件原点测量"类型用于测量相对于用户坐标系的_____至所选边、面或点之间的距离，包括_____、最小距离和_____。

4. "几何体分析"工具可以分析零件中无意义的_____、尖角及_____等。

5. "厚度分析"工具可以检测与分析薄壁壳类产品中的_____。

二、问答题

1. 传感器包括哪些类型？
2. 斑马条纹的作用是什么？
3. 曲率分析的作用是什么？

第 13 章

配置与系列零件表

SOLIDWORKS 不仅提供了强大的造型功能，还提供了实用性强大的产品设计系列化功能，借助软件的配置与系列零件表功能，可提高设计工作的效率，特别是大型的装配体设计工作。

学习目标

1. 熟练掌握手工创建一个零件配置的方法。
2. 掌握建立系列化零件设计表的方法及其高级应用技巧。
3. 理解 SOLIDWORKS 库特征，并能够建立、修改和使用库特征。

13.1 配置与系列零件表概述

配置可以在单一文件中对零件或装配体创建多个设计变化。配置提供了简单的方法来开发并管理一组有着不同尺寸、零件或其他参数的模型。

13.1.1 配置的作用

SOLIDWORKS 提供了一种名为配置的零件设计功能，利用这个功能用户可以极大地提高设计效率。

使用配置进行零件设计有如下优点。

（1）使用同一个零件文件可以得到多个零件。在生产中，有许多零件具有相同的特征和相似的结构，用户可以利用配置功能仅用一个零件模型创建众多模型。

（2）使用同一个零件文件可以得到从毛坯到成品整个加工过程的所有模型。比如，通过压缩凹槽、抽壳等特征，可以得到加工该零件所用的毛坯。

（3）对于复杂模型，压缩一些不重要的特征可以提高模型的显示速度，同时有利于在后续工作中的使用。比如，模型建立好后，经常需要进行 CAE 分析，压缩一些圆角、倒角之类的特征，但这并不会影响分析结果，还会提高分析效率。

（4）使用同一个装配体文件可以得到不同版本的产品。比如，同样的车身，使用不同的发动机，可以得到不同的车型。

（5）利用配置功能可以创建标准零件库。比如，使用一个零件文件可以创建一系列螺栓。

13.1.2 Excel 设计表的作用

Excel 设计表提供了一种简单的方法来创建和管理配置。用户可以在零件和装配体文件中使用 Excel 设计表，也可以在工程图中显示 Excel 设计表。

（1）零件：可以在 Excel 设计表中控制零件特征的尺寸和压缩状态及配置属性，包括材料明细表中的零件编号、备注、自定义属性等。

（2）装配体：可以在装配体 Excel 设计表中控制零件的压缩状态、显示状态和参考配置，装配体特征的尺寸、压缩状态，配合的距离和角度配合的尺寸、压缩状态，配置零件编号及其在材料明细表中的显示、备注、自定义属性等。

（3）工程图：如果模型文件使用 Excel 设计表来创建多个配置，则可以在该模型的工程图中显示 Excel 表格。这样，使用一个工程图就可以表示所有的配置。

13.1.3 创建配置的方法

创建配置的方法有两种，可以手动创建配置或使用 Excel 设计表同时创建多个配置。在 SOLIDWORKS 的 ▣（配置）选项卡中，可以创建、选择和查看一个文件中的零件和装配体是否含有多个配置。

▣图标代表配置是手工创建的，▣图标代表配置是使用 Excel 设计表创建的。用户可将"配置"分割并显示为两个实例，或者将"配置"与"FeatureManager 设计树"、"PropertyManager"或使用窗格的第三方应用程序相结合。

（1）激活配置：单击左侧面板顶部的 ▣（配置）选项卡，每个配置都会被单独列出。

（2）返回"FeatureManager 设计树"：单击 ▣（FeatureManager 设计树）选项卡。

13.1.4 配置内容

在零件文件和装配体文件中，配置内容各有不同，具体配置内容如下。

1. 零件文件的配置内容

（1）修改特征尺寸。
（2）压缩特征、方程式和终止条件。
（3）使用不同的草图基准面、草图几何关系和外部草图几何关系。
（4）为单独的面设置颜色。
（5）控制基体零件的配置，指派质量和引力中心。
（6）控制分割零件的配置。
（7）控制草图尺寸的驱动状态。
（8）创建派生配置。
（9）定义配置指定属性。

2. 装配体文件的配置内容

（1）改变零件的压缩状态（压缩、还原）或显示状态（隐藏、显示）。
（2）改变零件的参考配置。
（3）改变"距离"或"角度"配合的尺寸，或者压缩不需要的配合。
（4）修改属于装配体特征的尺寸或其他参数，包括属于装配体（不是属于装配体的一个零件）的装配特征切除和孔、零部件阵列、参考几何体和草图。
（5）压缩属于装配体的特征。
（6）定义配置特定的属性，如"终止条件"和"草图几何关系"。
（7）派生配置。
（8）更改"FeatureManager 设计树"中模拟文件夹的压缩状态及设计树的模拟成分。

13.2 配置

要创建一个配置，需先指定名称与属性，再根据需要来修改模型，以创建不同的设计变化。

13.2.1 手动创建配置

用户可手动创建不同的配置，配置的内容有多种，本节将介绍用于修改尺寸的配置和用于压缩特征的配置的创建方法。具体操作步骤如下。

（1）根据起始文件路径打开"活动钳口.SLDPRT"文件，如图 13-1 所示。

（2）切换至 (配置管理器) 选项卡，得到如图 13-2 所示的配置信息，用户可以看到，列表中仅有一个默认的配置信息。

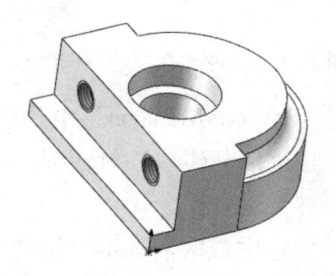

图 13-1　"活动钳口.SLDPRT"文件

图 13-2　配置信息

（3）右击"活动钳口 配置"选项，在弹出的快捷菜单中选择"添加配置"命令，在视图左侧的"PropertyManager"中弹出"添加配置"面板。

（4）在"添加配置"面板"配置属性"选项组的"配置名称"文本框中输入"孔"，在"说明"文本框中输入"孔直径2"，其余设置默认，完成设置后的面板如图 13-3 所示。

（5）单击"添加配置"面板中的 ✓（确认）按钮，完成添加配置操作，如图 13-4 所示，在"活动钳口 配置"选项下添加新的配置信息。

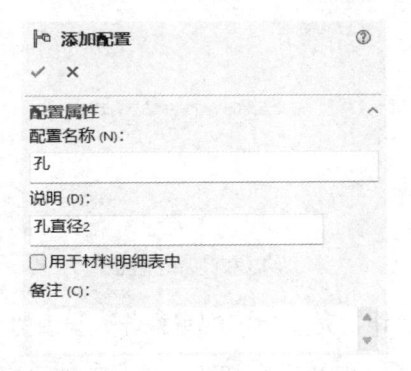

图 13-3　"添加配置"面板设置（1）

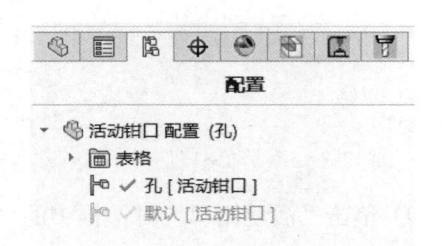

图 13-4　添加配置信息（1）

（6）切换至 🗋（FeatureManager 设计树）选项卡，如图 13-5 所示双击"孔 1"的子级"草图 5"，操作窗口中将出现零件"孔"的草图信息，如图 13-6 所示。

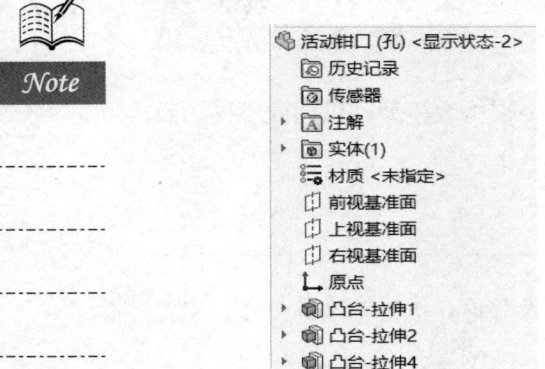

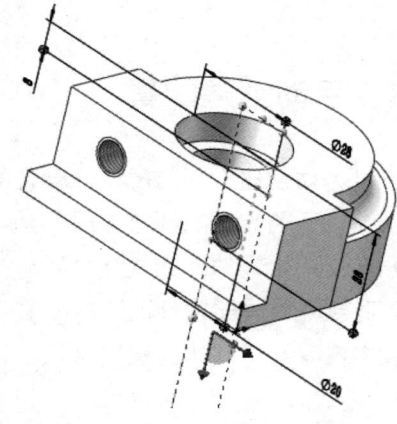

图 13-5　双击"草图 5"　　　　图 13-6　零件"孔"的草图信息

（7）单击尺寸标注"φ28"字样，在视图左侧的"PropertyManager"中弹出"尺寸"面板，单击"主要值"选项组中的"配置"按钮，弹出"活动钳口"对话框，如图 13-7 所示。

（8）单击选中"指定配置"单选按钮，用户可单击选中或取消选中"指定要修改的配置"选择框中的内容，但不可单击取消选中"孔'孔直径 2'"，否则会自动弹出如图 13-8 所示的对话框进行提醒。

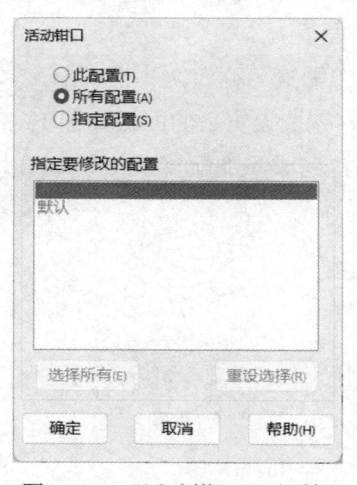

图 13-7　"活动钳口"对话框　　　　图 13-8　提醒信息

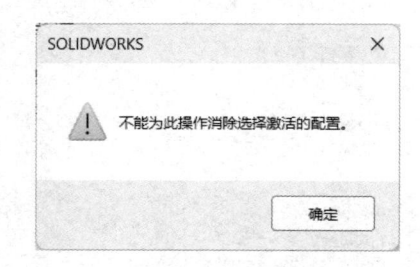

（9）单击"活动钳口"对话框中的"确认"按钮，完成指定配置操作。设置"尺寸"面板中的"主要值"为 32mm，并单击面板中的 ✓（确认）按钮，完成尺寸更改操作。

第 13 章
配置与系列零件表

单击 ⤴（退出草图）按钮，退出草图绘制模式。更改后的零件视图如图 13-9 所示。

（10）重新切换至 🔲（配置管理器）选项卡，此时可以看到用户更改的配置处于活动状态，双击"默认【活动钳口】"更改活动状态，得到的零件视图如图 13-10 所示，可与用户更改的配置状态进行对比。

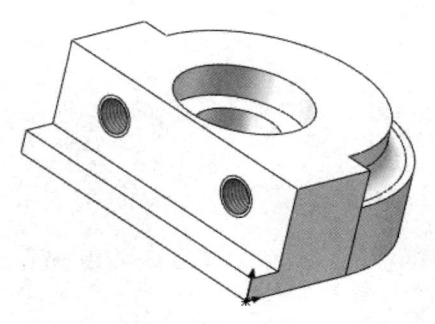

图 13-9 更改配置状态后的零件视图 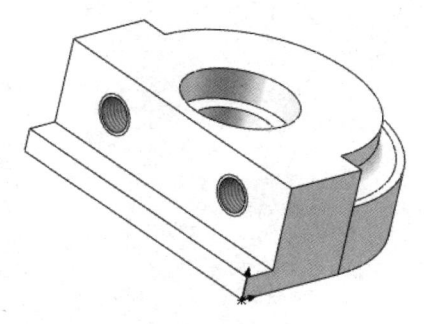　　　　图 13-10 默认配置状态的零件视图

以上步骤介绍的是更改尺寸配置状态的操作方法，下面将介绍压缩特征配置状态的操作方法。

（11）右击"活动钳口 配置"选项，在弹出的快捷菜单中选择"添加配置"命令，在视图左侧的"PropertyManager"中弹出"添加配置"面板。

（12）在"添加配置"面板"配置属性"选项组的"配置名称"文本框中输入"压缩孔"，在"说明"文本框中输入"压缩螺纹孔"，其余设置默认，完成设置后的面板如图 13-11 所示。

（13）单击"添加配置"面板中的 ✓（确认）按钮，完成添加配置操作，如图 13-12 所示，在"活动钳口 配置"选项下添加新的配置信息。

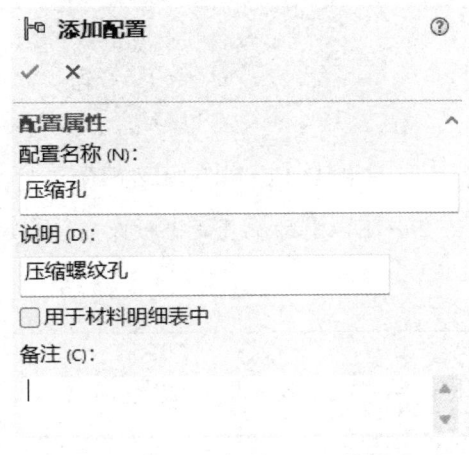

图 13-11 "添加配置"面板设置（2） 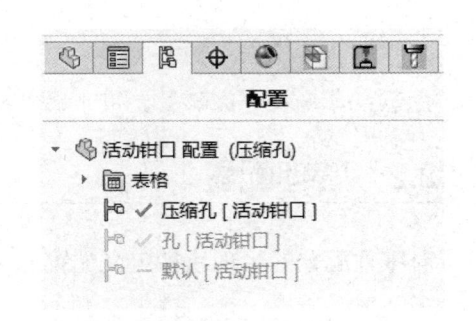　　　　图 13-12 添加配置信息（2）

（14）切换至 🔲（FeatureManager 设计树）选项卡，右击"M10 螺纹孔 1"选项，在弹出的快捷菜单中选择"配置特征"命令，如图 13-13 所示，弹出"修改配置"对话

273

框，如图 13-14 所示。

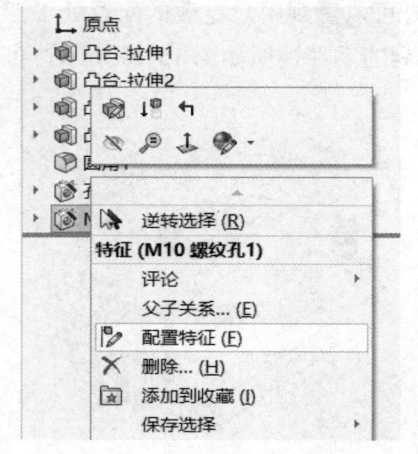

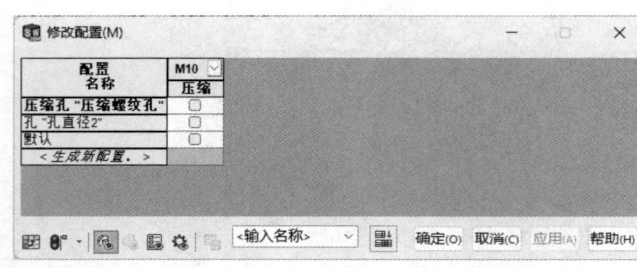

图 13-13　选择"配置特征"命令

图 13-14　"修改配置"对话框

（15）在"修改配置"对话框中显示了"压缩孔"、"孔"和"默认"3 种配置状态，用户可自行选择对哪种配置特征进行压缩孔配置。

例如，依次勾选"压缩孔"和"孔"右侧的复选框，随后单击"确认"按钮，完成配置修改操作。激活"压缩孔"配置后如图 13-15 所示，激活"孔"配置后如图 13-16 所示。

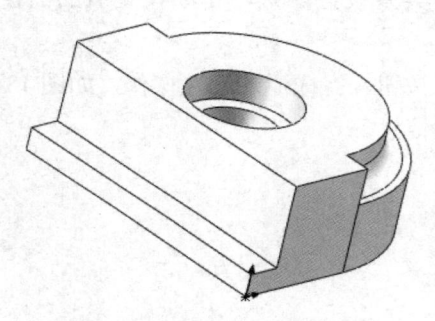

图 13-15　激活"压缩孔"配置

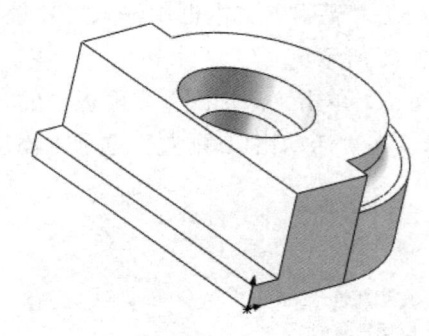

图 13-16　激活"孔"配置

提示： 每完成一次配置，用户就需要重新检查一下以前的配置是否被改变。

13.2.2　管理配置

对零件配置的管理包括定义配置的文件名称、自定义配置和删除配置 3 方面。

1．定义配置的文件名称

在"配置"树中右击配置属性，在弹出的快捷菜单中选择"属性"命令，弹出"配置属性"面板，如图 13-17 所示。在"材料明细表选项"选项组中，可以选择使用零件文件的名称，也可以指定其他名称，如图 13-18 所示。

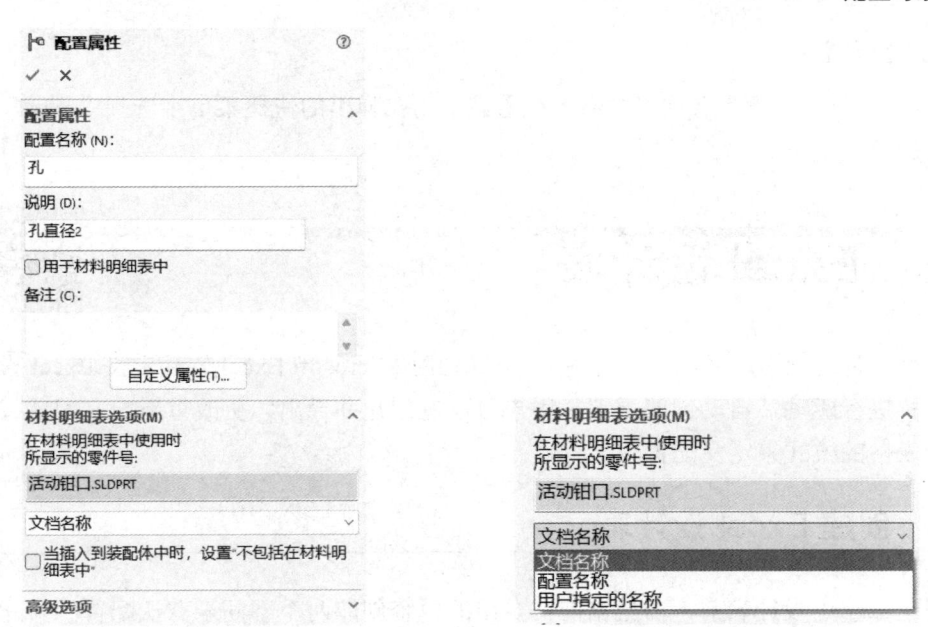

图 13-17 "配置属性"面板　　图 13-18 在材料明细表中指定使用零件文件的名称

2．定义配置的自定义属性

单击"配置属性"面板中的"自定义属性"按钮，弹出"摘要信息"对话框，如图 13-19 所示，用户可根据自身需要定义配置的自定义属性。

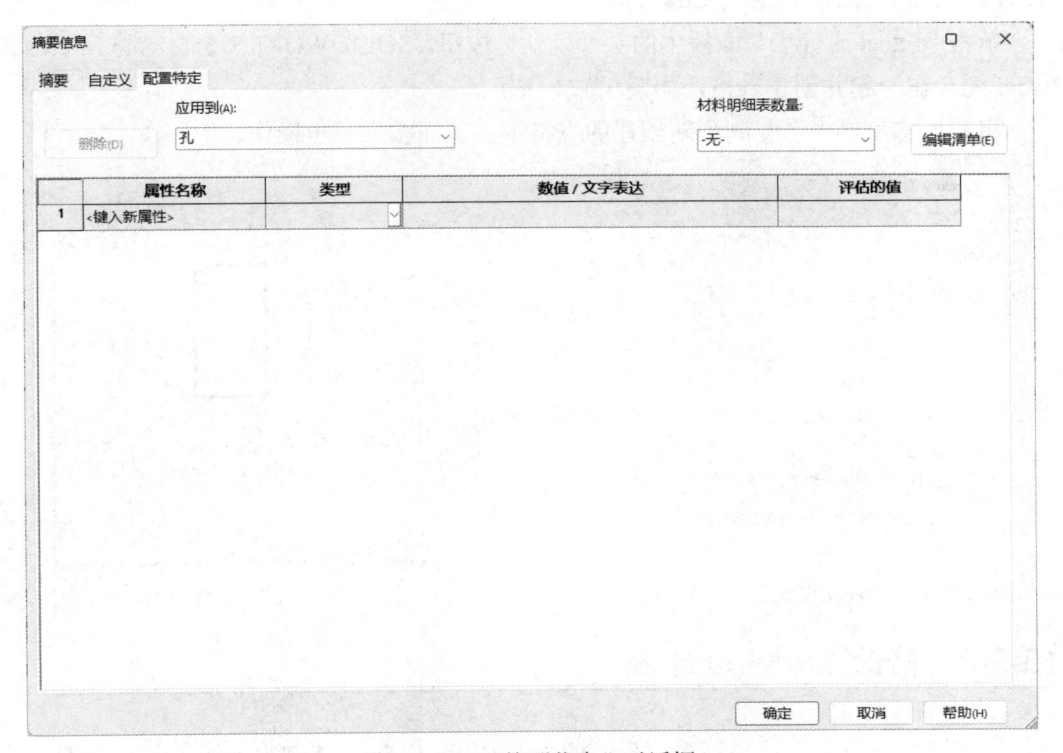

图 13-19 "摘要信息"对话框

3. 删除配置

在"活动钳口 配置"选项卡中右击配置属性,在弹出的快捷菜单中选择"删除"命令,即可删除该配置。

13.3 Excel 设计表

当系列零件有很多时(如标准件库),可以利用 Microsoft Excel 软件定义 Excel 设计表来对配置进行驱动,自动创建配置。用户可通过创建并导出、更改重新定义配置或直接创建新表格的方式来定义配置。

13.3.1 创建 Excel 设计表

在创建 Excel 设计表前,需根据前文介绍的内容创建两个不同于默认配置的新配置状态,选择"插入"→"表格"→"Excel 设计表"命令,在视图左侧的"PropertyManager"中弹出"Excel 设计表"面板。

单击选中"源"选项组中的"自动生成"单选按钮,单击选中"编辑控制"选项组中的"允许模型编辑以更新系列零件设计表"单选按钮,其余设置默认,完成设置后的"Excel 设计表"面板如图 13-20 所示。

单击"Excel 设计表"面板中的 ✓(确认)按钮,SOLIDWORKS 会自动与 Microsoft Excel 配合在一起并创建表格,如图 13-21 所示。

用户可将表格内容复制到新创建的表格中,从而实现导出操作。

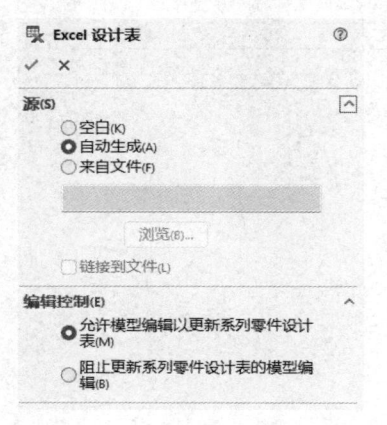

图 13-20 "Excel 设计表"面板设置　　　　图 13-21 创建表格

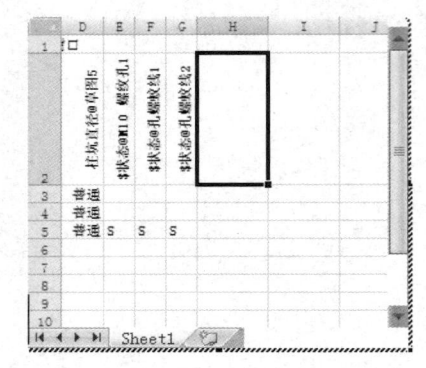

13.3.2 修改 Excel 设计表

单击操作窗口中的任意位置即可关闭 Microsoft Excel,重新返回零件操作界面,此时"活动钳口 配置"选项下将出现"表格",如图 13-22 所示。

右击"表格"下的"Excel 设计表",在弹出的快捷菜单中选择"编辑表格"命令,重新弹出表格。用户可在弹出的表格中设置已关联的孔配置特征和孔压缩配置特征。

或者右击"表格"下的"Excel 设计表",在弹出的快捷菜单中选择"在单独窗口中编辑表格"命令,此时会单独打开 Microsoft Excel 并显示表格信息,如图 13-23 所示,可通过编辑已关联的孔配置特征和孔压缩配置特征来改变零件特征。

例如,改变表格坐标为(4,D)的数值为 35,重新激活"压缩孔【活动钳口】"配置,用户可观察到孔直径变为 35mm。

图 13-22 出现"表格"

图 13-23 打开 Microsoft Excel 并显示表格信息

13.3.3 导入 Excel 设计表

用户除可对配置特征的 Excel 设计表进行创建和修改外,还可自行创建 Excel 设计表并对其进行导入,从而创建新的配置特征。具体操作步骤如下。

(1)首先将上一节的表格文件另存到桌面,打开另存的文件,复制其中一行数据至表格第 6 行,并更改其名称为"孔 1",更改说明为"孔直径 35mm",更改柱坑直径为 35,将后 3 个状态全部调整为"S"(压缩)。

(2)完成后的表格如图 13-24 所示,单击 ■(保存)按钮保存文件。

(3)重新打开没有经过配置的"活动钳口.SLDPRT"文件,选择"插入"→"表格"→"Excel 设计表"命令,在视图左侧的"PropertyManager"中弹出"Excel 设计表"面板。

(4)单击选中"源"选项组中的"来自文件"单选按钮,随后单击"浏览"按钮,弹出"打开"文本框,在该文本框中找到保存在桌面上的表格文件,完成设置后的"Excel 设计表"面板如图 13-25 所示。

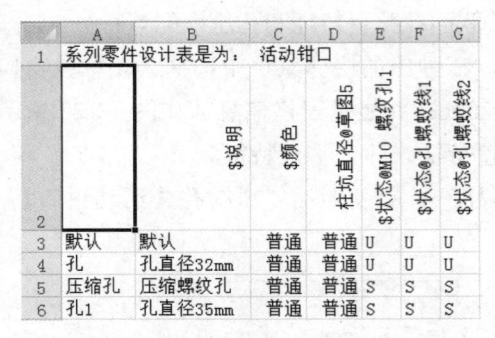

图 13-24　完成后的表格　　　　　　　　图 13-25　"Excel 设计表"面板设置

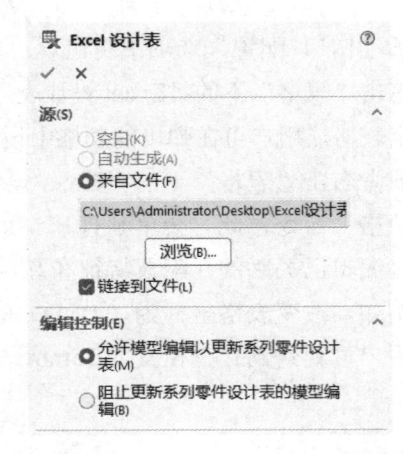

（5）单击"Excel 设计表"面板中的 ✓（确认）按钮，完成配置。用户可双击配置信息查看导入的信息是否正确，若不正确，则需及时修正。

13.4　库特征

设计库中的"Features"文件包含了添加到设计库中的库特征文件，在零件中插入库特征时，可以直接将特征复制到零件上，还可以选择将库特征与文件保持链接。

13.4.1　创建库特征

在建立库特征时，要有一个包含库特征的基础特征。在此基础特征上创建切除和凸台，并将切除和凸台作为库特征的一部分。具体操作步骤如下。

（1）单击右侧的 ⑩（设计库）按钮，弹出设计库项目。展开"Design Library"下的"features"文件夹，如图 13-26 所示。右击"features"文件夹，在弹出的快捷菜单中选择"新建文件夹"命令，创建新文件夹并命名为"myFeatures"，如图 13-27 所示。

图 13-26　展开"features"文件夹 　　　　　图 13-27　新建"myFeatures"文件夹

(2)单击 ▢（新建）按钮，新建一个零件文件。在零件文件中创建一个 100mm×100mm×10mm 的拉伸凸台，如图 13-28 所示，此凸台将作为库特征的基体特征。

(3)选择上表面为草绘平面，使用草图绘制工具及"切除-拉伸"命令创建尺寸约束如图 13-29 所示的拉伸深度为 10mm 的六角拉伸切除孔特征。

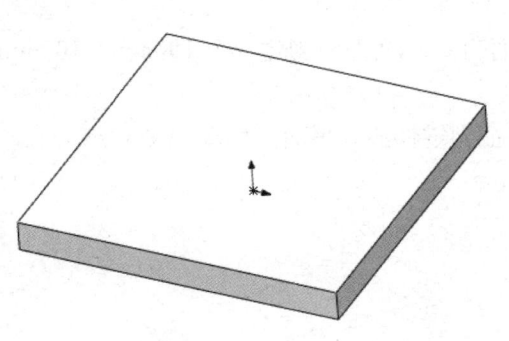

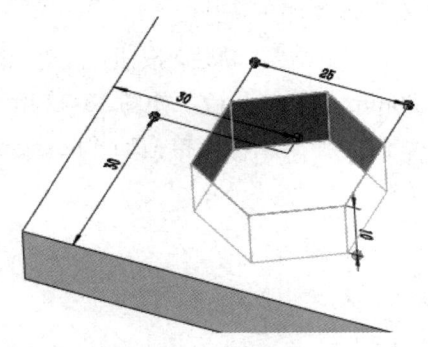

图 13-28　拉伸凸台　　　　　　　图 13-29　创建六角拉伸切除孔特征

(4)首先将设计库展开并单击其右上角的 ▬ （自动显示）按钮，将设计库固定在窗口内，使其不再自动缩回。

使用鼠标拖动"FeatureManager 设计树"中的"切除-拉伸 1"项目到"myFeatures"文件夹下，在视图左侧的"PropertyManager"中弹出"添加到库"面板，如图 13-30 所示，在"保存到"选项组的"文件名称"文本框中输入"hexagram"，以此作为库特征名称，单击 ✓（确认）按钮，即可将特征添加到设计库中，如图 13-31 所示。

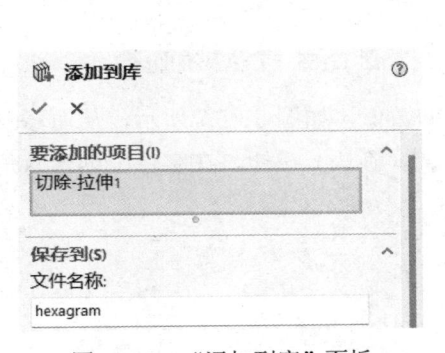

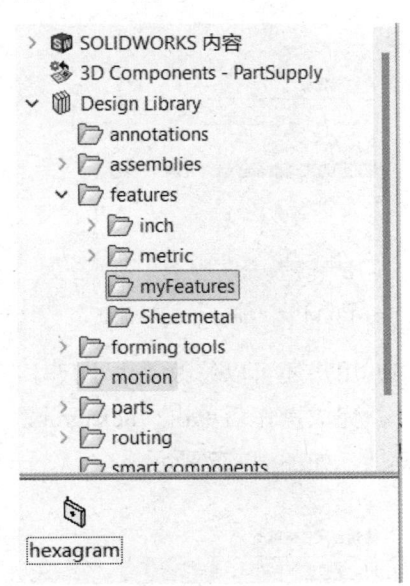

图 13-30　"添加到库"面板　　　　图 13-31　在设计库中添加"hexagram"特征

(5)新建一个空白零件，在设计库中右击"hexagram"特征，在弹出的快捷菜单中选择"打开"命令，打开库特征。

279

13.4.2 使用库特征

从设计库中拖动特征到激活零件的平面基准、曲面或参考平面上，或者把库特征添加到文件上形成特征。库特征中包含的参考关系可用于定位和完全定义特征的草图。具体操作步骤如下。

(1) 单击 □（新建）按钮，新建一个零件文件并在该文件中创建一个 100mm×100mm×20mm 的拉伸凸台，如图 13-32 所示。

(2) 使用鼠标直接拖动 "hexagram" 库特征到零件的上平面，如图 13-33 所示。

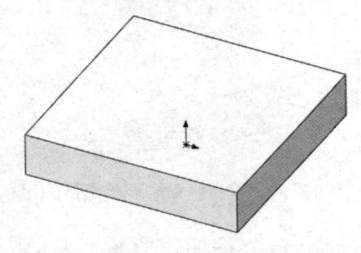

图 13-32 拉伸凸台（2）

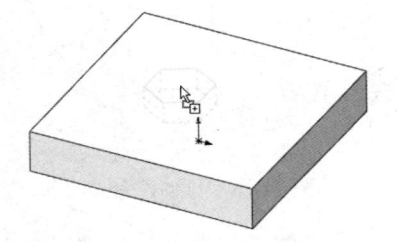

图 13-33 拖动库特征到零件的上平面

(3) 完成拖动操作后，在视图左侧的 "PropertyManager" 中弹出 "hexagram" 面板，如图 13-34 所示，单击拉伸零件特征的上平面作为 "方位基准面"，如图 13-35 所示，此时左侧面板出现变化，需指定两条参考边线来确定孔的位置，可在图中单击 "边线 1" 和 "边线 2" 来指定孔位置。

图 13-34 "hexagram" 面板

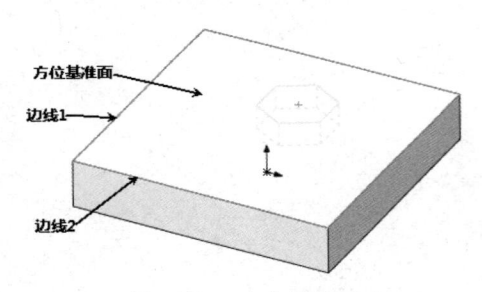

图 13-35 方位基准面

(4) 用户还可以修改 "大小尺寸" 选项组中的数值，如图 13-36 所示，从而修改孔的尺寸。完成操作后单击 "hexagram" 面板中的 ✓（确认）按钮，在零件上创建六角切除孔特征，如图 13-37 所示。

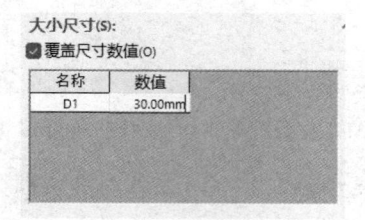

图 13-36 修改数值

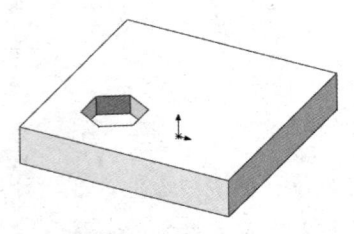

图 13-37 创建六角切除孔特征

（5）插入零件中的库特征文件将以文件夹的形式出现，但可以解除该文件夹而只保留单独的特征和草图。解除库特征将同时断开与库特征的连接。

在"FeatureManager 设计树"中右击"hexagram"特征，在弹出的快捷菜单中选择"解散库特征"命令，此时零件的"FeatureManager 设计树"中只会保留库特征中包含的特征。

（6）完成操作后，单击 ■（保存）按钮保存文件。

13.5 实例示范

本章介绍了使用配置与系列零件表设计零件的方式，本节将通过一个实例综合介绍使用配置与系列零件表设计零件的过程。底座零件视图如图 13-38 所示，完成配置与系列零件表设计后的零件如图 13-39 所示。

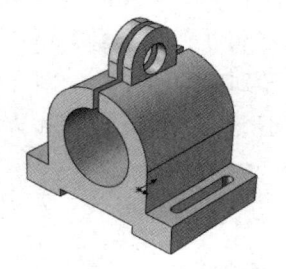

图 13-38　底座零件视图 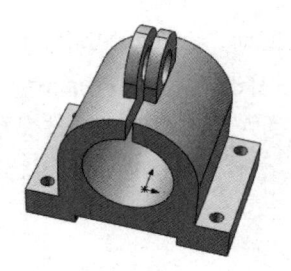　　　图 13-39　完成配置与系列零件表设计后的零件

13.5.1　创建孔库特征

在创建库特征时，要有一个包含库特征的基础特征。首先需要创建一个零件，然后在零件上创建孔后加入库内，具体操作步骤如下。

（1）单击右侧的 ■（设计库）按钮，弹出设计库项目。展开"Design Library"下的"features"文件夹，如图 13-40 所示。右击"features"文件夹，在弹出的快捷菜单中选择"新建文件夹"命令，创建新文件夹并命名为"myFeatures"，如图 13-41 所示。

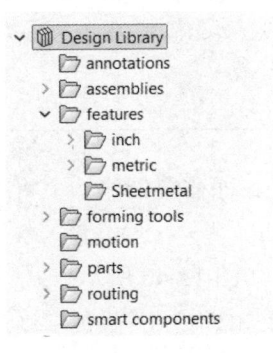

图 13-40　展开"features"文件夹 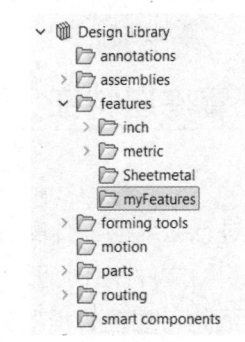　　　图 13-41　新建"myFeatures"文件夹

（2）单击 □（新建）按钮，新建一个零件文件，在该文件中创建一个 100mm×100mm×10mm 的拉伸凸台，如图 13-42 所示，此凸台将作为库特征的基体特征。

（3）选择上表面为草绘平面，使用草图绘制工具及"切除-拉伸"命令，创建尺寸约束如图 13-43 所示的拉伸深度为 10mm 的圆形拉伸切除孔特征（圆形直径为 4mm）。

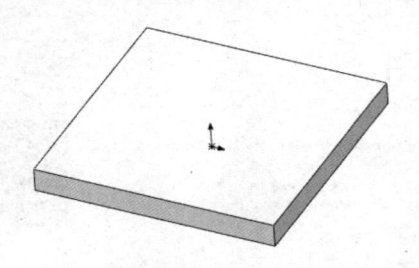

图 13-42　拉伸凸台

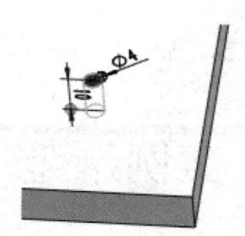

图 13-43　创建圆形拉伸切除孔特征

（4）首先将设计库展开并单击其右上角的 ▣（自动显示）按钮，将设计库固定在窗口内，使其不再自动缩回。

使用鼠标拖动"FeatureManager 设计树"中的"切除-拉伸1"项目到"myFeatures"文件夹下，在视图左侧的"PropertyManager"中弹出"添加到库"面板，如图 13-44 所示，在"保存到"选项组的"文件名称"文本框中输入"圆形切除孔"，以此作为库特征名称，单击 ✓（确认）按钮，即可将特征添加到设计库中，如图 13-45 所示。

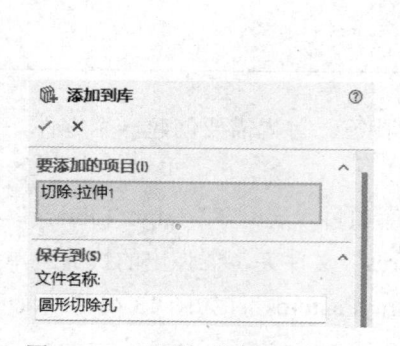

图 13-44　"添加到库"面板设置

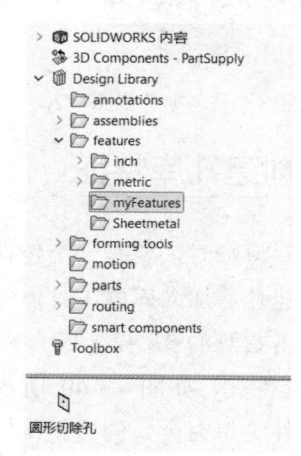

图 13-45　在设计库中添加"hexagram"特征

13.5.2　配置底座特征

在零件上插入孔特征前，需创建底座的不同配置特征，即需要创建一个将底座上的相应切除特征进行压缩的零件配置。具体操作步骤如下。

（1）根据起始文件路径打开"底座.SLDPRT"文件，如图 13-46 所示。

（2）切换至 ▣（配置管理器）选项卡，得到配置信息如图 13-47 所示，用户可以看到此时在列表中仅有一个默认的配置信息。

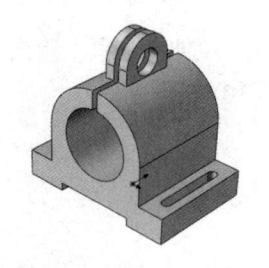

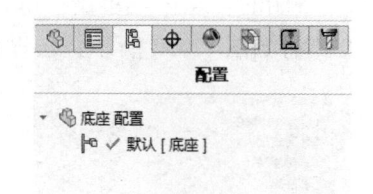

图 13-46　"底座.SLDPRT"文件　　　　　图 13-47　配置信息

（3）右击"底座 配置"选项，在弹出的快捷菜单中选择"添加配置"命令，在视图左侧的"PropertyManager"中弹出"添加配置"面板。

（4）在"添加配置"面板"配置属性"选项组的"配置名称"文本框中输入"压缩长孔"，在"说明"文本框中输入"压缩条形孔"，其余设置默认，完成设置后的面板如图 13-48 所示。

（5）单击"添加配置"面板中的 ✓（确认）按钮，完成添加配置操作，如图 13-49 所示，在"配置"选项下添加新的配置信息。

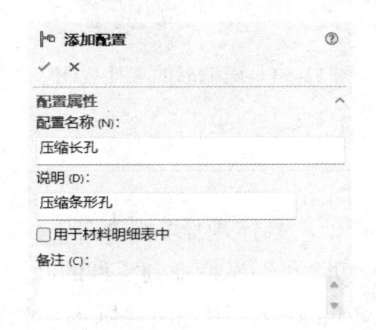

图 13-48　"添加配置"面板设置　　　　图 13-49　添加配置信息

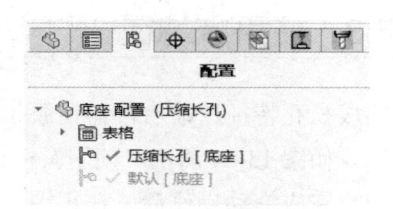

（6）切换至 （FeatureManager 设计树）选项卡，右击"切除-拉伸4"选项，在弹出的快捷菜单中选择"配置特征"命令，如图 13-50 所示，弹出"修改配置"对话框，如图 13-51 所示。

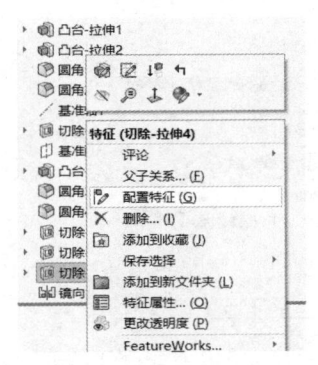

图 13-50　选择"配置特征"命令　　　　图 13-51　"修改配置"对话框

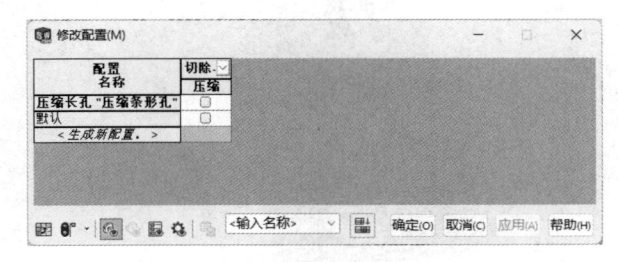

（7）在"修改配置"对话框中显示了"压缩长孔"和"默认"两种配置状态，勾选

283

"压缩长孔"右侧的复选框,单击"确定"按钮,将"切除-拉伸 4"和"镜向 1"压缩,压缩后的设计树如图 13-52 所示,压缩后的零件视图如图 13-53 所示。

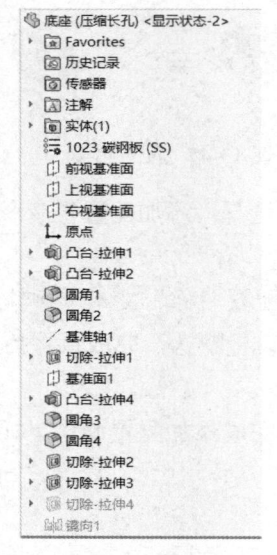

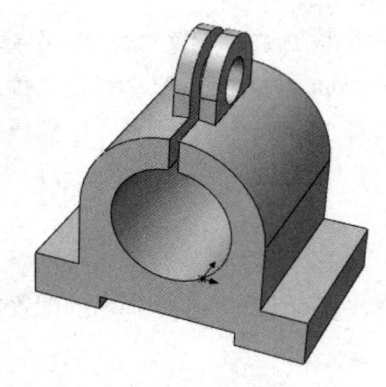

图 13-52　压缩后的设计树　　　　图 13-53　压缩后的零件视图

13.5.3　使用库特征

完成长孔特征压缩后,需在原长孔位置插入库特征。具体操作步骤如下。

(1)如图 13-54 所示,使用鼠标直接拖动"圆形切除孔"库特征到零件的凸台平面。

(2)完成拖动操作后,在视图左侧的"PropertyManager"中弹出"圆形切除孔"面板,如图 13-55 所示,单击"位置"选项组中的"编辑草图"按钮,弹出"库特征轮廓"对话框,如图 13-56 所示。

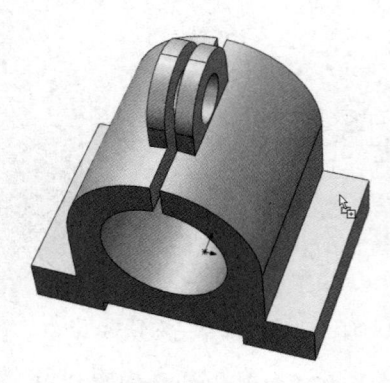

图 13-54　拖动库特征到零件的凸台平面　　　　图 13-55　"圆形切除孔"面板

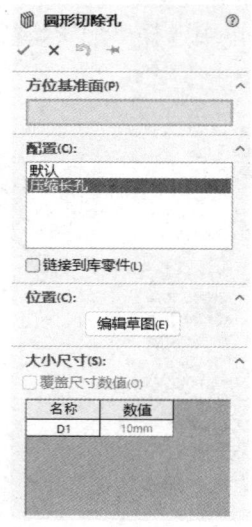

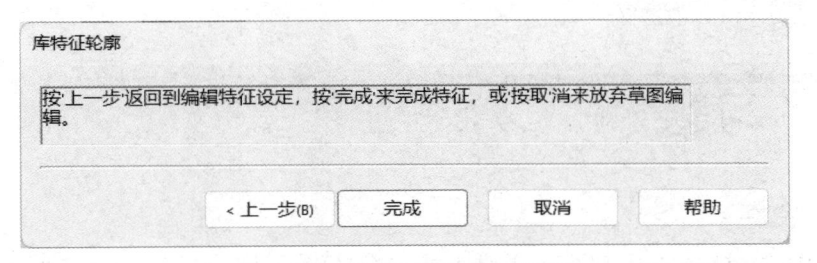

图 13-56 "库特征轮廓"对话框

（3）使用草图尺寸约束孔的中心点至两边的距离均为 5mm。（此处需注意，完成孔位置约束后不要再单击"库特征轮廓"对话框中的任何按钮）

（4）完成尺寸约束后，单击"库特征轮廓"对话框中的"完成"按钮，创建带库特征的零件，如图 13-57 所示。

（5）使用"镜向"命令创建其余 3 个孔，如图 13-58 所示。至此，完成了本零件的配置与库特征设计。

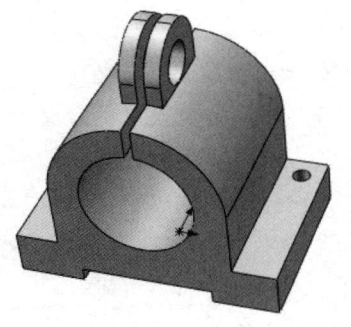

图 13-57　带库特征的零件　　　　　图 13-58　创建其余 3 个孔

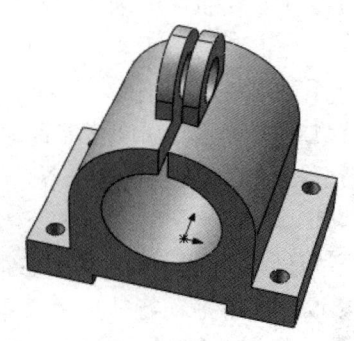

13.6　本章小结

合理地使用配置功能，对零件系列、产品系列开发与管理来说意义重大。配置为产品设计提供了快速且有效的设计方法，最大限度地避免了重复设计。同时，由于对配置的操作是在同一文件下进行的且各配置间具有相关性，因此很大程度上避免了设计中可能出现的错误。

库特征是由常用特征或几个特征组合成的整体，它可以直接插入其他零件中，这为零件设计提供了一个快捷的方法。

本章介绍了使用配置与零件表进行系列零件设计的方法，以及使用库特征进行零件设计的方法，并使用一个实例对本章内容进行了综合介绍。

本章内容有利于工程师快速创建系列化零件，掌握本章内容对日后工作中的非标件零件的设计大有裨益。

13.7 习题

一、填空题

1. SOLIDWORKS 不仅提供了强大的造型功能，还提供了实用性强大的产品设计_____功能，即借助软件的配置与系列零件表功能，可提高设计工作的效率，特别是大型的装配体设计工作。

2. 配置可以在单一文件中对_____或_____创建多个设计变化。配置提供了简单的方法来开发并管理一组有着不同尺寸、零件或其他参数的模型。

3. 要创建一个配置，需先指定_____与_____，再根据需要来修改模型，以创建不同的设计变化。

4. 对零件配置的管理包括定义配置的_____、_____和_____3方面。

5. 当系列零件有很多时（如标准件库），可以利用 Microsoft Excel 定义_____来对配置进行驱动，自动创建配置。用户可通过_____、更改重新定义配置或直接创建新表格来定义配置。

6. 设计库中的"_____"文件包含了添加到设计库中的库特征文件，在零件中插入库特征时，可以直接将特征复制到零件上，还可以选择将库特征与文件保持链接。

7. 从设计库中拖动特征到激活零件的_____、_____或_____上，或者把库特征添加到文件上形成特征。库特征中包含的参考关系可用于_____和完全定义特征的草图。

二、问答题

1. 配置的作用是什么？
2. Excel 设计表的作用是什么？
3. 零件的配置内容有哪些？
4. 装配体的配置内容有哪些？

第 14 章

钣金设计

使用 SOLIDWORKS 软件进行钣金设计是由各种法兰开始的，在法兰上完成其他特征，进而完成钣金零件的设计。SOLIDWORKS 的法兰包括基体法兰/薄片、边线法兰、斜接法兰等。法兰是钣金设计的基础。

本章首先介绍了钣金设计的相关术语，然后介绍了钣金零件的创建方法及钣金特征的编辑方法。

学习目标

1. 熟练掌握钣金特征的创建方法。
2. 熟练运用钣金零件创建三维实体模型。
3. 熟练掌握钣金特征的编辑方法。

14.1 钣金设计概述

钣金行业是 20 世纪 90 年代初期发展起来的,是将厚度均匀的金属薄板进行合适的造型设计后,将其压制变形而成的零件或成品,也称冷加工。

14.1.1 钣金分类

在工程设计中,按照厚度可将钣金分为两类,一类是厚板钣金,一般是指厚度在 2mm 以上的板材,这类板材因为厚度已经不能使用数控机械设备加工,通常采用线切割、气切割、激光切割等方式进行加工;另一类是薄板钣金,一般是指厚度在 2mm 以下的板材,可通过数控剪切、数控冲压、数控折弯等方式进行加工。

SOLIDWORKS 中有两种创建钣金零件的方法。

一种是首先创建一个实体零件模型,然后将其转换为钣金;另一种是使用钣金特定的特征来创建钣金零件。此方法是从最初的设计阶段就创建零件为钣金零件,省去了多余的步骤。

14.1.2 钣金入门知识

在介绍使用 SOLIDWORKS 钣金设计模块进行钣金设计前,需要对钣金设计所需的入门知识进行简单介绍。

1. 折弯系数

折弯系数是创建钣金时的一个非常重要的参数,折弯钣金时需参照这个数值。

当创建折弯时,用户可以为钣金折弯指定一个折弯系数,但指定的折弯系数必须介于折弯内侧边线的长度与外侧边线的长度之间。

折弯系数可以用钣金原材料的总展开长度减去非折弯长度来计算,如图 14-1 所示。

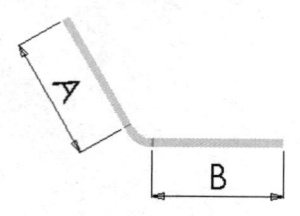

图 14-1 折弯系数示意图

在使用折弯系数时,总展开长度的计算公式如下。

$$Lt=A+B+BA$$

式中　　BA——折弯系数；
　　　　Lt——总展开长度；
　　　　A、B——非折弯长度。

2. 折弯扣除

当在创建折弯时，用户可以通过输入数值来为任何一个钣金折弯指定一个明确的折弯扣除。折弯扣除可以用虚拟非折弯长度减去钣金原材料的总展开长度来计算，如图 14-2 所示。

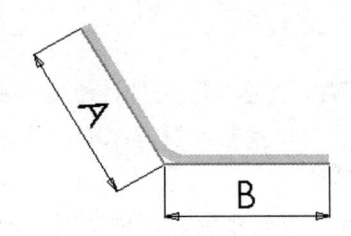

图 14-2　折弯扣除示意图

在使用折弯扣除值时，总展开长度的计算公式如下。

$$Lt = A + B - BD$$

式中　　BD——折弯扣除；
　　　　A、B——虚拟非折弯长度；
　　　　Lt——总展开长度。

3. K-因子

K-因子表示钣金中性面的位置，以钣金零件的厚度为计算基准，如图 14-3 所示。K-因子即钣金内表面到中性面的距离 t 与钣金厚度 T 的比值，即 t/T。

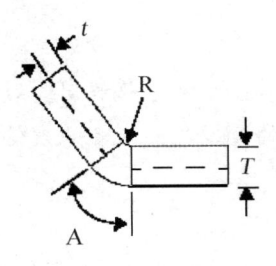

图 14-3　K-因子示意图

当选择 K-因子作为折弯系数时，用户可以指定 K-因子折弯系数表。使用 K-因子也可以确定折弯系数，计算公式如下。

$$BA = \pi (R + KT) A / 180$$

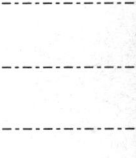

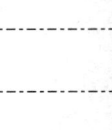

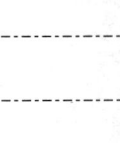

式中　　BA——折弯系数；
　　　　R——内侧折弯半径；

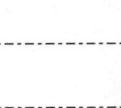

K——K-因子，即 t/T；

T——钣金厚度；

t——内表面到中性面的距离；

A——折弯角度（经过折弯材料的角度）。

由上面的计算公式可知，折弯系数即钣金中性面上的折弯圆弧长。因此，指定的折弯系数必须介于钣金的内侧圆弧长和外侧圆弧长之间，以便与折弯半径和折弯角度的数值保持一致。

14.1.3 SOLIDWORKS 折弯系数表

除直接指定和由 K-因子来确定折弯系数之外，还可以利用折弯系数表来确定。在折弯系数表中可以指定钣金零件的折弯系数或折弯扣除数值等，折弯系数表中还包括折弯半径、折弯角度及零件厚度的数值。

在 SOLIDWORKS 中，有两种折弯系数表可供使用：一是带有.BTL 扩展名的文本文件，二是嵌入的 Excel 设计表。

1．带有.BTL扩展名的文本文件

在 SOLIDWORKS 的"<安装目录>\lang\chinese-simplified\SheermetalBendTables\sample.BTL"中提供了一个钣金操作的折弯系数表样例。如果要创建自己的折弯系数表，则可使用任何文字编辑程序复制并编辑此折弯系数表。

在使用折弯系数表时，只允许包含折弯系数值，不允许包含折弯扣除值。折弯系数表的单位可以是米、毫米、厘米、英寸等。

如果要编辑拥有多个折弯厚度表的折弯系数表，则内侧折弯半径和折弯角度必须相同。例如，要将一个新的折弯半径值插入有多个折弯厚度表的折弯系数表中，必须在所有表中插入新的折弯半径值。

> **注意**：折弯系数表范例仅供参考，此表中的数值不代表任何实际折弯系数值。如果零件或折弯角度的厚度包含在表的数值中，那么系统会插入数值并计算折弯系数。

2．嵌入的Excel电子表格

SOLIDWORKS 创建的新折弯系数表保存在嵌入的 Excel 电子表格程序中，根据需要可以将折弯系数表的数值添加到电子表格程序的单元格中。

电子表格的折弯系数表只包含 90 度折弯的数值，其他角度的折弯系数或折弯扣除值由 SOLIDWORKS 计算得到。

创建折弯系数表的方法如下。

（1）在零件文件中，选择"插入"→"钣金"→"折弯系数表"→"新建"命令，弹出"折弯系数表"对话框，如图 14-4 所示。

图 14-4 "折弯系数表"对话框

（2）在"折弯系数表"对话框中设置单位，输入文件名，单击"确定"按钮后，包含折弯系数表电子表格的嵌置 Excel 窗口会出现在 SOLIDWORKS 窗口中，如图 14-5 所示。折弯系数表电子表格包含默认的半径和厚度值。

（3）在表格外单击，可以关闭电子表格。

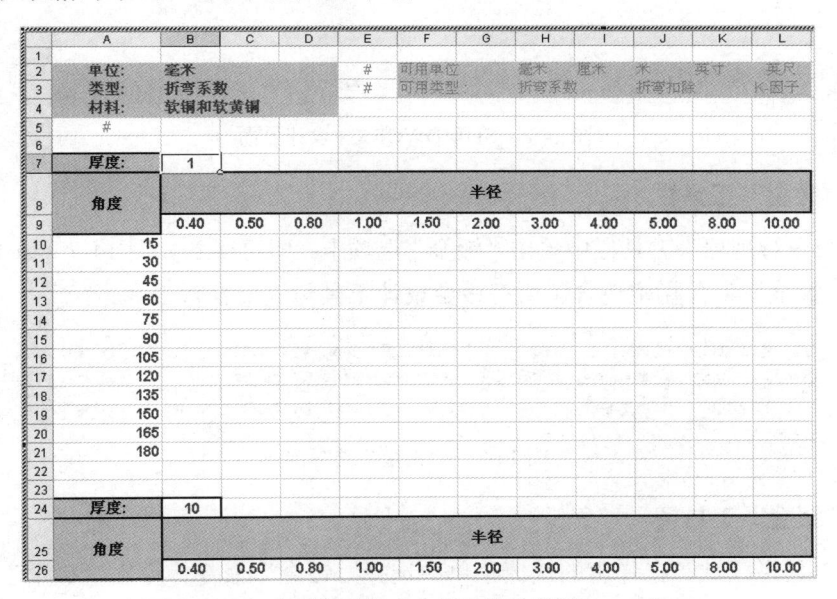

图 14-5 包含折弯系数表电子表格的嵌置 Excel 窗口

14.1.4 SOLIDWORKS 钣金设计工具

SOLIDWORKS 软件是基于 Windows 系统开发的，因此它为钣金设计师提供了简便、熟悉的设计界面，如图 14-6 所示。

用户可以通过多种方式启用钣金工具，如"钣金"工具栏、"钣金"工具条或"钣金"菜单。

图 14-6 SOLIDWORKS 设计界面

1. "钣金"工具栏

在"命令管理器"工具栏中单击"钣金"选项卡，即可得到如图 14-7 所示的"钣金"工具栏。"钣金"工具栏中包含了所有钣金设计工具与钣金编辑工具。

图 14-7 "钣金"选项卡

2. "钣金"工具条

右击工具栏区域，在弹出的快捷菜单中选择"钣金"命令，弹出"钣金"工具条，如图 14-8 所示。

图 14-8 "钣金"工具条

3. "钣金"菜单

选择"插入"→"钣金"命令，弹出"钣金"菜单，如图 14-9 所示。

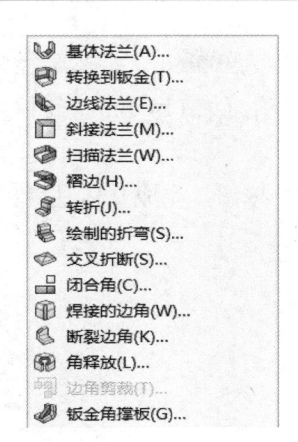

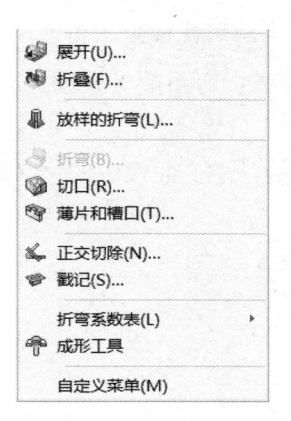

图 14-9 "钣金"菜单

14.2 钣金法兰设计

SOLIDWORKS 钣金模块中包括 3 种不同的法兰特征工具,分别是基体法兰/薄片、边线法兰和斜接法兰。使用这些法兰特征可以按预定的厚度为零件增加材料。

14.2.1 基体法兰/薄片

基体法兰特征是新钣金零件的第一个特征,该特征被添加到 SOLIDWORKS 零件后,系统会将该零件标记为钣金零件,折弯也将被添加到合适位置。

基体法兰相当于钣金零件的主体,其他特征都必须在这个基体上增加。具体操作步骤如下。

(1) 以前视基准面为草绘平面绘制草图,单击"草图"工具栏中的 ✏ (直线)按钮,绘制一条折线段,如图 14-10 所示。

(2) 单击"钣金"工具栏中的 ⌴ (基体法兰/薄片)按钮,或者选择"插入"→"钣金"→"基体法兰"命令,在视图左侧的"PropertyManager"中弹出"基体法兰"面板。

(3) 在"方向 1 (1)"选项组中设置终止条件为"给定深度",深度为 15mm,完成设置后的"方向 1 (1)"选项组如图 14-11 所示。

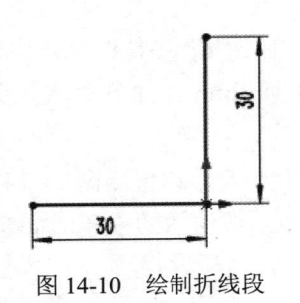

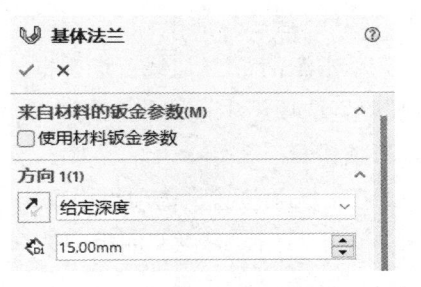

图 14-10 绘制折线段　　　　图 14-11 "方向 1 (1)"选项组设置

(4) 在"钣金参数"选项组中设置钣金厚度为0.5mm，折弯半径为1mm；在"折弯系数"选项组中选择折弯系数类型为"K-因子"，数值为 0.5。其他参数设置默认，如图 14-12 所示。

(5) 单击"基体法兰"面板中的 ✓（确定）按钮，完成基体法兰的创建，如图 14-13 所示。

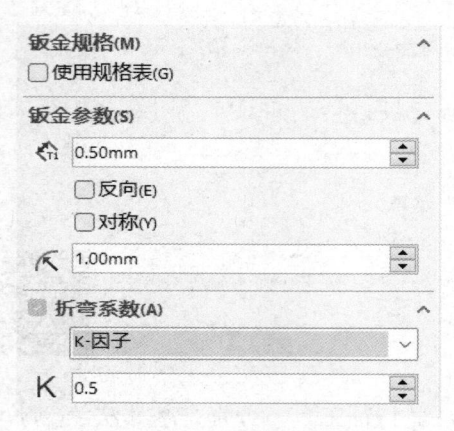

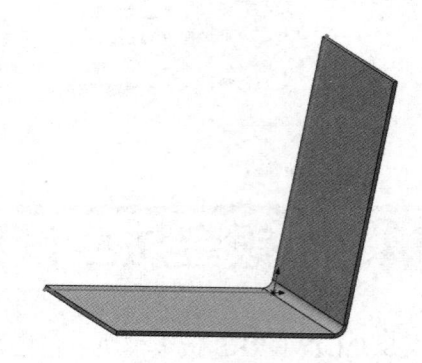

图 14-12　基体法兰参数设置　　　　图 14-13　完成基体法兰的创建

提示：在创建钣金时，如果勾选"自动切释放槽"复选框，则系统会自动添加释放槽切割。

如果要自动添加"矩形"或"矩圆形"释放槽，则必须指定释放槽比例。另外"撕裂形"释放槽是插入和展开零件所需的最小尺寸需求。

如果要自动添加"矩形"释放槽，则必须指定释放槽比例，释放槽比例必须在 0.05～2.0 范围内。比例值越高，插入折弯的释放槽切除宽度就越大。

14.2.2　边线法兰

边线法兰利用草图平面上的边线作为创建法兰的参照，并设置相关参数改变特征的形状。具体操作步骤如下。

(1) 在上节创建的钣金零件的基础上，单击"钣金"工具栏中的 ▲（边线法兰）按钮，或者选择"插入"→"钣金"→"边线法兰"命令，在视图左侧的"PropertyManager"中弹出"边线-法兰"面板。

(2) 单击激活 ▲（边线）选择框，随后在绘图区域中单击钣金零件的一条边线。在"法兰长度"选项组中设置终止条件为"给定深度"，长度为12mm，并单击 ▲（外部虚拟交点）按钮。

(3) 在"法兰位置"选项组中单击 ▲（材料在内）按钮，参数设置如图 14-14 所示。

(4) 单击"边线-法兰"面板中的 ✓（确定）按钮，完成边线法兰的创建，如图 14-15 所示。

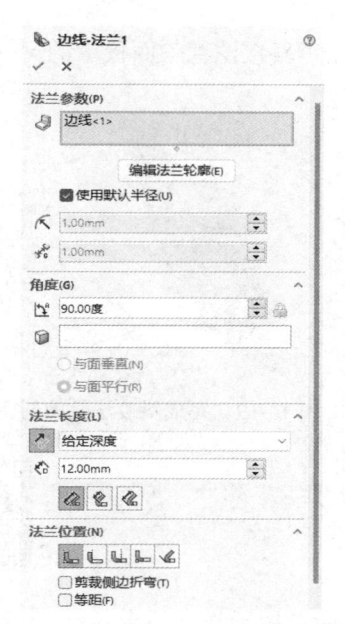

图 14-14 "边线-法兰"面板设置 　　图 14-15 完成边线法兰的创建

14.2.3 斜接法兰

斜接法兰特征可将一系列法兰添加到钣金零件的一条或多条边线上,如果使用圆弧草图创建斜接法兰,则圆弧不能与厚度边线相切。具体操作步骤如下。

(1) 单击选中钣金零件的一个侧边面,单击"草图"工具栏中的 ⌐ (草图绘制) 按钮,在端点处绘制一条线段,如图 14-16 所示。

(2) 单击"钣金"工具栏中的 ▭ (斜接法兰) 按钮,随后单击 ⌐ (材料在内) 按钮,并勾选"裁剪侧边折弯"复选框。

设置 ⚒ (切口缝隙) 为 0.25mm,参数设置如图 14-17 所示。

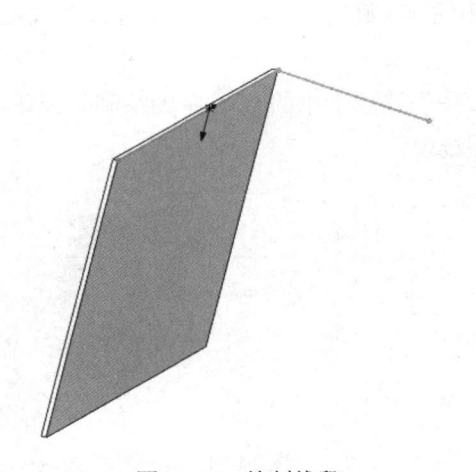

图 14-16 绘制线段 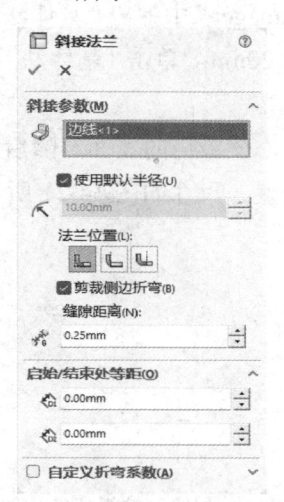　　图 14-17 "斜接法兰"面板设置

295

(3)完成设置后的预览视图如图 14-18 所示。单击"斜接法兰"面板中的 ✓（确定）按钮，完成斜接法兰的创建，如图 14-19 所示。

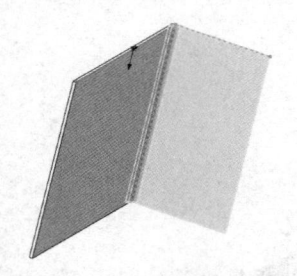

图 14-18　斜接法兰预览视图

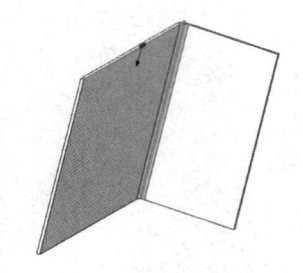

图 14-19　完成斜接法兰的创建

14.3　折弯钣金体

SOLIDWORKS 钣金模块有 6 种不同的折弯特征命令用于设计钣金零件，这 6 种折弯特征命令分别是绘制折弯、褶边、转折、展开、折叠和放样折弯等。使用这些折弯特征命令可以对钣金零件进行折弯或添加折弯。

14.3.1　绘制折弯

在钣金零件处于折叠状态时，使用绘制折弯特征将折弯线添加到零件中，可将折弯线的尺寸标注到其他折叠的几何体中。具体操作步骤如下。

（1）以前视基准面为草绘平面绘制草图，单击"草图"工具栏中的 ✏（直线）按钮，绘制一条长为 30mm 的线段。

（2）单击"钣金"选项卡中的 ⬘（基体法兰/薄片）按钮，在视图左侧的"PropertyManager"中弹出"基体法兰"面板。设置钣金厚度为 0.5mm，折弯半径为 1mm，给定深度为 20mm，单击"基体法兰"面板中的 ✓（确定）按钮，创建基体法兰如图 14-20 所示。

（3）单击该钣金的表面，随后单击"草图"选项卡中的 ▭（草图绘制）按钮，在该面上绘制位置、尺寸如图 14-21 所示的草图线段。

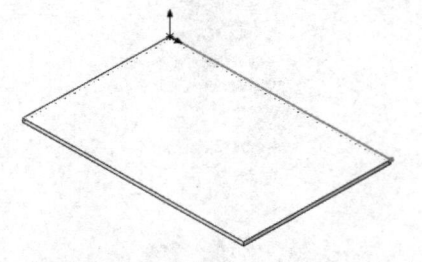

图 14-20　使用绘制的折弯特征创建基体法兰

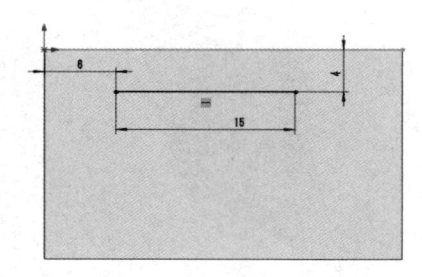

图 14-21　绘制草图线段

(4)单击"钣金"选项卡中的 🗲（绘制的折弯）按钮，在弹出的"绘制的折弯"面板中单击激活 🗹（固定面）选择框，随后单击绘制草图所在的平面。

在"折弯参数"选项下单击 🎚（折弯中心线）按钮，其余参数默认，完成设置后的"绘制的折弯"面板如图 14-22 所示。

(5)单击"绘制的折弯"面板中的 ✔（确定）按钮，完成绘制的折弯的创建，如图 14-23 所示。

图 14-22 "绘制的折弯"面板设置

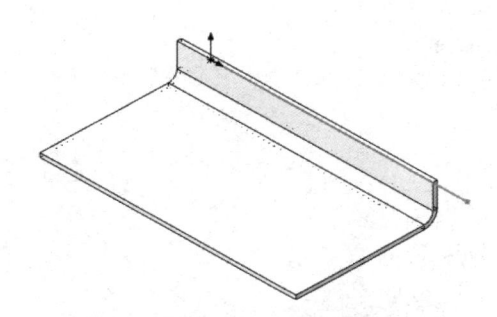

图 14-23 完成绘制的折弯的创建

> 绘制折弯特征时，草图中只允许存在直线，在每个草图中都可以添加一条以上的直线。折弯线长度不一定与正折弯的面的长度相同。

14.3.2 褶边

褶边特征可将褶边添加到钣金零件的所选边线上，具体操作步骤如下。

(1)以前视基准面为草绘平面绘制草图，单击"草图"工具栏中的 ✏（直线）按钮，绘制一条长为 70mm 的线段，如图 14-24 所示。

(2)单击"钣金"选项卡中的 🥬（基体法兰/薄片）按钮，在视图左侧的"PropertyManager"中弹出"基体法兰"面板。设置钣金厚度为 0.5mm，钣金拉伸深度为 30mm，单击 ✔（确定）按钮，完成基体法兰的绘制，如图 14-25 所示。

图 14-24 绘制线段

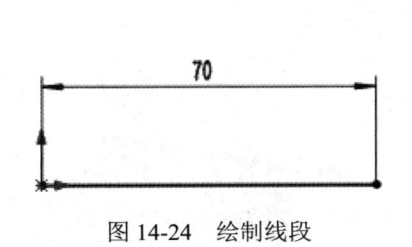

图 14-25 使用褶边特征创建基体法兰

(3)单击"钣金"选项卡中的 🗲（褶边）按钮，在视图左侧的"PropertyManager"

中弹出"褶边"面板。

（4）在"褶边"面板中单击激活（边线）选择框，随后单击钣金零件的一条侧边，在"褶边"面板中单击（材料在内）按钮。

单击"类型和大小"选项组中的（打开）按钮，设置（长度）为8mm，（缝隙距离）为5mm，完成设置后的"褶边"面板，如图14-26所示。

（5）单击"褶边"面板中的（确定）按钮，完成褶边的创建，如图14-27所示。

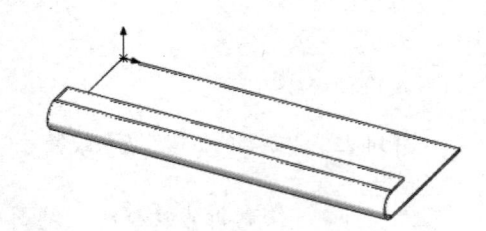

图14-26 "褶边"面板设置（1）　　图14-27 完成褶边的创建（1）

（6）重复以上操作，单击"类型和大小"选项组中的（闭合）按钮，设置（长度）为10mm，如图14-28所示。单击（确定）按钮，完成褶边的创建，如图14-29所示。

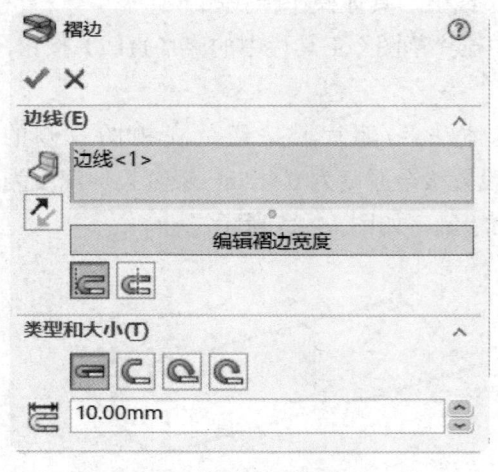

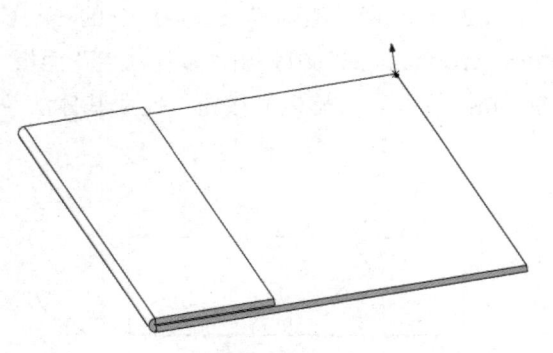

图14-28 "褶边"面板设置（2）　　图14-29 完成褶边的创建（2）

（7）重复以上操作，单击"类型和大小"选项组中的（撕裂形）按钮，设置（角度）为225度，（半径）为3mm，如图14-30所示。单击（确定）按钮，完成褶边的创建，如图 14-31 所示；

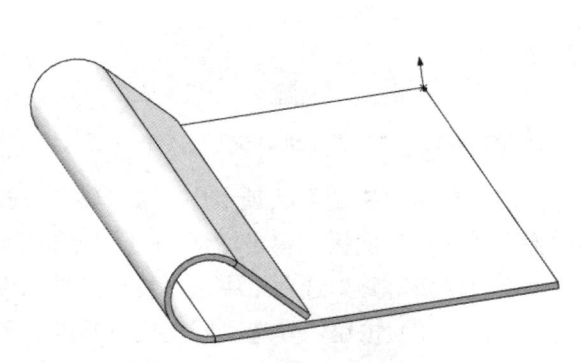

图 14-30 "褶边"面板设置（3）　　图 14-31 完成褶边的创建（3）

（8）单击"类型和大小"选项组中的 （滚轧）按钮，设置 （角度）为 280 度， （半径）为 2mm，如图 14-32 所示。单击 （确定）按钮，完成褶边的创建，如图 14-33 所示。

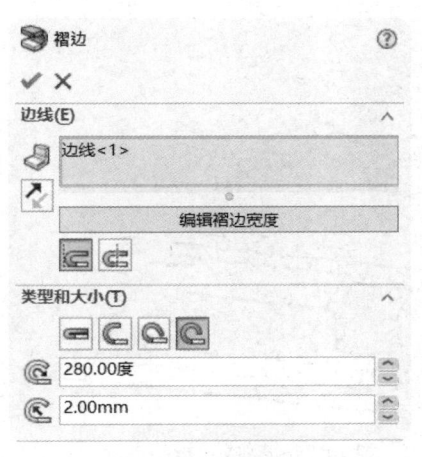

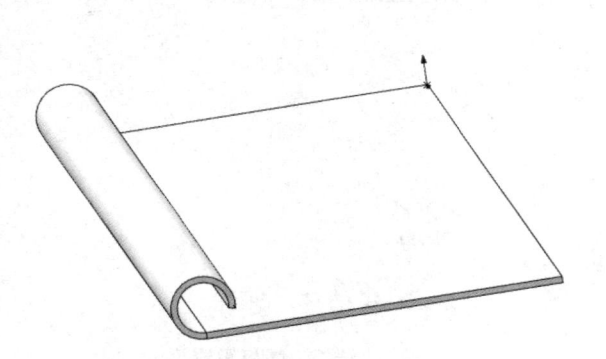

图 14-32 "褶边"面板设置（4）　　图 14-33 完成褶边的创建（4）

> **注意**：在使用该命令时，所选边线必须为直线，斜接边角会被自动添加到交叉褶边上。如果选择了多个要添加褶边的边线，则这些边线必须在同一个面上。

14.3.3 转折

转折特征是在钣金零件中对草图绘制的直线添加两个弯折。具体操作步骤如下。

（1）打开"零件 1.SLDPRT"文件，如图 14-34 所示，单击钣金零件的上表面，随后单击"草图"工具栏中的 （草图绘制）按钮绘制草图，如图 14-35 所示。

图 14-34　"零件 1.SLDPRT"文件　　　　　图 14-35　绘制草图

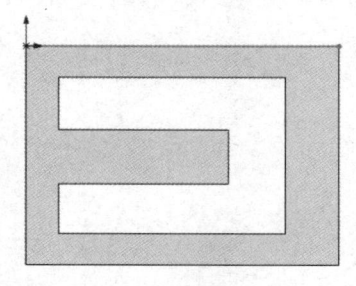

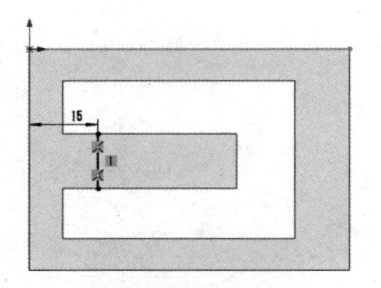

（2）单击"钣金"选项卡中的 按钮，在视图左侧的"PropertyManager"中弹出"转折"面板，单击激活 选择框，随后单击草图所在平面。

在"转折等距"选项组中选择终止条件为"给定深度"，设置等距距离为 10mm，单击 按钮，勾选"固定投影长度"复选框。

在"转折位置"选项组中单击 按钮，完成设置后的"转折"面板如图 14-36 所示。

（3）单击 ✓（确定）按钮，完成转折的创建，如图 14-37 所示。

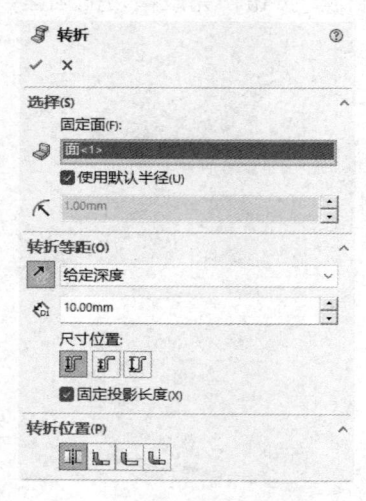

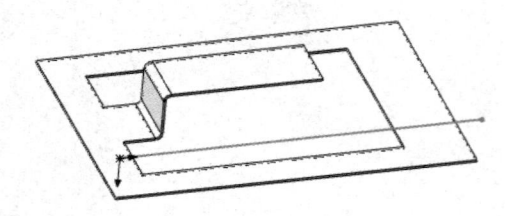

图 14-36　"转折"面板设置　　　　　图 14-37　完成转折的创建

注意：草图中必须只包含一根直线，直线不需要是水平的或垂直的。折弯线长度不一定与正在折弯的面的长度相同。

14.3.4　展开

使用展开特征可在钣金零件中展开一个、多个或所有折弯，具体操作步骤如下。

（1）根据前面所学习的命令，创建钣金折弯特征，如图 14-38 所示。

（2）单击"钣金"选项卡中的 按钮，在视图左侧的"PropertyManager"

中弹出"展开"面板。

（3）单击激活 ◈（固定面）选择框，随后单击零件的一个固定面。单击激活 ◈（展开的折弯）选择框，随后单击零件上要展开的折弯，如图14-39所示。

（4）单击"展开"面板中的 ✓（确定）按钮，完成展开特征的创建，如图14-40所示。

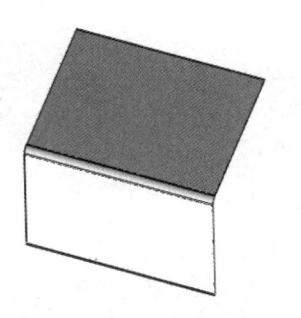

图14-38 创建钣金折弯特征

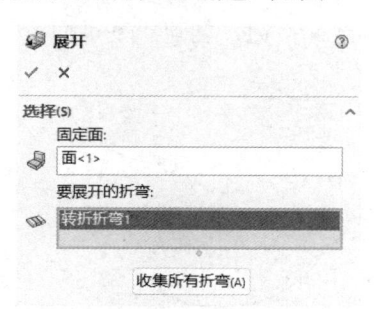

图14-39 "展开"面板设置

> **注意**：单击"收集所有折弯"按钮，系统会自动选取所有折弯。

14.3.5 折叠

使用折叠特征可在钣金零件中折叠一个、多个或所有折弯。此特征在沿折弯添加切除时很有用。具体操作步骤如下。

（1）继续上一小节的操作。单击 ◈（折叠）按钮，在视图左侧的"PropertyManager"中弹出"折叠"面板。

（2）单击激活 ◈（固定面）选择框，随后单击零件的一个固定面。单击激活 ◈（折叠的折弯）选择框，随后在零件模型中单击折弯处。

（3）单击"折叠"面板中的 ✓（确定）按钮，完成折叠特征的创建，如图14-41所示。

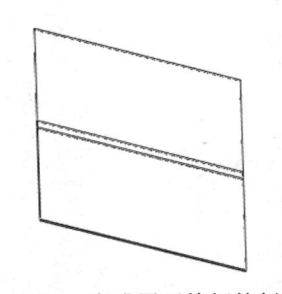

图14-40 完成展开特征的创建

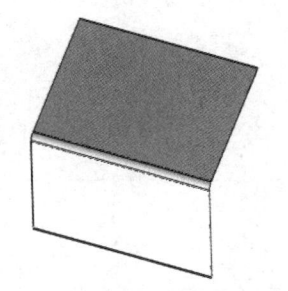

图14-41 完成折叠特征的创建

14.3.6 放样折弯

在钣金零件中可以创建放样折弯特征。放样折弯特征与放样特征一样，使用由放样连接的两个草图。基体法兰特征不能与放样折弯特征一起使用，且放样折弯特征不能被镜向。具体操作步骤如下。

(1) 在上视基准面中绘制开环草图，如图 14-42 所示。

(2) 单击"特征"选项卡中的 (参考几何体) 下拉按钮，选择 (基准面) 命令。

(3) 在"第一参考"选项组的选择框中选择"上视基准面"，设置距离为 50mm，单击 ✓ (确定) 按钮，创建"基准面 1"，如图 14-43 所示。

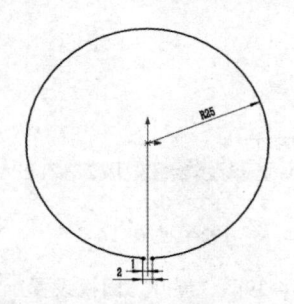

图 14-42　绘制开环草图（1）

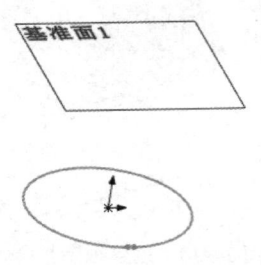

图 14-43　创建基准面

(4) 单击选中"基准面 1"，随后单击"草图"选项卡中的 (草图绘制) 按钮，以"基准面 1"为草绘平面绘制位置、尺寸如图 14-44 所示的开环草图。

(5) 单击"钣金"选项卡中的 (放样折弯) 按钮，在视图左侧的"PropertyManager"中弹出"放样折弯"面板。

单击激活 (轮廓) 选择框，随后在绘图区域中单击绘制的两个开环草图，在"放样折弯"面板中设置"钣金参数"选项组中的"厚度"为 0.6mm，完成设置后的"放样折弯"面板如图 14-45 所示。

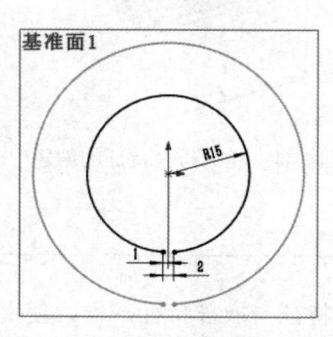

图 14-44　绘制开环草图（2）

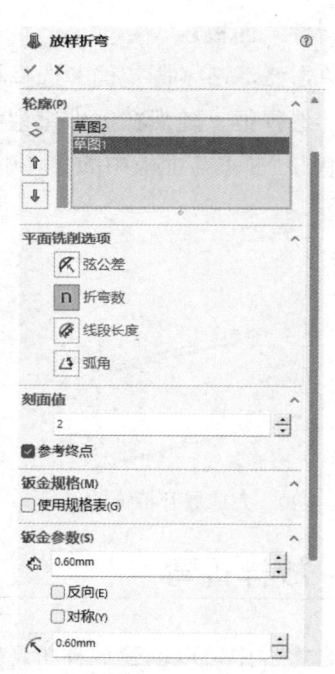

图 14-45　"放样折弯"面板设置

(6)单击"放样折弯"面板中的 ✓（确定）按钮，完成放样折弯特征的创建。

> **注意**　两个草图必须符合 3 个准则：草图必须为开环轮廓；轮廓开口应同向对齐，以使平板形式更精确；草图不能有尖锐边线。

14.4　编辑特征

SOLIDWORKS 钣金模块提供了很多不同的编辑钣金特征命令，这些编辑钣金特征命令包括拉伸切除、断开边角/边角剪裁、闭合角、转换到钣金等。

14.4.1　拉伸切除

钣金零件中的"拉伸切除"命令与实体零件中的"拉伸切除"命令相同，都是将特征进行切除操作。单击 （拉伸切除）按钮即可激活此命令。详细操作步骤请参考实体零件的拉伸切除操作。

14.4.2　断开边角/边角剪裁

"断开边角/边角剪裁"命令可自动识别选择的边或面的边角并进行倒角或倒圆角操作。具体操作步骤如下。

(1)使用"基体法兰/薄片"命令创建基体法兰，如图 14-46 所示。

(2)单击 （边角）下拉按钮，选择 （断开边角/边角剪裁）命令，在视图左侧的"PropertyManager"中弹出"断裂边角"面板。

(3)单击钣金面作为参考面，单击 （倒角）按钮，设置"距离"为 10mm，完成设置后的"断裂边角"面板如图 14-47 所示。

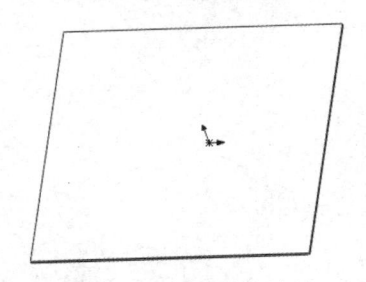

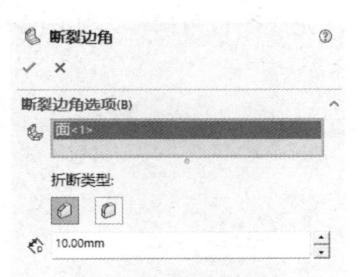

图 14-46　创建基体法兰　　　　图 14-47　"断裂边角"面板设置

(4)单击"断裂边角"面板中的 ✓（确定）按钮，完成断裂边角的创建，如图 14-48 所示。

提示：在"断裂边角"面板中，单击 （圆角）按钮，并设置 （半径）为 10mm，完成断裂边角的创建，如图 14-49 所示。

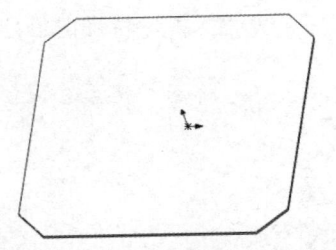

图 14-48 完成倒角断裂边角的创建 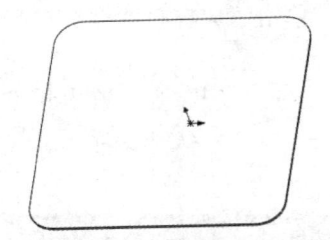　　　　图 14-49 完成圆角断裂边角的创建

14.4.3 闭合角

"闭合角"命令可以在两个相交的钣金法兰之间添加闭合角，即在两个相交的钣金法兰之间添加材料。具体操作步骤如下。

（1）根据起始文件路径，打开"闭合角.SLDPRT"文件，如图 14-50 所示。

（2）单击 (边角)下拉按钮，选择 (闭合角)命令，在视图左侧的"PropertyManager"中弹出"闭合角"面板。

（3）单击如图 14-51 所示的"要延伸的面"，单击"边角类型"选项中的 （重叠）按钮，设置"缝隙距离"为 1mm，"重叠/欠重叠比率"为 1。

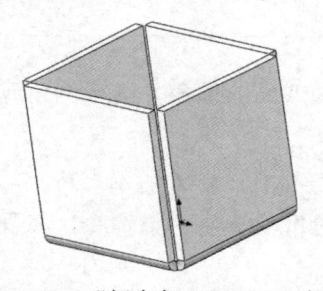

图 14-50 "闭合角.SLDPRT"文件 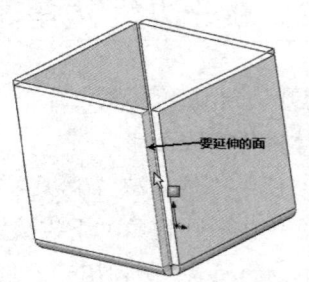　　　　图 14-51 要延伸的面

（4）完成设置后的"闭合角"面板，如图 14-52 所示。单击"闭合角"面板中的 （确定）按钮，完成闭合角操作，如图 14-53 所示。

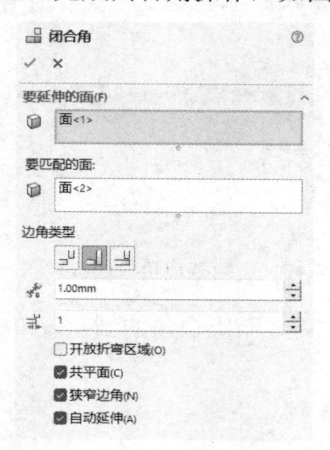

图 14-52 "闭合角"面板设置 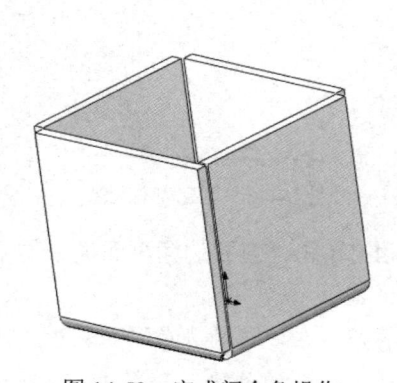　　　　图 14-53 完成闭合角操作

14.4.4 转换到钣金

首先以实体的形式画出钣金零件的最终形状，然后将实体零件转换成钣金零件。具体操作步骤如下。

（1）使用"特征"工具栏中的命令来创建抽壳零件，如图 14-54 所示，单击"钣金"选项卡中的 （转换到钣金）按钮，弹出"转换到钣金"面板。

（2）单击选中零件底面作为固定实体，设置"钣金厚度"为 2mm，勾选"保留实体"复选框，设置"折弯的默认半径"为 10mm，单击"边线 1"和"边线 2"作为"折弯边线"，如图 14-55 所示。

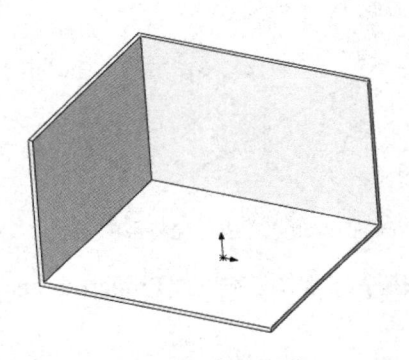

图 14-54 抽壳零件

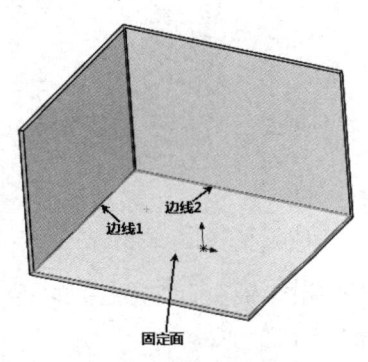

图 14-55 设置折弯边线

（3）完成设置后的"转换到钣金"面板如图 14-56 所示。单击"转换到钣金"面板中的 ✓（确定）按钮，完成转换到钣金操作，如图 14-57 所示。

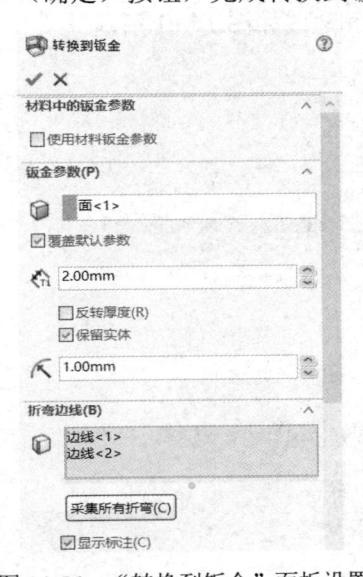

图 14-56 "转换到钣金"面板设置

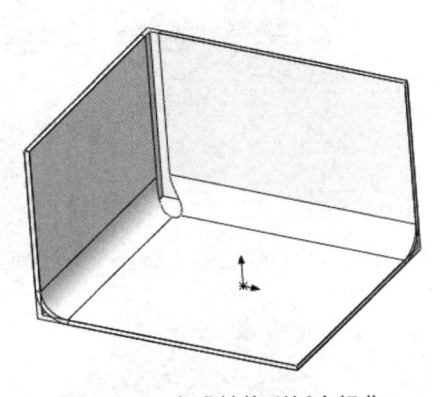

图 14-57 完成转换到钣金操作

提示：在选取边线或面时，所选取的边线或面与固定面一定要处于同一侧，否则将无法选取。

14.4.5 插入折弯

插入折弯时需选择固定面或边线,其参数可按尖角折弯来设置。具体操作步骤如下。

(1) 创建一个长为 95mm、宽为 50mm、高为 30mm 的长方体凸台,如图 14-58 所示。

(2) 单击"特征"选项卡中的 (抽壳)按钮,设置厚度为 1mm。单击激活 (要移除的面)选择框,随后在绘图区域中单击长方体凸台的 3 个相邻面,单击 ✓(确定)按钮,完成抽壳特征的创建,如图 14-59 所示。

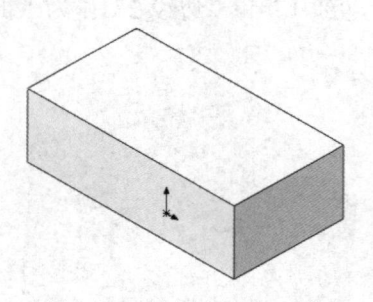

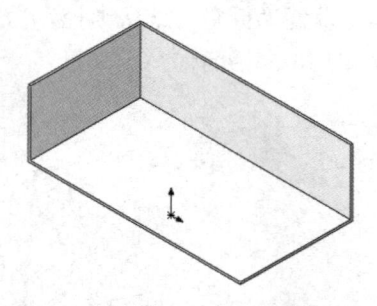

图 14-58　创建长方体凸台　　　　图 14-59　完成抽壳特征的创建

(3) 单击"钣金"工具栏中的 (插入折弯)按钮,在视图左侧的"PropertyManager"中弹出"折弯"面板。

单击激活 (固定的面或边线)选择框,随后在绘图区域中单击壳体的一个面,设置折弯半径为 1.5mm,设置自动切释放槽为"矩圆形",释放槽比例为 0.5。

单击激活 (要切口的边线)选择框,随后在绘图区域中单击壳体的棱边,设置 (切口缝隙)为 0.1mm,如图 14-60 所示。选中的面和边线如图 14-61 所示。

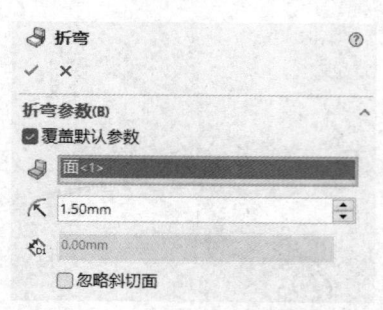

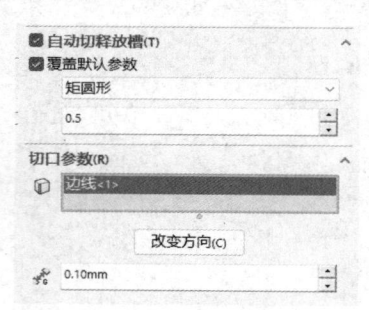

图 14-60　"折弯"面板设置

(4) 单击 ✓(确定)按钮,完成折弯特征的创建,如图 14-62 所示。

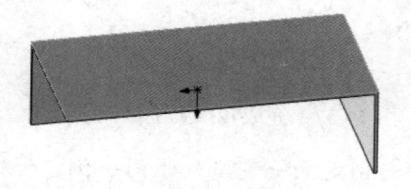

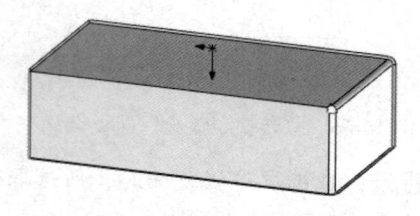

图 14-61　选中的面和边线　　　　图 14-62　完成折弯特征的创建

14.4.6 切口特征

切口是指选取模型的边线,并在相应的边线处创建切口,选取的边线可以是内部边线,也可以是外部边线。切口特征虽然通常用在钣金零件中,但也可以将切口特征添加到任何零件中。

(1)创建抽壳零件,如图 14-63 所示。单击"钣金"工具栏中的 ◎ (切口)按钮,在视图左侧的"PropertyManager"中弹出"切口"面板。

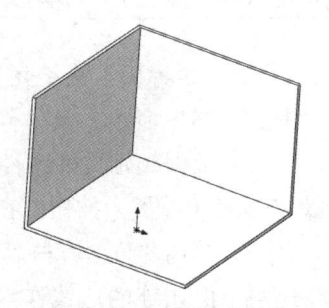

图 14-63 创建抽壳零件

(2)单击激活 ▥ (要切口的边线)选择框,随后单击模型的棱边,如图 14-64 所示,设置 ✂ (切口缝隙)为 1mm,如图 14-65 所示。

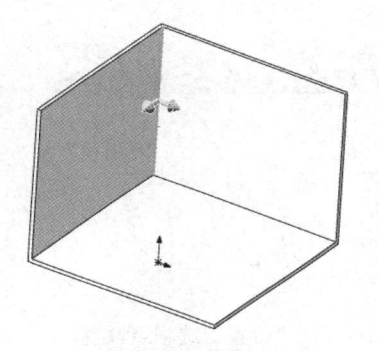

图 14-64 单击模型的棱边

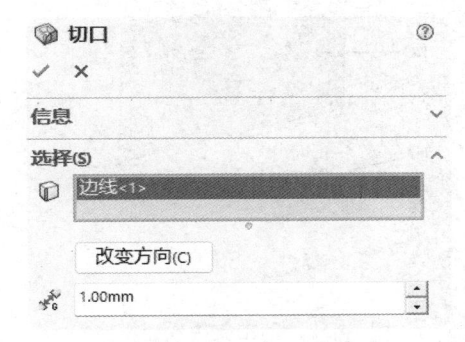

图 14-65 "切口"面板设置

(3)如果只在一个方向上插入切口,则单击激活在 ▥ (要切口的边线)选择框中的边线名称,随后单击"改变方向"按钮即可。

(4)单击"切口"面板中的 ✓ (确定)按钮,完成切口特征的创建,如图 14-66 所示。

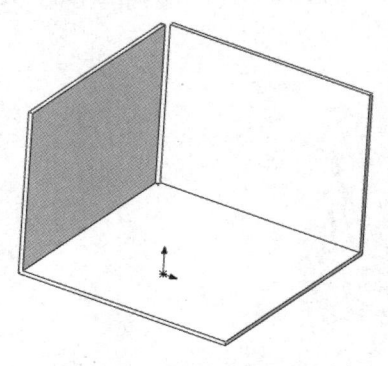

图 14-66 完成切口特征的创建

> **注意**:默认设置是在两个方向上插入切口。单击"改变方向"按钮会更改至相反方向,但是单击两次后会重新回到默认设置(在两个方向上插入切口)。

14.4.7 钣金角撑板

"钣金角撑板"命令可在弯曲的钣金实体中添加角撑板/筋，它类似于"特征"工具栏中的"筋"命令。具体操作步骤如下。

（1）根据起始文件路径打开"钣金角撑板.SLDPRT"文件，单击"钣金"工具栏中的 （钣金角撑板）按钮，在视图左侧的"PropertyManager"中弹出"钣金角撑板"面板。

（2）单击"面1"与"面2"作为支持面，如图 14-67 所示。SOLIDWORKS 会自动选择两个面相连的边线作为参考线，并选择边线左端作为参考点。勾选"钣金角撑板"面板"位置"选项组中的"等距"复选框，设置"从参考点的等距距离"为 40mm，如图 14-68 所示。

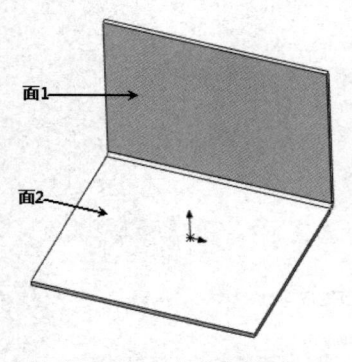

图 14-67　单击支撑面

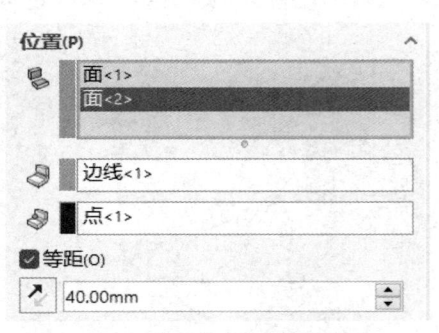

图 14-68　"位置"选项组设置

（3）单击选中"钣金角撑板"面板"轮廓"选项组中的"缩进深度"单选按钮，设置"d"为 20mm，单击 （圆形角撑板）按钮，完成设置后的"轮廓"面板如图 14-69 所示。

（4）单击"钣金角撑板"面板中的 ✓（确定）按钮，完成钣金角撑板的创建，如图 14-70 所示。

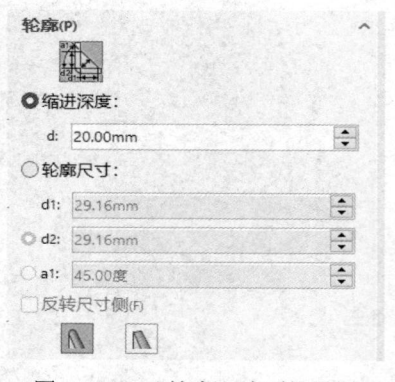

图 14-69　"轮廓"选项组设置

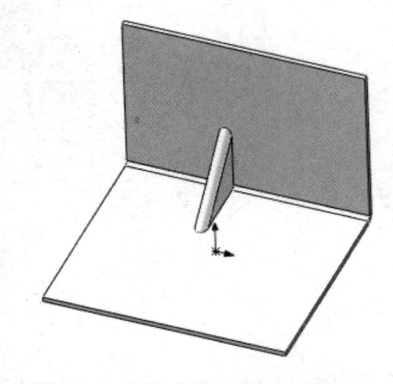

图 14-70　完成钣金角撑板的创建

提示：用户可以创建扁平角撑板，并通过"钣金角撑板"面板中的"尺寸"选项设置角撑板的具体尺寸。

14.5 实例示范

本章介绍了使用钣金设计模块创建钣金零件的方法。完成钣金设计后的零件视图如图 14-71 所示，本零件的展开视图如图 14-72 所示。

图 14-71 完成钣金设计后的零件视图

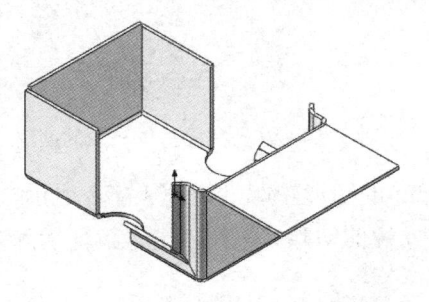

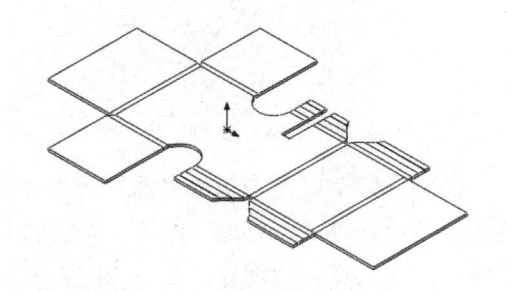

图 14-72 钣金零件的展开视图

14.5.1 创建钣金基体并进行切除操作

首先创建钣金基体，然后进行切除操作，完成钣金零件特征的创建。具体操作步骤如下。

（1）以前视基准面为草绘平面绘制草图，单击"草图"工具栏中的 \ （直线）按钮，绘制折线段，如图 14-73 所示。

（2）单击"钣金"工具栏中的 ∪ （基体法兰/薄片）按钮，或者选择"插入"→"钣金"→"基体法兰"命令，在视图左侧的"PropertyManager"中弹出"基体法兰"面板。

（3）在"方向 1（1）"选项组中设置终止条件为"给定深度"，深度为 30mm，勾选"方向 2（2）"复选框，同样设置终止条件为"给定深度"，深度为 30mm，如图 14-74 所示。

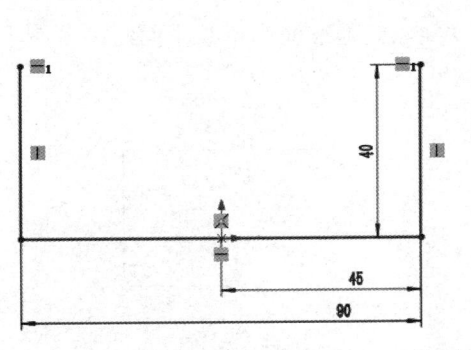

图 14-73 绘制折线段　　图 14-74 设置"方向 1（1）"和"方向 2（2）"选项组

（4）在"钣金参数"选项组中设置钣金厚度为 1.5mm，折弯半径为 1mm，如图 14-75 所示。

(5)单击"基体法兰"面板中的 ✓（确定）按钮，完成基体法兰的创建，如图 14-76 所示。

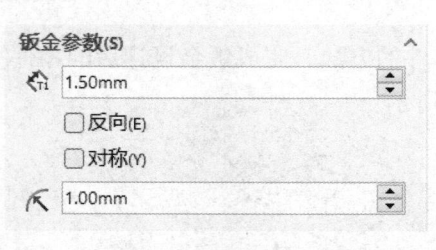

图 14-75　"钣金参数"选项组设置 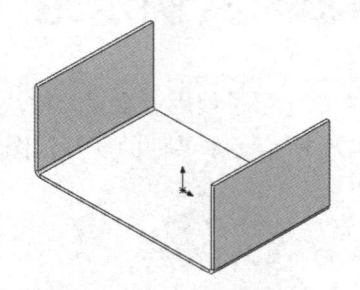　　　　图 14-76　完成基体法兰的创建

(6)以钣金底面为草绘平面绘制直径为 20mm 的圆形轮廓，如图 14-77 所示，随后退出草图绘制模式。单击"焊件"选项卡中的 （拉伸切除）按钮，进行拉伸切除操作，完成拉伸切除特征的创建，如图 14-78 所示。

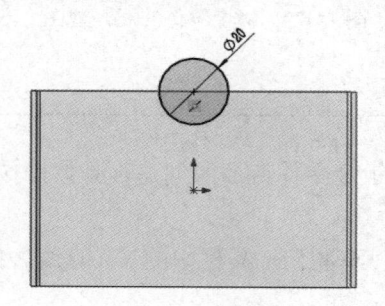

图 14-77　绘制圆形轮廓 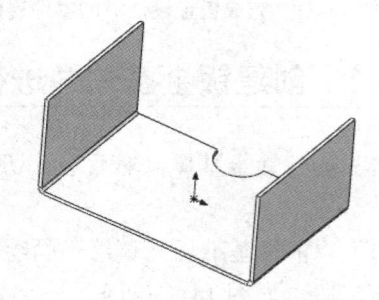　　　　图 14-78　完成拉伸切除特征的创建

14.5.2　创建斜接法兰并进行镜向操作

在完成前面的操作后，创建斜接法兰并将创建的所有特征镜向，将得到一个完整的钣金零件。具体操作步骤如下。

(1)以零件的折弯端面为基准创建新基准面，并以此基准面为草绘平面绘制草图，如图 14-79 所示，草图的放大图如图 14-80 所示。

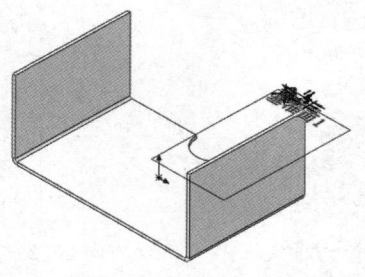

图 14-79　创建基准面并绘制草图 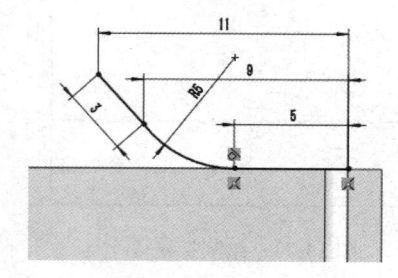　　　　图 14-80　草图的放大图

(2)单击"钣金"工具栏中的 （斜接法兰）按钮，随后单击步骤(1)绘制的草

图。单击"斜接参数"选项组"法兰位置"选项中的 ⌐ （材料在外）按钮，并勾选"裁剪侧边折弯"复选框。

依次单击"边线2"和"边线3"，如图14-81所示，随后设置 ⚙（切口缝隙）为0.1mm，如图14-82所示。

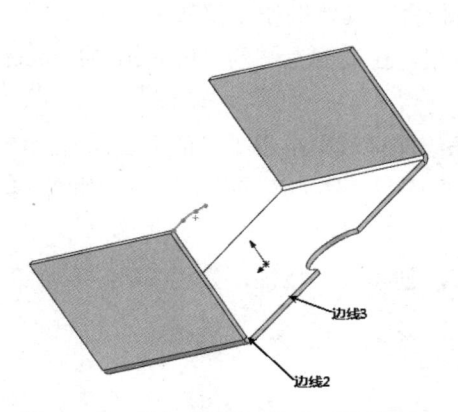

图 14-81 单击"边线2"和"边线3"

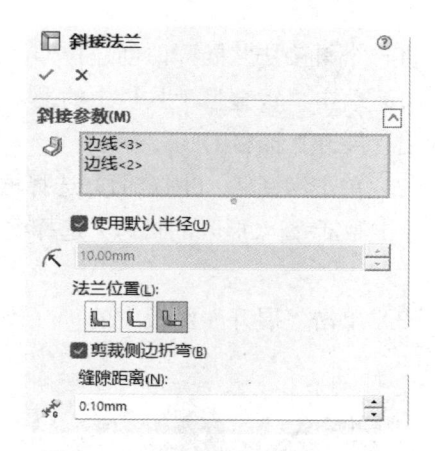

图 14-82 "斜接法兰"面板设置

（3）完成设置后的预览效果如图14-83所示。单击"斜接法兰"面板中的 ✓（确定）按钮，完成斜接法兰的创建，如图14-84所示。

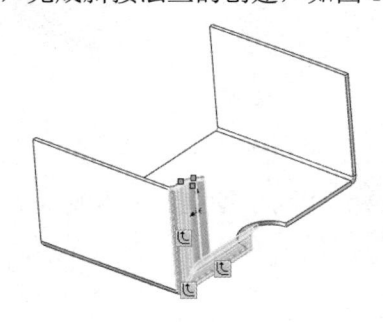

图 14-83 斜接法兰预览效果

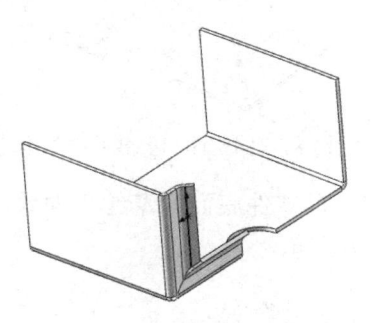

图 14-84 完成斜接法兰的创建

（4）单击"特征"工具栏中的 ⧈（镜向）按钮，激活镜向操作。以"前视基准面"为镜向面，单击"切除-拉伸1"和"斜接法兰1"作为"要镜向的特征"，镜向预览效果如图14-85所示。单击 ✓（确定）按钮，创建镜向特征，如图14-86所示。

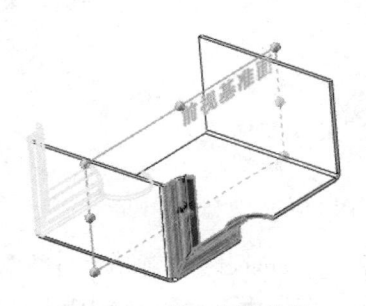

图 14-85 镜向预览效果

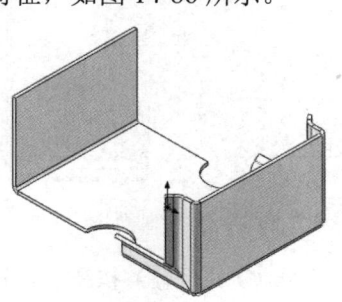

图 14-86 创建镜向特征

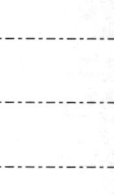

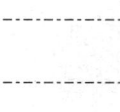

提示：本节中的基准面在项目开始时没必要创建，创建基准面的目的是让读者更清楚草图绘制的位置。

14.5.3 展开斜接法兰并进行拉伸切除

将一个斜接法兰展开，创建拉伸切除后重新折叠。具体操作步骤如下。

（1）单击"钣金"工具栏中的 （展开）按钮，在视图左侧的"PropertyManager"中弹出"展开"面板。

（2）单击激活 （固定面）选择框，随后在绘图区域中单击零件的上表面作为固定面；单击激活 （展开的折弯）选择框，随后单击模型零件上要展开的折弯，如图14-87所示。

（3）单击"展开"面板中的 ✓（确定）按钮，创建展开特征，如图14-88所示。

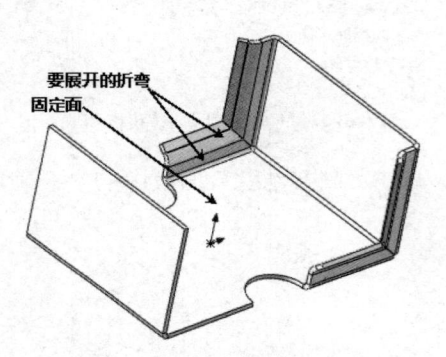

图14-87 固定面和要展开的折弯　　　　图14-88 创建展开特征

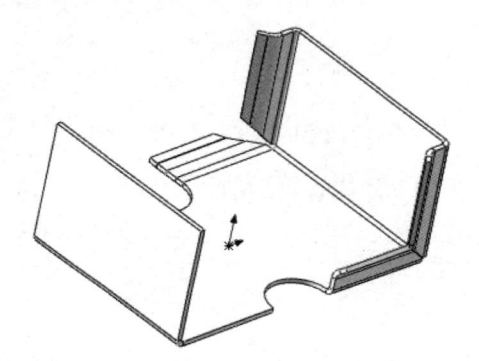

（4）以零件底面为草绘平面绘制草图，如图14-89所示，创建拉伸切除特征，如图14-90所示。

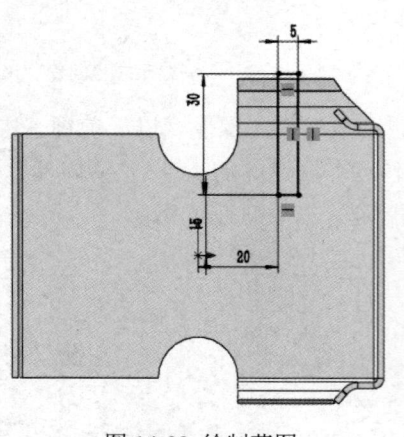

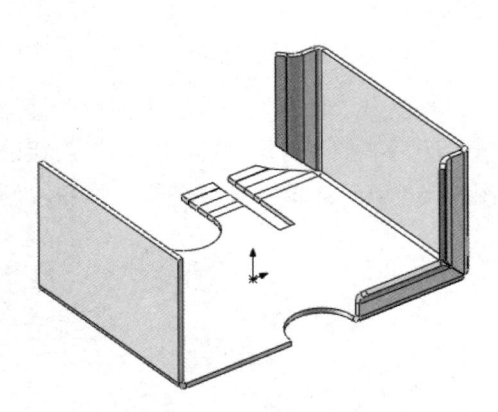

图14-89 绘制草图　　　　图14-90 创建拉伸切除特征

（5）单击 （折叠）按钮，在视图左侧的"PropertyManager"中弹出"折叠"面板。

（6）单击激活 （固定面）选择框，随后单击绘图区域中零件的一个固定面；单击

激活 ▣（折叠的折弯）选择框，随后在零件模型中单击折弯处。

（7）单击"折叠"面板中的 ✓（确定）按钮，重新创建折叠特征，如图 14-91 所示。

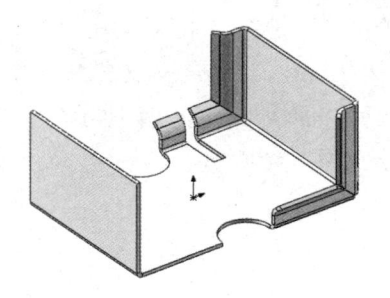

图 14-91　重新创建折叠特征

14.5.4　创建边线法兰和闭合角

完成草图后创建两条边线法兰，并创建闭合角。具体操作步骤如下。

（1）单击 ▣（边线法兰）按钮，弹出"边线法兰"面板，单击如图 14-92 所示的边线作为参考线。

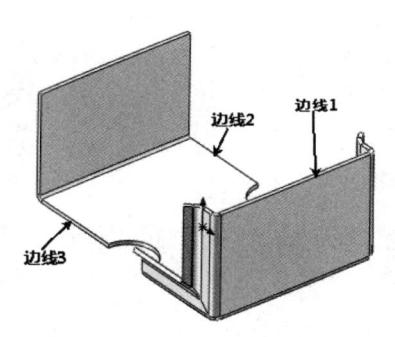

图 14-92　单击边线作为参考线

（2）在"边线-法兰"面板中设置"法兰长度"选项组中的长度终止条件为"给定深度"，长度为 40mm，随后单击 ▣（外部虚拟交点）按钮。单击"法兰位置"选项组中的 ▣（材料在内）按钮，完成设置后的"法兰长度"选项组如图 14-93 所示。

（3）单击"边线法兰"面板中的 ✓（确定）按钮，完成折弯的创建，如图 14-94 所示。

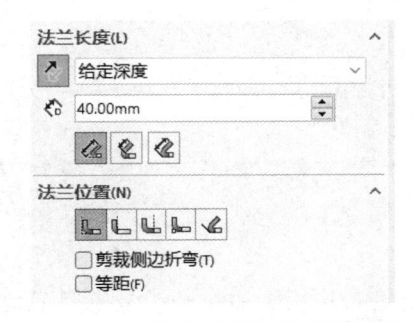

图 14-93　"法兰长度"选项组设置

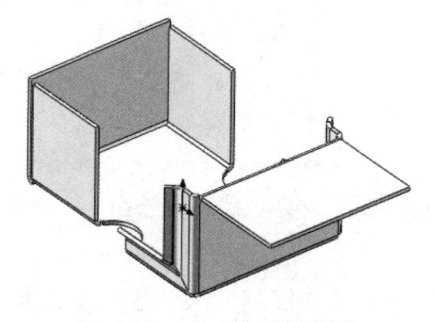

图 14-94　完成折弯的创建

(4)单击 （边角）下拉按钮,选择 （闭合角）命令,在视图左侧的"PropertyManager"中弹出"闭合角"面板。

(5)单击激活"要延伸的面"选择框,随后单击"边角类型"选项中的 （重叠）按钮,设置 （缝隙距离）为 1mm， （重叠/欠重叠比率）为 1。

(6)完成设置后的"闭合角"面板如图 14-95 所示。单击"闭合角"面板中的 （确定）按钮,完成闭合角操作,如图 14-96 所示。

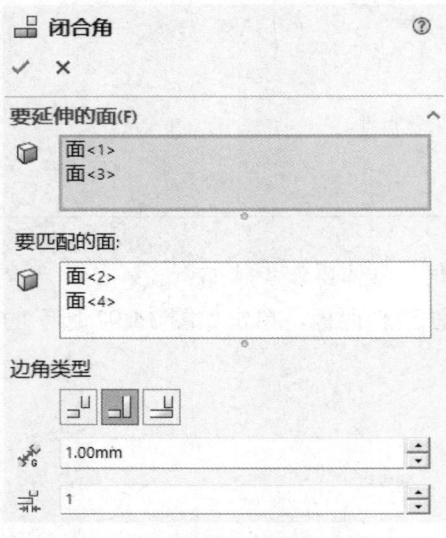

图 14-95　"闭合角"面板设置　　　　图 14-96　完成闭合角操作

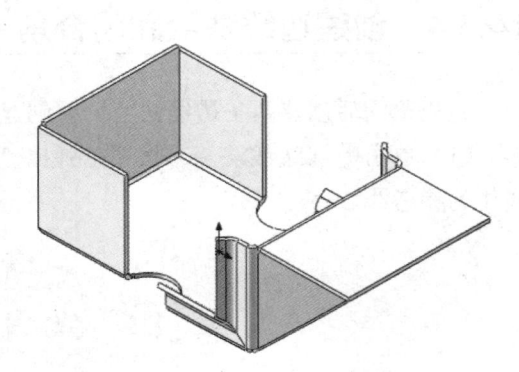

(7)单击"钣金"工具栏中的 （展开）按钮,进行展开操作,如图 14-97 所示。

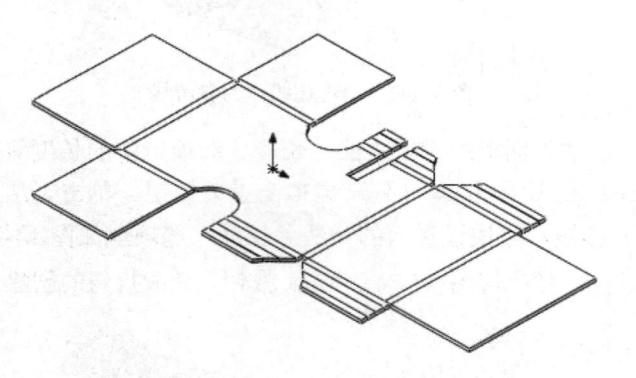

图 14-97　完成钣金展开操作

14.6　本章小结

本章介绍了多种方法创建和编辑钣金特征,熟练使用钣金命令和钣金成型工具,可以设计结构复杂的钣金零件。

14.7 习题

一、填空题

1. K-因子表示钣金_____的位置，以钣金零件的_____为计算基准。K-因子即钣金内表面到_____的距离 t 与钣金厚度 T 的比值，即 t/T。

2. 当创建折弯时，用户可以通过_____来为任何一个钣金折弯指定一个明确的折弯扣除。折弯扣除可以用_____长度减去钣金原材料的_____长度来计算。

3. SOLIDWORKS 钣金模块有 6 种不同的折弯特征命令用于设计钣金零件，这 6 种折弯特征命令分别是_____、_____、_____、展开、_____和放样折弯等。使用这些折弯特征命令可以对钣金零件进行折弯或添加折弯。

4. _____是在钣金零件中对草图绘制的直线添加两个折弯。

5. 使用_____可在钣金零件中折叠一个、多个或所有折弯。此特征在沿折弯添加切除时很有用。

二、问答题

1. 在工程设计中按照厚度应将钣金如何分类？请简单介绍。
2. SOLIDWORKS 中有哪两种折弯系数表？
3. 请写出钣金设计模块和特征创建模块中相同的命令。

三、上机操作

1. 参照"源文件/素材文件/Char14"路径打开"壳体.SLDPRT"文件，如图 14-98 所示，请读者参考本章内容自行测量并创建钣金零件。（该钣金零件由其他版本转换而来，"FeatureManager 设计树"中不显示创建步骤）

2. 参照"源文件/素材文件/Char14"路径打开"手机底座.SLDPRT"文件，如图 14-99 所示，请读者参考本章内容自行测量并创建钣金零件。

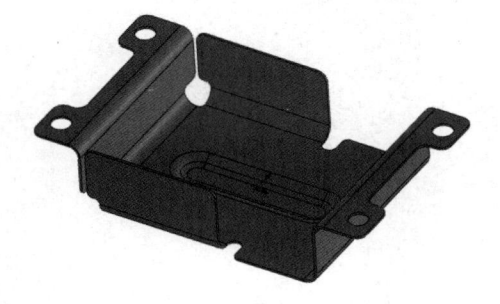

图 14-98　设计操作习题视图 1 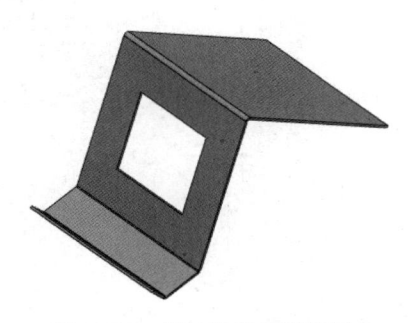　　　　图 14-99　设计操作习题视图 2

第 15 章

焊件设计

焊件是由多个零件或构件焊接在一起而形成的。尽管焊件是一个装配体，但在很多情况下，它在材料明细表中都是作为单独的零件而存在的。因此，不同的焊件设计方法对焊件的影响也不同。

在 SOLIDWORKS 中，使用"焊接"命令可以将多种焊接类型的焊件添加到装配体中。该焊件属于装配体特征，是关联装配体中创建的新型装配体零件。

学习目标

1. 掌握焊件结构的创建方法。
2. 熟练运用焊件命令。

15.1 焊件设计入门

本节将介绍焊件设计的入门知识，其中包括焊件设计概述和焊件特征命令，用户可有选择地了解和学习这部分内容。

15.1.1 焊件设计概述

焊件是一个装配体，但很多情况下焊件在材料明细表中是作为单独的零件而存在的，因此应该将一个焊件作为一个多实体零件来建模。

在 SOLIDWORKS 中对焊件模块进行焊件设计时，使用焊件功能中的焊接结构构件可以设计出各种焊件框架，也可以选择"焊件"选项卡中的"剪切/延伸特征"命令，设计各种焊接箱体、支架类零件等。

用户在实体焊件设计过程中可以设计出相应的焊缝，从而真实地体现出焊件的焊接方式。设计好实体焊件后，可以焊接零件的工程图，并在工程图中创建焊件的切割清单。

15.1.2 焊件特征命令

本节中将着重介绍 SOLIDWORKS 的焊件特征工具与命令。用户可以通过多种方式激活焊件工具，如"焊件"选项卡、"焊件"工具条，或在菜单栏中选择焊件命令等。

1. "焊件"选项卡

切换至"焊件"选项卡，可看到各种焊件特征命令，此选项卡中包含了所有焊件设计命令和焊件编辑命令，如图 15-1 所示。

图 15-1 "焊件"选项卡

2. "焊件"工具条

在"焊件"选项卡区域中右击，并在弹出的快捷菜单中选择"焊件"命令，弹出"焊件"工具条，如图 15-2 所示。

3. "焊件"菜单

选择"插入"→"焊件"命令，并在弹出的"焊件"菜单中选择所需命令，如图 15-3 所示。

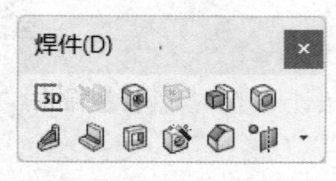

图 15-2 "焊件"工具条

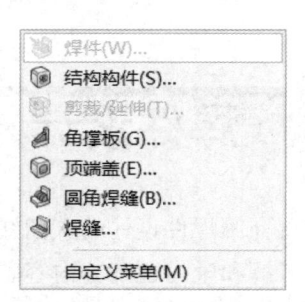

图 15-3 "焊件"菜单

15.2 结构构件

结构构件是指通过沿用户定义的路径扫描预定义的轮廓而创建的一个特征。使用"结构构件"命令可以创建 C 槽、SB 横梁、方形管、管道、角铁、矩形管等焊件结构构件。

15.2.1 创建结构构件

使用"结构构件"命令可以使多个带基准面的 2D 草图、3D 草图或 2D 和 3D 组合的草图创建焊件。具体操作步骤如下。

（1）以上视基准面为草绘平面绘制一个长为 350mm、宽为 120mm 的矩形草图，如图 15-4 所示。

（2）退出草图绘制模式，单击"焊件"工具栏中的 ▥（3D 草图）按钮，在 X-Y 平面上绘制 3D 草图，如图 15-5 所示。

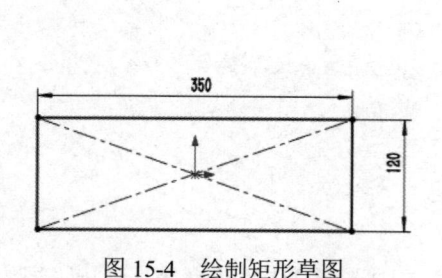

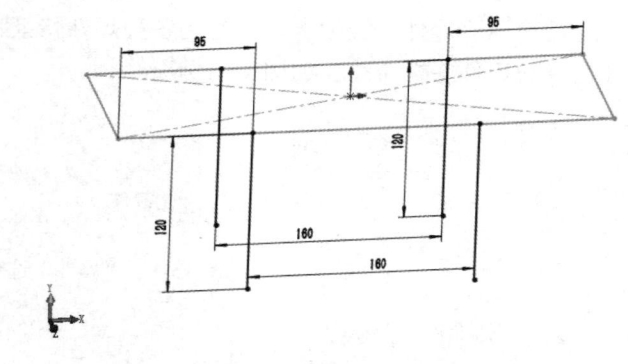

图 15-4 绘制矩形草图

图 15-5 绘制 3D 草图

（3）退出草图绘制模式。单击"焊件"工具栏中的 ▦（结构构件）按钮，或者选择"插入"→"焊件"→"结构构件"命令，在视图左侧的"PropertyManager"中弹出"结构构件"面板。

（4）在"选择"选项组的"标准"下拉列表中，选择"iso"选项；在"Type"下拉列表中选择"方形管"选项；在"大小"下拉列表中选择"20×20×2"选项，完成设置后的"结构构件"面板如图 15-6 所示。

（5）单击激活"组"选择框，随后在绘图区域中单击所绘制的矩形草图，结构构件预览效果如图 15-7 所示。

图 15-6　"结构构件"面板设置（1）　　　　图 15-7　结构构件预览效果

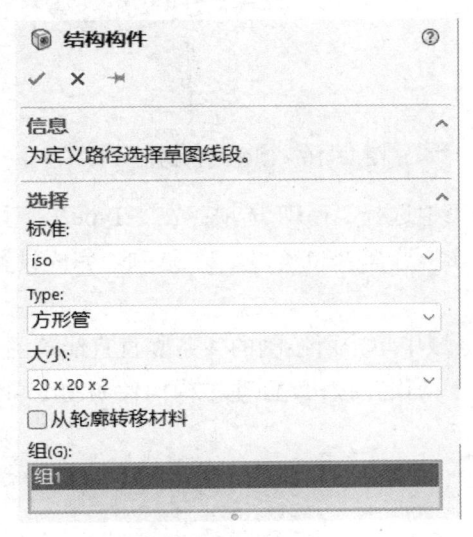

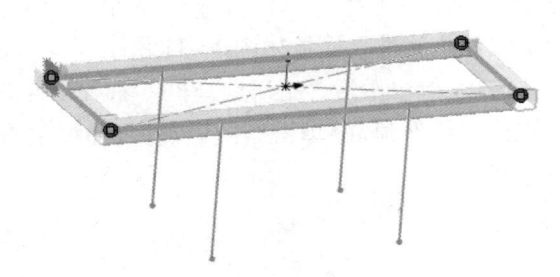

（6）此时在"结构构件"面板出现"设定"选项组，勾选"应用边角处理"复选框，并单击 🔲（终端对接 1）按钮和 🔲（连接线段之间的封顶切除）按钮，设置结构构件交汇处的属性，如图 15-8 所示。

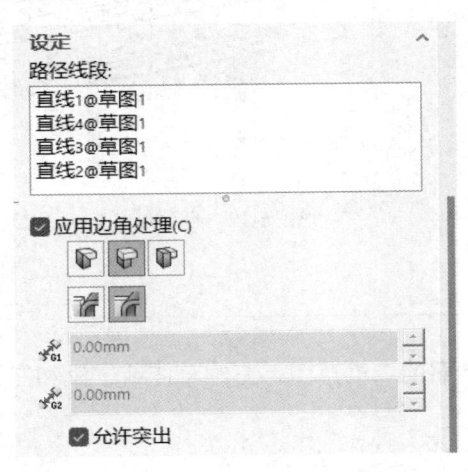

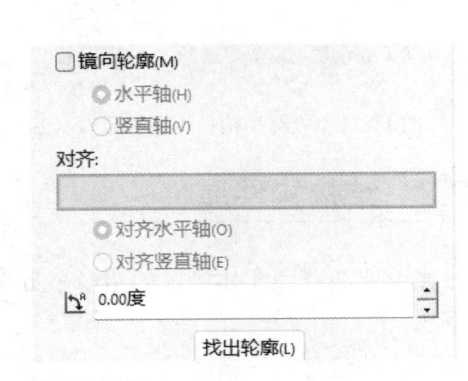

图 15-8　"设定"选项组设置

（7）也可以单击绘图区域中结构构件的端点处，在弹出的"边角处理"对话框中选择相应的选项来对结构构件的边角进行处理，如图 15-9 所示。

（8）单击"结构构件"面板中的 ✓（确定）按钮，创建结构构件如图 15-10 所示。

（9）单击"焊件"工具栏中的 🔲（结构构件）按钮，或者选择"插入"→"焊件"→"结构构件"命令，在视图左侧的"PropertyManager"中弹出"结构构件"面板。

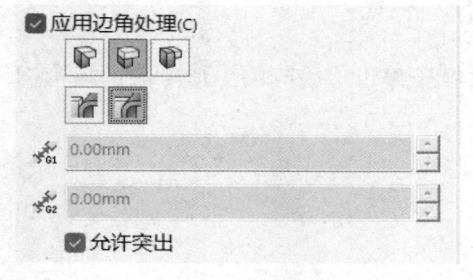

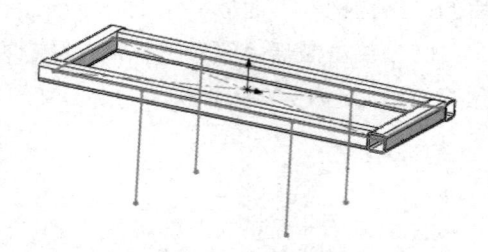

图 15-9 "边角处理"对话框　　　　图 15-10 创建结构构件（1）

（10）在"选择"选项组的"标准"下拉列表中选择"iso"选项；在"Type"下拉列表中选择"方形管"选项；在"大小"下拉列表中选择"20×20×2"选项，完成设置后的"结构构件"面板如图 15-11 所示。

（11）单击激活"组"选择框，随后在绘图区域中单击所绘制的 4 条竖直直线草图，出现结构构件预览，单击"结构构件"面板中的 ✓（确定）按钮，创建结构构件如图 15-12 所示。

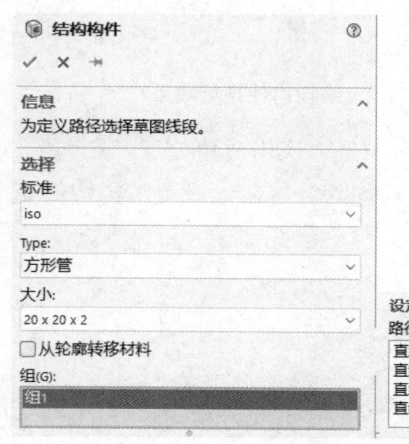

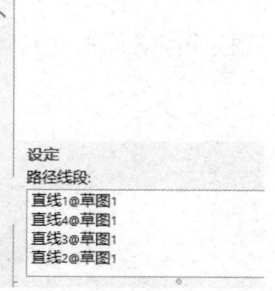

图 15-11 "结构构件"面板设置（2）　　　　图 15-12 创建结构构件（2）

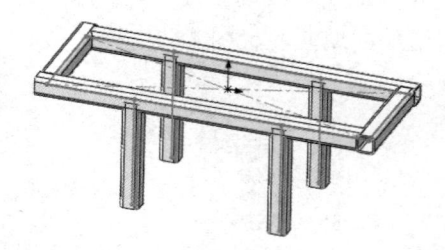

15.2.2　结构构件属性

线性或弯曲草图实体可以创建多个带基准面的二维草图、三维草图或二维和三维的组合草图。

结构构件包含以下属性。

（1）结构构件使用轮廓，如角铁等。

（2）轮廓由"标准"、"类型"和"大小"等属性识别。

（3）结构构件可以包含多个片段，但所有片段只能使用一个轮廓。

（4）分别具有不同轮廓的多个结构构件可以属于同一个焊件。

（5）结构构件可以自行创建轮廓，并将其添加到现有的焊件轮廓中。

（6）结构构件允许相对于创建结构构件时使用的草图线段指定轮廓的穿透点。

15.3 剪裁/延伸

结构构件和其他实体可以剪裁结构构件，使其在焊件中正确对接。可利用"剪裁/延伸"命令剪裁或延伸两个在角落处汇合的结构构件、一个或多个相对于另一实体的结构构件等。

15.3.1 "剪裁/延伸"结构构件

"剪裁/延伸"结构构件适用于两个在拐角处汇合的结构构件、一个或多个相对于结构构件与另一实体汇合的结构构件，以及与结构构件两端同时汇合的结构构件。具体操作步骤如下。

（1）以前视基准面为草绘平面，绘制一条长为140mm且与水平线呈30度的线段，如图15-13所示。

（2）单击"焊件"工具栏中的 （结构构件）按钮，创建一个 50mm×30mm×2.6mm 的矩形管结构构件，如图15-14所示。

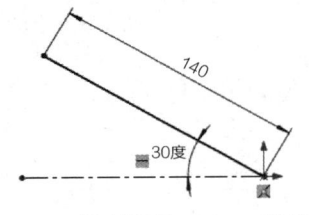

图 15-13　绘制长为140mm的线段

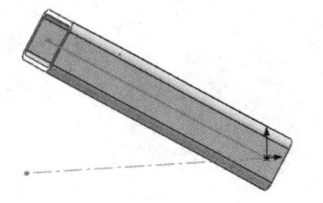

图 15-14　创建矩形管结构构件

（3）以前视基准面为草绘平面，绘制一条长为180mm的线段，如图15-15所示。

（4）单击"焊件"工具栏中的 （结构构件）按钮，创建一个 26.9mm×3.2mm 的管道结构构件，如图15-16所示。

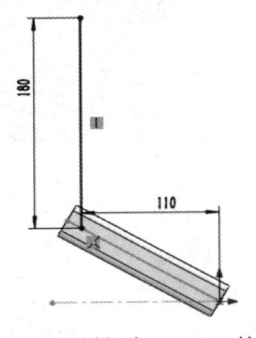

图 15-15　绘制长为180mm的线段

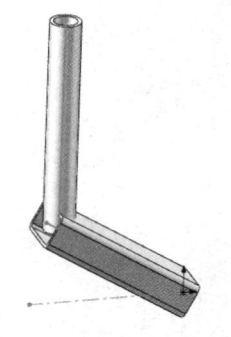

图 15-16　创建管道结构构件

（5）单击"焊件"工具栏中的 （剪裁/延伸）按钮，在视图左侧的"PropertyManager"中弹出"剪裁/延伸"面板。

单击"边角类型"选项组中的 ▣（终端剪裁）按钮；单击激活"要剪裁的实体"选择框，随后在绘图区域中单击管道结构构件；勾选"允许延伸"复选框。

单击选中"剪裁边界"选项组中的"面/平面"单选按钮，并单击激活"面/实体"选择框，随后在绘图区域中单击矩形管与管道接触的平面。完成设置后的"剪裁/延伸"面板如图 15-17 所示。

（6）单击"剪裁/延伸"面板中的 ✓（确定）按钮，完成剪裁/延伸操作，如图 15-18 所示。

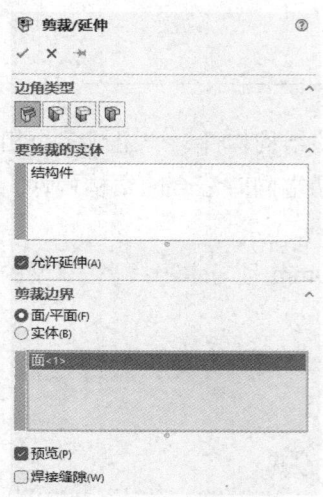

图 15-17　"裁剪/延伸"面板设置

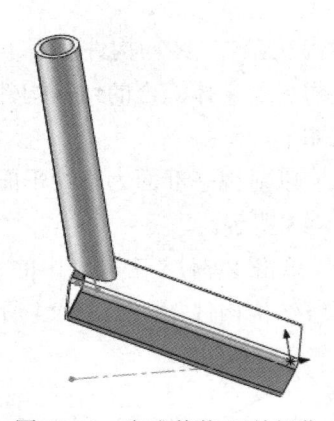

图 15-18　完成剪裁/延伸操作

15.3.2　操作注意事项

（1）通过剪裁焊件模型中的所有边角，精确计算结构构件的长度。

（2）在"边角类型"选项组中可以设置剪裁的边角类型，包括未剪裁、终端剪裁、终端斜接、终端对接 1 和终端对接 2，效果如图 15-19 所示。

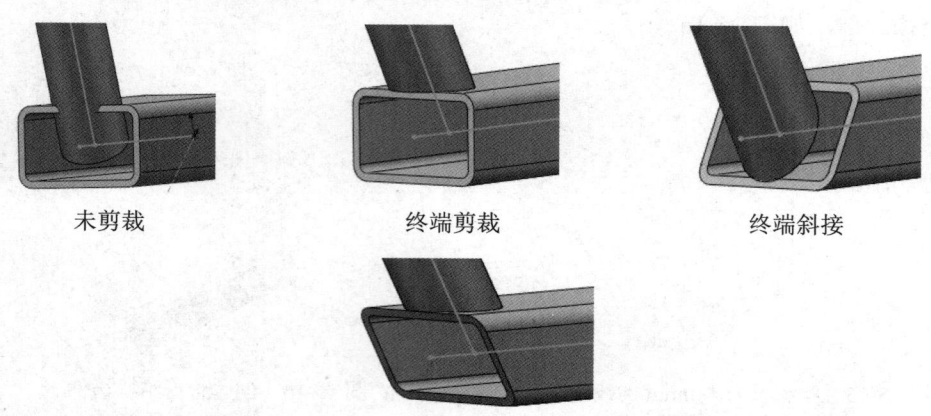

未剪裁　　　　　　　　终端剪裁　　　　　　　　终端斜接

终端对接（一个或多个相对于结构构件与另一实体相汇合的结构构件）

图 15-19　边角类型

（3）在"剪裁边界"选项组中单击"平面"按钮，通常选择平面作为剪裁对象的性能。只有在类似圆形管道或阶梯式曲面的非平面实体进行剪裁时，才会单击"实体"按钮选择实体作为剪裁边界。

> **说明** 勾选"允许延伸"复选框，表示允许结构构件进行剪裁或延伸。取消勾选该复选框，则只能进行剪裁。

15.4 其他焊件命令

除前文介绍的特征命令之外，SOLIDWORKS 焊件模块中还提供了"焊缝"、"顶端盖"、"角撑板"、"拉伸凸台/基体"、"拉伸切除"、"异型孔向导"和"倒角"命令。其中，"拉伸凸台/基体"、"拉伸切除"、"异型孔向导"和"倒角"命令与特征模块中的相同。

15.4.1 创建焊缝

使用"焊缝"命令可以在任何交叉的焊件实体之间添加全长、间歇或交错的圆角焊缝，其操作方法与零件设计模块中创建圆角的方法类似。具体操作方法如下。

（1）以上一节的示例为基础，继续本节的介绍。单击"焊件"工具栏中的 （焊缝）按钮，或者选择"插入"→"焊件"→"焊缝"命令，在视图左侧的"PropertyManager"中弹出"焊缝"面板。

（2）单击"面<1>"和"面<2>"作为"焊接面"，如图 15-20 所示；设置"焊缝大小"为 5mm，单击选中"选择"单选按钮，其余设置默认，完成设置后的"焊缝"面板如图 15-21 所示。

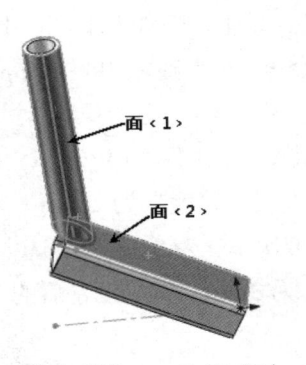

图 15-20　单击"面<1>"和"面<2>"　　　图 15-21　"焊缝"面板设置

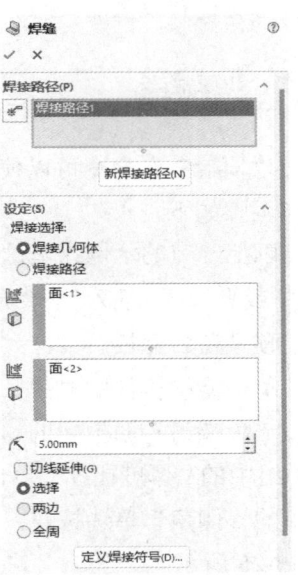

(3)单击"焊缝"面板中的 ✓（确定）按钮，完成圆角焊缝操作，如图15-22所示。

(4)完成焊缝创建后，用户可双击焊接符号，在弹出的"属性"对话框中重新定义焊接符号，如图15-23所示。

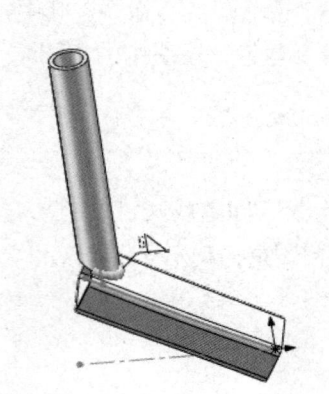

图15-22 完成圆角焊缝操作

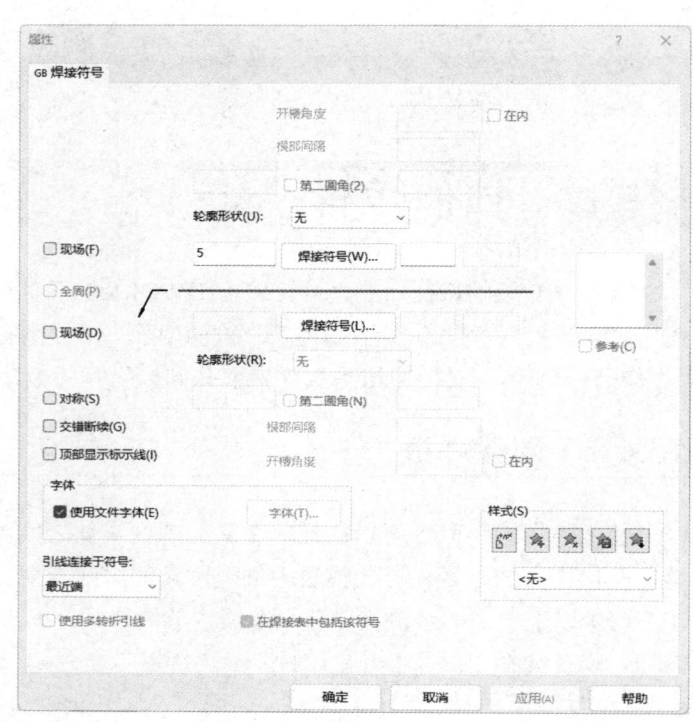

图15-23 "焊缝"对话框

提示：用户单击"焊缝"面板中的"定义焊接符号"按钮也会弹出"焊缝"对话框，可对焊接符号进行设置。

15.4.2 顶端盖

使用"顶端盖"命令可以使敞开的结构构件闭合，即在结构构件敞开端创建封板。具体操作步骤如下。

（1）以上一节的示例为基础，继续本节的介绍。单击"焊件"工具栏中的 🔲（顶端盖）按钮，或者选择"插入"→"焊件"→"顶端盖"命令，在视图左侧的"PropertyManager"中弹出"顶端盖"面板。

（2）单击结构构件的"敞开端平面"作为"面"，如图15-24所示。

单击"顶端盖"面板中的 🔲（向外）按钮，设置"厚度"为2mm；单击选中"等距"选项组中的"厚度比率"单选按钮，设置"厚度比率"为0.5；单击选中"倒角处理"选项组中的"倒角"单选按钮，设置"倒角距离"为3mm。完成设置后的"顶端盖"面板如图15-25所示。

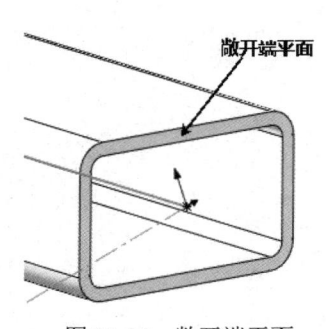

图 15-24 敞开端平面

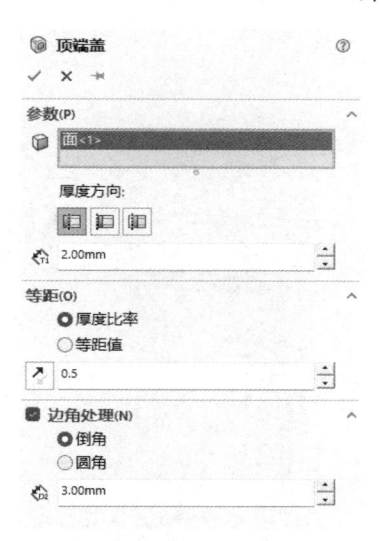

图 15-25 "顶端盖"面板设置

（3）完成设置后的预览效果如图 15-26 所示。单击"顶端盖"面板中的 ✓（确定）按钮，完成顶端盖的创建，如图 15-27 所示。

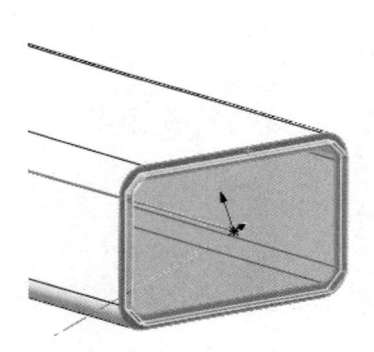

图 15-26 顶端盖预览效果

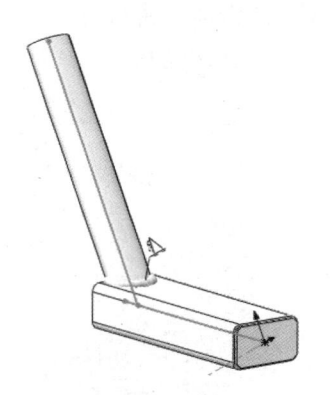

图 15-27 完成顶端盖的创建

15.4.3 角撑板

使用"角撑板"特征可以加工两个交叉带平面的结构构件之间的区域。具体操作步骤如下。

（1）创建两个斜对接的方形管，如图 15-28 所示。

（2）单击 （角撑板）按钮，在视图左侧的"PropertyManager"中弹出"角撑板"面板。

单击内侧两个相邻的面作为"选择面"；单击"轮廓"选项组中的 （三角形轮廓）按钮，设置"d1"为 25mm，"d2"为 25mm；单击"厚度"选项中的 （两边）按钮，设置"角撑板厚度"为 5mm，其余设置默认。完成设置后的"角撑板"面板如图 15-29 所示。

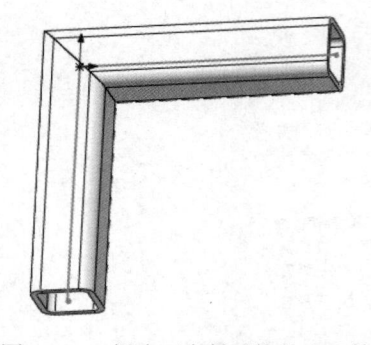

图 15-28　创建两个斜对接的方形管 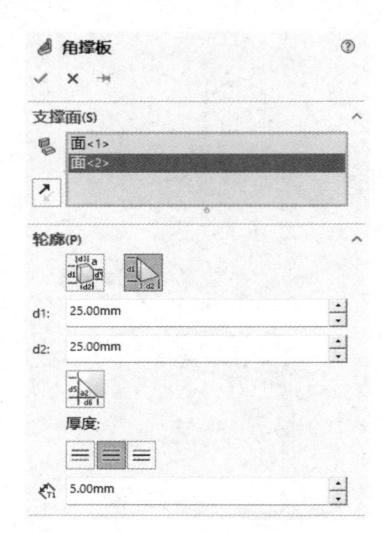　　　　图 15-29　"角撑板"面板设置

（3）单击"角撑板"面板中的 ✓（确定）按钮，完成三角形角撑板创建，如图 15-30 所示。

提示：除上述三角形角撑板之外，还可以创建多边形角撑板，如图 15-31 所示，请读者自行尝试创建过程。

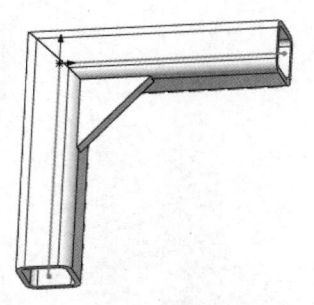

图 15-30　完成三角形角撑板的创建 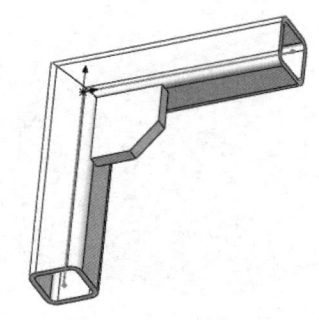　　　　图 15-31　创建多边形角撑板

15.5　子焊件与切割清单

本节重点介绍"子焊件与切割清单"命令的用法，使用该命令可有效管理焊接结构构件。

15.5.1　子焊件

子焊件可将复杂模型分解为更容易管理的实体。子焊件包括列举在"FeatureManager 设计树"（切割清单）中的任何实体、结构构件、顶端盖、角撑板、圆角焊缝，以及使用"剪裁/延伸"命令所剪裁的结构构件。具体操作步骤如下。

（1）在焊件模型的"FeatureManager 设计树"中展开切割清单，如图 15-32 所示。

（2）要选择想包含在子焊件中的实体，可以使用键盘中的"Shift"键或"Ctrl"键进行批量选择，所选实体在绘图区域中将被高亮显示。

（3）右击选择的实体，在弹出的快捷菜单中选择"生成子焊件"命令，如图 15-33 所示，包含所选实体的 ▣（子焊件）文件夹将出现在切割清单中。

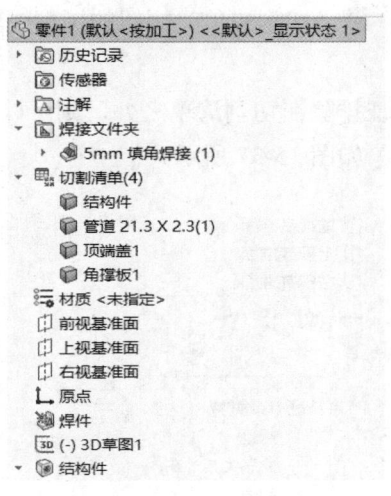

图 15-32　展开切割清单 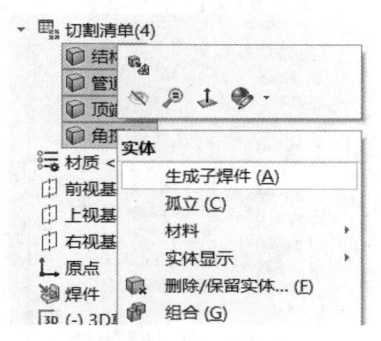　　　　　　　　　图 15-33　选择"生成子焊件"命令

（4）右击 ▣（子焊件）文件夹，在弹出的快捷菜单中选择"插入到新零件"命令，如图 15-34 所示。在视图左侧的"PropertyManager"中弹出"插入到新零件"面板，如图 15-35 所示，单击 ✓（确定）按钮，子焊件模型将在新的 SOLIDWORKS 窗口中打开，并弹出"另存为"对话框。

（5）设置文件名后单击"保存"按钮，在焊件模型中所做的更改将扩展到子焊件模型中。

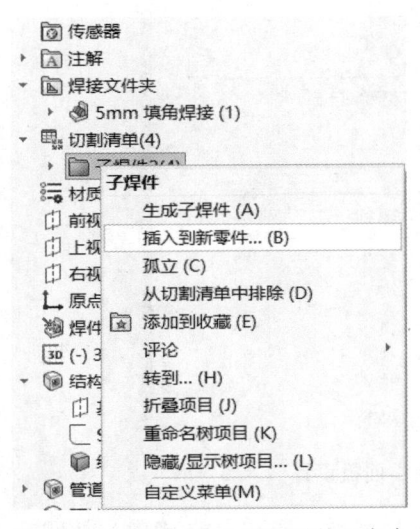

图 15-34　选择"插入到新零件"命令 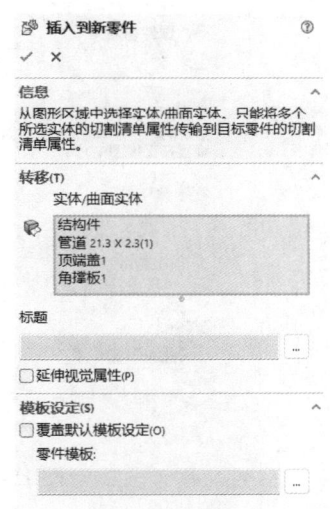　　　　图 15-35　"插入到新零件"面板

15.5.2 创建切割清单

当第一个焊件特征被插入零件中时,"实体"文件夹会自动将其重命名为"切割清单",以表示该项目包含在切割清单中。具体操作步骤如下。

(1) 在焊件零件的 "FeatureManager 设计树"中右击🗐(切割清单)按钮,在弹出的快捷菜单中选择"更新"命令,如图 15-36 所示,🗐(切割清单)按钮的图标变为🗐,相同项目将在子文件夹中列组。

(2) 焊缝不包含在切割清单中。如果需要将特征排除在切割清单之外,则可以右击特征,在弹出的快捷菜单中选择"制作焊缝"命令,如图 15-37 所示。

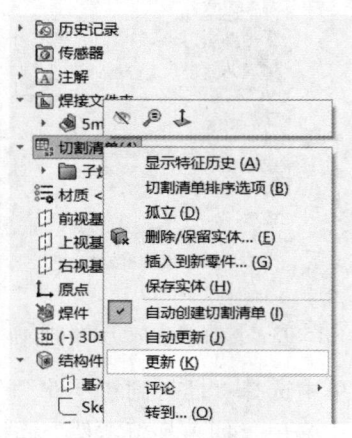

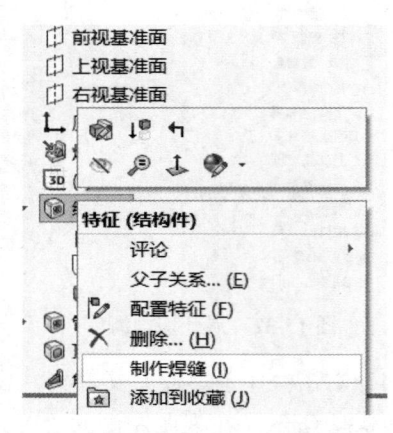

图 15-36 选择"更新"命令 　　　　图 15-37 选择"制作焊缝"命令

(3) 选择"文件"→"从零件制作工程图"命令,创建工程图。

(4) 在工程图中单击"表格"工具栏中的🗐(焊件切割清单)按钮,在"PropertyManager"中弹出"焊件切割清单"面板,如图 15-38 所示。

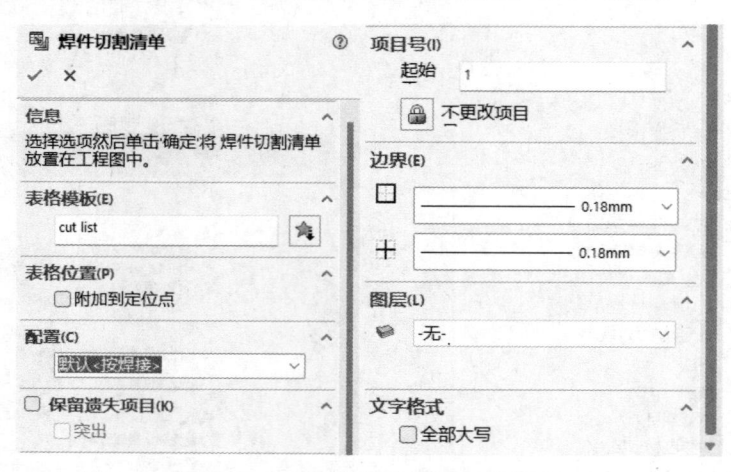

图 15-38 "焊件切割清单"面板设置

(5) 选择一个工程视图,设置"焊件切割清单"属性,单击✓(确定)按钮。

（6）在"焊件切割清单"面板中取消勾选"附加到定位点"复选框，随后在绘图区域中单击放置切割清单。

15.5.3 自定义切割清单

焊件切割清单包括项目号、数量和切割清单自定义属性。在焊件零件中，属性包含在使用库特征零件轮廓在结构构件中创建的切割清单项目中，包括"说明"、"长度"、"角度1"和"角度2"等。具体操作步骤如下。

（1）在零件文件中右击切割清单项目的图标，在弹出的快捷菜单中选择"属性"命令，如图15-39所示。

（2）在"切割清单属性"对话框中设置"属性名称"、"类型"和"数值/文字表达"等内容，如图15-40所示。

（3）设置完成后单击"确定"按钮。

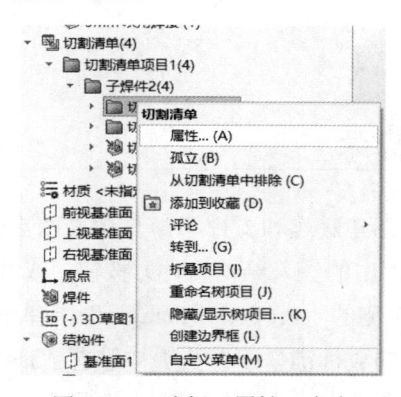

图 15-39　选择"属性"命令

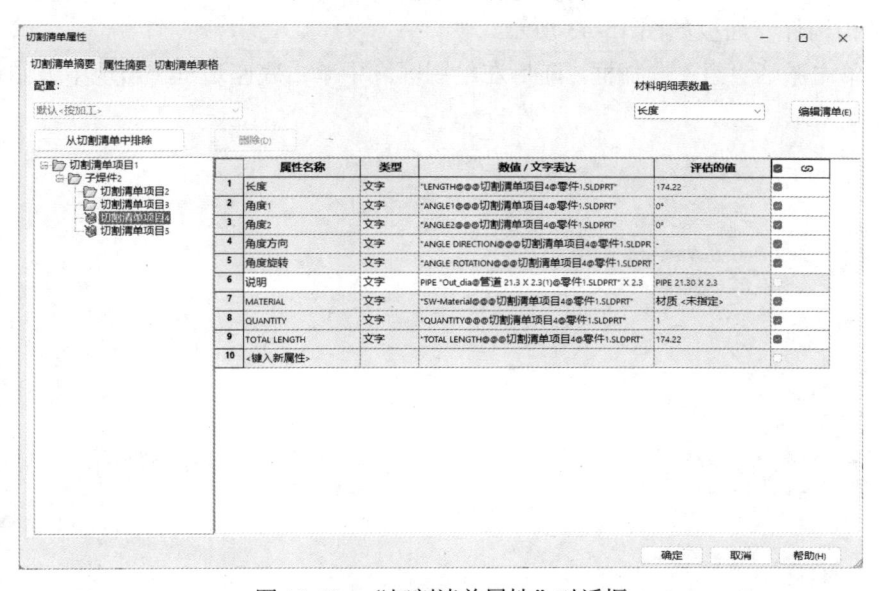

图 15-40　"切割清单属性"对话框

15.6 实例示范

本章介绍了使用 SOLIDWORKS 焊件设计模块进行结构构件设计的操作方法，本节将通过一个实例来综合介绍本章内容。

以 2D 草图和 3D 草图共同绘制的线架构如图 15-41 所示，使用线架构进行焊件设计的物料架如图 15-42 所示。

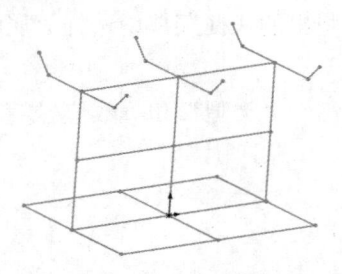

图 15-41　线架构

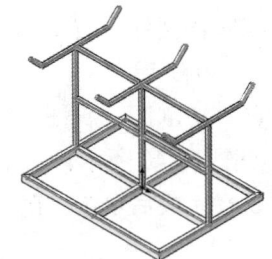

图 15-42　物料架

15.6.1　创建下部支撑架

使用"结构构件"命令创建底座和支撑梁，具体操作步骤如下。

（1）单击"焊件"工具栏中的 ◉（结构构件）按钮，或者选择"插入"→"焊件"→"结构构件"命令，在视图左侧的"PropertyManager"中弹出"结构构件"面板。

（2）在"选择"选项组的"标准"下拉列表中选择"iso"选项；在"Type"下拉列表中选择"矩形管"选项；在"大小"下拉列表中选择"60×40×3.2"选项。完成设置后的"结构构件"面板如图 15-43 所示。

（3）单击激活"组"选择框，随后在绘图区域中单击底座边框，出现下方结构预览，如图 15-44 所示。

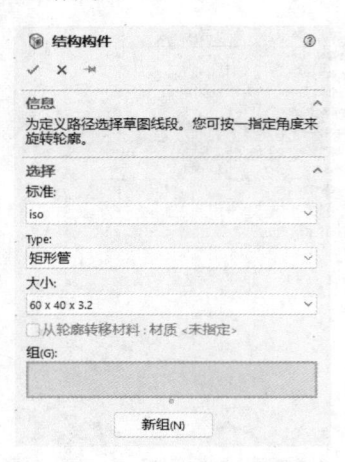

图 15-43　"结构构件"面板设置

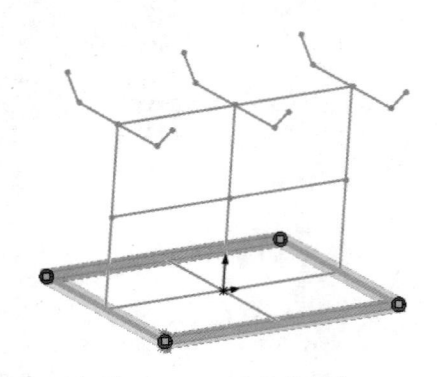

图 15-44　下方结构预览

(4)单击"新组"按钮,创建"组 2",并依次单击下方纵向线得到结构预览,如图 15-45 所示。

(5)创建"组 3",随后创建横向结构预览,如图 15-46 所示。

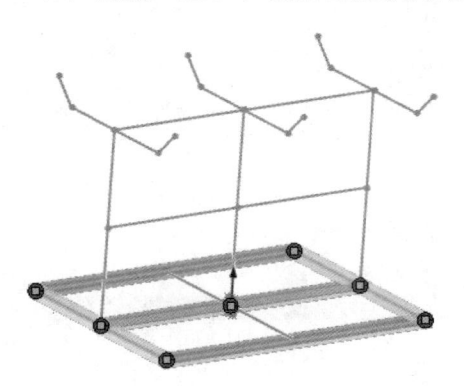

图 15-45 纵向结构预览　　图 15-46 横向结构预览

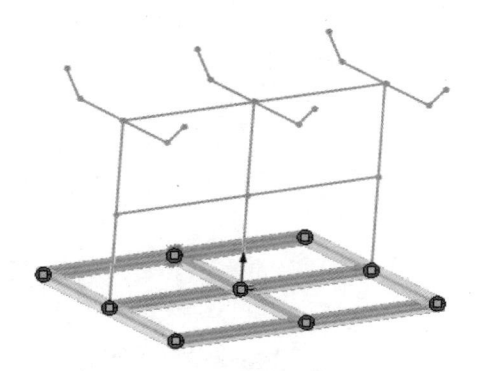

(6)单击"结构构件"面板中的 ✓(确定)按钮,创建下部支撑架,如图 15-47 所示。

(7)重复以上步骤,创建 30mm×30mm×2.6mm 的方形管支撑梁,如图 15-48 所示。

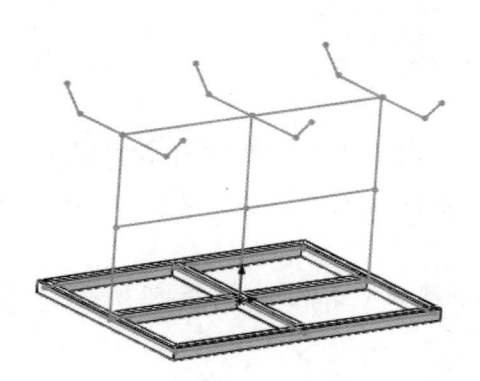

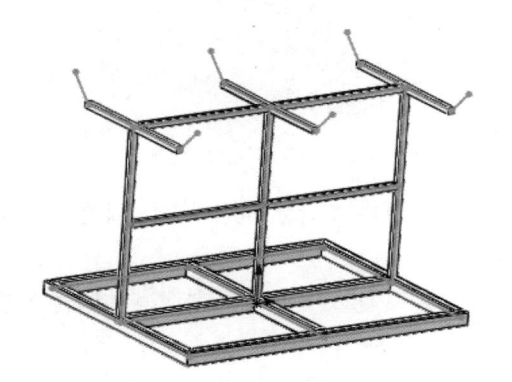

图 15-47 创建下部支撑架　　图 15-48 创建方形管支撑梁

15.6.2 创建上方圆管,剪裁后添加顶端盖

完成下部支撑架创建后,创建上方圆管,进行剪裁/延伸操作并添加顶端盖后即可完成此物料架的创建。具体操作步骤如下。

(1)重复第 15.6.1 节的操作,创建一个 33.7mm×4.0mm 的管道挂物管,如图 15-49 所示。

(2)单击"焊件"工具栏中的 ▣(剪裁/延伸)按钮,在视图左侧的"PropertyManager"中弹出"剪裁/延伸"面板。

单击"边角类型"选项组中的 ▣(终端斜度)按钮,随后在绘图区域中任意单击选中一个圆管作为"要剪裁的实体",单击矩形管作为"剪裁边界";勾选"允许延伸"复选框。完成设置后的"剪裁/延伸"面板如图 15-50 所示。

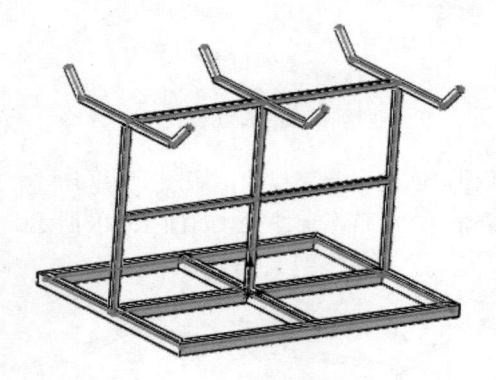

图 15-49　创建管道挂物管

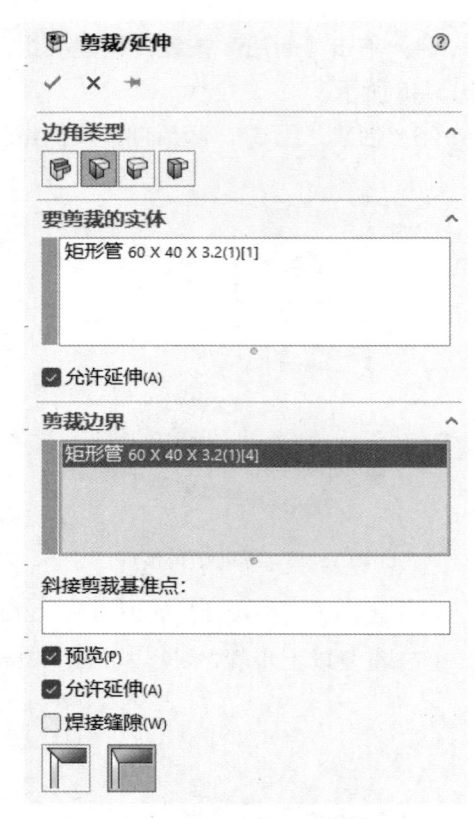

图 15-50　"剪裁/延伸"面板设置

(3) 单击"剪裁/延伸"面板中的 ✓ (确定) 按钮，完成剪裁/延伸操作，如图 15-51 所示。

(4) 重复以上步骤，完成其他管道挂物管的剪裁/延伸操作，如图 15-52 所示。

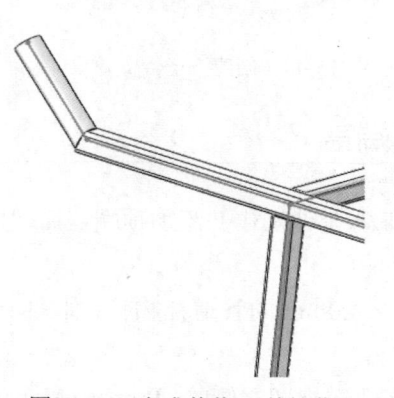

图 15-51　完成剪裁/延伸操作

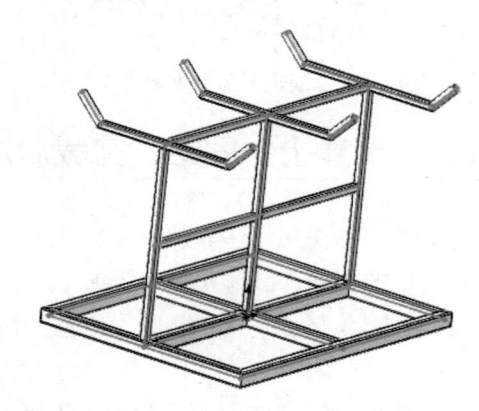

图 15-52　完成其他剪裁/延伸操作

(5) 单击"焊件"工具栏中的 ⌬ (顶端盖) 按钮，或者选择"插入"→"焊件"→"顶端盖"命令，在视图左侧的"PropertyManager"中弹出"顶端盖"面板。

(6) 单击结构构件的敞开端平面作为"面"，如图 15-53 所示。

在"顶端盖"面板中单击"厚度方向"选项中的 ▣（向外）按钮，设置 ⇪（厚度）为 2mm；单击选中"等距"选项组中的"厚度比率"单选按钮，设置"厚度比率"为 0.5；完成设置后的"顶端盖"面板如图 15-54 所示。

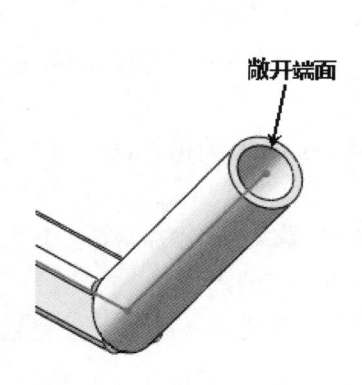

图 15-53　敞开端平面局部放大图 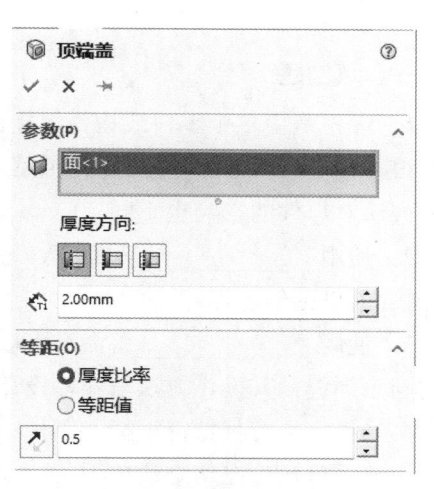　　　图 15-54　"顶端盖"面板设置

（7）单击"顶端盖"面板中的 ✓（确定）按钮，完成顶端盖的创建，如图 15-55 所示。

（8）重复顶端盖创建操作，完成其他顶端盖的创建，如图 15-56 所示。至此，本物料架的所有操作全部完成。

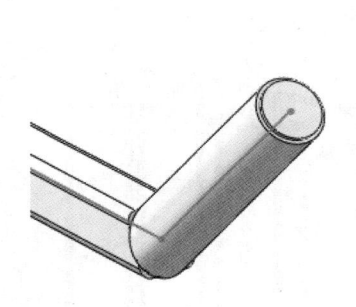

图 15-55　完成顶端盖的创建 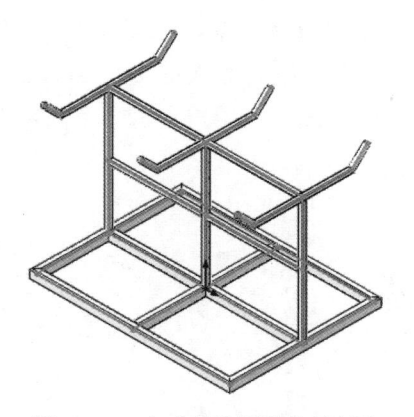　　　图 15-56　完成其他顶端盖的创建

15.7　本章小结

通过对本章的练习，读者可以掌握焊件设计的基本知识，如创建结构构件、剪裁/延伸结构构件、自定义属性、管理切割清单等，可利用所学知识和技能来进行较为复杂的焊件设计。

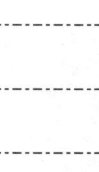

15.8 习题

一、填空题

1. 焊件是由多个零件或构件焊接在一起而形成的。尽管焊件是一个_____，但在很多情况下，它在材料明细表中都是作为_____而存在的。因此，不同的焊件设计方法对焊件的影响也不同。

2. 使用"_____"命令，可以使多个带基准面的 2D 草图、3D 草图或 2D 和 3D 组合的草图创建焊件。

3. 使用"_____"命令可以在任何交叉的焊件实体之间添加全长、间歇或交错的圆角焊缝，其操作方法与零件设计模块中创建圆角的方法类似。

4. 当第一个焊件特征被插入零件中时，"实体"文件夹会将其重命名为"_____"，以表示该项目包含在切割清单中。

二、问答题

结构构件包含的属性有哪些？

三、上机操作

1. 参照"源文件/素材文件/Char15"路径打开"箱体线条.SLDPRT"文件，如图 15-57 所示，请读者参考本章内容创建带有斜支撑的箱体焊件（注意不要露出端口）。

2. 参照"源文件/素材文件/Char15/架体"路径打开"框架装配体.SLDASM"文件，如图 15-58 所示，请用户参考本章内容创建装配体的焊件结构。

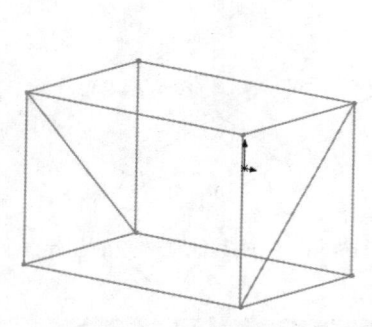

图 15-57 上机操作习题视图 1

图 15-58 上机操作习题视图 2

第 16 章

渲染与动画

SOLIDWORKS 作为一款机械设计软件,渲染功能非常强大。本章介绍了从最基本的线框显示,到着色显示,再到高级的照片级渲染的操作过程,以及动画的创建与输出。

学习目标

1. 了解渲染的基本特点。
2. 学习渲染的操作步骤与方法技巧。
3. 学习动画制作的操作方法。

16.1 渲染概述

根据获得的图片的效果，可将 SOLIDWORKS 的渲染分为 3 个级别，分别是线框视图、着色视图和照片级渲染。

16.1.1 线框、着色和渲染的区别

使用不同版本的 SOLIDWORKS 可以实现不同的渲染效果。在 SOLIDWORKS 基本版中，可以实现线框视图和着色视图。但如果要获得照片级渲染效果，则需要使用 SOLIDWORKS 专业版。

线框视图可以对视图进行简单地显示线框操作，提供最基本、最简单的视图效果，可用于辅助零件创建及其他机械设计。杯子的线架图视图如图 16-1 所示。

着色模式比线框模式更容易使人理解模型的结构，但它也只是简单地显示，在数字图像中它被称为明暗着色法。杯子的带边线上色视图如图 16-2 所示。

图 16-1　杯子的线架图视图

图 16-2　带边线上色视图

在 SOLIDWORKS 中，还可以使用着色视图显示简单的灯光效果、阴影效果和表面纹理效果，当然，高质量的着色效果还需要专业的三维图形显卡支持，它可以加速和优化三维图形的显示。

在着色窗口中提供了非常直观、实时的表面基本着色效果，根据硬件的能力还可以显示纹理贴图、光源影响，甚至阴影效果，但所有显示都是粗糙的，特别是在没有硬件支持的情况下，显示甚至是无理无序的。

而渲染效果是基于一套完整的程序计算出来的，硬件对它的影响只有速度，并不会改变渲染的结果，影响结果的是进行渲染操作的程序。简单渲染后得到的视图如图 16-3 所示，添加贴图和布景的视图如图 16-4 所示。

图 16-3　简单渲染视图

图 16-4　贴图和布景视图

16.1.2 外观布景和贴图功能

渲染功能通过"外观、布景和贴图"实现,该功能位于主界面右侧的任务窗格标签中,单击相应的按钮即可展开,如图 16-5 所示。

图 16-5 任务窗格

16.2 产品模型显示

在 SOLIDWORKS 基本版中,可以实现线框视图和着色视图。用户可以通过选择 ▣（显示样式）下拉按钮中的命令进行产品模型显示操作,如图 16-6 所示。

16.2.1 线框视图

线框视图是被设计人员所熟知的一种显示模式,线框视图的类型可在显示样式栏中调节。其中,线框视图包括消除隐藏线、隐藏线可见、线架图 3 种。

1. 消除隐藏线

根据起始文件路径打开"烟灰缸.SLDPRT"文件,单击样式栏中的 ▣（消除隐藏线）按钮,产品模型显示样式如图 16-7 所示。

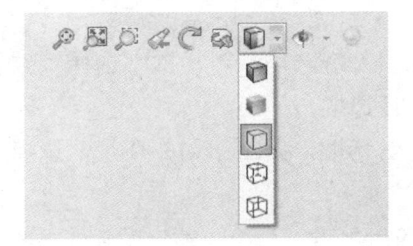

图 16-6 显示样式

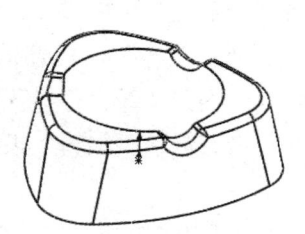

图 16-7 消除隐藏线

2. 隐藏线可见

单击样式栏中的 ▣（隐藏线可见）按钮，产品模型显示样式如图 16-8 所示。

3. 线架图

单击样式栏中的 ▣（线架图）按钮，产品模型显示样式如图 16-9 所示。

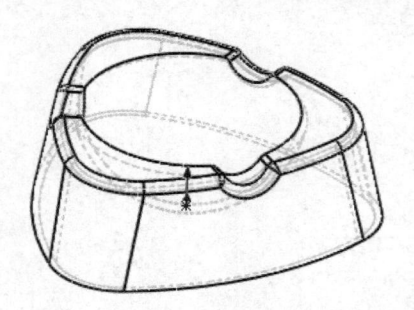

图 16-8　隐藏线可见　　　　　　　　图 16-9　线架图

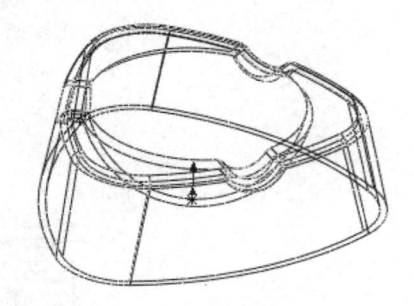

16.2.2　着色视图

在 SOLIDWORKS 中，着色视图包括带边线上色和上色。继续使用前文创建的模型进行操作。

（1）带边线上色：单击样式栏中的 ▣（带边线上色）按钮，产品模型显示样式如图 16-10 所示。

（2）上色：单击样式栏中的 ▣（上色）按钮，产品模型显示样式如图 16-11 所示。

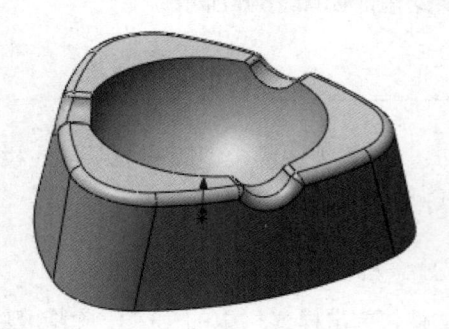

图 16-10　带边线上色　　　　　　　　图 16-11　上色

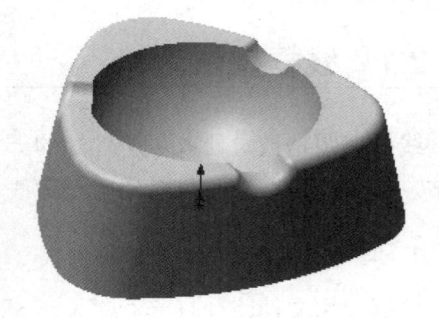

在带边线上色视图中，可以调整线框的颜色。

（1）选择"工具"→"选项"命令，在弹出的"系统选项"对话框中选择"颜色"选项，勾选"为带边线上色模式使用指定的颜色"复选框。

（2）单击右侧的"编辑"按钮，弹出"颜色"对话框，如图 16-12 所示，选择任意颜色。

（3）单击"颜色"对话框中的"确定"按钮，随后单击"系统选项"对话框中的"确定"按钮，完成边线颜色设置，如图 16-13 所示。

第 16 章
渲染与动画

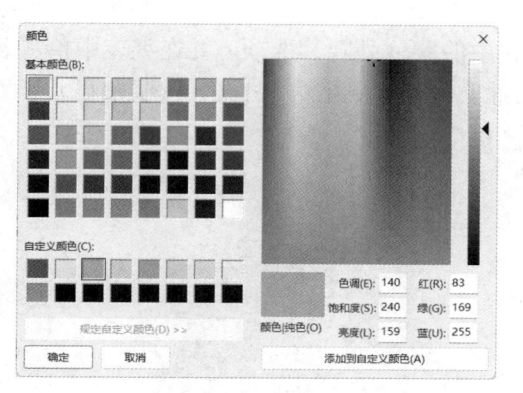

图 16-12 "颜色"对话框

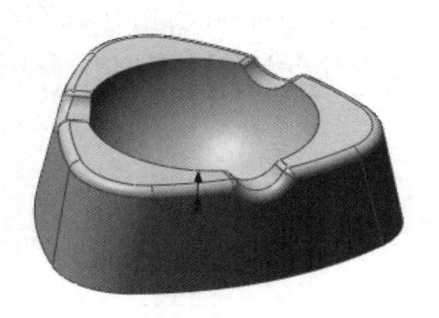

图 16-13 完成边线颜色设置

16.3 渲染操作

从本小节将介绍使用 PhotoView 360 渲染工具进行渲染的方法,其中包括编辑渲染和渲染预览,编辑渲染包括编辑外观、布景和贴图。

16.3.1 编辑外观

通过对零件模型进行添加外观操作,可以在模型零件中编辑实体的外观。具体操作步骤如下。

(1) 根据初始文件路径打开"烟灰缸.SLDPRT"文件。

(2) 单击"渲染工具"工具栏中的 ◈ (编辑外观) 按钮,在视图左侧的"PropertyManager"中弹出"cream high gloss plastic"面板,如图 16-14 所示,同时在绘图区域右侧边栏中弹出"外观、布景和贴图"属性栏,如图 16-15 所示。

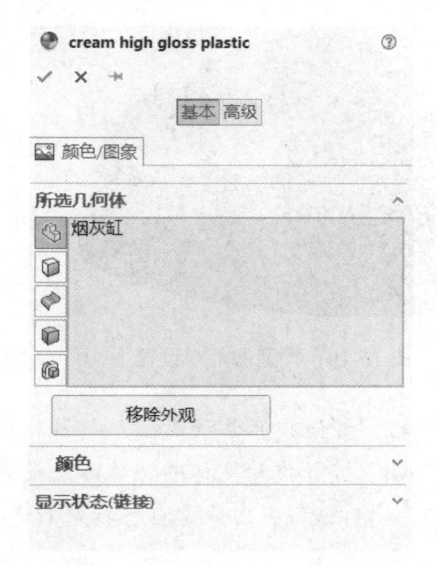

图 16-14 "颜色"对话框

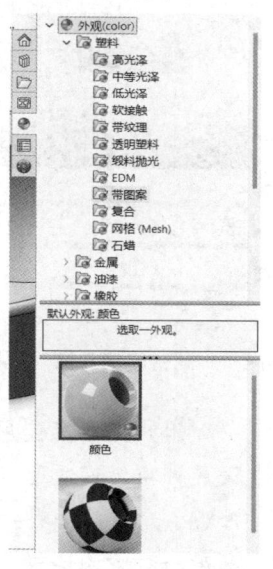

图 16-15 "外观、布景和贴图"属性栏

(3) 选择"外观、布景和贴图"属性栏中的 ● (外观) 选项，并在列表中单击展开 📁 (塑料) 文件夹，如图 16-16 所示。在此文件夹下单击选中 📁 (透明塑料) 子文件夹，在文件夹预览框中选择的"高密度聚乙烯（HDPE）"类型，如图 16-17 所示。

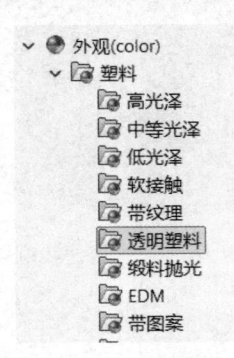

图 16-16　单击展开"塑料"文件夹

图 16-17　高密度聚乙烯（HDPE）

(4) 在选择材质类型后，"cream high gloss plastic"面板变化为"高密度聚乙烯"属性设置面板。

(5) 在"颜色"选项组的"生成新样块"下拉列表选择"标准"选项，在下方的颜色选块中单击淡蓝色色块。如有必要，则可通过"RGB"颜色滑块对颜色值进行精确定义。完成设置后的"高密度聚乙烯"面板如图 16-18 所示。

(6) 单击 ✓ (确定) 按钮，完成对模型的外观设置，绘图区域模型的显示如图 16-19 所示。

图 16-18　"高密度聚乙烯"面板设置

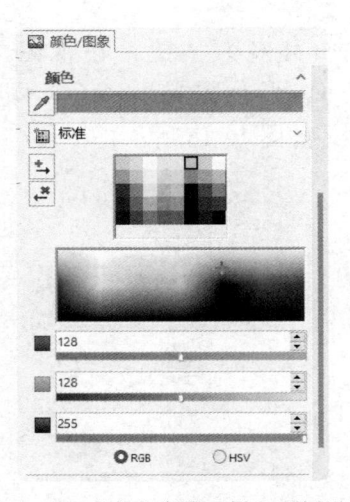

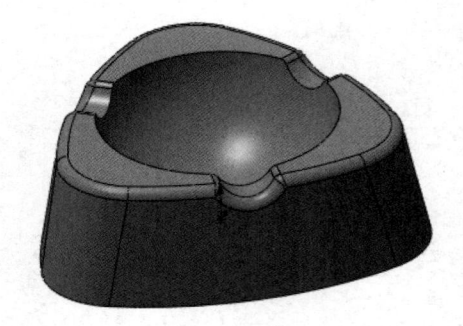

图 16-19　模型的外观设置

用户可以不使用命令，而直接在右侧的"外观、布景和贴图"属性栏中设置外观。可通过双击或使用键盘中的"Alt"键并拖动鼠标的操作方法设置外观，只是前一种操作方法不会弹出"颜色"对话框，用户需自行指定颜色，而后一种方法会弹出面板。

16.3.2 编辑布景

要想制作一幅好的渲染产品图，仅有好的外观是不够的，还要设置产品所处的环境，这样才可以真实地反映出产品的效果。具体操作步骤如下。

（1）单击"渲染工具"工具栏中的 （布景）按钮，弹出"布景"下拉菜单，同时在绘图区域右侧弹出"外观、布景和贴图"属性栏，如图 16-20 所示。

（2）在"编辑布景"面板中的"背景"下拉列表中选择"使用环境"选项；在"楼板"选项组中设置"将楼板与此对齐"为"所选基准面"，单击激活"所选基准面"选择框，在绘图区域左上角单击上视基准面，如图 16-21 所示。

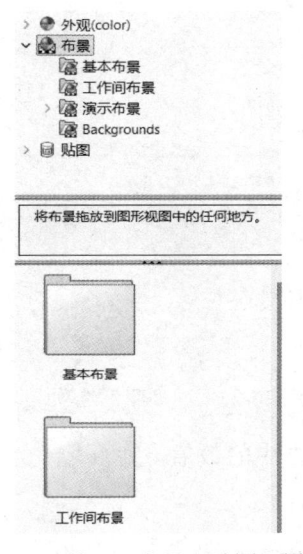

图 16-20　"外观、布景和贴图"属性栏　　　　图 16-21　选择上视基准面

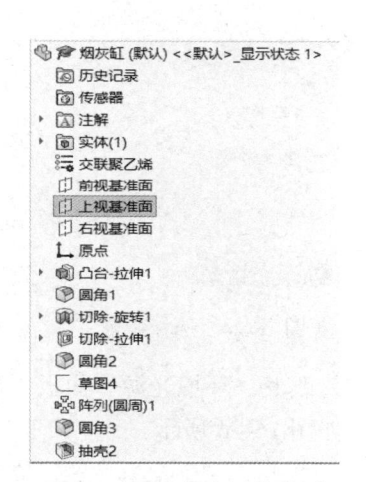

（3）此时，在模型内出现平面操纵杆。单击并拖动操纵杆，将楼板放置在合适的位置后松开鼠标左键，如图 16-22 所示。

（4）如果要对楼板位置进行精确设置，则可以在"楼板"选项组的"楼板等距"选项中进行微调。可以输入数字或拖动下方的滑块进行设置，如图 16-23 所示。

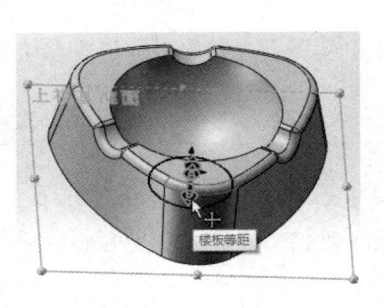

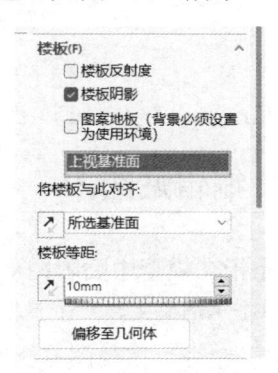

图 16-22　放置楼板　　　　图 16-23　"楼板"选项组设置

（5）单击展开"外观、布景和贴图"属性栏中的 选项，选择 文件夹，在文件夹览框中选择"背景-带完整光源的工作间"类型，如图16-24所示。

（6）双击"背景-带完整光源的工作间"图标，将此背景应用到模型视图中。在"编辑布景"面板的"高级"选项卡中，对背景进行细致的调整，如图16-25所示。

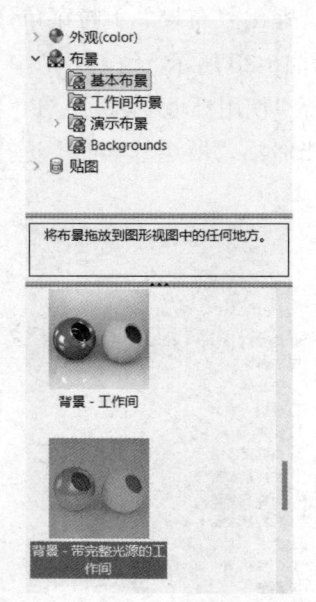

图16-24 选择背景 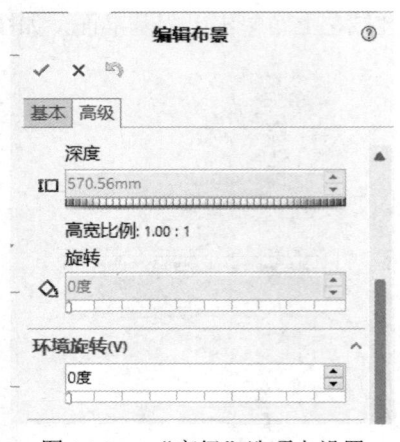　　　　　图16-25 "高级"选项卡设置

（7）改变"环境光源"面板"环境光源"数值框中的数值，对环境光源进行简单的调整，如图16-26所示。

（8）单击 ✓（确定）按钮，完成对模型的布景设置，如图16-27所示。

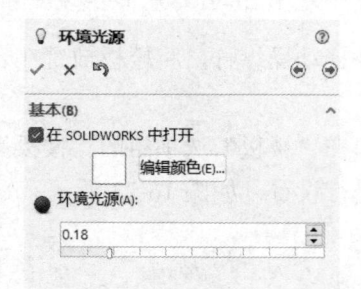

图16-26 "环境光源"面板设置 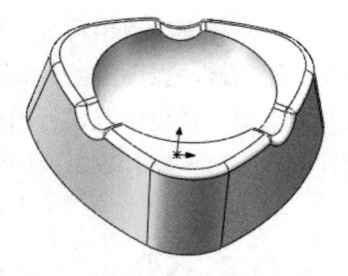　　　　　图16-27 完成对模型的布景设置

16.3.3 编辑贴图

贴图是指在模型中贴附图形文件，使图形更具真实感。具体操作步骤如下。

（1）单击"渲染工具"工具栏中的 ![]（编辑贴图）按钮，或者选择"PhotoView 360"→"编辑贴图"命令，在视图左侧的"PropertyManager"中弹出"贴图"面板，如图16-28所示，同时在绘图区域右侧弹出"外观、布景和贴图"属性栏。

（2）在"外观、布景和贴图"属性栏中单击 ▦（贴图）按钮，在该文件夹预览框中选择"使用 SolidWorks 设计"选项，如图 16-29 所示。

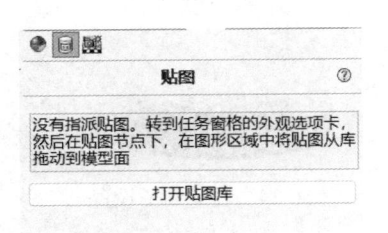

图 16-28 "贴图"面板

图 16-29 选择"使用 SolidWorks 设计"选项

（3）"贴图"面板发生变化，在该面板的"图像"选项卡中出现贴图预览，如图 16-30 所示。

图 16-30 贴图预览

（4）如图 16-31 所示，单击烟灰缸面向屏幕的面，勾选"映射"面板"大小/方向"选项组中的"将高度套合到选择"复选框，如图 16-32 所示。

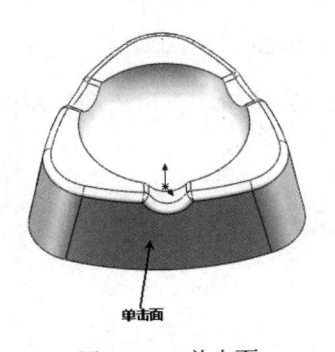

图 16-31 单击面

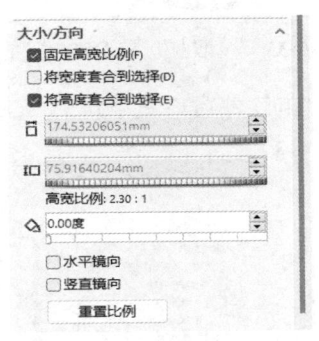

图 16-32 勾选"将高度套合到选择"复选框

（5）设置"映射"选项组中的"水平位置"为 30mm，如图 16-33 所示。

(6) 完成设置后，单击"贴图"面板中的 ✓（确定）按钮，完成贴图设置，如图 16-34 所示。

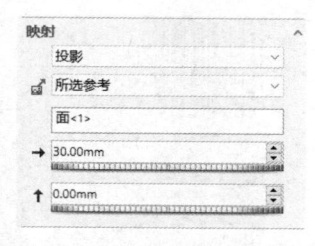

图 16-33 "映像"选项设置

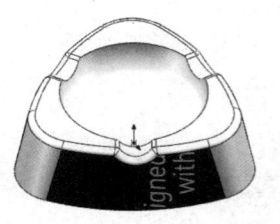

图 16-34 完成贴图设置

16.4 动画向导

动画是及时建立零件位置和外观变化模型的运动算例。生成动画运动算例，可以显示零件在机械装置中是如何移动的。动画可以用于演示或营销材料。

16.4.1 旋转模型

使用动画向导可以创建旋转模型，使零件沿 X 轴、Y 轴或 Z 轴进行顺时针或逆时针旋转，并录制生成视频的过程。具体操作步骤如下。

（1）根据起始文件路径打开"烟灰缸.SLDPRT"文件，如图 16-35 所示，单击"运动算例 1"按钮，弹出"运动算例"面板，如图 16-36 所示。

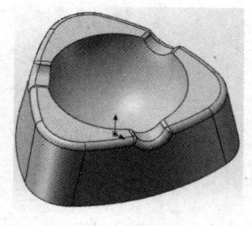

图 16-35 "烟灰缸.SLDPRT"文件

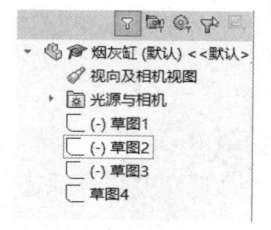

图 16-36 "运动算例"面板

（2）单击软件窗口右下角的 ∧（展开 MotionManager）按钮，弹出"动画操作"面板，如图 16-37 所示。

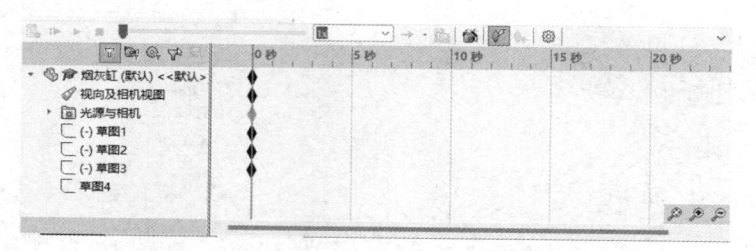

图 16-37 "动画操作"面板

(3) 单击 按钮，弹出"选择动画类型"对话框，如图 16-38 所示，单击选中"旋转模型"单选按钮。

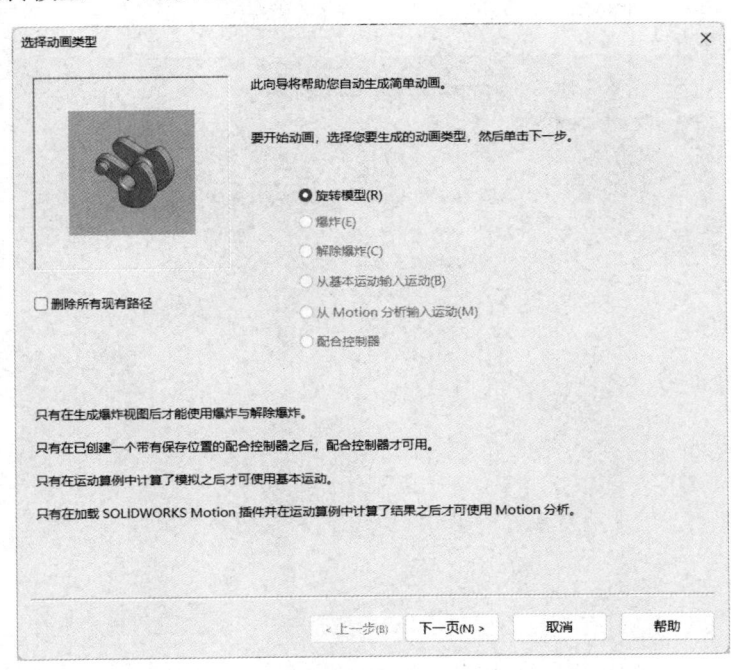

图 16-38 "选择动画类型"对话框

(4) 单击"下一页"按钮，对话框变化为"选择-旋转轴"对话框，选择"Y-轴"作为旋转轴，将"旋转次数"设置为 2，单击选中"顺时针"单选按钮，如图 16-39 所示。

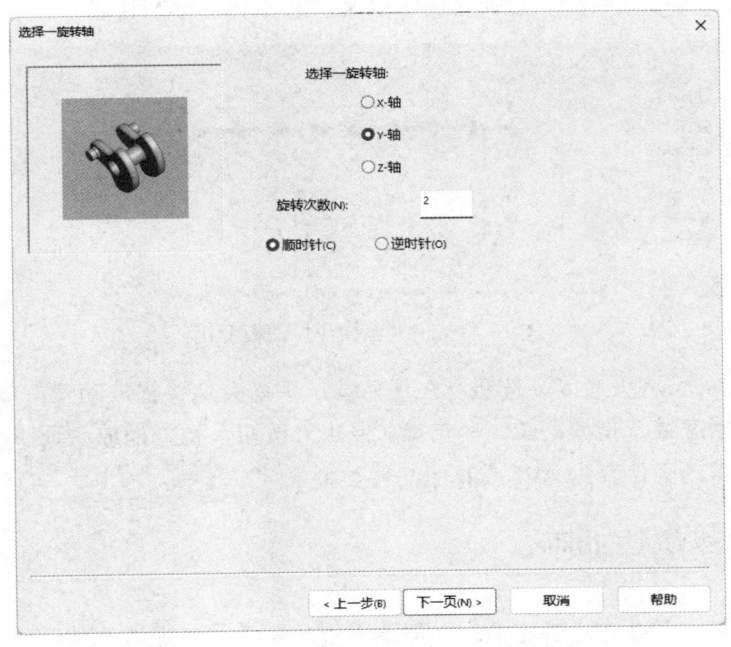

图 16-39 "选择-旋转轴"对话框设置

（5）单击"下一页"按钮，对话框变化为"动画控制选项"对话框，设置"时间长度（秒）"为10，"开始时间（秒）"为0，完成设置后的对话框如图16-40所示。

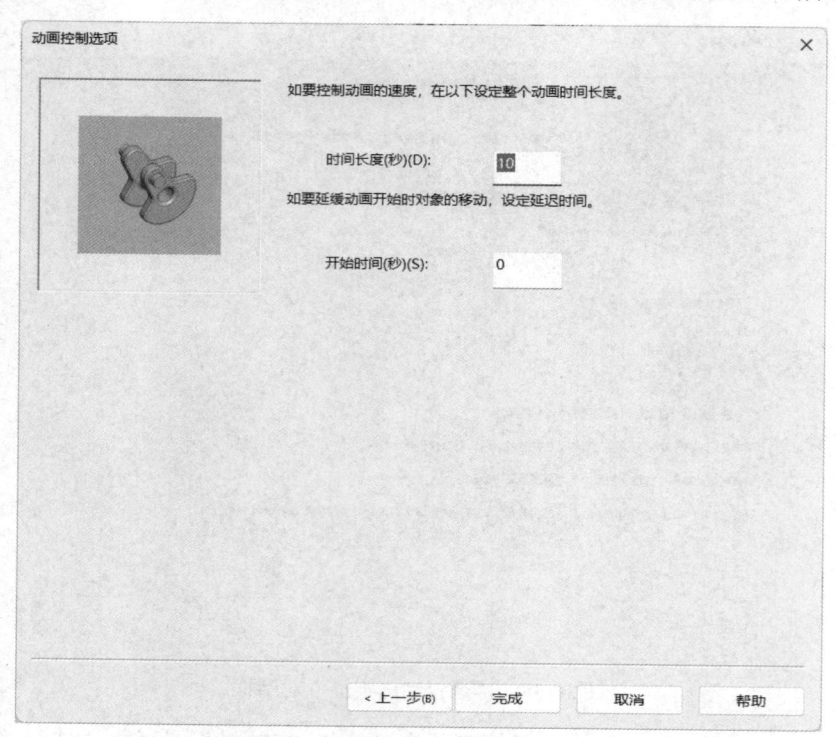

图16-40 "动画控制选项"对话框设置

（6）单击"完成"按钮，动画操作面板变化为如图16-41所示。

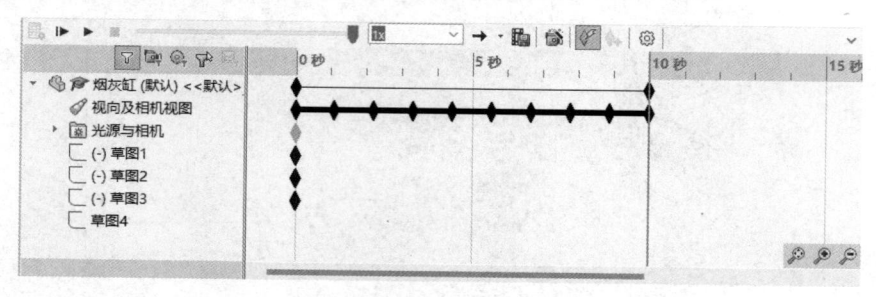

图16-41 "动画操作"面板变化

（7）单击 ▶ （从头播放）按钮，在任何情况下都会从头播放动画；单击 ▶ （播放）按钮，从当前状态继续播放动画；单击 ■ （停止）按钮，暂停播放动画；单击 （保存动画）按钮，将动画保存为.AVI或其他文件类型。

16.4.2 创建爆炸动画

使用动画向导可以创建爆炸动画，但此前用户需事先完成爆炸装配体。具体操作步骤如下。

(1) 根据起始文件路径打开"千斤顶装配.SLDASM"文件,如图 16-42 所示,创建其爆炸视图如图 16-43 所示。

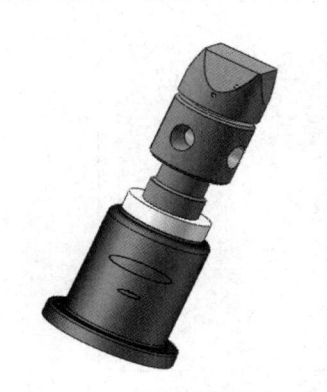

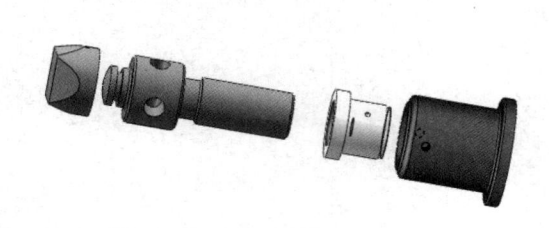

图 16-42 "千斤顶装配.SLDASM"文件   图 16-43 千斤顶爆炸视图

(2) 重复上一节中的步骤(2)操作,切入动画模块,单击 （动画向导）按钮,弹出"选择动画类型"对话框,单击选中"爆炸"单选按钮,如图 16-44 所示。

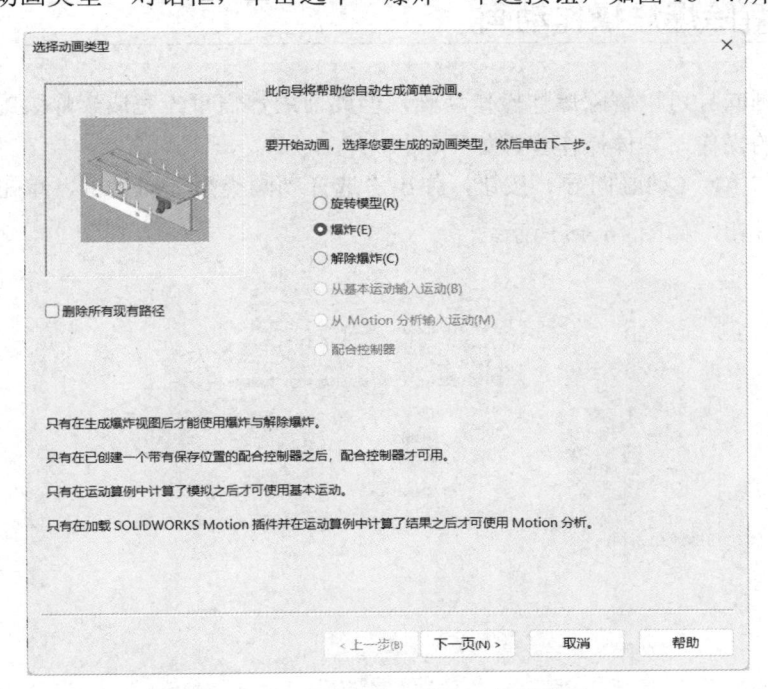

图 16-44 单击选中"爆炸"单选按钮

(3) 单击"下一页"按钮,对话框变化为"动画控制选项"对话框,设置"时间长度(秒)"为 4,"开始时间(秒)"为 0,完成设置后的对话框如图 16-45 所示。

347

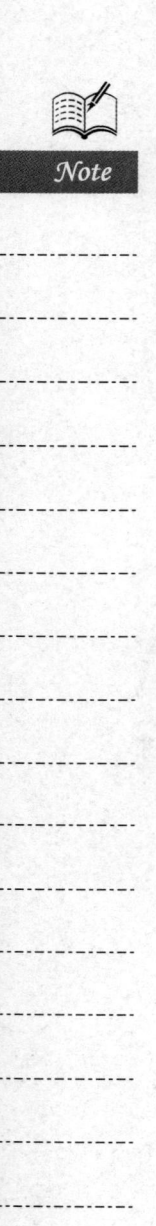

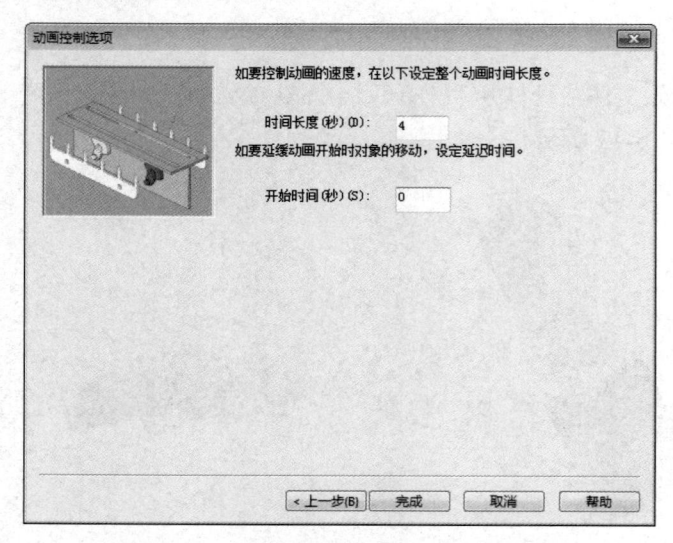

图 16-45 "动画控制选项"对话框设置

（4）单击"完成"按钮，完成操作。

16.4.3 解除爆炸操作动画

使用动画向导可以解除爆炸操作动画，但此前用户需事先完成爆炸装配体。此处将继续上一节的操作，具体操作步骤如下。

（1）单击 （动画向导）按钮，弹出"选择动画类型"对话框，单击选中"解除爆炸"单选按钮，如图 16-46 所示。

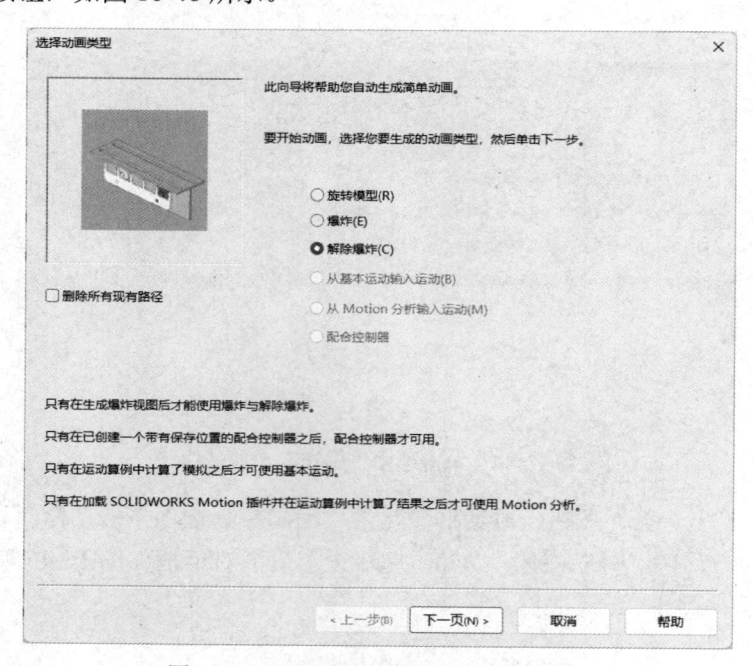

图 16-46 "选择动画类型"对话框设置

（2）单击"下一页"按钮，对话框变化为"动画控制选项"对话框，设置"时间长度（秒）"为 4，"开始时间（秒）"为 4，完成设置后的对话框如图 16-47 所示。

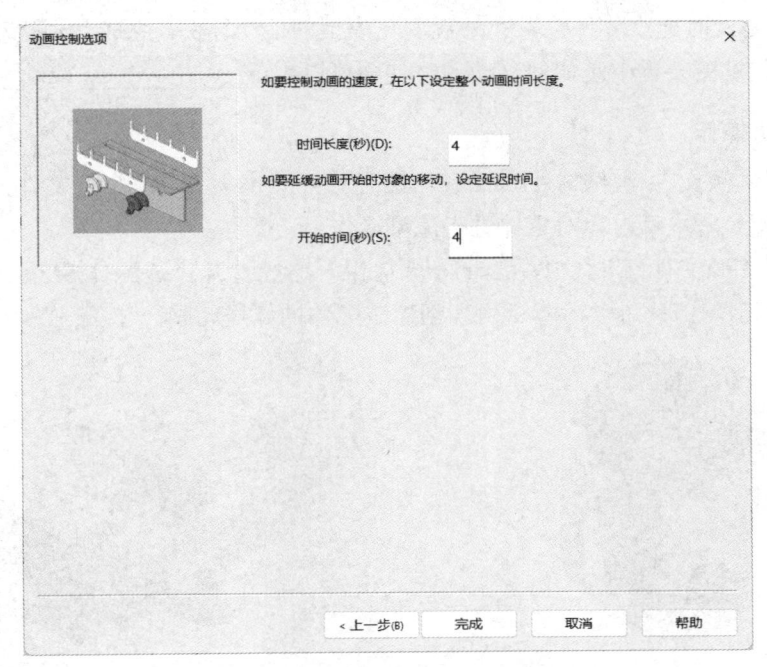

图 16-47 "动画控制选项"对话框设置

（3）单击"完成"按钮，完成操作。

16.5 本章小结

本章介绍了渲染与动画的基本操作步骤。本章内容了解即可，读者无须深入掌握。如有特殊需要，除需掌握本章内容之外，应系统性地学习渲染与动画的所有操作内容。

16.6 习题

一、填空题

1. 根据获得的图片的效果，可将 SOLIDWORKS 的渲染分为 3 个级别，分别是_____、着色视图和_____。

2. 在 SOLIDWORKS 中，还可以使用着色视图显示简单的_____、_____和表面纹理效果，当然，高质量的着色效果还需要专业的三维图形显卡支持，它可以加速和优化三维图形的显示。

3. 渲染过程包括编辑渲染和渲染预览，编辑渲染包括_____、_____和贴图。

4. 动画是及时建立零件位置和外观变化模型的运动算例。生成动画运动算例，可以使显示零件在机械装置中是如何移动的。动画可以用于_____或_____。

二、上机操作

1. 参照"源文件/素材文件/Char16"路径打开"水杯.SLDPRT"文件，如图 16-48 所示，请读者参考本章内容对零件进行渲染操作。

2. 参照"源文件/素材文件/Char16/虎口钳"路径打开"装配体.SLDASM"文件，如图 16-49 所示，请读者参考本章内容创建装配体的爆炸动画。

图 16-48　上机操作习题 1 视图　　　　图 16-49　上机操作习题 2 视图

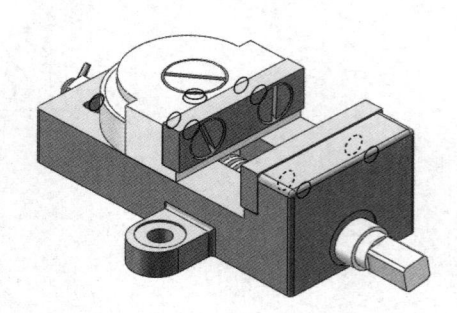